Freyer/Silverberg
Medientechnik

Bleiben Sie auf dem Laufenden!

Hanser Newsletter informieren Sie regelmäßig über neue Bücher und Termine aus den verschiedenen Bereichen der Technik. Profitieren Sie auch von Gewinnspielen und exklusiven Leseproben. Gleich anmelden unter
www.hanser-fachbuch.de/newsletter

Ulrich Freyer / Michael Silverberg

Medientechnik

Basiswissen, Konzepte, Verfahren, Anwendungen

2., überarbeitete und erweiterte Auflage

Die Autoren:

Ulrich Freyer, Analyst für Medientechnik

Prof. Dr. Michael Silverberg, TH Köln

MIX
Papier aus verantwortungs-
vollen Quellen
FSC® C083411

Alle in diesem Buch enthaltenen Informationen wurden nach bestem Wissen zusammengestellt und mit Sorgfalt geprüft und getestet. Dennoch sind Fehler nicht ganz auszuschließen. Aus diesem Grund sind die im vorliegenden Buch enthaltenen Informationen mit keiner Verpflichtung oder Garantie irgendeiner Art verbunden. Autor(en, Herausgeber) und Verlag übernehmen infolgedessen keine Verantwortung und werden keine daraus folgende oder sonstige Haftung übernehmen, die auf irgendeine Weise aus der Benutzung dieser Informationen – oder Teilen davon – entsteht.
Ebenso wenig übernehmen Autor(en, Herausgeber) und Verlag die Gewähr dafür, dass die beschriebenen Verfahren usw. frei von Schutzrechten Dritter sind. Die Wiedergabe von Gebrauchsnamen, Handelsnamen, Warenbezeichnungen usw. in diesem Werk berechtigt auch ohne besondere Kennzeichnung nicht zu der Annahme, dass solche Namen im Sinne der Warenzeichen- und Markenschutz-Gesetzgebung als frei zu betrachten wären und daher von jedermann benutzt werden dürften.

Bibliografische Information der Deutschen Nationalbibliothek:
Die Deutsche Nationalbibliothek verzeichnet diese Publikation in der Deutschen Nationalbibliografie; detaillierte bibliografische Daten sind im Internet über http://dnb.d-nb.de abrufbar.

Dieses Werk ist urheberrechtlich geschützt.
Alle Rechte, auch die der Übersetzung, des Nachdruckes und der Vervielfältigung des Buches, oder Teilen daraus, sind vorbehalten. Kein Teil des Werkes darf ohne schriftliche Genehmigung des Verlages in irgendeiner Form (Fotokopie, Mikrofilm oder ein anderes Verfahren) – auch nicht für Zwecke der Unterrichtsgestaltung – reproduziert oder unter Verwendung elektronischer Systeme verarbeitet, vervielfältigt oder verbreitet werden.

© 2022 Carl Hanser Verlag München
Internet: www.hanser-fachbuch.de

Lektorat: Frank Katzenmayer
Herstellung: Frauke Schafft
Covergestaltung: Max Kostopoulos
Coverkonzept: Marc Müller-Bremer, www.rebranding.de, München
Titelbild: © shutterstock.com/Chaikom, Andrei_Diachenko und Microgen
Satz: Eberl & Koesel Studio, Altusried-Krugzell
Druck und Bindung: CPI books GmbH, Leck
Printed in Germany

Print-ISBN   978-3-446-47025-5
E-Book-ISBN   978-3-446-47221-1

Inhaltsverzeichnis

Vorwort XI

TEIL I Grundlagen 1

1 Funktion der Medientechnik 3

2 Medientechnische Begriffe 7

3 Signale und Pegel 13
3.1 Signalbeschreibung im Zeitbereich 13
3.2 Signalbeschreibung im Frequenzbereich 18
3.3 Die Fouriertransformation und ihre Anwendungen 20
3.4 Pegel und ihre Anwendungen 24

4 Referenzmodell für offene Kommunikationssysteme 33
4.1 Anforderungen 33
4.2 Schichten und Protokolle 34
4.3 Verbindungsstrukturen 39

5 Prinzip der Signalübertragung 41
5.1 Grundlagen 41
5.2 Übertragungskanal und Störabstand 43
5.3 Tore und ihre Parameter 47

6	**Speicherung von Signalen**	**53**
6.1	Einführung	53
6.2	Magnetische Signalspeicherung	55
6.3	Optische Signalspeicherung	57
6.4	Elektrische Signalspeicherung	63
7	**Qualitätsparameter der Signalübertragung**	**67**
7.1	Amplitudengang	67
7.2	Verzerrungen	69
7.3	Störabstand	72
7.4	Abtastung	78
7.5	Anpassung	83
8	**Merkmale der Signalübertragung**	**87**
8.1	Übertragungswege	87
	8.1.1 Einführung	87
	8.1.2 Leitungsgebundene Übertragung mit elektrischen Leitungen	88
	8.1.3 Leitungsgebundene Übertragung mit optischen Leitungen	93
	8.1.4 Funkübertragung	99
	8.1.5 Portable Signalspeicher	104
8.2	Betriebsarten	105
8.3	Nutzungsverfahren	107
9	**Funktionseinheiten in Übertragungssystemen**	**111**
9.1	Einführung	111
9.2	Verstärker	112
9.3	Sender	113
9.4	Empfänger	114
9.5	Filter und Weichen	114
9.6	Umsetzer	116
	9.6.1 Einführung	116
	9.6.2 Analog-Digital-Umsetzer	117
	9.6.3 Digital-Analog-Umsetzer	119

	9.6.4 Elektro-optische und opto-elektrische Umsetzer	119
	9.6.5 Sonstige Umsetzer	121
9.7	Netzwerkkomponenten	122

10 Schnittstellen und Protokolle 127
10.1 Grundlagen 127
10.2 Hardware-Schnittstellen 130
10.3 Software-Schnittstellen 134
10.4 Protokolle 135

11 Standardisierung 139
11.1 Standards und ihre Aspekte 139
11.2 Varianten der Standards 140

12 Netze 143
12.1 Einführung 143
12.2 Begriffe 145
12.3 Betriebsvarianten 147
12.4 Kriterien bei Netzen 148
12.5 Strukturen von Leitungsnetzen 149
12.6 Hybride Leitungsnetze 152
12.7 Passive optische Netze (PON) 154
12.8 Struktur von Funknetzen 156

13 Verfahren der Medientechnik 159
13.1 Übertragung 159
13.2 Codierung/Decodierung 160
     13.2.1 Grundlagen 160
     13.2.2 Leitungscodierung 161
     13.2.3 Quellencodierung 164
     13.2.4 Kanalcodierung 174
13.3 Modulation 179
     13.3.1 Grundlagen 179
     13.3.2 Analoges Modulationssignal/sinusförmiges Trägersignal 181

		13.3.3 Analoges Modulationssignal/pulsförmiges Trägersignal	189
		13.3.4 Digitale Modulation im Basisband	191
		13.3.5 Digitales Modulationssignal/sinusförmiges Trägersignal	195
	13.4	Multiplexierung/Demultiplexierung	218
	13.5	Einzelzugriff/Vielfachzugriff	225
	13.6	Mehr-Antennen-Systeme	229
	13.7	Zugangsberechtigung	232
14	Audiovision in der Medientechnik		239
15	Daten in der Medientechnik		243

TEIL II Anwendungen	247

16	Hörfunk (Radio)		249
	16.1	Einführung	249
	16.2	Analoger terrestrischer Hörfunk UKW	250
	16.3	Digitaler terrestrischer Hörfunk DAB	258
	16.4	Hörfunk im Kabel	267
	16.5	Hörfunk über Satellit	269
	16.6	Internetradio	270
	16.7	Podcast	271
	16.8	Audiotheken	272
17	Fernsehen (TV)		275
	17.1	Grundlagen digitaler Fernsehsysteme	275
	17.2	DVB-Übertragungsstandard für Satellit, Kabel und Terrestrik	292
	17.3	IPTV	305
	17.4	Ultra-HDTV (UHD)	308
	17.5	HbbTV [hybrid broadcast broadband television]	312
	17.6	DVB-I (Digital Video Broadcasting-Internet)	316
18	Mobilfunk		319
19	Internet		331

20	Lokale Datenkommunikation	345
20.1	Leitungsgebundene Netze	345
20.2	Funkgestützte Netze	351
21	**Triple Play**	**359**
21.1	Triple Play über das Breitbandkabelnetz	359
21.2	Triple Play über das Telefonnetz	361
21.3	Triple Play über Satellit	365
21.4	Auswahlkriterien	367
21.5	Quadruple Play	367
22	**Telefonie**	**369**
22.1	Festnetz-Telefonie	369
22.2	Mobilfunk-Telefonie	373
22.3	Kabel-Telefonie	374
22.4	Satelliten-Telefonie	374
23	**Smart Home**	**377**
23.1	Aufgabenstellung von Smart Home	377
23.2	Infrastruktur der Heimnetze	379
23.3	Leistungsmerkmale von Heimnetzen	381
23.4	Realisierung von Smart Home	383
24	**Elektronische Dienste**	**385**
24.1	Einführung	385
24.2	Elektronischer Geldverkehr	385
24.3	Elektronische Verwaltung	389
24.4	Elektronisches Gesundheitswesen	391
25	**Perspektiven**	**395**
	Literatur	397
	Index	399

Vorwort

Medien dienen in vielfältiger Weise der elektronischen Kommunikation. Dabei kann es sich um optische Informationen (Bilder, Grafiken, Texte), akustische Informationen (Sprache, Musik, Geräusche) oder Daten handeln. Die Medientechnik ermöglicht die Realisierung dieser Kommunikation und umfasst die Übertragung, Speicherung und gegebenenfalls Verarbeitung digitaler oder analoger Signale. Es handelt sich dabei entweder um den Empfang oder Austausch von Informationen oder um Unterhaltung.

In diesem Buch werden Kenntnisse über die unterschiedlichen Aspekte der Medientechnik anschaulich vermittelt. Am Anfang stehen die informationstechnischen Grundlagen und die für das Verständnis der Medientechnik relevanten Begriffe. Danach erfolgt die Darstellung der Konzepte für die Übertragung und Speicherung von Signalen und die spezifische Beschreibung der damit verbundenen Leistungsmerkmale. Es werden dann die für eine Umsetzung der Konzepte erforderlichen schaltungstechnischen Funktionseinheiten behandelt.

Die nächsten Schwerpunkte des Buches bilden die für jede Übertragung erforderlichen Netze, die große Zahl der verschiedenen Verfahren für die hinsichtlich Frequenzökonomie, Störbeeinflussung und technischem Aufwand angestrebte effiziente Übertragung von Signalen sowie die in der Praxis wichtigsten Anwendungen. Dazu gehören unter anderem Radio, Fernsehen, Mobilfunk, Internet, lokale Datenkommunikation und Telefonie. Bei jeder dieser Varianten ist die Orientierung an den Nutzer der jeweiligen Kommunikation gegeben.

Neben den vorstehend aufgezeigten Komplexen werden auch die Themen Schnittstellen, Protokolle, Standardisierung, Triple Play und Smart Home in vergleichbarer Weise behandelt, was ein abgerundetes Bild des Themenbereichs bewirkt.

Das Buch umfasst den derzeitigen Stand der Medientechnik. Der Leser kann deshalb die Funktion aller relevanten Anwendungen der Medientechnik mit ihren Problemstellungen sowie den Vor- und Nachteilen verstehen und fachlich qualifiziert beurteilen. Das Werk ist deshalb zum Lesen, Lernen und Nachschlagen bestens geeignet.

April 2022 *Ulrich Freyer und Michael Silverberg*

TEIL I
Grundlagen

1 Funktion der Medientechnik

Bei der Medientechnik handelt es sich um die Nutzung elektrischer, optischer oder magnetischer Größen für die Kommunikation von Informationen. Diese beschreiben einerseits den Inhalt der damit verbundenen Nachrichten, während sie andererseits durch physikalische Größen als Signale repräsentiert werden, die somit das Transportmittel für die Informationen darstellen (Bild 1.1). Als Beispiel sei eine gesprochene Information betrachtet. Bei ihr liegt eine Nachricht vor, die durch ein Schalldrucksignal repräsentiert wird.

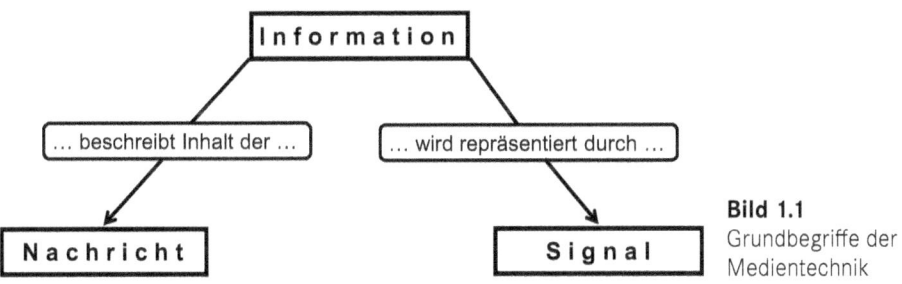

Bild 1.1 Grundbegriffe der Medientechnik

 Informationen beschreiben den Inhalt von Nachrichten und werden durch physikalische Größen als Signale repräsentiert. Bei diesen kann Zeitabhängigkeit oder Frequenzabhängigkeit gegeben sein.

Der Austausch von Informationen zwischen zwei oder mehr Stellen wird als Kommunikation bezeichnet. Dabei muss für jedes Signal der Informationsgehalt bekannt sein, um die Eindeutigkeit der Kommunikation zu gewährleisten. Bei einer gesprochenen Information ist es deshalb beispielsweise erforderlich, dass die zuhörende Person die verwendete Sprache beherrscht.

 Kommunikation ist der Austausch von Informationen mithilfe von Signalen.

In den meisten Fällen sollen Informationen als Nachrichten über größere bis sehr große Entfernungen übertragen werden. Daraus erklärt sich die Bezeichnung Telekommunikation, in Kurzform TK oder auch Tk. Die Vorsilbe „tele" stammt aus der griechischen Sprache und steht für das Wort „fern".

 Telekommunikation = Kommunikation über beliebige Entfernungen.

Bei den Informationen sind bezogen auf die Wahrnehmbarkeit Audio, Video und Daten zu unterscheiden (Bild 1.2):

- **Audio** [audio], auch als Ton [sound] bezeichnet, umfasst alle mit dem menschlichen Gehör wahrnehmbaren Informationen, also akustische Signale. Dazu gehören Sprache, Musik, Geräusche und alle sonstigen akustischen Eindrücke.
- **Video** [video], auch als Bild [vision] bezeichnet, umfasst alle mit dem menschlichen Auge wahrnehmbaren Informationen, also optische Signale. Dazu gehören Bilder, Grafiken, Texte und alle sonstigen optischen Eindrücke. Die Bilder können feststehend oder bewegt sein, wobei schwarzweiße oder farbige Darstellung möglich ist.
- **Daten** [data] umfasst alle Informationen, die weder mit dem menschlichen Gehör, noch mit dem menschlichen Auge unmittelbar wahrnehmbar sind.

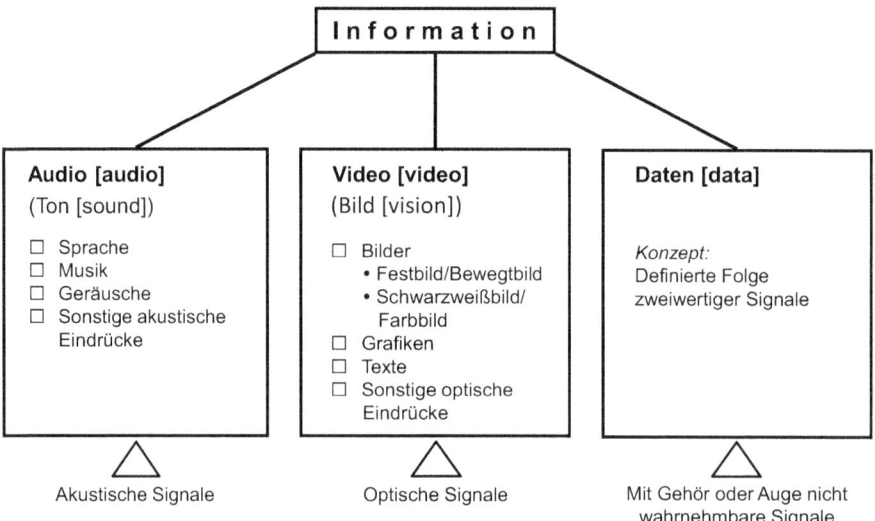

Bild 1.2 Arten der Information

Bei jeder medientechnischen Kommunikation sind Menschen und/oder technische Einrichtungen beteiligt. Letztere werden üblicherweise als Maschinen bezeichnet, wobei es sich sowohl um einzelne Geräte als auch um komplexe Systeme handeln kann. Es lassen sich deshalb folgende Konstellationen unterscheiden:

- **Mensch-Mensch-Kommunikation**

    Informationsübertragung von Mensch zu Mensch mithilfe einer technischen Einrichtung.

    Beispiel: Telefon

- **Mensch-Maschine-Kommunikation**

    Eingabe von Informationen durch einen Menschen in eine technische Einrichtung und Ausgabe der Informationen durch eine technische Einrichtung.

    Beispiel: Recherche im Internet

- **Maschine-Mensch-Kommunikation**

    Eingabe von Informationen durch eine technische Einrichtung und Ausgabe der Informationen an einen Menschen durch eine technische Einrichtung.

    Beispiel: elektronischer Programmführer

- **Maschine-Maschine-Kommunikation**

    Informationsübertragung zwischen technischen Einrichtungen ohne Beteiligung von Menschen.

    Beispiel: Computernetze

Die vorstehend aufgezeigte Kommunikation erfolgt entweder **unidirektional** (also von einer Stelle zu einer oder mehreren anderen Stellen) oder **bidirektional** (also gleichzeitig oder wechselweise in beiden Richtungen zwischen zwei Stellen).

Medientechnik bedeutet in der Praxis die Übertragung, Speicherung und gegebenenfalls Verarbeitung von Signalen. Dabei spielten bisher **elektrische Signale** die wichtigste Rolle, inzwischen hat allerdings die Bedeutung **optischer Signale** signifikant zugenommen.

2 Medientechnische Begriffe

In diesem Kapitel werden grundlegende Begriffe der Medientechnik behandelt.

Übertragung [transmission] bedeutet einen Transportvorgang für Signale von einer Stelle a zu einer Stelle b, was als Punkt-zu-Punkt-Verbindung [point to point connection] bezeichnet wird. Dabei spielt die Entfernung zwischen den betroffenen Stellen, also die Länge des Übertragungsweges, keine Rolle.

Signalübertragung = Transport von Signalen zwischen beliebig voneinander entfernten Stellen

Der Anfang jeder Übertragung ist durch eine Quelle [source] gekennzeichnet, die das zu übertragende Signal bereitstellt. Nach der Übertragung erfolgt der Abschluss durch eine Senke [sink], die das übertragene Signal für weitere Maßnahmen bereitstellt.

Die Übertragung von Signalen erfolgt stets von einer Quelle zu einer Senke.

Für die Übertragung von Signalen bedarf es stets einer technischen Einrichtung mit je einem Eingang und Ausgang für das Signal und definierten Leistungsmerkmalen. Sie wird als Übertragungssystem bezeichnet und kann beliebige Komplexität aufweisen.

Übertragungssysteme realisieren den Transport von Signalen.

Die **Speicherung** [storage] von Signalen bedeutet deren Zwischenlagerung mit dem Ziel einer späteren Übertragung oder Verarbeitung. Für die Realisierung dieser zeitversetzten Nutzung werden als Speicher bezeichnete technische Funktionseinheiten benötigt, die mit unterschiedlichen Technologien realisierbar sind. Die bei Signalübertragung gegebene unmittelbare Verkopplung der beiden Stellen a und b besteht bei Speicherung nicht mehr. Diese zeitliche Entkopplung kennzeichnet den Unterschied zwischen Online-Betrieb und Offline-Betrieb.

Das Konzept jeder Signalspeicherung besteht darin, Signale so auf ein geeignetes Speichermedium zu bringen, dass sie jederzeit verfügbar sind. Bei der Speicherung sind zwei Schritte zu unterscheiden:

- Signaleingabe (auch als Einlesen bezeichnet),
- Signalausgabe (auch als Auslesen bezeichnet).

Unabhängig von der verwendeten Technologie gilt bei jeder Speicherung, dass dadurch keine Veränderung der gespeicherten Signale erfolgt.

Signalspeicherung = Zwischenlagerung von Signalen und ermöglicht deren zeitversetzte Übertragung und Verarbeitung.

Signalspeicherung ermöglicht den Übergang von online zu offline.

Bekanntlich repräsentieren Signale die gewünschten Informationen, was zu der Bezeichnung Nutzsignale führt. In der Praxis gibt es diesen Idealzustand allerdings nicht. Es treten nämlich zusätzlich stets auch Signale auf, die das Nutzsignal beeinflussen und deshalb als Störsignale bezeichnet werden (Bild 2.1). Sie dürfen allerdings bestimmte Größenordnungen nicht überschreiten, damit die vorgesehene Übertragung, Speicherung oder Verarbeitung bestimmungsgemäß funktioniert.

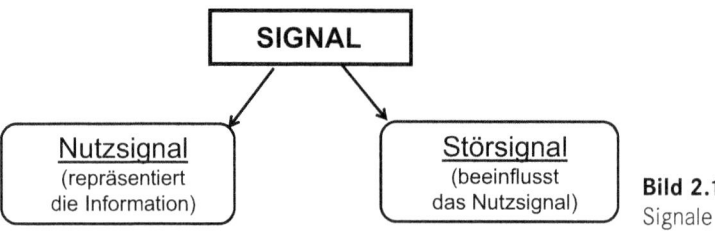

Bild 2.1 Signale

Das Verhältnis zwischen Nutzsignal und Störsignal darf vorgegebene Werte nicht überschreiten.

Einen wichtigen Teil stellt in der Medientechnik die durch Signalübertragung bewirkte Kommunikation dar. Die daran beteiligten Personen werden üblicherweise als **Nutzer** [user] oder Teilnehmer [Tln] bezeichnet, während für die zur Durchführung der Kommunikation erforderlichen technischen Einrichtungen der Begriff **Endgeräte** [terminal] gilt.

Endgeräte ermöglichen die Durchführung der Kommunikation.

Bei der Übertragung von Signalen ist eine Bewertung der Qualität nur dann möglich, wenn die gesamte Übertragungskette von der Einspeisung des Signals bis zu deren Wiedergabe im verwendeten Endgerät berücksichtigt wird. Es gilt dafür die Bezeichnung Ende-zu-Ende-Betrachtung.

 Für die Bewertung der Übertragungsqualität ist stets eine Ende-zu-Ende-Betrachtung erforderlich.

Die meisten Kommunikationssysteme sind für mehrere Nutzer bzw. Maschinen ausgelegt. Damit ein Kommunikationssystem diesen gleichzeitig zur Verfügung stehen kann, bedarf es entsprechender technischer Einrichtungen, um die gewünschte Kommunikation zu ermöglichen. Dafür gilt die Bezeichnung Netz [network].

 Netz [network] = Gesamtheit aller technischen Ressourcen, welche die Kommunikation zwischen Nutzern (Teilnehmern) und/oder Maschinen ermöglicht.

In Netzen sind folgende Funktionsgruppen unterscheidbar:
- Übertragungswege,
- Übertragungseinrichtungen,
- Verteileinrichtungen/Vermittlungsstellen,
- Endgeräte.

Bei den **Übertragungswegen** handelt es sich entweder um Leitungen oder Funkverbindungen. Für Leitungsnetze kommen elektrische Leitungen (z. B. Koaxialkabel) und/oder optische Leitungen (z. B. Glasfasern) zum Einsatz, während bei Funknetzen die Verbindungen drahtlos [wireless] mithilfe elektromagnetischer Wellen erfolgt.

 Leitungsnetz = elektrische und/oder optische Leitungen als Übertragungswege
Funknetz = Funkverbindungen als Übertragungswege

Werden bei einem Kommunikationssystem unterschiedliche Übertragungswege verwendet, dann gilt für diese Mischform auch die Bezeichnung **Hybridnetz**.

Die **Übertragungseinrichtungen** haben die Aufgabe, die bestimmungsgemäße Funktion einer Übertragung sicherzustellen. Dazu zählen hauptsächlich alle Maßnahmen, um störende Beeinflussungen des Nutzsignals bei der Übertragung zu kompensieren. Typische Effekte sind dabei die Dämpfung des Signals und das Auftreten von Verzerrungen.

Verteileinrichtungen und Vermittlungsstellen sind zur Steuerung der Verbindung zwischen den Endgeräten erforderlich. **Verteileinrichtungen** sorgen dafür, dass ein Eingangssignal gleichzeitig alle angeschlossenen Endgeräte erreicht. Die Stelle für die Einspeisung dieses Signals wird üblicherweise als Kopfstelle [headend] oder Sender bezeichnet. Verteileinrichtungen sind typisch für Massenkommunikation.

Verteileinrichtungen ermöglichen die gleichzeitige Verbindung zu mehreren Endgeräten im Rahmen der Massenkommunikation.

Das Gegenstück zur Massenkommunikation stellt die Individualkommunikation dar. Bei dieser ist die gezielte Verbindung zwischen zwei Endgeräten von Nutzern vorgesehen. Dafür werden im Netz **Vermittlungsstellen** benötigt, die als Netzknoten [network nod] den gezielten Aufbau der gewünschten Verbindung sicherstellen (Bild 2.2).

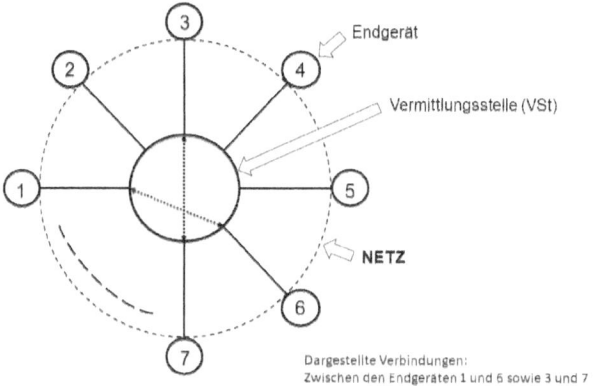

Bild 2.2 Vermittlung

Dargestellte Verbindungen: Zwischen den Endgeräten 1 und 6 sowie 3 und 7

Vermittlungsstellen ermöglichen die gezielte Verbindung zwischen zwei Endgeräten im Rahmen der Individualkommunikation.

Der Sinn und Zweck von Netzen ist deren Nutzung für die Kommunikation, also dem Austausch von Informationen. Dafür gibt es vielfältige Arten, jeweils gekennzeichnet durch bestimmte Eigenschaften. Es gilt als Oberbegriff die Bezeichnung **Dienste** [service] mit folgender Definition:

Ein Dienst [service] ist die Fähigkeit eines Netzes, Informationen einer bestimmten Art mit spezifischen Vorgaben (wie zeitliche Aspekte, Qualitätsindikatoren ...) möglichst störungsfrei zwischen den beteiligten Endgeräten zu übertragen.

Typische Beispiele für Dienste sind Telefonie, Mobilfunk, Satellitenfunk, aber auch Radio und Fernsehen.

Bei Diensten sind die Erbringer von Diensten als Diensteanbieter [service provider] und die Nutzer [user] als Anwender von Diensten zu unterscheiden (Bild 2.3).

Bild 2.3 Dienste

Eine für den Nutzer wichtige Eigenschaft von Diensten stellt die Zugriffsmöglichkeit dar. Der Zugang zu Diensten kann kostenlos oder entgeltpflichtig, also kostenrelevant, sein. Im ersten Fall handelt es sich um freie Dienste [free servivces]. Werden dagegen Entgelte gefordert, dann sind es Bezahldienste [pay services]. Für diese bedarf es stets vertraglicher Regelungen zwischen Diensteanbieter und Nutzer.

 Freie Dienste [free services] → entgeltfrei
Bezahldienste [pay services] → entgeltpflichtig

Wird ein Dienst den Endgeräten der Nutzer automatisch zur Verfügung gestellt, dann handelt es sich um einen Verteildienst [push service], der auch als „Bring-Dienst" bezeichnet werden kann. Muss dagegen der Nutzer einen Dienst vom Netz durch festgelegte Prozeduren anfordern, dann liegt ein Abrufdienst [pull service] vor, für den auch die Bezeichnung „Hol-Dienst" gilt. Es ist ebenso der Begriff „on demand service" üblich.

 Verteildienst („Bring-Dienst") [push service] = Dienst wird dem Endgerät ohne Anforderung des Nutzers zur Verfügung gestellt.
Abrufdienst („Hol-Dienst") [pull service] = Dienst wird dem Endgerät nur nach Anforderung [on demand] durch den Nutzer zur Verfügung gestellt.

Für den Ablauf von Kommunikationsvorgängen sind immer Festlegungen erforderlich, um einen geordneten und effizienten Betrieb zu ermöglichen. Es gibt deshalb stets einen Satz von Regeln über die Abwicklung der einzelnen Schritte eines Kommunikationsvorgangs. Solche Regelwerke werden als Protokoll [protocol] bezeichnet. Sie sind meist in Standards festgelegt und können dienstespezifische Anforderungen enthalten, aber auch unabhängig von einzelnen Diensten sein.

 Protokoll [protocol] = verbindliche Festlegungen über die Abwicklung der einzelnen Schritte von Kommunikationsvorgängen

Wird eine Anwendung der Medientechnik über ein Netz oder sonstige technische Funktionseinheit bewirkt, dann gilt die Bezeichnung Online(-Betrieb). Erfolgt dagegen deren Nutzung mithilfe einer autarken technischen Einrichtung, dann liegt Offline(-Betrieb) vor.

 Online-Anwendungen erfordern stets externe Einrichtungen, während Offline-Anwendungen autark arbeiten.

Für die Abwicklung eines Protokolls gilt die Bezeichnung Prozedur. Sie stellt also die Realisierung des Protokolls dar.

Jedes Kommunikationssystem besteht immer aus verschiedenen Komponenten. Für die bestimmungsgemäße Funktion des gesamten Systems müssen für deren Zusammenwirken spezifische Bedingungen erfüllt sein. Dabei kann es sich um mechanische und/oder elektrische Werte handeln, aber auch um Vorgaben bezüglich der Software. Für solche Übergänge gilt die Bezeichnung Schnittstelle [interface].

 Schnittstelle [interface] = beschreibt den definierten Übergang bezüglich Hardware und/oder Software zwischen Komponenten eines Kommunikationssystems.

Die an Schnittstellen einzuhaltenden technischen Vorgaben werden auch als Schnittstellendefinition bezeichnet.

3 Signale und Pegel

Signale sind Verläufe physikalischer Größen. Bei leitungsgebundenen und funkgestützten Systemen ist dabei die Spannung U von besonderem Interesse, weil diese relativ einfach gemessen werden kann. Deshalb beziehen sich die Ausführungen im Buch in der Regel auf die Spannung. Im Falle optischer Leitungen und Komponenten erfolgt allerdings der Übergang auf die optische Leistung P_{opt}, weil es keine optische Spannung gibt.

3.1 Signalbeschreibung im Zeitbereich

Signalverläufe sind mathematisch betrachtet Funktionen zwischen unabhängigen und abhängigen Variablen. Dabei stellt der Signalwert stets die abhängige Variable dar. Erfolgt ein Bezug auf die Zeit t als unabhängige Variable, dann handelt es sich um eine Zeitfunktion $f(t)$.

Bei einer Zeitfunktion gilt stets folgende Form der Darstellung:

- x-Achse (Abszisse):   Zeit t
- y-Achse (Ordinate):   Signalwert

In der Signaltheorie wird mit der Darstellung $s(t)$ gearbeitet. Soll explizit ausgedrückt werden, dass es sich um die Darstellung eine Spannung handelt, verwendet man $u(t)$. Bei jeder **Zeitfunktion** ist stets ein bestimmter Wertebereich vorgegeben, es gibt deshalb immer einen größten (maximalen) und einen kleinsten (minimalen) Signalwert. Innerhalb dieser Grenzen kann jeder beliebige Signalwert (reelle Zahl) auftreten.

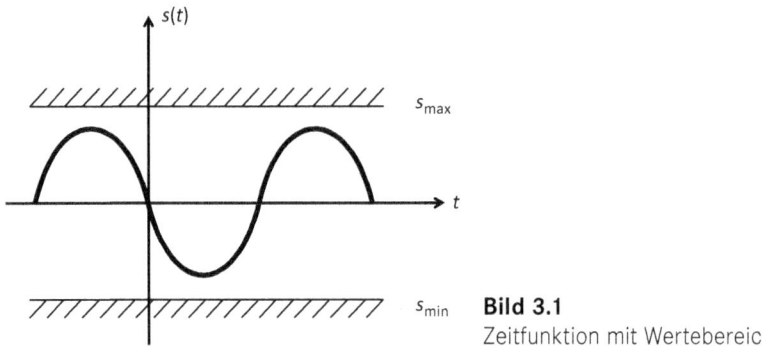

Bild 3.1
Zeitfunktion mit Wertebereich

Bild 3.1 zeigt eine Zeitfunktion, bei der für jede Zeit t ein Signalwert existiert. Eine solche Funktion wird als zeitkontinuierlich und wertekontinuierlich bezeichnet. Im Folgenden sollen weitere wichtige Signale dieser Klasse (zeitkontinuierlich und wertekontinuierlich) dargestellt werden. Diese Signale stellen wichtige Kurvenverläufe zur Beschreibung von analoger und digitaler Signalverarbeitung dar. Bezüglich ihrer Charakteristik in zeitlicher Richtung können sie in die folgenden Klassen unterteilt werden:

- zeitlich begrenzt,
- zeitlich unbegrenzt und aperiodisch,
- zeitlich unbegrenzt und periodisch.

Der **Gauß-Impuls** stellt ein zeitkontinuierliches und wertekontinuierliches Signal dar. Der Verlauf ist in zeitlicher Richtung unbegrenzt und aperiodisch (Bild 3.2). Der Gauß-Impuls wird u.a. zur mathematischen Beschreibung der Intensitätsverteilungen in der Optik verwendet. Die mathematische Darstellung des Zeitsignals lautet:

$$s(t) = A \cdot e^{-\alpha \cdot t^2} \tag{3.1}$$

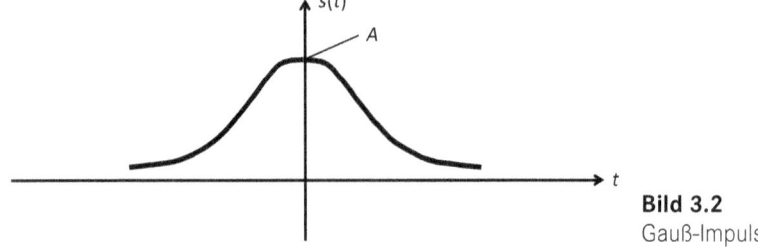

Bild 3.2
Gauß-Impuls

Sinus- und cosinusförmige Schwingungen stellen zeitkontinuierliche und wertekontinuierliche Signalverläufe dar. Die Verläufe sind in zeitlicher Richtung unbegrenzt und periodisch (Bild 3.3). Ihre Kurvenformen sind gleich, jedoch liegt eine Phasenverschiebung von 90 Grad vor. Diese Signalformen werden zur mathematischen Beschreibung von Modulation und Demodulation verwendet. Die mathematische Darstellung des Zeitsignals lautet für das **Sinus-Signal**:

$$s(t) = A \cdot \sin(2\pi \cdot f_0 \cdot t - \varphi) \tag{3.2}$$

Mit der Euler-Relation:

$$e^{jx} = \cos(x) + j \cdot \sin(x) \tag{3.3}$$

kann das Sinus-Signal wie folgt dargestellt werden:

$$s(t) = -\frac{j}{2} \cdot A \cdot e^{j2\pi \cdot f_0 \cdot t - \varphi} + \frac{j}{2} \cdot A \cdot e^{-j2\pi \cdot f_0 \cdot t + \varphi} \tag{3.4}$$

Diese Darstellung hat den Vorteil, dass im Zusammenhang mit der Fouriertransformation das Spektrum relativ einfach berechnet werden kann.

Für das **Cosinus-Signal** lautet die Darstellung im Zeitbereich:

$$s(t) = A \cdot \cos(2\pi \cdot f_0 \cdot t - \varphi) \tag{3.5}$$

Mit Euler folgt:

$$s(t) = \frac{1}{2} \cdot A \cdot e^{j2\pi \cdot f_0 \cdot t - \varphi} + \frac{1}{2} \cdot A \cdot e^{-j2\pi \cdot f_0 \cdot t + \varphi} \tag{3.6}$$

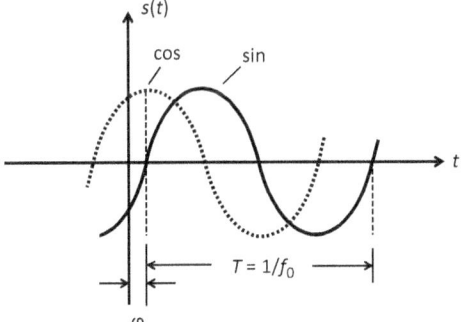

Bild 3.3
Sinus- und cosinusförmige Signalverläufe

Der Rechteck-Impuls ist ebenfalls zeitkontinuierlich und wertekontinuierlich. Der Verlauf ist in zeitlicher Richtung begrenzt (Bild 3.4). Der Rechteck-Impuls stellt eine wichtige Signalform zur Beschreibung von Sample & Hold-Vorgängen (z. B. beim D/A-Wandler) dar. Die mathematische Definition des Rechteck-Impulses ist entlang der Zeitachse abschnittweise definiert:

$$\sqcap_T(t) = \begin{cases} \dfrac{1}{T}; & -\dfrac{1}{2T} < t < \dfrac{1}{2T} \\ 0; & |t| > \dfrac{1}{2T} \\ \dfrac{1}{2T}; & t = \pm\dfrac{1}{2T} \end{cases} \qquad (3.7)$$

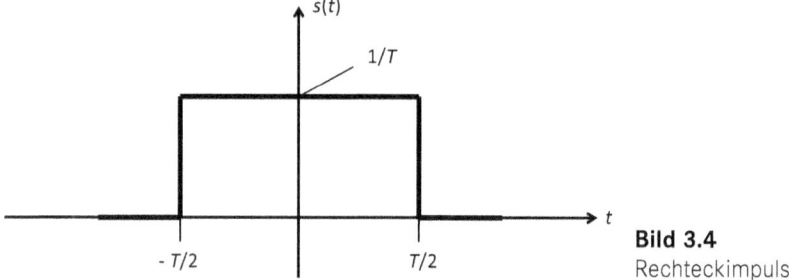

Bild 3.4 Rechteckimpuls

Der **Dirac-Impuls** ist keine Funktion im eigentlichen Sinne, sondern eine Singularität bzw. Distribution. Die mathematische Definition der Amplitude erfolgt über einen Grenzwertübergang. Dazu kann zum Beispiel der Rechteck-Impuls herangezogen werden:

$$\delta(t) = \lim_{T \to 0} \sqcap_T(t) \qquad (3.8)$$

Der Dirac-Impuls gehört zur Klasse der zeitdiskreten Signale. Wegen der unendlich hohen Amplitude kann ein Dirac-Impuls in technischen Systemen nicht realisiert werden. Er eignet sich aber gut zur systemtheoretischen Beschreibung der idealen Abtastung, da mit ihm ein singulärer Amplitudenwert herausgefiltert werden kann (Siebeigenschaft). Der Pfeil in Bild 3.5 soll andeuten, dass die Amplitude unendlich ist. Die 1 auf der *y*-Achse stellt den Gewichtungsfaktor dar, in diesem Fall mit einer 1.

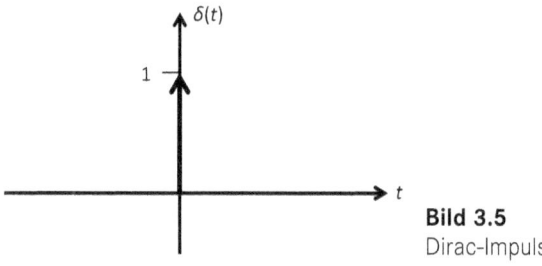

Bild 3.5 Dirac-Impuls

Der **Dirac-Kamm** stellt die Aneinanderreihung von unendlich vielen Dirac-Impulsen mit einem konstanten Abstand in zeitlicher Richtung dar (Bild 3.6). Seine Darstellung im Zeitbereich lautet:

$$d_T(t) = \sum_{i=-\infty}^{\infty} \delta(t - i \cdot T) \tag{3.9}$$

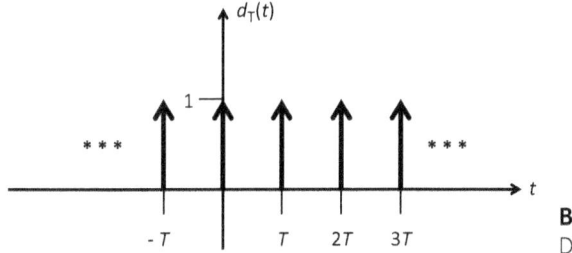

Bild 3.6 Dirac-Kamm

Der Dirac-Kamm wird zur Beschreibung der idealen Abtastung benötigt. Multipliziert man im Zeitbereich ein zeitkontinuierliches Signal mit einem Dirac-Kamm, so wird das kontinuierliche Signal in zeitlicher Richtung diskretisiert. Dieses ist die mathematische Darstellung des Abtasttheorems im Zeitbereich.

Bezüglich der Repräsentation des Signalverlaufes entlang der *t*-Achse können Zeitfunktionen in zeitkontinuierlich und zeitdiskret eingeteilt werden. Bei zeitkontinuierlichen Signalverläufen existiert zu jedem Zeitpunkt t ein Signalwert, bei zeitdiskreten Signalverläufen nur an definierten Stellen auf der *t*-Achse.

In Richtung des Signalwertes kann die Unterteilung in wertekontinuierlich und wertediskret getroffen werden. Bei wertekontinuierlichen Signalen kann jeder reelle Wert (im Bereich minimal zu maximal) auftreten. Bei wertediskreten Signalen können nur gewisse Amplituden eingenommen werden.

Auf diese Weise kann die folgende Klasseneinteilung vorgenommen werden:

- zeitkontinuierlich/wertekontinuierlich
    - Gauß-Impuls,
    - Rechteckimpuls,
    - Sinus/Cosinus-Schwingung;
- zeitkontinuierlich/wertediskret
    - Ausgangssignal eines D/A-Wandlers (Sample & Hold);
- zeitdiskret/wertekontinuierlich
    - Signal nach der Abtastung in einem A/D-Wandler,
    - Dirac-Impuls,
    - Dirac-Kamm;

- zeitdiskret/wertediskret
  - Signal nach Abtastung und Quantisierung in einem A/D-Wandler.

Die bis hierhin dargestellten Signale lassen sich zusätzlich noch in Energiesignale und in Leistungssignale unterteilen. Sinus, Cosinus und der Dirac-Kamm sind Leistungssignale, da sie an einem ohmschen Widerstand eine konstante Leistung umsetzen. Die anderen dargestellten Signale sind Energiesignale, da sie eine endliche Energie erzeugen.

3.2 Signalbeschreibung im Frequenzbereich

Während bei der Zeitfunktion Signalwert und Zeit einander zugeordnet sind, ist es bei der **Frequenzfunktion** (Spektrum) der Signalwert und die Frequenz. Dabei gilt als vereinbart, dass sich Angaben stets auf sinusförmige Verläufe beziehen, die bekanntlich durch Amplitude, Frequenz und Phasenwinkel gekennzeichnet sind.

Der Bezug auf sinusförmige Verläufe ermöglicht den einfachen Übergang zwischen Zeit- und Frequenzfunktionen. Die Frequenzabhängigkeit ist für die Amplitude und den Phasenwinkel darstellbar (Bild 3.7). Da bei sinusförmiger Spannung zwischen dem Scheitelwert (Amplitude) und dem Effektivwert eine feste Verkopplung besteht, unterscheiden sich die Ergebnisse nur durch einen konstanten Faktor.

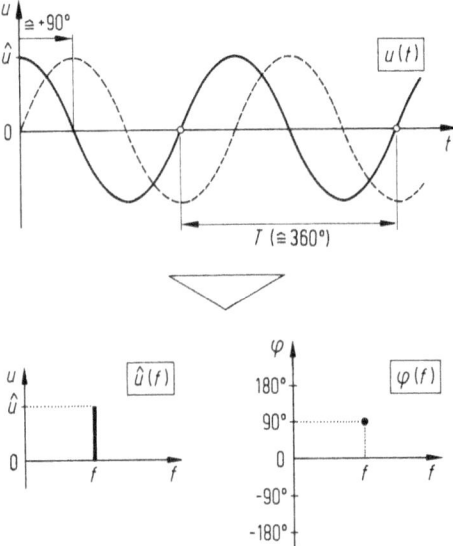

Bild 3.7
Übergang zwischen Zeit- und Frequenzfunktion

Bei der Frequenzabhängigkeit des Phasenwinkels ist stets ein Referenzwert erforderlich. Dabei stellt die Größe des Phasenwinkels ein Maß für die Signallaufzeit dar.

Bei den üblicherweise als Frequenzgang bezeichneten Frequenzfunktionen sind folgende Formen unterscheidbar:

- **Amplituden-Frequenzgang** [amplitude frequency response] (auch als Amplitudengang bezeichnet). Die Amplitude wird in Abhängigkeit von der Frequenz dargestellt (Bild 3.8).
- **Phasen-Frequenzgang** [phase frequency response] (auch als Phasengang bezeichnet). Die Phase wird in Abhängigkeit von der Frequenz dargestellt (Bild 3.9).

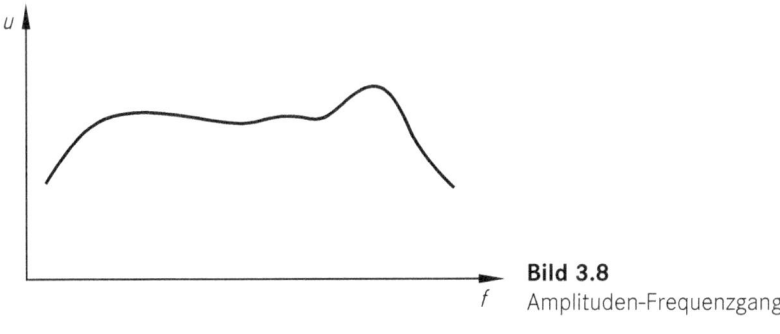

Bild 3.8
Amplituden-Frequenzgang

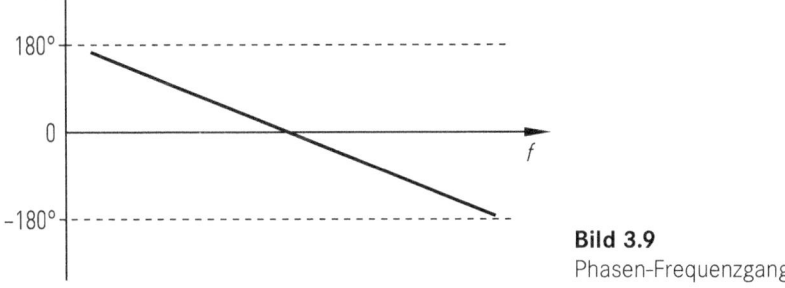

Bild 3.9
Phasen-Frequenzgang

Ein Spezialfall des Amplituden-Frequenzgangs liegt vor, wenn nur für einzelne Frequenzen Amplituden auftreten. Diese werden dann als Spektrallinien bezeichnet. Ihre Abstände zueinander können gleich, aber auch unregelmäßig sein.

3.3 Die Fouriertransformation und ihre Anwendungen

Eine (reelle) Signalamplitude kann in Abhängigkeit von der Zeit dargestellt werden. Das ist dann eine Beschreibung im **Zeitbereich**. Daneben kann das gleiche Signal auch mit einer konjugiert komplexen Amplitude in Abhängigkeit von der Frequenz dargestellt werden. Das ist dann eine Beschreibung im **Frequenzbereich**. Beide Darstellungen sind gleichwertig und „stellen die gleiche Münze von der jeweils anderen Seite dar" (Bild 3.10). In Abschnitt 3.2 wurden diese Zusammenhänge einführend beleuchtet. Manchmal ist es einfacher, ein Systemverhalten im Zeitbereich darzustellen und manchmal ist die Beschreibung im Frequenzbereich leichter. Daher müssen wir beide Darstellungen verwenden.

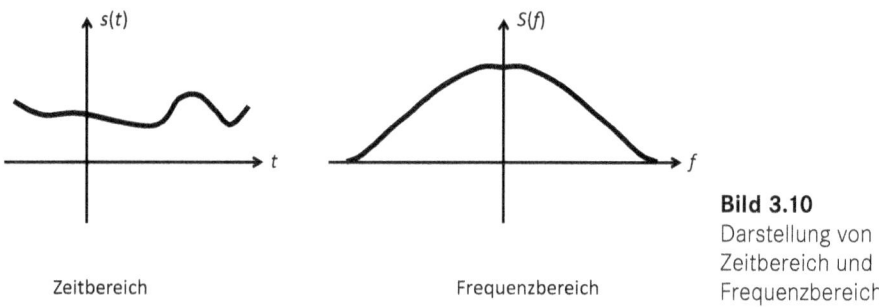

Bild 3.10 Darstellung von Zeitbereich und Frequenzbereich

Die **Fouriertransformation** FT überführt ein Signal vom Zeitbereich in den Frequenzbereich. Sie bildet also das zugehörige Spektrum $S(f)$ des Zeitsignals $s(t)$.

$$S(f) = \int_{-\infty}^{\infty} s(t) \cdot e^{-j2\pi \cdot f \cdot t} \cdot dt \qquad (3.10)$$

Die **Fourierrücktransformation** (inverse Fouriertransformation) IFT überführt ein Spektrum in das dazu korrespondierende Zeitsignal.

$$s(t) = \int_{-\infty}^{\infty} S(f) \cdot e^{j2\pi \cdot f \cdot t} \cdot df \qquad (3.11)$$

In Formel 3.10 und Formel 3.11 treten negative Frequenzen auf, die es in realen Systemen nicht gibt. Dieses liegt daran, dass reelle Zeitfunktionen angenommen werden. Das Spektrum $S(f)$ ist daher konjugiert komplex. Beide Transformationen sind bijektiv. Zu einem bestimmten Zeitsignal $s(t)$ gibt es nur ein Spektrum $S(f)$ und umgekehrt! Das bedeutet: **$s(t)$ korrespondiert mit $S(f)$.** Der Korrespondenzpfeil in Formel 3.12 stellt diesen Sachverhalt in kompakter Form dar.

$$s(t) \Leftrightarrow S(f) \tag{3.12}$$

Oftmals muss das Fourierspektrum nicht explizit berechnet werden, sondern kann auf bekannte Spektren zurückgeführt werden. Hierzu stellen die Theoreme der Fouriertransformation eine wertvolle Hilfe dar. Es sind hier nur die Theoreme aufgelistet, die in diesem Zusammenhang gebraucht werden. Alle Theoreme sind mathematisch relativ einfach beweisbar.

Linearität

Wenn ein Signal im Zeitbereich als gewichtete Summe von Einzelsignalen dargestellt werden kann, dann ist das Spektrum dieses Signals ebenfalls die gewichtete Summe der Spektren der Einzelsignale.

$$\sum_{i=1}^{n} a_i \cdot s_i(t) \cdot \sum_{i=1}^{n} a_i \cdot S_i(f) \tag{3.13}$$

Verschiebung im Zeitbereich

Wird ein Zeitsignal auf der t-Achse verschoben, so entsteht das gleiche Spektrum wie bei dem nicht verschobenen Signal, aber mit der zusätzlichen Multiplikation mit einer komplexen e-Funktion im Frequenzbereich.

$$s(t - t_0) \Leftrightarrow S(f) \cdot e^{-j2\pi \cdot f \cdot t_0} \tag{3.14}$$

Verschiebung im Frequenzbereich

Die Multiplikation eines Zeitsignals mit einer komplexen e-Funktion wird zur Darstellung von Modulationen benötigt. Sie führt auf eine Verschiebung im Frequenzbereich.

$$s(t) \cdot e^{j2\pi \cdot f_0 \cdot t} \Leftrightarrow S(f - f_0) \tag{3.15}$$

Faltung im Zeitbereich

Mit der Faltung im Zeitbereich kann das Systemverhalten von LTI-Systemen [linear time invariant] im Zeitbereich beschrieben werden. Formel 3.16 stellt die Definition der Faltung von zwei Signalen im Zeitbereich dar.

$$s_1(t) \cdot s_2(t) = \int_{-\infty}^{\infty} s_1(\tau) \cdot s_2(t - \tau) \cdot d\tau \tag{3.16}$$

Die Faltung im Zeitbereich führt auf eine Multiplikation im Frequenzbereich (Formel 3.17). Dieses Theorem ist besonders bei der Kaskadierung von Teilsystemen vorteilhaft, da im Frequenzbereich nur eine Mehrfachmultiplikation entsteht.

$$s_1(t) \cdot s_2(t) \Leftrightarrow S_1(f) \cdot S_2(f) \tag{3.17}$$

Besitzt ein lineares, zeitinvariantes Übertragungssystem (LTI-System) die Impulsantwort $h(t)$, so kann die Ausgangsfunktion $g(t)$ des Systems als Faltung der Eingangsfunktion $s(t)$ mit der Impulsantwort bestimmt werden (Formel 3.28). Die Impulsantwort $h(t)$ ist die Antwort eines LTI-Systems auf einen Dirac-Impuls. Im Frequenzbereich ergibt sich $G(f)$ als Multiplikation von $S(f)$ mit $H(f)$.

Faltung im Frequenzbereich

Die Fouriertransformation besitzt Symmetrieeigenschaften. Daher führt eine Faltung im Frequenzbereich auf eine Multiplikation im Zeitbereich (Formel 3.19). Diese Eigenschaft wird bei der Formulierung von endlich steilen Filterflanken bei der Datenübertragung genutzt.

Nachfolgend sind die bisher beschriebenen Signale (im Zeitbereich) mit ihren dazugehörenden Spektren dargestellt.

$$S_1(f) \cdot S_2(f) = \int_{-\infty}^{\infty} S_1(\tau) \cdot S_2(f-\tau) \cdot d\tau \tag{3.18}$$

$$S_1(f) \cdot S_2(f) \Leftrightarrow s_1(t) \cdot s_2(t) \tag{3.19}$$

Gauß-Impuls

$$A \cdot e^{-\alpha \cdot t^2} \Leftrightarrow A \cdot \sqrt{\frac{\pi}{\alpha}} \cdot e^{-\frac{\pi^2}{\alpha} f^2} \tag{3.20}$$

Sinus-Schwingung

$$A \cdot \sin(2\pi \cdot f_0 \cdot t - \varphi) \Leftrightarrow -\frac{j}{2} \cdot A \cdot e^{-j\varphi} \cdot \delta(f - f_0) + \frac{j}{2} \cdot A \cdot e^{j\varphi} \cdot \delta(f + f_0) \tag{3.21}$$

Cosinus-Schwingung

$$A \cdot \cos(2\pi \cdot f_0 \cdot t - \varphi) \Leftrightarrow \frac{1}{2} \cdot A \cdot e^{-j\varphi} \cdot \delta(f - f_0) + \frac{1}{2} \cdot A \cdot e^{j\varphi} \cdot \delta(f + f_0) \tag{3.22}$$

Rechteckimpuls

$$\sqcap_T(t) \Leftrightarrow si\left(2\pi \cdot f \cdot \frac{T}{2}\right) \tag{3.23}$$

Dirac-Impuls

$$\delta(t) \Leftrightarrow 1 \tag{3.24}$$

Dirac-Kamm

$$d_T(t) = \sum_{i=-\infty}^{\infty} \delta(t - i \cdot T) \Leftrightarrow \frac{1}{T} \cdot D_{\frac{1}{T}}(f) = \frac{1}{T} \cdot \sum_{i=-\infty}^{\infty} \delta\left(f - \frac{i}{T}\right) \tag{3.25}$$

Bild 3.11 zeigt ein lineares, zeitinvariantes Übertragungssystem (LTI-System). Das System besitzt die Impulsantwort $h(t)$, das ist die Reaktion eines LTI-Systems auf einen Dirac-Impuls am Eingang. Wird die Impulsantwort $h(t)$ in den Frequenzbereich transformiert (Fouriertransformation), so entsteht die Übertragungsfunktion $H(f)$. Die Übertragungsfunktion ist dabei eine konjugiert komplexe Funktion, da sie mit einem reellen Zeitsignal korrespondiert. $H(f)$ kann alternativ in zwei reellen Funktionen dargestellt werden:

Amplituden-Frequenzgang

$$A(f) = |H(f)| \tag{3.26}$$

Phasen-Frequenzgang

$$\varphi(f) = \arctan\left[\frac{\operatorname{Im}\{H(f)\}}{\operatorname{Re}\{H(f)\}}\right] \tag{3.27}$$

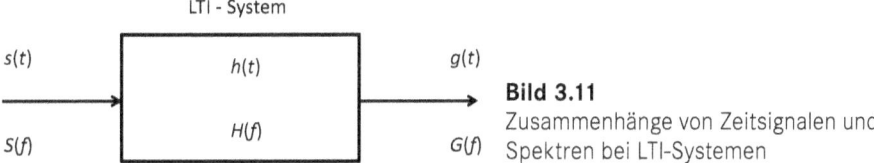

Bild 3.11
Zusammenhänge von Zeitsignalen und Spektren bei LTI-Systemen

Die Darstellung des Ausgangssignals im Zeitbereich erfolgt über die Faltung von Eingangssignal (im Zeitbereich) und der Impulsantwort (Formel 3.28). Diese Berechnung ist oft schwierig und zeigt nicht wirklich die Eigenschaften des Systems. Daher arbeitet man in vielen Fällen mit dem Frequenzbereich. Hier entsteht das Spektrum des Ausgangssignals durch Multiplikation des Spektrums des Eingangssignals mit der Übertragungsfunktion (Formel 3.29). Besonders bei der Kaskadierung von Teilsystemen ist diese Berechnung von Vorteil, da sie auf die Multiplikation der Übertragungsfunktionen von Teilsystemen führt.

$$g(t) = s(t) \cdot h(t) \tag{3.28}$$

$$G(f) = S(f) \cdot H(f) \tag{3.29}$$

3.4 Pegel und ihre Anwendungen

Bei allen in der Nachrichtentechnik verwendeten Signalen handelt es sich bekanntlich um Verläufe physikalischer Größen. Sie werden durch Messung und/oder Berechnung ermittelt und stellen für die Anwendungen wichtige Informationen dar. In der elektrischen Nachrichtentechnik spielen dabei folgende Größen eine wichtige Rolle:

- elektrische Spannung [voltage]
  - Formelzeichen: U,
  - Einheit: V (Volt);
- elektrische Wirkleistung [power]
  - Formelzeichen: P,
  - Einheit: W (Watt).

Bezogen auf die optische Nachrichtentechnik ist es die optische Leistung P_{opt}, bei der die Maßeinheit ebenfalls das Watt (W) ist. Um Verwechselungen zwischen optischer und elektrischer Leistung zu vermeiden, wird im Bedarfsfall als Formelzeichen für die elektrische Wirkleistung P_{el} verwendet.

Die Angabe eines Spannungswertes erfolgt als Vielfaches der Einheit Volt (V), während es sich beim Leistungswert um das Vielfache der Einheit Watt (W) handelt. Das Vielfache kann dabei auch eine beliebig gebrochene Zahl sein. Bei der Spannung ist zur Angabe der Polarität zusätzlich auch das Minuszeichen möglich.

Häufig ist nicht der absolute Wert einer Größe von Interesse, sondern das Verhältnis von zwei gleichartigen Größen, also zum Beispiel Eingangs- und Ausgangsspannung eines Verstärkers. Es ergibt sich dadurch ein Bruch, dessen Zähler und Nenner gleiche Dimensionen aufweisen. Das führt zu einem dimensionslosen Ausdruck x. Bezogen auf beliebige Stellen a und b ergibt sich für die Leistung:

$$x_P = \frac{P_a}{P_b} \qquad (3.30)$$

Vergleichbar gilt für die Spannung:

$$x_U = \frac{U_a}{U_b} \qquad (3.31)$$

Die Beschreibung dieser Größenverhältnisse durch den dekadischen Logarithmus führt zu folgender Form y und wird im Gegensatz zur linearen Variante als **Pegel** [level] bezeichnet:

$$y_P = \lg \frac{P_a}{P_b} \qquad (3.32)$$

$$y_U = \lg \frac{U_a}{U_b} \tag{3.33}$$

Als Formelzeichen für den Pegel wurde L festgelegt. Durch einen Index beim Formelzeichen L lässt sich die Art des Pegels eindeutig kennzeichnen, wie L_P für den Leistungspegel und L_U für den Spannungspegel.

Da Pegelangaben systembedingt dimensionslos sind, sie jedoch als Pegelangabe erkennbar sein sollen, wurde als Pseudoeinheit „Bel" (B) festgelegt. Es hat sich allerdings in der Praxis das Dezibel (dB) durchgesetzt, also das Zehntelbel, weil dies zu überschaubaren Pegelwerten führt. Es gilt:

$$1\,\text{dB} = \frac{1}{10}\,\text{B} \Rightarrow 1\,\text{B} = 10\,\text{dB} \tag{3.34}$$

Damit ergibt sich für den Leistungspegel:

$$L_P = 10 \cdot \lg \frac{P_a}{P_b}\,\text{dB} \tag{3.35}$$

Mithilfe der Leistungsformel ist der Übergang vom Leistungspegel zum Spannungspegel möglich. Es gilt:

$$L_P = 10 \cdot \lg \frac{P_a}{P_b}\,\text{dB} = 10 \cdot \lg \frac{\dfrac{U_a^2}{R_a}}{\dfrac{U_b^2}{R_b}}\,\text{dB} \tag{3.36}$$

Als Bedingung gilt nun, dass sich beide Leistungen auf den gleichen Widerstand beziehen müssen. Das bedeutet:

$$R_a = R_b = R \tag{3.37}$$

Daraus folgt für den Spannungspegel:

$$L_U = 10 \cdot \lg \frac{U_a^2}{U_b^2}\,\text{dB} = 10 \cdot 2 \cdot \lg \frac{U_a}{U_b}\,\text{dB} \tag{3.38}$$

$$L_U = 20 \cdot \lg \frac{U_a}{U_b} \tag{3.39}$$

Ist ein Pegelwert vorgegeben, dann kann durch Entlogarithmieren das Verhältnis der Leistungen und Spannungen einfach ermittelt werden. Es gilt allgemein:

$$y = \lg x \Leftrightarrow x = 10^y \tag{3.40}$$

Daraus folgt auf die Leistungen bezogen:

$$\frac{P_a}{P_b} = 10^{\frac{L_P}{10\,\text{dB}}} \tag{3.41}$$

Bezogen auf die Spannungen ergibt sich:

$$\frac{U_a}{U_b} = 10^{\frac{L_U}{20\,dB}} \tag{3.42}$$

Die bisherigen Betrachtungen der Leistungen und Spannung bezogen sich auf zwei beliebige Stellen a und b im Kommunikationssystem. In der Praxis ist jedoch sehr häufig das Verhältnis zwischen der Eingangsgröße und der Ausgangsgröße einer Baugruppe, eines Gerätes oder eines Systems von Bedeutung. Es gelten dafür folgende Indizes:

- Größen am Eingang: Index 1
- Größen am Ausgang: Index 2

Diese Festlegung führt zum relativen Pegel. Für die Beziehung (= Relation) zwischen Eingang und Ausgang gibt es zwei Möglichkeiten für die Pegelangabe:

Bezug auf den Ausgang (Index 2)

$$L_{P(1/2)} = 10 \cdot \lg \frac{P_1}{P_2} dB \tag{3.43}$$

Bezug auf den Eingang (Index 1)

$$L_{P(2/1)} = 10 \cdot \lg \frac{P_2}{P_1} dB \tag{3.44}$$

Beide Pegel basieren auf den Kehrwerten der Leistungsverhältnisse. Sie weisen deshalb gleiche Zahlenwerte, jedoch unterschiedliche Vorzeichen auf.

Die Wirkungsrichtung verläuft bei Baugruppen, Geräten und Systemen stets vom Eingang zum Ausgang. Sind die Werte von Leistung oder Spannung am Ausgang größer als die am Eingang, dann liegt Verstärkung [gain] vor und es ergibt sich ein positiver Wert für den Pegel. Bei kleineren Werten am Ausgang gegenüber dem Eingang handelt es sich um Dämpfung [attenuation]. Das führt zu negativen Werten für den Pegel. Es gelten folgende Zusammenhänge:

Verstärkung

$$P_2 > P_1 \Rightarrow \frac{P_2}{P_1} > 1 \Rightarrow \lg \frac{P_2}{P_1} > 0 \Rightarrow L_P = 10 \cdot \lg \frac{P_2}{P_1} > 0 \tag{3.45}$$

Dämpfung

$$P_2 < P_1 \Rightarrow \frac{P_2}{P_1} < 1 \Rightarrow \lg \frac{P_2}{P_1} < 0 \Rightarrow L_P = 10 \cdot \lg \frac{P_2}{P_1} < 0 \tag{3.46}$$

Vorstehende Aussagen gelten vergleichbar auch für die Spannung.

Durch das Vorzeichen ist also bei jedem Pegelwert eindeutig erkennbar, ob es sich um Verstärkung oder Dämpfung handelt, wenn sich die Angabe auf dieselbe Wirkungsrichtung bezieht. Im Sprachgebrauch und in der Fachliteratur wird dies nicht immer konsequent beachtet. So muss bei der Aussage, dass die Dämpfung 12 dB beträgt, in Berechnungen dies als −12 dB berücksichtigt werden.

Das lineare Verhältnis der Leistungswerte bzw. Spannungswerte wird als **Verstärkungsfaktor** oder **Dämpfungsfaktor** bezeichnet.

In Tabelle 3.1 sind die möglichen Varianten der Faktoren und Pegel zusammengestellt.

Tabelle 3.1 Faktoren und Pegel für Leistung und Spannung

$P_2 > P_1$	Leistungs-Verstärkungsfaktor	$V_P = \dfrac{P_2}{P_1}$	Leistungs-Verstärkungspegel	$L_{P(V)} = 10 \cdot \lg \dfrac{P_2}{P_1} \text{dB}$
$U_2 > U_1$	Spannungs-Verstärkungsfaktor	$V_U = \dfrac{U_2}{U_1}$	Spannungs-Verstärkungspegel	$L_{U(V)} = 20 \cdot \lg \dfrac{U_2}{U_1} \text{dB}$
$P_2 < P_1$	Leistungs-Dämpfungsfaktor	$D_P = \dfrac{P_2}{P_1}$	Leistungs-Dämpfungspegel	$L_{P(A)} = 10 \cdot \lg \dfrac{P_2}{P_1} \text{dB}$
$U_2 < U_1$	Spannungs-Dämpfungsfaktor	$D_U = \dfrac{U_2}{U_1}$	Spannungs-Dämpfungspegel	$L_{U(A)} = 20 \cdot \lg \dfrac{U_2}{U_1} \text{dB}$

In der Fachliteratur wird für die Verstärkungspegel auch die Bezeichnung g (von „gain") verwendet und für die Dämpfungspegel a (von „attenuation"). Durch Pegelangaben in Dezibel (dB) können auch große Werteverhältnisse mit überschaubaren Zahlen angegeben werden (Bild 3.12).

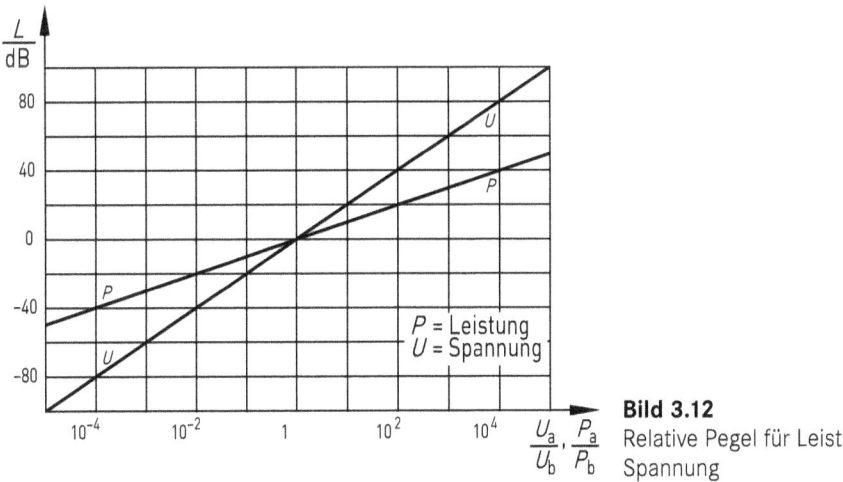

Bild 3.12 Relative Pegel für Leistung und Spannung

Die bisherigen Pegelbetrachtungen bezogen sich stets auf gleiche Widerstandswerte am Eingang und Ausgang. Diese Situation ist in der Praxis nicht immer gegeben. Bezogen auf den Widerstand R_1 am Eingang und den Widerstand R_2 am Ausgang lässt sich folgende Abhängigkeit ermitteln:

$$L_P = L_U + 10 \cdot \lg \frac{R_2}{R_1} \text{dB} \tag{3.47}$$

Weisen R_1 und R_2 gleiche Werte auf, dann gilt das auch für den Leistungspegel und den Spannungspegel.

Erfolgt bei Pegelangaben der Bezug auf definierte Referenzwerte, dann handelt es sich um **absolute Pegel**. Wird für den allgemeinen Fall für den Referenzwert der Index „ref" gewählt, dann gilt für den absoluten Leistungspegel:

$$(L_P)_{abs} = 10 \cdot \lg \frac{P}{P_{ref}} \text{dB} \tag{3.48}$$

Der absolute Spannungspegel weist folgende Form auf:

$$(L_U)_{abs} = 20 \cdot \lg \frac{U}{U_{ref}} \text{dB} \tag{3.49}$$

Der Index „abs" kann entfallen, wenn hinter dem dB-Zeichen die Einheit der Referenzgröße in Klammern angegeben ist. Von dieser genormten Form wird in der Praxis häufig abgewichen und ein direktes Anhängsel an das dB-Zeichen verwendet.

Grundsätzlich ist jeder Wert als Referenz möglich. In der Praxis sind jedoch nur bestimmte Größen üblich. Dazu gehören:

- absoluter Leistungspegel, bezogen auf 1 mW
  - genormte Angabe: dB(mW),
  - häufig verwendete Angabe: dBm;
- absoluter Leistungspegel, bezogen auf 1 W
  - genormte Angabe: dB(W),
  - häufig verwendete Angabe: dBW;
- absoluter Spannungspegel, bezogen auf 1 µV
  - genormte Angabe: dB(µV),
  - häufig verwendete Angabe: dBµV;
- absoluter Spannungspegel, bezogen auf 1 V
  - genormte Angabe: dB(V),
  - häufig verwendete Angabe: dBV.

In Tabelle 3.2 ist eine Auswahl für die Nachrichtentechnik wichtiger absoluter Pegel und ihre Entlogarithmierung zusammengestellt.

Tabelle 3.2 Berechnung absoluter Pegel

Art des Pegels (absoluter Bezugswert)	Berechnung des Pegels	Berechnung des Wertes
Leistungspegel 1 mW	$L_P = 10 \cdot \lg \dfrac{P}{1\,\text{mW}} \text{dBm}$	$P = 10^{\frac{L_P}{10\,\text{dBm}}} \text{mW}$
Leistungspegel 1 W	$L_P = 10 \cdot \lg \dfrac{P}{1\,\text{W}} \text{dBW}$	$P = 10^{\frac{L_P}{10\,\text{dBW}}} \text{W}$
Spannungspegel 1 µV	$L_U = 20 \cdot \lg \dfrac{U}{1\,\text{µV}} \text{dBµV}$	$U = 10^{\frac{L_U}{20\,\text{dBµV}}} \text{µV}$
Spannungspegel 1 V	$L_U = 20 \cdot \lg \dfrac{U}{1\,\text{V}} \text{dBV}$	$U = 10^{\frac{L_U}{20\,\text{dBV}}} \text{V}$
Feldstärkepegel 1 µV/m	$L_E = 20 \cdot \lg \dfrac{E}{1\,\text{µV/m}} \text{dBµV/m}$	$E = 10^{\frac{L_E}{20\,\text{dBµV/m}}} \text{µV/m}$

Mithilfe der Tabelle lassen sich Pegelwerte und Größen problemlos ineinander umrechnen.

Da an der Ergänzung des dB-Zeichens erkennbar ist, dass es sich bei der Angabe um einen absoluten Pegel handelt, wird in der Fachliteratur üblicherweise das Adjektiv „absolut" meistens nicht verwendet. Es hat sich auch eingebürgert, trotz der Angabe absoluter Pegel in Dezibel (dB), lediglich von Leistung, Spannung und Feldstärke zu sprechen.

Neben reinen Pegelangaben sind häufig auch die Unterschiede zwischen zwei Pegelwerten von Interesse. Beziehen sich diese Differenzen auf dieselbe Stelle, dann gilt die Bezeichnung **Abstand** [ratio] (Bild 3.13). Durch Zusätze wird der Bezug für die Angabe genauer beschrieben.

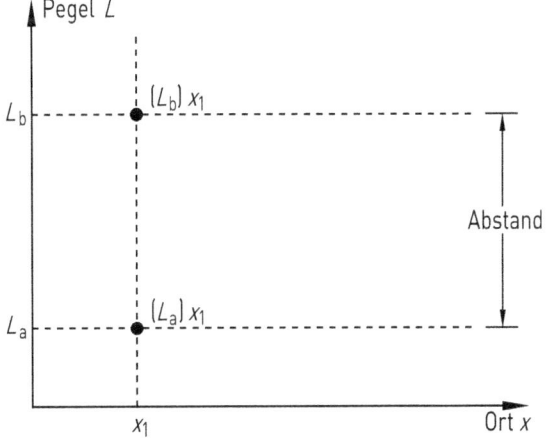

Bild 3.13 Pegeldifferenz „Abstand"

Mathematisch betrachtet, handelt es sich bei dem Abstand um den Betrag der Differenz von zwei auf denselben Ort bezogenen Pegelwerten.

$$\text{Abstand} = |(L_a)_{x_1} - (L_b)_{x_1}| \tag{3.50}$$

Wird dagegen der Betrag der Differenz von zwei Pegelwerten an unterschiedlichen Orten betrachtet, dann gilt die Bezeichnung **Maß** [figure] (Bild 3.14). Auch hier wird durch Zusätze der Bezug für die Angabe genauer beschrieben.

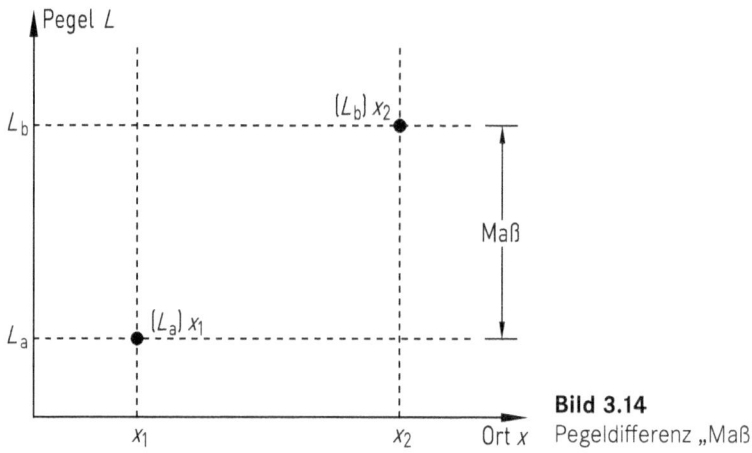

Bild 3.14 Pegeldifferenz „Maß"

Aus mathematischer Sicht stellt sich das Maß wie folgt dar:

$$\text{Maß} = |(L_a)_{x_1} - (L_b)_{x_2}| \tag{3.51}$$

Analog zu den bereits behandelten Verstärkungs- und Dämpfungspegeln sind auch Verstärkungs- und Dämpfungsmaße definierbar. Es ergeben sich folgende Varianten:

Leistungs-Verstärkungsmaß

$$g_P = L_{P(2)} - L_{P(1)} \tag{3.52}$$

Spannungs-Verstärkungsmaß

$$g_U = L_{U(2)} - L_{U(1)} \tag{3.53}$$

Leistungs-Dämpfungsmaß

$$a_P = L_{P(1)} - L_{P(2)} \tag{3.54}$$

Spannungs-Dämpfungsmaß

$$a_\mathrm{U} = L_{U(1)} - L_{U(2)} \tag{3.55}$$

Kommunikationssysteme bestehen stets aus einer Kettenschaltung verschiedener Funktionseinheiten, jede gekennzeichnet durch Verstärkung oder Dämpfung. Die Änderung der Pegelsituation innerhalb des Systems lässt sich überschaubar als Graph in einem rechtwinkligen Koordinatensystem darstellen. Es handelt sich um den Verlauf des Pegels L in Abhängigkeit vom Ort. Diese Funktion $L = f(x)$ wird als **Pegelplan** oder **Pegeldiagramm** bezeichnet. Auf der x-Achse (Abszisse) ist dabei der Ort x abgetragen, während es sich auf der y-Achse (Ordinate) um den Pegel handelt. Der Graph beginnt mit dem Eingangspegel und endet mit dem Ausgangspegel des Systems (Bild 3.15).

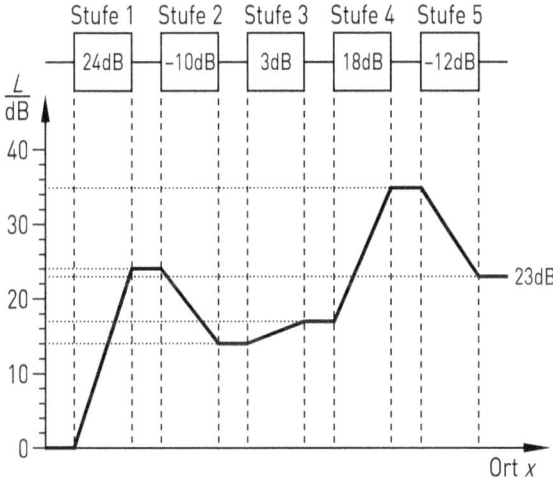

Bild 3.15
Beispiel für Pegelplan

4 Referenzmodell für offene Kommunikationssysteme

4.1 Anforderungen

Jeder Kommunikationsvorgang basiert auf physikalischen Gesetzmäßigkeiten. Das Ziel ist stets der durch eine spezifische Anwendung [application] bewirkte gewünschte Dienst [service].

Im Falle der Telekommunikation sind die Beteiligten räumlich getrennt und haben deshalb zueinander keinen unmittelbaren Kontakt. Es bedarf deshalb eines Übertragungsmediums, um die bestehenden Entfernungen zu überbrücken, was bekanntlich durch Leitungen oder Funkverbindungen realisierbar ist. Dabei kann es sich um elektrische oder optische Signale als Audio, Video oder Daten handeln.

Für eine qualifizierte **Ende-zu-Ende-Betrachtung** sind allerdings die Anwendungen als obere Ebene und die Physik als untere Ebene alleine nicht ausreichend. Es müssen nämlich auch folgende Aspekte berücksichtigt werden:

- **Syntax**

  Festlegung der für den Informationsaustausch verbindlichen Darstellungsform.

- **Protokolle**

  Regelwerk für die Abwicklung der Kommunikation.

- **Transportsteuerung**

  Steuerung des Signaltransports von Ende zu Ende, um zuverlässige und kostengünstige Kommunikation zu ermöglichen.

- **Vermittlung**

  Steuerung des Aufbaus und Abbaus der Verbindungswege zwischen den beteiligten Endgeräten einer Kommunikation.

- **Sicherung**

  Schutz der zu übertragenden Informationen gegen störende Beeinflussungen oder Verlust.

Bei analogen Diensten lassen sich vorstehende Anforderungen relativ einfach erfüllen, weil dabei stets dienstespezifische Netze zum Einsatz kommen. Dafür gilt die Bezeichnung Closed Systems Interconnection (CSI), was Kommunikation in geschlossenen Systemen bedeutet.

Digitale Dienste bieten dagegen die Unabhängigkeit von spezifischen Netzen. Sie können nämlich über beliebige Netze übertragen werden, was die Effizienz der Übertragung steigert und damit die Kosten reduziert. Das lässt sich allerdings nur durch **offene Kommunikationssysteme** erreichen. Von der Internationalen Standardisierungsorganisation ISO [International Standardization Organisation] wurde dafür ein Referenzmodell mit der Bezeichnung OSI [open systems interconnection] entwickelt, was für die Kommunikation in offenen Systemen steht. Dieses **OSI-Referenzmodell** macht keine Vorgaben für die Implementierung von Netzen, sondern ist durch die strukturierte Folge von Kommunikationsvorgängen gekennzeichnet. Die damit verbundene Aufteilung in Subsysteme mit definierten Einzelschritten reduziert die Komplexität des Gesamtsystems und stellt die einheitliche Syntax sicher.

■ 4.2 Schichten und Protokolle

Das OSI-Referenzmodell besteht aus sieben **Schichten** [layer], die zwischen dem physikalischen Medium und der Anwendung hierarchisch angeordnet sind. Jede Schicht hat eine definierte Funktion und weist zu der darüber und der darunterliegenden Schicht eindeutige Schnittstellen auf. Dadurch lassen sich Kommunikationssysteme mit Hardware und Software verschiedener Hersteller realisieren. Es müssen lediglich die **Schnittstellenbedingungen** erfüllt sein. Auf diese Weise werden Wettbewerb ermöglicht und Fortschritte der Technologie sowie bei der Softwareentwicklung nicht behindert.

 Die Verwendung von Hardware und Software beliebiger Hersteller ist möglich, wenn die Schnittstellenbedingungen erfüllt sind.

Die niedrigste Schicht (Schicht 1) des OSI-Referenzmodells setzt unmittelbar auf dem physikalischen Medium auf. Sie weist eine bestimmte Funktionalität auf und erbringt gegenüber der nächsthöheren Schicht (Schicht 2) eine üblicherweise nur als Dienst [service] bezeichnete Dienstleistung, die sich an der Schnittstelle zwischen beiden Schichten orientiert. Die Schicht 2 benötigt die Dienstleistung der Schicht 1, um in Verbindung mit ihrer eigenen Funktionalität nun für die Schicht 3 eine Dienstleistung bereitstellen zu können. Dieses Konzept gilt bis zur Schicht 7, der obersten Schicht des Referenzmodells (Bild 4.1). Die darüber liegende Anwendung trifft somit auf ein verschachteltes System von Schichten (Bild 4.2). Ein vollständiges offenes Kommunikationssystem umfasst alle sieben Schichten.

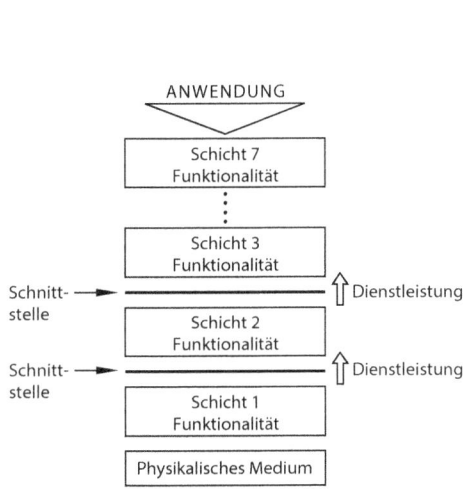

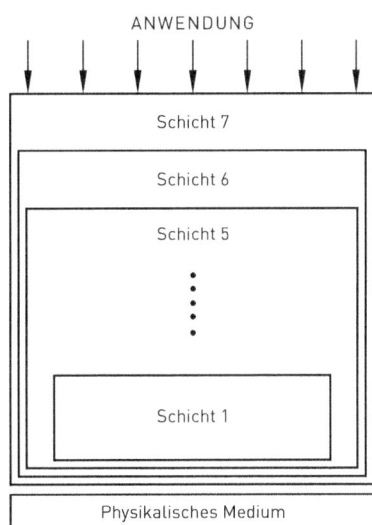

Bild 4.1 Abhängigkeit der Schichten des OSI-Referenzmodells

Bild 4.2 Schichten aus Sicht der Anwendung

Bei den Schichten lassen sich zwei Gruppen unterscheiden. Die Schichten 1 bis 4 behandeln die Transportfunktionen für die Daten zwischen Quelle und Senke, sind also netzorientiert. Die Schichten 5 bis 7 behandeln dagegen den Kommunikationsvorgang, setzen allerdings einen reibungslosen Datentransport voraus. Sie sind somit anwendungsorientiert.

Die Schicht 1 wird als Übertragungsschicht [physical layer] bezeichnet. Sie stellt alle Funktionen für die Steuerung der Übertagung der digitalen Signale zur Verfügung und bewerkstelligt die eigentliche Übertragung. Das führt zu einer ungesicherten Verbindung zwischen den Stellen A und B. Die Schicht 1 bewirkt auch die Anpassung der ankommenden und abgehenden Bitströme an das physikalische Medium (z. B. Koaxialkabel, Lichtwellenleiter …), weshalb alle für die Übertragung relevanten Parameter zu berücksichtigen sind.

 Schicht 1

Übertragungsschicht [physical layer]

Bewirkt ungesicherte Übertragung von A nach B auf Basis der übertragungstechnischen Parameter.

Die Schicht 2 wird als Sicherungsschicht [data link layer] bezeichnet. Ihre Aufgabe besteht darin, die von der Schicht 1 bereitgestellte ungesicherte Übertragung in eine gesicherte Übertragung zu wandeln. Dazu gehört auch die Anpassung der Übertragungsraten zwischen Quelle und Senke. Sie stellt außerdem den Fehlerschutz und den Zugriff auf die dafür erforderlichen Daten sicher. Dabei umfasst der Fehlerschutz stets die Fehlererkennung und die Fehlerkorrektur.

Schicht 2

Sicherungsschicht [data link layer]

Bewirkt Fehlererkennung, Fehlerkorrektur und gesicherte Übertragung der Datenströme.

Die Schicht 3 wird als Vermittlungsschicht [network layer] bezeichnet. Sie transformiert die durch die Schichten 1 und 2 bewirkte sichere Verbindung von A nach B in eine gesicherte Punkt-zu-Punkt-Verbindung durch ein Netz [network]. Diese umfasst den Aufbau und Abbau der Verbindung, die Lenkung der Datenströme im Netz und die dafür erforderliche Adressierung.

Schicht 3

Vermittlungsschicht [network layer]

Bewirkt Aufbau, Lenkung und Abbau von Verbindungen im Netz.

Die Schicht 4 wird als Transportschicht [transport layer] bezeichnet. Sie ist für die Übertragung der digitalen Signale zwischen den Endgeräten der am Kommunikationsvorgang beteiligten Nutzern zuständig und stellt somit die eigentliche Transportmöglichkeit zur Verfügung. Das gilt unabhängig von den Eigenschaften der verwendeten Netze. Die Transportschicht kann eine vorgesehene Verbindung über ein Netz auch auf mehrere physikalische Verbindungen aufteilen.

Schicht 4

Transportschicht [transport layer]

Bewirkt unabhängig von den Eigenschaften der Netze die Übertragung zwischen den Endgeräten.

Die Schicht 5 wird als Kommunikationsschicht [session layer] bezeichnet. Sie ist für die Eröffnung, Durchführung und Beendigung von Kommunikationsverbindungen zuständig, die auch als Sitzung [session] bezeichnet werden. Die Schicht stellt außerdem die Synchronisation zwischen den Endgeräten der Nutzer und den Schutz der Datenströme gegen den Zugriff durch Unbefugte sicher.

Schicht 5

Kommunikationsschicht [session layer]

Bewirkt Eröffnung, Synchronisierung, Durchführung, Zugriffsschutz und Beendigung einer Kommunikationsverbindung (Session).

Die Schicht 6 wird als Darstellungsschicht [presentation layer] bezeichnet. Sie ist für die Darstellung (Präsentation) der Informationen hinsichtlich Syntax und Semantik zuständig. Dazu gehören auch Vereinbarungen über Darstellungsformen und erforderliche Anpassungen der Übertragungsformate. Das führt bei Dokumenten dazu, dass gleichwertige Text- und Bilddarstellungen angeboten werden, auch wenn bei den Endgeräten Hardware und Software verschiedener Anbieter zum Einsatz kommen.

Schicht 6

Darstellungsschicht [presentation layer]

Bewirkt unabhängig von der in den Endgeräten eingesetzten Hardware und Software Darstellung der Informationen im einheitlichen Format.

Die Schicht 7 ist die oberste Schicht des OSI-Referenzmodells und wird als Verarbeitungsschicht [application layer] bezeichnet. Sie regelt im Detail, wie die Endgeräte bei einer Kommunikation zusammenwirken. Dazu gehören unter anderem die Identifizierung der Kommunikationsteilnehmer, die Wahl der als Dienstgüte [quality of service (QoS)] bezeichneten Kommunikationsparameter und das Angebot grundlegender Dienste. Die Schicht 7 weist eine unmittelbare Verknüpfung zur Anwendung auf.

Schicht 7

Verarbeitungsschicht [application layer]

Bewirkt das optimale Zusammenwirken der Endgeräte im Detail und bietet die Verknüpfung zur Anwendung.

Die sieben Schichten des OSI-Referenzmodells weisen eine geschlossene Struktur auf und beschreiben deren Aufgabenverteilung mit ihrer gegenseitigen Abhängigkeit (Bild 4.3). Bei realen Kommunikationssystemen ist für jede Funktionalität der Bezug auf eine der Schichten des OSI-Referenzmodells möglich.

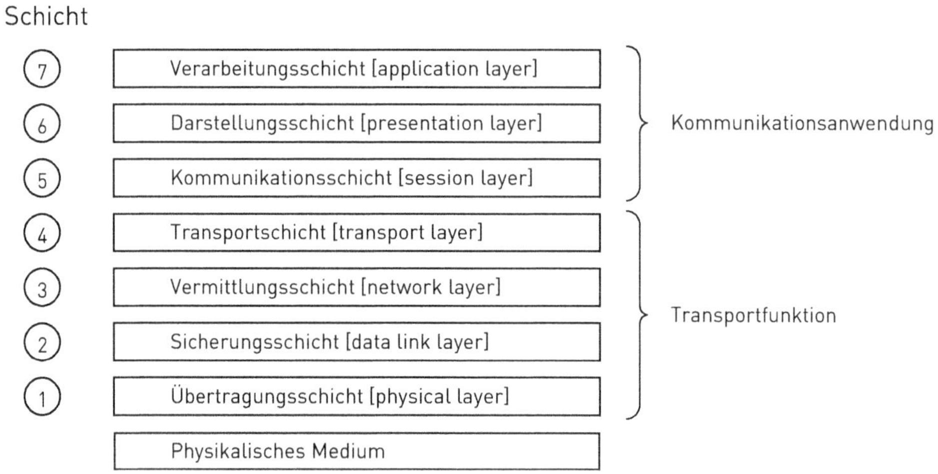

Schicht

Schicht	Name	Gruppe
7	Verarbeitungsschicht [application layer]	Kommunikationsanwendung
6	Darstellungsschicht [presentation layer]	
5	Kommunikationsschicht [session layer]	
4	Transportschicht [transport layer]	Transportfunktion
3	Vermittlungsschicht [network layer]	
2	Sicherungsschicht [data link layer]	
1	Übertragungsschicht [physical layer]	
	Physikalisches Medium	

Bild 4.3 Schichten des OSI-Referenzmodells

Bei einer Verbindung auf dem OSI-Referenzmodell basierender offener Systeme kommuniziert jede Schicht auf der einen Seite mit der vergleichbaren Schicht auf der anderen Seite. Dies erfolgt über Protokolle, also festgelegten Regeln, deren Umsetzung über das physikalische Medium erfolgt. Es sind dabei das Übertragungsprotokoll, das Sicherungsprotokoll, das Vermittlungsprotokoll und das Transportprotokoll als transportorientierte Regelungen und das Kommunikationsprotokoll, das Darstellungsprotokoll und das Verarbeitungsprotokoll als anwendungsorientierte Regelungen zu unterscheiden (Bild 4.4).

Die Gesamtheit der vorstehend aufgezeigten Protokolle wird üblicherweise als **Protocol Stack** bezeichnet, was die Staffelung der Protokolle verdeutlicht.

Beispiel

Das Zusammenwirken der verschiedenen Schichten sei an einer Telefonverbindung im Festnetz verdeutlicht. Wird bei einem DECT-Telefon (≙ physical layer) die grüne Taste gedrückt, dann ertönt das Freizeichen (≙ data link layer). Nach Wahl der Teilnehmernummer meldet sich die angerufene Person (≙ transport layer). Im Bedarfsfall wird sich mit dieser auf eine Sprache für die Kommunikation geeinigt (≙ presentation layer). Danach erfolgt der angestrebte Informationsaustausch (≙ application layer).

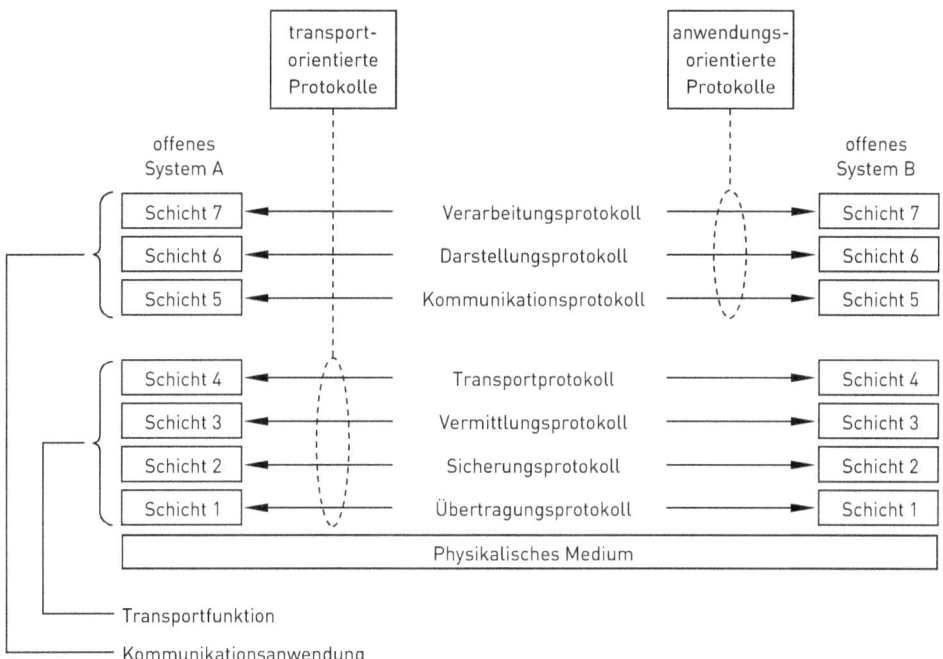

Bild 4.4 Protokolle beim OSI-Referenzmodell

4.3 Verbindungsstrukturen

Die Verbindungsstruktur verläuft bei offenen Kommunikationssystemen stets von der Schicht 7 des einen Systems (A) schrittweise über dessen weitere Schichten bis zur Schicht 1. Dann erfolgt die Verknüpfung zum anderen System (B) über das physikalische Medium. Bei diesem gilt dann die Schrittfolge von Schicht 1 bis Schicht 7 (Bild 4.5). Auf diese Weise wird allen aufgezeigten Aspekten der offenen Kommunikation Rechnung getragen.

Bei der Verbindung von zwei offenen Kommunikationssystemen, die alle sieben Schichten aufweisen, kann auch ein unvollständiges System für den Transit zwischen beiden zum Einsatz kommen. Dieses weist höchstens die Schichten 1 bis 4 auf und wird als **Transportsystem** bezeichnet (Bild 4.6). Der typische Anwendungsfall für ein solches System liegt vor, wenn die physikalischen Medien der beteiligten Kommunikationssysteme unterschiedlich sind. Dabei kann es sich beispielsweise um Koaxialkabel und Glasfaserleitungen handeln. Das Transportsystem übernimmt in diesem Fall die Anpassung zwischen den beiden Medien (z. B. durch elektro-optische Wandler), weshalb die dafür eingesetzten technischen Funktionseinheiten auch als **Medienkonverter** bezeichnet werden.

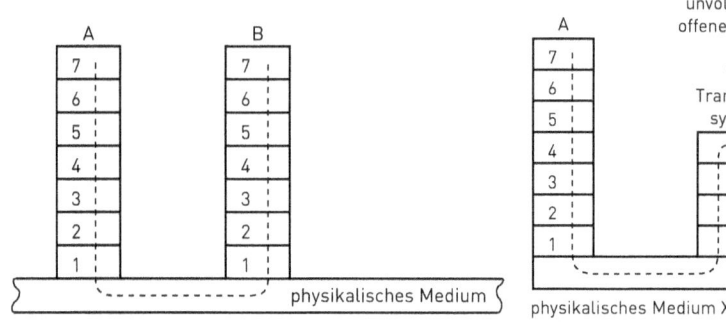

Bild 4.5 Verbindungsstruktur offener Kommunikationssysteme

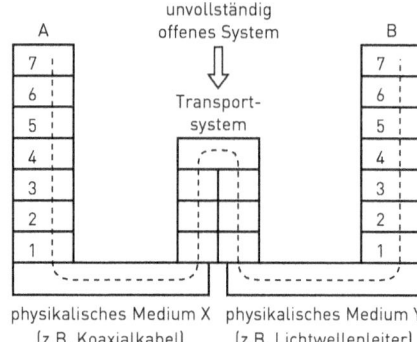

Bild 4.6 Einsatz von Transportsystemen

Ein Transportsystem muss nicht unbedingt alle Schichten und die damit verbundenen Funktionen aufweisen. Ist nur die Übertragungsschicht (Schicht 1) vorhanden, dann handelt es sich um einen Repeater. Steht zusätzlich auch noch die Sicherungsschicht (Schicht 2) zur Verfügung, dann liegt eine **Bridge** vor. Die Ergänzung der Vermittlungsschicht (Schicht 3) führt zum **Router**. Wenn dieser auch noch Protokolle konvertieren kann, dann gilt üblicherweise die Bezeichnung **Gateway**.

5 Prinzip der Signalübertragung

■ 5.1 Grundlagen

Übertragung ist die Art der technischen Kommunikation, bei der von einer **Quelle** erzeugte Signale einer räumlich entfernten **Senke** zugeführt werden. Die Senke nutzt dabei das übertragene Signal für den gewünschten Dienst.

Zwischen Quelle und Senke liegt das eigentliche **Übertragungssystem** [transmission system]. Dieses weist stets folgende grundlegende Funktionalitäten auf:

- Sender [sender, transmitter],
- Übertragungskanal [transmission channel],
  (häufig auch nur als Kanal [channel] bezeichnet),
- Empfänger [receiver].

Das von der Quelle stammende Signal setzt der Sender in eine für den Transport im Übertragungskanal geeignete Form um. Dies ist erforderlich, weil jeder Übertragungskanal – vergleichbar einem Kanal für die Schifffahrt – ganz bestimmte technische Dimensionen aufweist. Die dadurch bedingten Einschränkungen von Leistungsmerkmalen müssen berücksichtigt werden, damit die Übertragung der analogen oder digitalen Signale keine Beeinträchtigung erfährt. Den Abschluss des Übertragungssystems bildet der Empfänger. Er passt das übertragene Signal den Erfordernissen der jeweiligen Senke an (Bild 5.1).

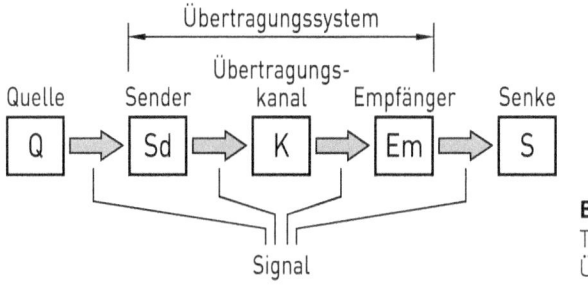

Bild 5.1
Technisches Konzept der Übertragung

Bei der bisherigen Betrachtung der Übertragung wurde ausschließlich von **Nutzsignalen** ausgegangen. In der Praxis können jedoch beim Sender, Übertragungskanal und Empfänger zusätzlich auch Störsignale einwirken. Am Ausgang des Übertragungssystems, also vor der Senke, tritt dann ein aus Nutz- und **Störsignal** resultierendes Signal auf (Bild 5.2).

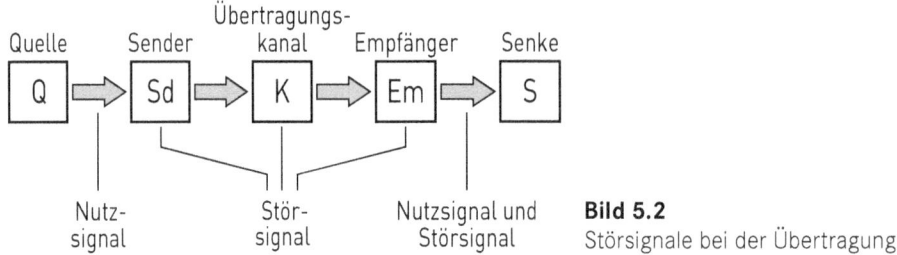

Bild 5.2 Störsignale bei der Übertragung

Die Qualität der Übertragung hängt vom Verhältnis zwischen Nutzsignal und Störsignal ab. Zwischen den Werten beider Signale muss stets ein Mindestabstand gewährleistet sein, der als **Störabstand** bezeichnet wird.

Jedes Kommunikationssystem soll bekanntlich mithilfe analoger oder digitaler Signale Informationen übertragen. Dabei handelt es sich stets um definierte Nachrichtenmengen. Für diese müssen die Komponenten des Übertragungssystems ausgelegt sein, um Beeinflussungen des Nutzsignals zu vermeiden. Das vom Sender erzeugte Signal muss deshalb einerseits in den Übertragungskanal „passen", andererseits muss aber auch der Empfänger für das übertragene Signal geeignet sein.

Die zu übertragende Nachrichtenmenge lässt sich für die Betrachtungen des Übertragungssystems als Block darstellen, der üblicherweise als **Nachrichtenquader** bezeichnet wird. Dieser weist folgende drei Dimensionen auf:

- **Übertragungszeit** (Angabe in s)

  Es handelt sich um die Zeitdauer, welche benötigt wird, um eine als Nachricht definierte Informationsmenge zu übertragen.

- **Bandbreite** (Angabe in Hz)

  Es handelt sich um den für die Übertragung erforderlichen Frequenzbedarf, gekennzeichnet durch die Differenz zwischen einer größten (oberen) und einer kleinsten (unteren) Frequenz.

- **Störabstand** (Angabe in dB)

  Es handelt sich um den erforderlichen Abstand zwischen dem Nutzsignal und dem Störsignal.

5.2 Übertragungskanal und Störabstand

Jeder Übertragungskanal weist ebenfalls vorstehende Kenngrößen auf. Im Idealfall passen der zu übertragende Nachrichtenquader und die Kapazität des Übertragungskanals genau zueinander. Dies stellt allerdings eine Ausnahme dar. Üblicherweise muss der Nachrichtenquader dem vorgegebenen Übertragungskanal angepasst werden (Bild 5.3).

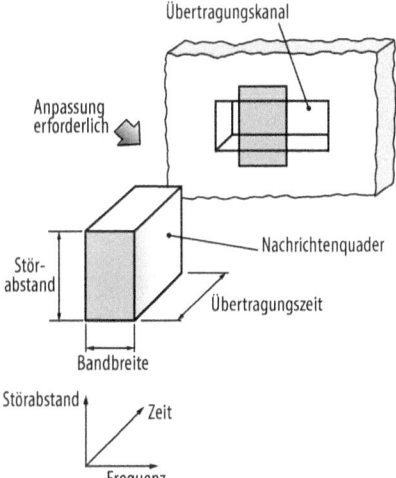

Bild 5.3
Nachrichtenquader und Übertragungskapazität

Das Volumen des Nachrichtenquaders darf allerdings bei der Anpassung keine Änderung erfahren, da es die zu übertragende Nachrichtenmenge repräsentiert. Wird also eine Kenngröße variiert, dann hat dies auch unmittelbare Auswirkungen auf die beiden anderen Kenngrößen.

Ein Übertragungskanal kann durchaus aber auch bessere Werte als der Nachrichtenquader aufweisen. Dieser füllt dann den Übertragungskanal nicht vollständig aus. In diesem Fall ist es möglich, den Übertragungskanal für mehrere Nachrichtenquader zu nutzen.

Bei Übertragungen in Echtzeit lassen sich an der Kenngröße Zeit keine Änderungen realisieren, die Bandbreite und der Störabstand ermöglichen jedoch stets Varianten. Die Veränderung der Bandbreite lässt sich durch entsprechende Filter erreichen.

Bei analogen Signalen wird der Störabstand als Verhältnis der Effektivwerte von Nutzsignal und Störsignal definiert und wird in dB angegeben. Digitale Signale benötigen in der Regel einen geringeren Störabstand als analoge Signale, da hier nur wenige Amplitudenstufen auftreten.

Die verschiedenen technischen Verfahren zur Anpassung des Nachrichtenquaders an die kennzeichnenden Merkmale des Übertragungskanals werden in späteren Kapiteln noch genauer behandelt. Dazu gehören Modulation/Demodulation, Codierung/Decodierung sowie Multiplexierung/Demultiplexierung.

Das Ziel jeder Übertragung ist es, die Informationen mit möglichst wenig Aufwand und ausreichender Qualität von der Quelle zur Senke zu bringen. Dabei ist zu berücksichtigen, dass für den Nutzer eines Kommunikationssystems nur diejenigen Anteile einer Nachricht aufgenommen werden, die sich innerhalb seines Gehörfeldes bzw. seines Gesichtssinns befinden. Es ist also nur die Übertragung der dafür relevanten Anteile erforderlich. Gleiches gilt für die redundanten Anteile. Damit sind im Prinzip Informationen gemeint, die entweder mehrfach auftreten oder sich aus anderen ergeben. Vorstehend beschriebene Situation ermöglicht die Reduktion der Daten des Quellensignals und damit auch eine geringere Übertragungskapazität. Dieser Ansatz gilt nicht nur für Audio- und Videosignale, sondern grundsätzlich auch für Datensignale.

Datenreduktion wird in der Praxis meist durch den **Fehlerschutz** [error protection] wieder teilweise kompensiert. Dabei handelt es sich um eine definierte Zahl von Bits, die dem datenreduzierten Signal hinzugefügt werden, damit bei der Übertragung auftretende Fehler erkannt und korrigiert werden können.

Es sei an dieser Stelle darauf hingewiesen, dass durch Signalisierungen, Steuerungsdaten und sonstige zusätzliche Informationen die Übertragungskapazität ebenfalls vergrößert werden kann.

Übertragungskanäle sind in der Regel mit ihren Kennwerten (Spezifikationen) vorgegeben. Dabei kann es sich bekanntlich um elektrische Leitungen, optische Leitungen oder Funkstrecken handeln. Für jeden Fall dieser leitungsgebundenen oder funkgestützten Übertragungen ergibt sich eine spezifische Kanalkapazität [channel capacity]. Darunter wird die in einem bestimmten Zeitraum über einen Kanal übertragbare Informationsmenge verstanden.

Die maximale **Datenübertragungsrate** C in einem ungestörten Übertragungskanal mit der Bandbreite B ist gegeben durch:

$$C = 2 \cdot B \tag{5.1}$$

Dabei bedeutet C die Datenübertragungsrate in Symbole pro Sekunde [Baud] und B die Bandbreite des Übertragungskanals in Hertz [Hz]. Diese Gleichung kann aus dem äquivalenten Tiefpasssystem abgeleitet werden. Bei einem binären Symbolalphabet mit nur zwei Zeichen ergibt sich daraus eine Bitrate [bit/s], die gleich der Symbolrate [Baud] ist. Werden für die Übertragung n Symbole verwendet, so entsteht eine übertragbare **Bitrate** von:

$$C_N = 2 \cdot B \cdot ld[n] \tag{5.2}$$

Durch Wahl hinreichend vieler Symbole kann auf einem ungestörten Kanal im Prinzip eine beliebig hohe Bitrate erzielt werden. Treten im Übertragungskanal Störungen auf, dann reduziert sich die übertragbare Bitrate, abhängig von der Stärke der Störeinwirkung. Diese Tatsache hat Claude Shannon näher untersucht und kam so zu der sogenannten „Shannon-Grenze".

Shannon ging dabei von einem Übertragungskanal aus, der nur Gauß-Rauschen aufweist (AWGN-Kanal [average weighted Gaussian noise]). Ferner wurden dabei eine optimale Modulation und eine optimale Kanalcodierung zur Fehlerkorrektur vorausgesetzt, ohne diese näher zu spezifizieren. Bei einer Bandbreite B und einem vorgegebenen Signal-Störabstand S/N ergibt sich eine **Nutzdatenrate** von:

$$C_S = B \cdot ld\left[1 + \frac{S}{N}\right] \tag{5.3}$$

Dabei stellt S die Signalleistung und N die Rauschleistung dar. Das bedeutet, dass bei einem gegebenen Störabstand nur eine bestimmte, endliche Nutzdatenrate übertragen werden kann. Diese lässt sich jedoch bei verbesserten Störabständen beliebig steigern. In der Praxis ist die übertragbare Nutzdatenrate jedoch trotzdem begrenzt, da der Störabstand nicht beliebig erhöht werden kann. Ferner treten in Übertragungskanälen auch noch weitere Störeinflüsse, wie nicht lineare Verzerrungen, Impulsstörungen, usw. auf, die durch die Shannon-Grenze nicht erfasst werden. Die Shannon-Grenze stellt also eine „Best Case"-Abschätzung für einen realen Übertragungskanal dar.

Die Shannon-Grenze gibt die maximal übertragbare Nutzdatenrate C_{nutz} an. Die Gesamtdatenrate C_{gesamt}, also die Summe aus Nutzdaten und Fehlerkorrekturbits, taucht in der Gleichung nicht auf. Das Verhältnis von Nutzdatenrate und Gesamtdatenrate wird durch die **Coderate** R beschrieben:

$$R = \frac{C_{nutz}}{C_{gesamt}} \tag{5.4}$$

R ist stets kleiner als 1. Wird C_S auf die Kanalbandbreite B normiert, erhält man die **spektrale Effizienz** S_E:

$$S_E = ld\left[1 + \frac{S}{N}\right] \tag{5.5}$$

Sie charakterisiert die Leistungseigenschaften des Übertragungskanals unabhängig von seiner Bandbreite. Bild 5.4 zeigt die spektrale Effizienz in Abhängigkeit des Signal-Rausch-Abstands in dB.

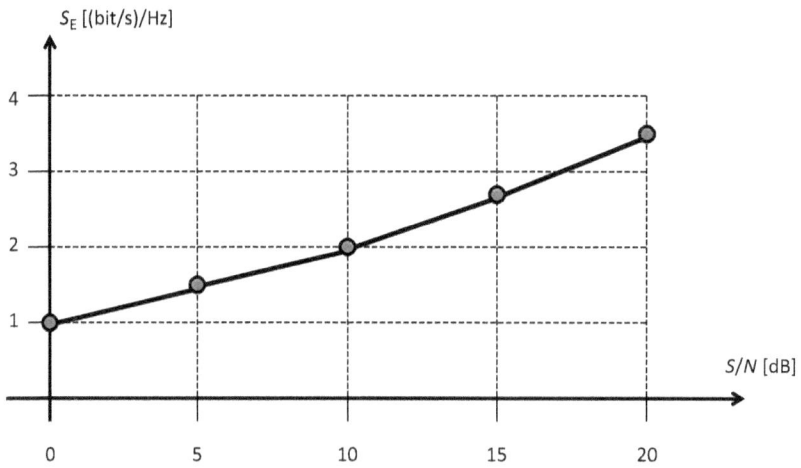

Bild 5.4 Spektrale Effizienz in Abhängigkeit vom Signal-Rausch-Verhältnis

Bei realen Systemen wird eine Nutzdatenrate erzielt, die in der Regel unterhalb der Shannon-Grenze liegt, da weder Modulation noch Fehlerkorrekturalgorithmus optimal realisiert werden können.

Der Störabstand beschreibt bekanntlich die Differenz zwischen Nutzsignalpegel und Störsignalpegel. Er wird deshalb in Dezibel (dB) angegeben. In der Regel sind mit zunehmenden Werten für den Störabstand auch größere Bandbreiten und höhere Bitraten möglich, weil die Störeinflüsse kleiner werden.

Jeder Übertragungskanal weist stets eine vorgegebene Länge auf. Dadurch wird das vom Sender eingespeiste Signal als physikalischer Effekt gedämpft. Diese ist abhängig vom Übertragungsmedium (elektrische Leitung, optische Leitung, Funkstrecke), von der Länge des jeweiligen Übertragungskanals und vom verwendeten Übertragungsverfahren. Das eingespeiste Signal wird deshalb längenabhängig kontinuierlich kleiner. Die Angabe dieser **längenabhängigen Dämpfung** erfolgt in Dezibel (dB) pro Längeneinheit. Typisch ist dabei der Bezug auf 1 m, 100 m oder 1 km. Es handelt sich um eine lineare Abhängigkeit.

Die Werte der längenabhängigen Dämpfung müssen berücksichtigt werden, damit das Signal am Ende des Übertragungskanals noch so groß ist, dass der nachfolgende Empfänger damit bestimmungsgemäß arbeiten kann. Aus der Dämpfung α_{Kanal} und den für den jeweiligen Empfänger mindestens erforderlichen **Eingangspegel** $(L_{\text{Em}})_{\min}$ lässt sich einfach ermitteln, mit welchem **Ausgangspegel** der Sender $(L_{\text{Sd}})_{\min}$ in den Übertragungskanal einspeisen muss. Es gilt:

$$(L_{\text{Sd}})_{\min} = (L_{\text{Em}})_{\min} + \alpha_{\text{Kanal}} \tag{5.6}$$

Die Kanalkapazität C stellt für jeden Übertragungskanal ein wichtiges kennzeichnendes Merkmal dar. Aus wirtschaftlichen Gründen wird stets die vollständige Nutzung angestrebt, was mit einer Anwendung nicht immer gegeben ist. Es gibt deshalb verschiedene Verfahren, wie die Kanalkapazität gleichzeitig für mehrere Anwendungen ohne gegenseitige Beeinflussung genutzt werden kann. Für diese Mehrfachnutzung gilt auch die Bezeichnung Vielfachzugriff [multiple access].

■ 5.3 Tore und ihre Parameter

Übertragungssysteme bestehen stets aus verschiedenen Geräten, Baugruppen und sonstigen Komponenten, die zusammengeschaltet sind. Diese Funktionseinheiten lassen sich auch durch einzelne Blöcke darstellen. Sie stehen über eine bestimmte Anzahl von Anschlüssen mit der Umwelt in Verbindung. Die Zusammenschaltung der Funktionseinheiten führt zum **Übersichtsschaltplan**, für den häufig auch noch die Bezeichnung Blockschaltbild verwendet wird (Bild 5.5). Aus ihm ist ersichtlich, wie die Eingänge und Ausgänge der eingesetzten Funktionseinheiten zusammenwirken.

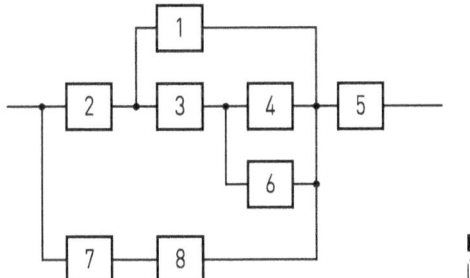

Bild 5.5
Übersichtsschaltplan

Beim Übersichtsschaltplan gilt als vereinbart, dass nur die eigentlichen Nutzsignale betrachtet werden, die Betriebsspannungen oder sonstige Hilfsspannungen bleiben unberücksichtigt. Bei Übersichtsschaltplänen lassen sich in Abhängigkeit von der Zahl der zweipoligen Eingänge/Ausgänge folgende Varianten für die Blöcke unterscheiden:

- Eintor (auch als Zweipol bezeichnet),
- Zweitor (auch als Vierpol bezeichnet),
- Dreitor (auch als Sechspol bezeichnet).

Das **Eintor** (= Zweipol) stellt die einfachste Form eines Blocks dar. Bei dem nur einen Anschluss kann es sich entweder um einen Ausgang oder um einen Eingang handeln (Bild 5.6). Lautsprecher sind ein typisches Beispiel für Eintore, da sie nur einen Eingang aufweisen.

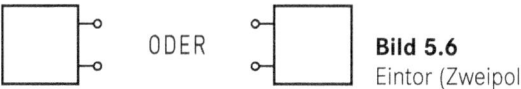

Bild 5.6
Eintor (Zweipol)

Beim **Zweitor** (= Vierpol) liegt ein Anschluss als Signaleingang und ein Anschluss als Signalausgang vor (Bild 5.7). Es weist damit eine definierte Wirkungsrichtung auf. Ein typisches Beispiel für Zweitore stellen Verstärker dar.

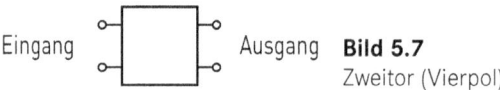

Bild 5.7
Zweitor (Vierpol)

Dreitore (Sechspole) weisen drei Anschlüsse auf (Bild 5.8). Dabei kann es sich um einen Eingang und zwei Ausgänge handeln oder um zwei Eingänge und einen Ausgang. Mischstufen sind ein typisches Beispiel für Dreitore. Sie gewinnen aus zwei zugeführten Signalen mit verschiedenen Frequenzen ein Ausgangssignal, dessen Frequenz die Summe oder Differenz der beiden Eingangsfrequenzen aufweist.

Bild 5.8
Dreitor (Sechspol)

Für Eintore sind drei Kenngrößen definiert. Es handelt sich um den Innenwiderstand, die Leerlaufspannung und den Kurzschlussstrom (Bild 5.9).

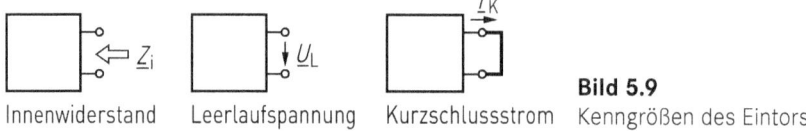

Innenwiderstand   Leerlaufspannung   Kurzschlussstrom   **Bild 5.9** Kenngrößen des Eintors

Treten bei einem Eintor weder Leerlaufspannung noch Kurzschlussstrom auf, dann handelt es sich um ein **passives Eintor**, das nur durch den Innenwiderstand gekennzeichnet ist. Ein solches Eintor nimmt nur Energie auf. Der Lautsprecher ist ein Beispiel dafür.

Treten dagegen auch Leerlaufspannung und Kurzschlussstrom auf, dann handelt es sich um ein **aktives Eintor**. Im Gegensatz zum passiven Eintor gibt es Energie ab. Als Beispiel sei der Oszillator angeführt.

Unabhängig von der tatsächlichen Struktur ist für jedes Eintor ein **Ersatzschaltplan** möglich, der sich auf die bereits bekannten Kenngrößen bezieht. Es handelt sich um die Zusammenschaltung einer idealen Konstantspannungsquelle bzw. Konstantstromquelle mit dem Innenwiderstand (Bild 5.10).

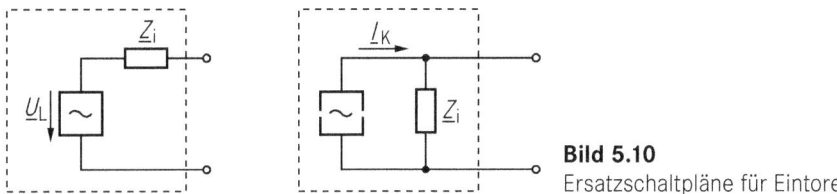

Bild 5.10
Ersatzschaltpläne für Eintore

Zweitore besitzen vergleichbare Parameter wie Eintore. Üblicherweise werden beide Ströme in das Zweitor hineinfließend gezählt (Bild 5.11).

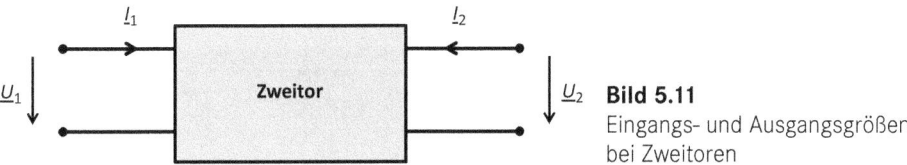

Bild 5.11
Eingangs- und Ausgangsgrößen bei Zweitoren

Es ergeben sich dabei unterschiedliche Werte für die Spannungen und Ströme auf beiden Seiten. Jedes Zweitor lässt sich durch zwei Gleichungen mit insgesamt vier Parametern beschreiben, ohne dessen „Innenleben" kennen zu müssen. Diese Gleichungen können wie folgt in Matrixform dargestellt werden, wobei Z als **Impedanzmatrix** bezeichnet wird.

$$\begin{pmatrix} \underline{U}_1 \\ \underline{U}_2 \end{pmatrix} = \begin{pmatrix} \underline{Z}_{11} & \underline{Z}_{12} \\ \underline{Z}_{21} & \underline{Z}_{22} \end{pmatrix} \cdot \begin{pmatrix} \underline{I}_1 \\ \underline{I}_2 \end{pmatrix} = \underline{Z} \cdot \begin{pmatrix} \underline{I}_1 \\ \underline{I}_2 \end{pmatrix} \tag{5.7}$$

Die Kenngrößen der Impedanzmatrix sind in Tabelle 5.1 zusammengefasst.

Tabelle 5.1 Kenngrößen der Impedanzmatrix

Leerlauf-Eingangsimpedanz	$\underline{Z}_{11} = \dfrac{\underline{U}_1}{\underline{I}_1}\bigg|_{I_2=0}$
Leerlauf-Kernimpedanz (rückwärts)	$\underline{Z}_{12} = \dfrac{\underline{U}_1}{\underline{I}_2}\bigg|_{I_1=0}$
Leerlauf-Kernimpedanz (vorwärts)	$\underline{Z}_{21} = \dfrac{\underline{U}_2}{\underline{I}_1}\bigg|_{I_2=0}$
Leerlauf-Ausgangsimpedanz	$\underline{Z}_{22} = \dfrac{\underline{U}_2}{\underline{I}_2}\bigg|_{I_1=0}$

Diese Form der mathematischen Darstellung ist vorteilhaft, wenn Zweitore an ihren Eingängen und Ausgängen jeweils in Reihe geschaltet sind. Als resultierende Gesamtmatrix entsteht dann:

$$\underline{Z}_{\text{gesamt}} = \underline{Z}_1 + \underline{Z}_2 \qquad (5.8)$$

Bei einer Parallelschaltung der jeweiligen Eingänge und Ausgänge würde man die Beschreibung durch eine **Admittanzmatrix** Y wählen. Hier ergibt sich die resultierende Admittanzmatrix als Summe der einzelnen Admittanzmatrizen. Impedanzmatrix und Admittanzmatrix sind ineinander umrechenbar.

$$\begin{pmatrix} \underline{I}_1 \\ \underline{I}_2 \end{pmatrix} = \begin{pmatrix} \underline{Y}_{11} & \underline{Y}_{12} \\ \underline{Y}_{21} & \underline{Y}_{22} \end{pmatrix} \cdot \begin{pmatrix} \underline{U}_1 \\ \underline{U}_2 \end{pmatrix} = \underline{Y} \cdot \begin{pmatrix} \underline{U}_1 \\ \underline{U}_2 \end{pmatrix} \qquad (5.9)$$

$$\underline{Y}_{\text{gesamt}} = \underline{Y}_1 + \underline{Y}_2 \qquad (5.10)$$

Sehr häufig kommt die Kaskadierung von Teilsystemen vor (Bild 5.12).

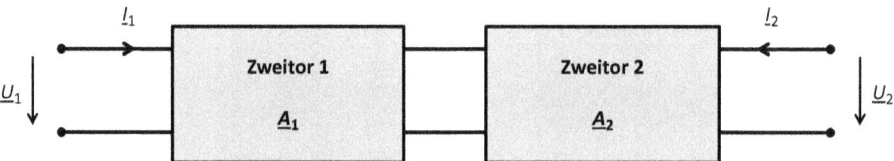

Bild 5.12 Kaskadierung von Teilsystemen

In diesem Fall wählt man die Darstellung durch die **Kettenmatrix** A:

$$\begin{pmatrix} \underline{U}_1 \\ \underline{I}_1 \end{pmatrix} = \begin{pmatrix} \underline{A}_{11} & \underline{A}_{12} \\ \underline{A}_{21} & \underline{A}_{22} \end{pmatrix} \cdot \begin{pmatrix} \underline{U}_2 \\ -\underline{I}_2 \end{pmatrix} = \underline{A} \cdot \begin{pmatrix} \underline{U}_2 \\ -\underline{I}_2 \end{pmatrix} \qquad (5.11)$$

Die Kenngrößen der Kettenmatrix sind in Tabelle 5.2 zusammengefasst.

Tabelle 5.2 Kenngrößen der Kettenmatrix

Reziproke Leerlauf-Spannungsübersetzung	$\underline{A}_{11} = \dfrac{\underline{U}_1}{\underline{U}_2}\bigg|_{I_2=0}$
Kurzschluss-Kernimpedanz (vorwärts)	$\underline{A}_{12} = \dfrac{\underline{U}_1}{-\underline{I}_2}\bigg|_{U_2=0}$
Leerlauf-Kernimpedanz (vorwärts)	$\underline{A}_{21} = \dfrac{\underline{I}_1}{\underline{U}_2}\bigg|_{I_2=0}$
Reziproke Kurzschluss-Stromübersetzung	$\underline{A}_{22} = \dfrac{\underline{I}_1}{-\underline{I}_2}\bigg|_{U_2=0}$

Bei der Kaskadierung von Teilsystemen ergibt sich die resultierende Kettenmatrix $\underline{A}_{gesamt}$ als Produkt der Kettenmatrizen der Teilsysteme:

$$\underline{A}_{gesamt} = \underline{A}_1 \cdot \underline{A}_2 \qquad (5.12)$$

Für die Zusammenschaltung von Zweitoren sind die folgenden Möglichkeiten gegeben:

- Parallelschaltung/Reihenschaltung   (Eingang/Ausgang),
- Reihenschaltung/Reihenschaltung   (Eingang/Ausgang),
- Parallelschaltung/Parallelschaltung (Eingang/Ausgang),
- Reihenschaltung/Parallelschaltung   (Eingang/Ausgang),
- Kettenschaltung   (Ausgang 1 → Eingang 2).

Die Zweitorparameter decken somit alle Zusammenschaltungen ab und können untereinander umgerechnet werden.

Auch bei den Zweitoren lassen sich passive und aktive Formen unterscheiden, und zwar durch das Verhältnis der Signalenergie zwischen Eingang und Ausgang:

- passives Zweitor

    Signalenergie am Ausgang ≤ Signalenergie am Eingang.

- aktives Zweitor

    Signalenergie am Ausgang > Signalenergie am Eingang.

Mithilfe der Zweitorparameter lässt sich jedes Übertragungssystem auf ein Zweitor reduzieren, das nur noch durch seine Parameter gekennzeichnet ist. Dieses Zweitor wird durch ein aktives Eintor gespeist, während am Ausgang ein passives Eintor angeschaltet ist. Es liegt damit ein belastetes Zweitor vor. Mithilfe der Spannungswerte am Eingang und Ausgang lassen sich Verstärkung und Dämpfung als Faktor oder Maß formulieren. Wegen der Beschaltung auf beiden Seiten des Zweitors wird zur Kennzeichnung die Vorsilbe „Betriebs" verwendet. Es gilt:

Betriebs-Verstärkungsfaktor ($U_2 > U_1$)

$$V_B = \frac{U_2}{U_1} \qquad (5.13)$$

Betriebs-Verstärkungsmaß ($U_2 > U_1$)

$$g_B = 20 \cdot \lg \frac{U_2}{U_1} \, \text{dB} \qquad (5.14)$$

Betriebs-Dämpfungsfaktor ($U_2 < U_1$)

$$D_B = \frac{U_2}{U_1} \qquad (5.15)$$

Betriebs-Dämpfungsmaß ($U_2 < U_1$)

$$a_\text{B} = 20 \cdot \lg \frac{U_2}{U_1} \text{dB} \tag{5.16}$$

Für die Begriffe Verstärkungsfaktor bzw. Verstärkungsmaß werden auch die Bezeichnungen Übertragungsfaktor bzw. Übertragungsmaß verwendet, üblicherweise mit dem Buchstaben T als Formelzeichen.

6 Speicherung von Signalen

■ 6.1 Einführung

Die Speicherung von Signalen bedeutet deren Ablage in einem Speichermedium. Dadurch ist die zeitliche Unabhängigkeit zwischen der Übertragung zum Speicher und der Wiedergabe aus dem Speicher gegeben. Deshalb ist Speicherung als zeitversetzte Übertragung zu verstehen.

Signalspeicherung erfordert stets ein Speichermedium.

Die Speicherung von Signalen bedeutet deren Ablage in einem Speichermedium. Dadurch ist die zeitliche Unabhängigkeit zwischen der Übertragung zum Speicher und der Wiedergabe aus dem Speicher gegeben. Deshalb ist Speicherung als zeitversetzte Übertragung zu verstehen.

Signalspeicherung ermöglicht Offline-Betrieb.

Bei den Speichermedien sind folgende Varianten unterscheidbar:

- Speicher für die materielle Übertragung von Signalen über beliebige Entfernungen,
- Speicher für den Zugriff auf Signale über Leitungen oder Funk im Rahmen einer vorgegebenen Infrastruktur.

Im ersten Fall werden portable Informationsträger (z. B. USB-Sticks) benötigt (Bild 6.1). Sind dagegen Speicher in Geräten, Systemen oder Netzen installiert, dann kann auf diese stationär zugegriffen werden (Bild 6.2).

6 Speicherung von Signalen

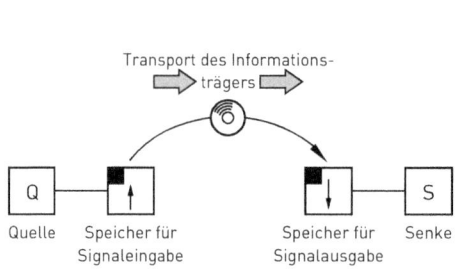

Bild 6.1 Portable Signalspeicherung

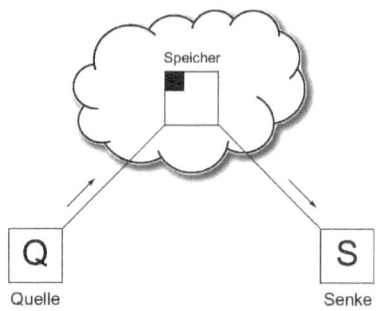

Bild 6.2 Stationäre Signalspeicherung

Bei der Signalspeicherung lassen sich magnetische, optische und elektrische Verfahren unterscheiden. Jedes ermöglicht die als Einlesen bezeichnete Eingabe von Signalen in den Speicher und deren als Auslesen bezeichnete Ausgabe aus dem Speicher. Grundsätzlich kann es sich dabei um analoge oder digitale Signale handeln. Für den Übergang zwischen diesen kommen Analog-Digital-Umsetzer (ADU) [analog-to-digital converter (ADC)] bzw. Digital-Analog-Umsetzer (DAU) [digital-to-analog converter (DAC)] zum Einsatz.

Bei digitalen Signalen liegt Datenspeicherung vor. Wichtige Bewertungskriterien für digitale Speicher sind die Maximalwerte für die Einlesegeschwindigkeit v_{in} und die Auslesegeschwindigkeit v_{out} der Daten, die durchaus unterschiedlich sein können.

Jede Signalspeicherung ist durch folgende Kriterien gekennzeichnet:

- Speicherkapazität,
- Einlesegeschwindigkeit,
- Auslesegeschwindigkeit,
- Zugriffsverfahren,
- Störfestigkeit,
- Handhabbarkeit,
- Portabilität,
- Preis-Leistungs-Verhältnis.

Diese Situation ist bei jeder Beschaffung von Speichern zu berücksichtigen.

6.2 Magnetische Signalspeicherung

Bei magnetischer Speicherung wird die Kraftwirkung magnetischer Felder auf kleinste magnetische Partikel, die sogenannten Elementarmagnete, genutzt. Es kommen dabei Bänder und scheibenförmige Platten aus Kunststoff zum Einsatz, die eine magnetisierbare Schicht aufweisen. Diese besteht aus pulverisiertem Material mit magnetischen Eigenschaften, meist basierend auf Eisen und Chrom oder Oxiden dieser Metalle.

 Magnetische Signalspeicherung nutzt die Kraftwirkung magnetischer Felder auf Elementarmagnete.

Das zu speichernde Signal bewirkt über eine Spule mit einem magnetischen Kern ein magnetisches Feld, das die Elementarmagnete aus der regellosen Lage in eine geordnete Position bringt, die dem Signalverlauf entspricht. Dieser Vorgang stellt die Aufzeichnung dar. Für die Wiedergabe des gespeicherten Signals wird das Induktionsprinzip genutzt, und zwar durch Bewegung der magnetisierten Schicht in einem aus Spule und Kern bestehenden magnetischen Kreis. Die damit bewirkte Änderung des magnetischen Flusses ergibt eine dem aufgezeichneten Signal proportionale Spannung.

Die Aufzeichnung und Wiedergabe wird durch Magnetköpfe realisiert, die aus ringförmigen Kernen magnetischen Materials mit einem definierten Luftspalt und einer auf den Kern aufgebrachten Spule bestehen (Bild 6.3).

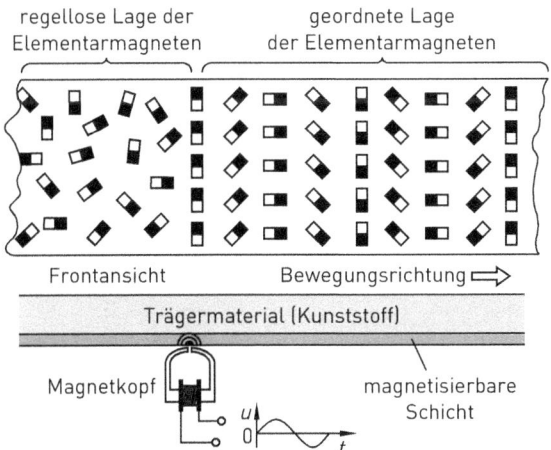

Bild 6.3
Magnetische Signalspeicherung

 Magnetköpfe ermöglichen Aufzeichnung und Wiedergabe von Signalen.

Mithilfe eines als Löschkopf bezeichneten speziellen Magnetkopfes kann ein gespeichertes Signal gelöscht werden. Durch Verwendung einer Wechselspannung mit geeigneter Frequenz wird dabei nämlich die ursprüngliche regellose Lage der Elementarmagnete wiederhergestellt.

Magnetische Signalspeicherung erfolgt stets in definierten **Spuren**, deren Breite vom Material der magnetisierbaren Schicht und den mechanischen Gegebenheiten der Magnetköpfe abhängt. Bei Bändern kann die Aufzeichnung längs oder schräg zu deren Bewegungsrichtung erfolgen. Im Fall der Längsspuraufzeichnung lassen sich Vollspur, Halbspur und Viertelspur unterscheiden. Schrägspuraufzeichnung bewirkt gestaffelt angeordnete Spuren definierter Länge schräg zur Bewegungsrichtung des Bandes, weil es schräg vor dem Magnetkopf vorbeigeführt wird. Bei Platten sind die Spuren entweder ringförmig oder als Spiralen angelegt. Bei ringförmigen Spuren nimmt deren Länge von außen nach innen ab. Liegt spiralförmiger Verlauf vor, dann weist die Platte nur eine durchgängige Spur auf (Bild 6.4).

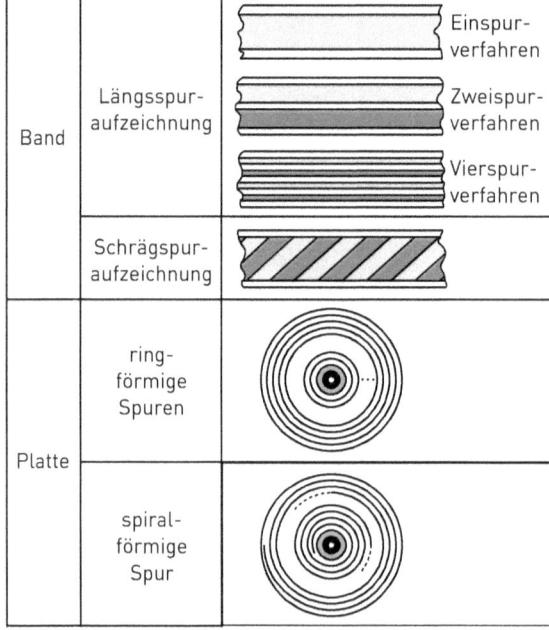

Bild 6.4
Spuren bei magnetischen Speichermedien

Ein wichtiges Kriterium für jede magnetische Aufzeichnung stellt die größte verarbeitbare **Frequenz** dar. Es besteht dabei eine Abhängigkeit von der Luftspaltbreite des Magnetkopfes und der Geschwindigkeit des Bandes bzw. Drehzahl der Platte. Je kleiner nämlich diese Spaltenbreite ist, desto besser kann die magnetisierbare Schicht beeinflusst werden. Die kleinste realisierbare Spaltbreite liegt aus technologischen Gründen bei etwa 1 µm.

Je größer die Geschwindigkeit des Bandes bzw. die Drehzahl der Platte, desto größere Frequenzen können aufgezeichnet werden. Es gilt folgende Proportionalität:

$$f_{max} \approx \frac{v}{s} \qquad (6.1)$$

mit
f_{max} = größte verarbeitbare Frequenz
v = Geschwindigkeit (Band oder Platte)
s = Luftspaltbreite des Magnetkopfes

Um Signale mit möglichst großen Frequenzen aufzeichnen zu können, sollte deshalb die Geschwindigkeit des Bandes bzw. die Drehzahl der Platte möglichst groß sein, während es für die Luftspaltbreite des Magnetkopfes möglichst kleine Werte sind. Dabei ist zu berücksichtigen, dass die Speicherkapazität unmittelbar von der größten verarbeitbaren Frequenz abhängt.

In der Praxis wird die Speicherung auf Bändern nur noch im professionellen Bereich verwendet. Dabei ermöglicht der Einsatz möglichst breiter Bänder und Längsspuraufzeichnung hohe Aufzeichnungsqualität, was für die Archivierung von Inhalten von Vorteil ist. Der gezielte Zugriff auf diese bedarf allerdings stets zeitrelevantes Umspulen der Bänder.

Magnetische Plattenspeicher arbeiten üblicherweise mit ringförmigen Spuren und sind nur für digitale Signale ausgelegt. Dadurch ist der schnelle Zugriff auf jeden gespeicherten Inhalt möglich, es muss lediglich der Magnetkopf an die entsprechende Stelle auf der Platte bewegt werden. Diese wegen ihrer Bauform üblicherweise als Festplatte bezeichneten Speicher stellen in der Praxis den Löwenanteil dar. Sie sind in der Regel fest installiert, also nur für stationären Betrieb geeignet. Es gibt aber auch wechselbare Festplatten, die als portable Informationsträger fungieren können.

Bei den magnetischen Speicherverfahren gilt es allerdings zu berücksichtigen, dass von außen einwirkende Magnetfelder Aufzeichnungen beeinflussen oder löschen können, wenn die magnetische Feldstärke bestimmte Werte überschreitet. Diese Situation lässt sich allerdings durch Schutzmaßnahmen minimieren.

■ 6.3 Optische Signalspeicherung

Die optische Speicherung ist nur für digitale Signale einsetzbar. Auf Plattenspeichern wird dabei die Bitfolge des zu speichernden Signals auf der verspiegelten Oberfläche der Platte mechanisch nachgebildet. Das Auslesen erfolgt durch Abtastung der Bitfolge mit einem fokussierten Lichtstrahl bei konstanter Geschwindigkeit der optischen Platte. Weil dabei nur zwei Zustände unterscheidbar sein müssen wird mit als **Pits** bezeichneten Vertiefungen in der verspiegelten Oberfläche gearbeitet. Als **Abtastquelle** dient das einwellige (d.h. monochromatische) Licht eines Lasers. Es wird mithilfe einer geeigneten Optik so fokussiert, dass sich entweder bei den Pits oder bei den unveränderten Stellen auf der optischen Platte maximale Reflexion ergibt. Bei dem jeweils anderen Zustand liegt dann geringere Reflexion vor. Die Intensität des reflektierten Lichts lässt sich mit einer Fotodiode feststellen und in eine elektrische Spannung als digitales Signal umsetzen (Bild 6.5).

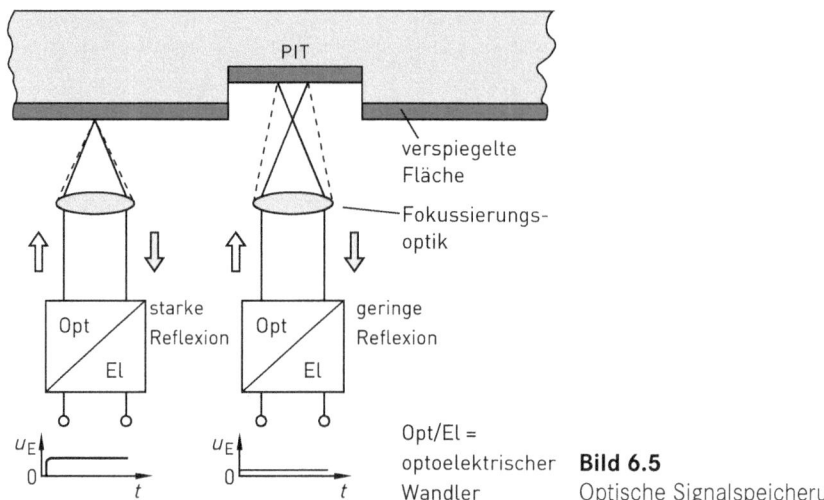

Bild 6.5 Optische Signalspeicherung

Vorstehende Ausführungen zeigen, dass die Abtastung berührungslos arbeitet. Sie kann beliebig häufig durchgeführt werden, und zwar ohne Beeinträchtigung der Signalqualität.

 Optische Signalspeicherung arbeitet mit berührungsloser Abtastung.

Die Vertiefungen auf der verspiegelten Speicherplatte, also die Pits, weisen zwar konstante Breite auf, jedoch unterschiedliche Länge. Die Pits sind in einer vom Plattenrand zur Plattenmitte verlaufenden Spirale angeordnet. Um bei der Abtastung einen kontinuierlichen Bitstrom zu erhalten, wird mit konstanter Geschwindigkeit gearbeitet. Die Drehzahl ändert sich deshalb kontinuierlich von kleinen Werten am Anfang der Spirale auf große Werte an deren Ende in der Plattenmitte (Bild 6.6).

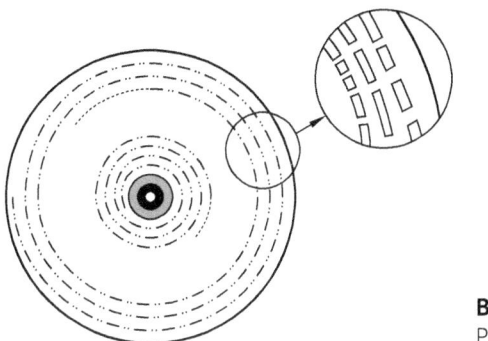

Bild 6.6
Pitstruktur

Die **Pitstruktur** kann unmittelbar aus der Folge der Nullen und Einsen des digitalen Signals, der sogenannten 0-1-Folge, abgeleitet werden. Jede Eins (1) ergibt eine Pitflanke, während bei aufeinanderfolgenden Nullen der Zustand unverändert bleibt (Bild 6.7). Es gibt jedoch von diesen eine Maximalzahl, die das jeweilige System akzeptiert und damit die größte zulässige Pitlänge festgelegt. Dabei handelt es sich um einen Teil des bei optischen Speichern typischen Fehlerschutzes, mit dem die ausreichend genaue Übertragung der Taktfrequenz für die Auslesung sichergestellt wird.

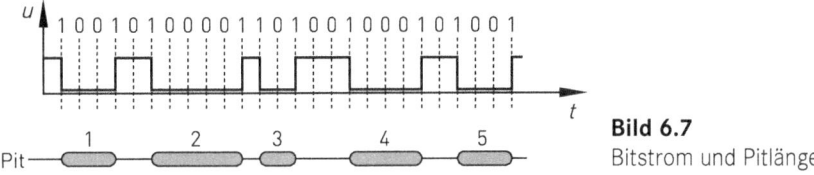

Bild 6.7
Bitstrom und Pitlänge

Es gibt aber auch eine Mindestlänge für die Pits, nämlich der Abstand zwischen zwei aufeinanderfolgender Einsen (1). Die Unterschreitung dieses Wertes würde die eindeutige Unterscheidbarkeit der Zustände im Bitstrom verhindern. Um auch bei leichter Verschmutzung oder Beschädigung der Plattenoberfläche noch eine möglichst störungsfreie Abtastung zu ermöglichen, werden bei der Aufzeichnung durchaus bis zu fünfzig Prozent der gesamten Speicherkapazität der optischen Platte für den Fehlerschutz verwendet und entsprechende Codierungen eingesetzt.

 Ein großer Anteil der Speicherkapazität wird für den Fehlerschutz verwendet.

Für die einwandfreie Wiedergabe muss die Abtasteinrichtung der optischen Platte exakt auf der Pitspur geführt werden. Diese **Spurführung** erfolgt durch ein Servosystem, angesteuert durch eine bei der Abtastung wie folgt gewonnene Regelspannung: Das fokussierte Licht des Lasers gelangt mithilfe eines halbdurchlässigen

Spiegels auf die Oberfläche der optischen Platte. Das von dort reflektierte Licht lässt nun diesen Spiegel auf eine Anordnung von drei Fotosensoren einwirken. Bei richtiger Spurlage ergibt sich bei dem mittleren Fotosensor das größte Signal. Abweichungen der Abtasteinrichtung von der Spur rufen dagegen bei einem der seitlichen Fotosensoren einen Anstieg des Signals hervor, während sich beim mittleren Fotosensor der bisherige Wert reduziert. Aus dieser Veränderung wird nun eine Regelspannung gewonnen, die über das Servosystem die Abtasteinrichtung so lange verschiebt, bis wieder beim mittleren Fotosensor das größte Signal auftritt (Bild 6.8).Mit diesem Regelkreis wird die optimale Abtastung einer optischen Platte sichergestellt.

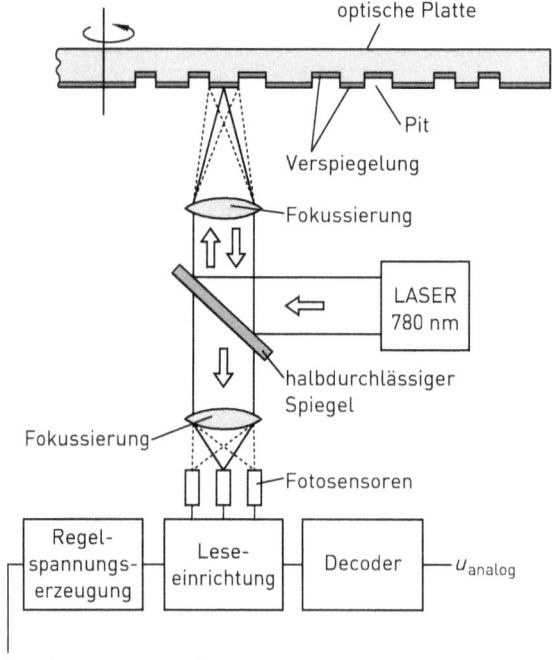

Bild 6.8
Abtastung und Speicherung bei optischer Platte

Die Urform der optischen Speicherplatte ist die Compact Disc (CD) mit einem Durchmesser von 120 mm und 0,6 µm breiten Pits. Die Drehzahl liegt zwischen 200 min^{-1} (innen) und 500 min^{-1} (außen). Daraus ergibt sich eine im Megabyte-Bereich (MB-Bereich) liegende Speicherkapazität.

Die CD hat sich als transparenter Speicher für beliebige digitale Signale etabliert, wird also für Audio, Video und Daten genutzt. Der Einsatzbereich ist durch ihre Speicherkapazität begrenzt.

 Die **Compact Disc (CD)** ist ein transparenter Speicher für digitale Signale im MB-Bereich.

Duch die vielfältigen Nutzungsmöglichkeiten der CD haben sich verschiedene funktionsorientierte Bezeichnungen eingebürgert:

- CD-ROM [compact disc – read-only memory],
- CD-R [compact disc – recordable],
- CD-RW [compact disc – read & write].

Bei der CD-ROM sind die Informationen auf der optischen Platte unveränderlich eingespeichert. Es ist deshalb nur Wiedergabe möglich.

CD-ROM ist ein Nur-Lese-Speicher.

Kann eine CD nur einmal für einen Speichervorgang genutzt werden, dann handelt es sich um eine CD-R.

Eine CD-R ist nur einmal beschreibbar.

Die Unveränderbarkeit der gespeicherten Informationen ist dagegen bei der CD-RW aufgehoben. Diese Variante der CD kann gelöscht und wiederholt beschrieben werden. Damit ist eine Vergleichbarkeit zum magnetischen Speicherverfahren gegeben.

Eine CD-RW ist wiederholt beschreibbar und deshalb ein Schreib-Lese-Speicher.

Die konsequente Weiterentwicklung der CD führte zur Digital Versatile Disc (DVD). Das primäre Ziel war dabei eine Vergrößerung der Speicherkapazität. Bei unveränderten Abmessungen, bezogen auf die CD, wurden folgende relevante Parameter wie folgt geändert:

- geringere Lichtwellenlänge des Lasers,
- schmalere Pitspur,
- kürzere Pitlängen.

Als Ergebnis führten diese Maßnahmen zu einer Speicherkapazität von einigen Gigabytes (GB). Die DVD wird in der Praxis, vergleichbar zur CD, als Speicher für beliebige digitale Signale genutzt, verbunden mit dem Vorteil der größeren Speicherkapazität.

Die **DVD [digital versatile disc]** ist ein transparenter Speicher für digitale Signale im GB-Bereich.

Bei der DVD lassen sich folgende Funktionsarten unterscheiden:
- DVD-V [DVD – video]
  → DVD für Video- und Audioaufzeichnung;
- DVD-A [DVD – audio]
  → DVD ausschließlich für Audioaufzeichnung;
- DVD-R/DVD+R [DVD – recordable]
  → nur einmal beschreibbare DVD;
- DVD-RW/DWD+RW [DVD – read & write]
  → wiederholt beschreibbare DVD;
- DVD-ROM [DVD – read-only memory]
  → DVD als Nur-Lese-Speicher;
- DVD-RAM [DVD – random access memory]
  → DVD als Schreib-Lese-Speicher.

Die Entwicklung hin zu höheren Auflösungen [high definition (HD)] bei Video hat zu einem neuen DVD-Format geführt, da bei HD gegenüber der bisher üblichen normalen Auflösung mehr Speicherkapazität erforderlich ist. Es handelt sich um die Blu-Ray-Disc (BD), die ebenfalls das Konzept der optischen Plattenspeicher nutzt, jedoch ist hier gegenüber der DVD die Lichtwellenlänge des Lasers noch geringer. Während bei der CD und DVD die Laser im Rotbereich arbeiten, ist es bei der BD wegen der noch kürzeren Wellenlängen der Blaubereich.

Das bei der BD verwendete Laserlicht ermöglicht eine höhere Packungsdichte der Pits und führt zu Speicherkapazitäten bis mindestens 50 GB. Damit lassen sich komplette Spielfilme mit hoher Bildauflösung problemlos auf einer BD unterbringen. Grundsätzlich ist die BD aber auch für alle anderen Anwendungen einsetzbar und stellt somit ebenfalls einen transparenten Speicher für digitale Signale dar.

 Die **Blu-Ray-Disc (BD)** ist ein transparenter Speicher für digitale Signale bis 50 GB und mehr.

Bezogen auf die Bewertungskriterien für Signalspeicherung schneiden die optischen Verfahren gut ab, weil die Speicherplatten hohe Speicherkapazitäten, einfache Handhabbarkeit, optimale Portabilität und günstige Preis-Leistungs-Verhältnisse aufweisen. Die Platten müssen allerdings gegen Verunreinigungen und Beschädigungen geschützt werden, um die bestimmungsgemäße Funktion sicherzustellen.

6.4 Elektrische Signalspeicherung

Die Speicherung digitaler Signale kann auch auf Basis elektrischer Vorgänge erfolgen. Im Prinzip ist dabei für jedes Bit eine Kippstufe erforderlich. Die Halbleitertechnologie ermöglicht es, sehr viele solcher Stufen auf einem Chip unterzubringen. Von der Funktion her handelt es sich um eine matrixartige Anordnung, bestehend aus Zeilen und Spalten. Die Organisation der Aktivierung der einzelnen Kippstufen wird von einer Steuerschaltung übernommen. Dabei ist jede Kippstufe durch den Kreuzungspunkt einer bestimmten Zeile und Spalte eindeutig bestimmt (Bild 6.9). Da die erforderliche Ansteuerung wenig aufwendig ist, sind beim elektrischen Speicherverfahren hohe Zugriffsgeschwindigkeiten realisierbar. Das gilt in gleicher Weise für die Eingabe und die Ausgabe der digitalen Signale.

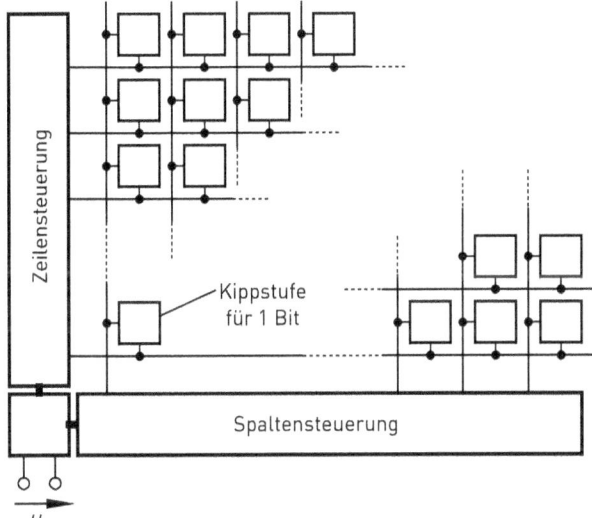

Bild 6.9
Elektrische Signalspeicherung

Der wesentliche Vorteil elektrischer Speicher ist es, dass sie gegenüber den magnetischen und optischen Speichern keine bewegten Teile aufweisen. Es wird deshalb in der Regel die Bezeichnung Halbleiterspeicher [semiconductor memory] oder Festkörperspeicher [solid state memory] verwendet.

 Halbleiterspeicher sind elektrische Speicher. Sie weisen keine bewegten Teile auf.

Halbleiterspeicher weisen kompakte Bauformen auf, sind vielfältig eingesetzt und weisen Speicherkapazitäten bis in den Gigabyte-Bereich (GB-Bereich) auf.

Die erste Anwendung von Halbleiterspeichern war ihr Einsatz als Arbeitsspeicher [random access memory (RAM)] in Computern. Inzwischen gibt es steckbare Speicherkarten für unterschiedlichste Anwendungen. Auch die SIM-Karten zur Authentifizierung als berechtigter Nutzer beim Mobilfunk oder Bezahlfernsehen (Pay-TV) gehören zu dieser Kategorie. Eine Art „Allround"-Variante stellt der Speicherstift [memory stick] mit USB-Anschluss dar, der üblicherweise als USB-Stick vermarktet wird. Er ist gekennzeichnet durch handliche Bauform, einfache Handhabung wegen der weitverbreiteten Schnittstelle USB, fast universelle Einsatzmöglichkeit und Speicherkapazität bis in den dreistelligen GB-Bereich.

Halbleiterspeicher ersetzen inzwischen auch die in Computern typischen Festplattenspeicher. Sie werden als SSD [solid state drive] bezeichnet.

Halbleiterspeicher benötigen für ihre Funktion eine Betriebsspannung. Wird diese abgeschaltet, dann sind zwei Typen unterscheidbar:

- nicht-flüchtige Halbleiterspeicher [non-volatile semiconductor memory]

  → Speicherinhalt bleibt auch nach Abschaltung der Betriebsspannung erhalten.

- flüchtige Halbleiterspeicher [volatile semiconductor memory]

  → Speicherinhalt geht nach Abschaltung der Betriebsspannung verloren.

Bei nicht-flüchtigen Halbleiterspeichern wird mit integrierten Kapazitäten gearbeitet, die ihren Ladungszustand über sehr lange Zeit halten und damit auch die gespeicherten Informationen.

Bei flüchtigen Halbleiterspeichern kann durch Verwendung einer Pufferbatterie sichergestellt werden, dass auch bei dieser Speichervariante kein Informationsverlust auftritt.

 Bei allen Anwendungen ist der Unterschied zwischen nicht-flüchtigen und flüchtigen Halbleiterspeichern zu berücksichtigen.

Ein wichtiges Kriterium stellt bei Halbleiterspeichern auch die maximal mögliche Geschwindigkeit für die Eingabe und Ausgabe der Daten dar. Diese Einlesegeschwindigkeit für die Aufzeichnung und Auslesegeschwindigkeit für die Wiedergabe wird üblicherweise in Mbit/s angegeben. Dabei können beide Werte unterschiedlich sein.

 Halbleiterspeicher können unterschiedliche Einlese- und Auslesegeschwindigkeiten aufweisen.

Bei den Halbleiterspeichern lassen sich folgende Varianten unterscheiden:

- RAM [random access memory],
- ROM [read-only memory],
- Flash-Speicher.

Der **RAM** ist ein Schreib-/Lese-Speicher mit wahlfreiem Zugriff auf jede Speicherzelle. Die einfachste Form stellt der als SRAM bezeichnete statische RAM dar. Er speichert die Inhalte in bistabilen Kippstufen, benötigt keine Auffrischungszyklen [refreshing cycle] und bietet sehr kurze Zugriffszeiten. Eine weniger aufwendige Version ist der dynamische RAM (DRAM). Die digitalen Signale werden hier in Form des Ladezustands eines Kondensators gespeichert. Das führt zu kleinen und einfach aufgebauten Speicherzellen, allerdings geht die dort gespeicherte Information wegen der Leckströme des Kondensators schnell verloren. Es ist deshalb eine regelmäßige Auffrischung der Zellinhalte erforderlich. Können bei DRAM Wertänderungen in den Registern nur im Rahmen einer Taktung an den Taktflanken durchgeführt werden, dann liegt ein SDRAM [synchronous dynamic random access memory] vor. Durch die Verwendung eines Taktes zur Synchronisierung entfällt die beim asynchronen Verfahren des DRAM notwendige Kommunikation. Aus diesem Grund sind SDRAM erheblich schneller als dynamische RAM.

Beim **ROM** handelt es sich um Nur-Lese-Speicher, deren Inhalt auch bei abgeschalteter Betriebsspannung nicht flüchtig ist. Es können die digitalen Signale deshalb nur ausgegeben werden, der Zugriff ist dabei wahlfrei möglich. Die Programmierung eines ROM ist entweder nur einmal möglich oder durch Lösch-und-Lesezyklen reversibel. Der erste Fall ist beim PROM [programmable read-only memory] gegeben, weil er nur eine einmalige Programmierung ermöglicht. Die Programmierung des EPROM [erasable programmable read-only memory] lässt sich dagegen mit UV-Licht löschen, während dies beim EEPROM [electrically erasable programmable read-only memory] durch elektrische Größen erfolgt. Nach der Löschung können diese ROM-Versionen wieder neu programmiert werden.

Flash-Speicher stellen eine spezielle Form des EEPROM dar. Die Speicherzellen sind dabei Feldeffekttransistoren, weshalb große Speicherkapazitäten auf kleinem Raum realisierbar sind. Das Löschen ist bei Flash-Speichern im Gegensatz zum normalen EEPROM nur in größeren Blöcken möglich.

Bei Halbleiterspeichern kann es zu Fehlfunktionen bis hin zum Totalausfall kommen, wenn elektrische Felder von außen einwirken und dabei vom Typ des Speichers abhängige Grenzwerte überschreiten. Durch Schirmung lässt sich diese Problemstellung in der Regel vermeiden.

 Äußere elektrische Felder können die Funktionsfähigkeit von Halbleiterspeichern beeinflussen.

Die elektrische Signalspeicherung hat sich als fortschrittliches Verfahren in der Praxis umfassend durchgesetzt.

7 Qualitätsparameter der Signalübertragung

Durch Übertragung und/oder Speicherung sollen die Signale der Quelle idealerweise unverändert bleiben. Diese Situation ist allerdings in der Realität nicht gegeben. Es sind nämlich vielfältige Beeinflussungen der Nutzsignale möglich, die sich unmittelbar störend bemerkbar machen können oder aus betrieblichen und/oder ökonomischen Gründen vermieden werden sollen.

Um eine sachgerechte Bewertung solcher Einflüsse durchführen zu können, lassen sich verschiedene Kenngrößen bei Übertragung und/oder Speicherung ermitteln. Es handelt sich um Qualitätsparameter, mit denen die Leistungsfähigkeit jedes Kommunikationssystems unabhängig von der verwendeten Technologie durch kennzeichnende Merkmale neutral beschrieben werden kann. Dies gilt unabhängig davon, ob mit analogen oder digitalen Signalen gearbeitet wird.

■ 7.1 Amplitudengang

Technisch realisierbare Systeme weisen Amplitudengänge auf, die von der idealen Form abweichen. Die Verläufe sind nicht geradlinig, sondern weisen **Welligkeiten** auf. **Filterflanken** in realen Systemen verlaufen nicht unendlich steil, sondern besitzen aufgrund der endlichen Komplexität der Übertragungskanäle einen mehr oder weniger flachen Verlauf. Diese Abweichungen vom Idealfall können bei der Übertragung von analogen oder digitalen Signalen zu Verfälschungen oder Übertragungsfehlern führen.

Mit folgenden Parametern ist die Qualität eines Übertragungskanals quantifizierbar. Dies sei durch die Darstellung eines Übertragungskanals im Trägerfrequenzbereich (Bandpass) verdeutlicht (Bild 7.1). Werden die unteren Frequenzen zu Null gesetzt, erhält man die Parameter für einen Übertragungskanal im Basisband (Tiefpass).

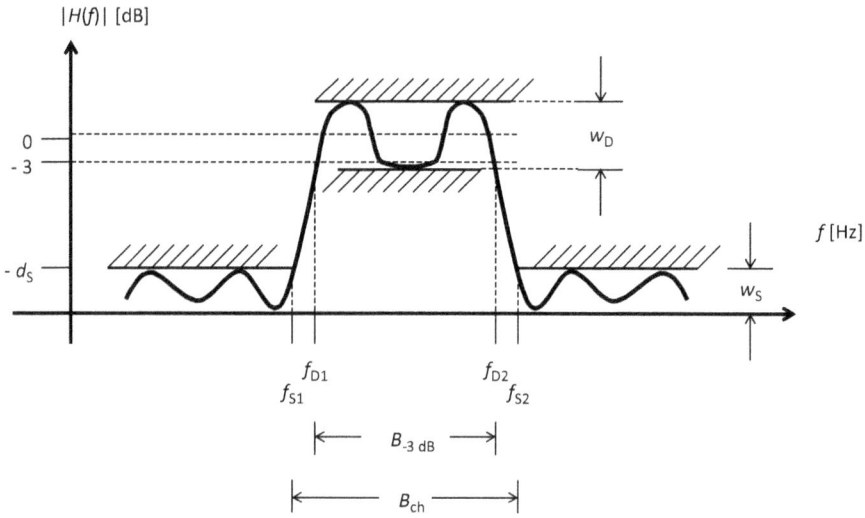

Bild 7.1 Amplitudengang-Parameter eines Übertragungskanals (Bandpass)

Im Durchlassbereich ergibt sich in der Regel kein konstanter Amplitudenwert, sondern eine Welligkeit (w_D), welche die Abweichung vom 0 dB-Wert (Referenzwert) quantifiziert. Oftmals wird für Übertragungssysteme eine Welligkeit von 3 dB im Durchlassbereich toleriert. Der Abfall des Amplitudengangs auf −3 dB (bezogen auf den Referenzwert von 0 dB) definiert die untere und obere Durchlassfrequenz (f_{D1} und f_{D2}). Aus deren Differenz kann die 3 dB-Bandbreite ($B_{-3\,dB}$) abgeleitet werden. Diese Bandbreite stellt die für analoge und digitale Signale nutzbare Bandbreite dar.

Bei der Bandbegrenzung eines Übertragungskanals können nur endlich steile Filterflanken realisiert werden. Auch ist die erzielbare **Sperrdämpfung** (d_S) endlich. In vielen Realisierungen wird eine Sperrdämpfung von 40 dB gefordert. Die Frequenzen, bei denen der Amplitudengang diese Werte erreichen werden, sind als untere und obere **Sperrfrequenz** (f_{S1} und f_{S2}) definiert. Deren Differenz bildet die erforderliche **Kanalbandbreite** B_{ch}.

Auch im Sperrbereich lässt sich in der Regel kein konstanter Amplitudengang erzielen. Diese Tatsache wird durch die Welligkeit im Sperrbereich (w_S) quantifiziert.

Die Angabe einer Bandbreite ist grundsätzlich von der Lage in den Bereichen Niederfrequenz, Hochfrequenz und Höchstfrequenz unabhängig und kann im Prinzip beliebige Werte aufweisen. Im fachlichen Sprachgebrauch wird bei kleinen Werten für die Bandbreite die Bezeichnung „Schmalbandigkeit" verwendet, während große Werte zur Bezeichnung „breitbandig" führen. Diese Begriffe sind allerdings nur dann sinnvoll, wenn ein Bezug für die jeweils betrachtete Bandbreite bekannt ist oder gegeben wird.

7.2 Verzerrungen

Bei idealen Übertragungs- und Speichersystemen stimmen das Eingangs- und Ausgangssignal hinsichtlich Zeitfunktion und Frequenzfunktion bis auf mögliche Verstärkung oder Dämpfung überein. Bedingt durch die nicht idealen Eigenschaften technischer Systeme treten allerdings Abweichungen des Ausgangssignals vom Eingangssignal auf. Diese werden als Verzerrungen [distortion] bezeichnet.

Wird ein Signal übertragen, das nur aus einer Sinusschwingung besteht, dann ist der Zusammenhang zwischen Eingang und Ausgang linear. Die Zeitfunktion bleibt also bis auf die Amplitude unverändert.

Im Regelfall besteht allerdings das Eingangssignal aus der Summe verschiedener Schwingungen, setzt sich also aus mehreren Spektralanteilen zusammen. Dann können am Ausgang Abweichungen vom überlagerten Signal auftreten. Es handelt sich dann um **lineare Verzerrungen**, weil der lineare Zusammenhang zwischen Eingang und Ausgang für die einzelnen Spektralanteile unterschiedliche Werte aufweist. Die Amplituden des Eingangssignals werden dadurch für jede Frequenz unterschiedlich verstärkt oder gedämpft. Die den linearen Zusammenhang zwischen Eingang und Ausgang beschreibende Konstante weist also eine Frequenzabhängigkeit auf. Es gilt:

$$U_2(f) = c(f) \cdot U_1(f) \qquad (7.1)$$

Das Ergebnis dieser Situation wird als **Amplitudenverzerrung** [amplitude distortion] bezeichnet (Bild 7.2). Es ist auch die Bezeichnung Dämpfungsverzerrung üblich.

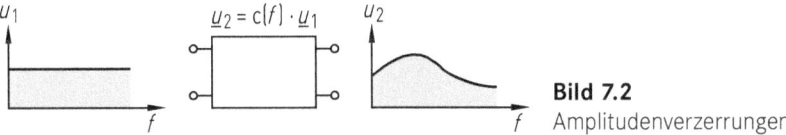

Bild 7.2 Amplitudenverzerrungen

Wenn für ein Übertragungssystem die frequenzabhängige Konstante bekannt ist, dann lassen sich die Amplitudenverzerrungen durch geeignete Maßnahmen kompensieren.

Auch bei der Phasenlage der Spektralanteile können störende Einflüsse auftreten. Diese machen sich durch unterschiedliche Laufzeiten vom Eingang zum Ausgang des Übertragungssystems für einzelne Schwingungen oder Schwingungspakete bemerkbar und werden als Phasenverzerrungen [phase distortion] oder auch Laufzeitverzerrungen bezeichnet. Es lassen sich somit folgende Ursachen der Phasenverzerrungen unterscheiden:

Phasenverzerrungen (= Laufzeitverzerrungen):
- Phasenlaufzeit (bei Einzelschwingungen),
- Gruppenlaufzeit (bei Schwingungspaketen).

Phasenverzerrungen [phase distortion] lassen sich durch Laufzeitglieder kompensieren.

Ist bei einem Übertragungssystem die Abhängigkeit zwischen Eingang und Ausgang nicht mehr durch eine Konstante, sondern durch eine nicht-lineare Funktion (z. B. $2 \cdot x^2 + 1$) gegeben, dann treten **nicht-lineare Verzerrungen** [non linear distortion] auf. Im Ausgangssignal lassen sich dabei neben dem verstärkten oder gedämpften Eingangssignal zusätzliche Signalanteile feststellen, und zwar jeweils Oberschwingungen oder Mischprodukte aus den im Eingangssignal enthaltenen Schwingungen mit den verschiedenen Frequenzen (Bild 7.3).

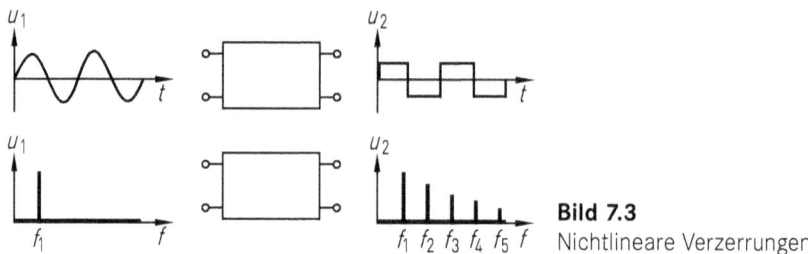

Bild 7.3 Nichtlineare Verzerrungen

Durch nicht-lineare Verzerrungen treten bei der Zeit- und Frequenzfunktion des Ausgangssignals Veränderungen auf, die im Regelfall nur bedingt kompensierbar sind. Die Ursache dieser störenden Einflüsse sind meistens nicht-lineare Kennlinien aktiver Bauelemente.

Periodische Signale lassen sich mittels der Fourier-Analyse durch eine Linearkombination ihrer Grundschwingung und den entsprechenden Oberwellen darstellen:

$$s(t) = c_0 + \sum_{n=1}^{\infty} \left[a_n \cdot \cos(2\pi \cdot n \cdot f_0 \cdot t) + b_n \cdot \sin(2\pi \cdot n \cdot f_0 \cdot t) \right] \tag{7.2}$$

Dabei stellt f_0 die reziproke Periodendauer T dar. Für die einzelnen Koeffizienten der Schwingungen gilt:

$$a_n = \frac{2}{T} \cdot \int_{-\frac{T}{2}}^{\frac{T}{2}} s(t) \cdot \cos(2\pi \cdot n \cdot f_0 \cdot t) \cdot dt \tag{7.3}$$

$$b_n = \frac{2}{T} \cdot \int_{-\frac{T}{2}}^{\frac{T}{2}} s(t) \cdot \sin(2\pi \cdot n \cdot f_0 \cdot t) \cdot dt \tag{7.4}$$

$$c_0 = \frac{1}{T} \cdot \int_{-\frac{T}{2}}^{\frac{T}{2}} s(t) \cdot dt \qquad (7.5)$$

Mit Formel 7.2 kann das Spektrum eines periodischen Signals beliebiger Formung bestimmt werden. Das Verhältnis a_n zu b_n repräsentiert dabei die Phase der Schwingung n-ter Ordnung im Signal $s(t)$. Für die resultierende Amplitude U_n der Schwingung n-ter Ordnung im Signal $s(t)$ gilt:

$$U_n = \sqrt{a_n^2 + b_n^2} \qquad (7.6)$$

Der Gleichanteil (DC-Offset) des Signals $s(t)$ wird durch c_0 repräsentiert.

Als Maß für die nicht-linearen Verzerrungen gilt der **Klirrfaktor** d [distortion factor]. Er beschreibt das Verhältnis der zusätzlich entstandenen Oberschwingungen zu dem aus der Grundschwingung (U_1) und den Oberschwingungen U_2, U_3 ...) bestehenden Gesamtsignal. Da die Amplituden der Oberschwingungen in der Praxis schnell abnehmen, ist es für Berechnungen meistens ausreichend, nur die ersten Oberschwingungen zu berücksichtigen. Es gilt:

$$d = \frac{\sqrt{U_2^2 + U_3^2 + \ldots}}{\sqrt{U_1^2 + U_2^2 + U_3^2 + \ldots}} \qquad (7.7)$$

Die Angabe des Klirrfaktors in Dezibel (dB) ergibt das **Klirrdämpfungsmaß** a_d [distortion attenuation figure]. Es beschreibt die Relation des Gesamtsignals zu den Oberschwingungen und weist folgende Form auf:

$$a_d = 20 \cdot \lg \frac{1}{d} \, \mathrm{dB} \qquad (7.8)$$

Ein weiterer Effekt kann sich durch galvanische, induktive, kapazitive oder elektromagnetische Kopplung zwischen zwei Übertragungskanälen ergeben. Er liegt vor, wenn ein Teil des Nutzsignals eines Kanals in den anderen Kanal eingekoppelt wird und das dortige Nutzsignal überlagert. Dieser Mechanismus wird als **Übersprechen** [crosstalking], Nebensprechen oder Kanaltrennung bezeichnet (Bild 7.4).

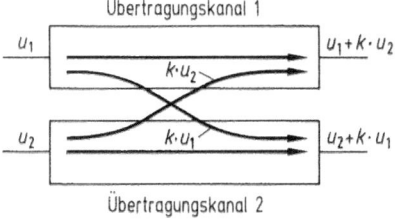

Bild 7.4 Übersprechen

Die wertmäßige Angabe erfolgt als **Übersprechdämpfungsmaß** a_{ct} [crosstalking attenuation figure] in Dezibel (dB), als dem logarithmierten Verhältnis zwischen dem Nutzsignal und dem eingekoppelten Störsignal. Das gilt wechselweise für beide Kanäle und weist folgende Form auf:

$$a_{ct(1\to 2)} = 20 \cdot \lg \frac{U_{\text{Nutz(Kanal 2)}}}{U_{\text{Stör(Kanal 1)}}} \text{dB} \tag{7.9}$$

$$a_{ct(2\to 1)} = 20 \cdot \lg \frac{U_{\text{Nutz(Kanal 1)}}}{U_{\text{Stör(Kanal 2)}}} \text{dB} \tag{7.10}$$

Die beiden Dämpfungsmaße weisen in vielen Fällen gleiche Werte auf, grundsätzlich sind aber ebenso unterschiedliche Werte möglich.

■ 7.3 Störabstand

Bei jeder Übertragung analoger oder digitaler Signale treten auch mehr oder weniger starke Störsignale auf, die zu einer Verfälschung der zu übertragenden Informationen führen können. Um diese Situation zu vermeiden, ist für jeden Anwendungsfall der Signalübertragung ein festgelegter Mindestabstand zwischen den Pegelwerten von Nutzsignal und Störsignal erforderlich. Dieser Nutzsignal-Störsignal-Abstand wird üblicherweise nur als Störabstand bezeichnet. Die Angaben erfolgen stets in Dezibel (dB). Große Störabstände werden durch große dB-Werte repräsentiert und umgekehrt.

Bei Störabständen ist stets der Unterschied zwischen vorhandenen Werten und geforderten Werten zu beachten. Im ersten Fall liegt der Störabstand vor, während er im zweiten Fall erst durch geeignete Maßnahmen erreicht werden muss.

In der Praxis stellt das **Rauschen** [noise] das wichtigste Störsignal dar. Rauschquellen treten im gesamten Übertragungssystem auf. Es handelt sich um Widerstände, Halbleiterkomponenten und Elektronenröhren, die in Geräten und Baugruppen des Übertragungssystems eingesetzt sind und dort Rauschsignale hervorrufen. Es wird deshalb von inneren Rauschquellen gesprochen, da ein Bezug auf die Hardware des Übertragungssystems gegeben ist.

Bei Rausch-Signalen besteht keine funktionale Zuordnung zwischen Zeit und Amplitude. Daher existiert für Rauschsignale kein Fourierspektrum, jedoch eine Autokorrelationsfunktion (AKF) im Zeitbereich. Die Autokorrelationsfunktion für Leistungssignale lautet:

$$\varphi_{xx}(\tau) = \lim_{T \to \infty} \frac{1}{2T} \cdot \int_{-T}^{T} x(t) \cdot x(t+\tau) \cdot dt \qquad (7.11)$$

Die Autokorrelationsfunktion stellt ein Maß für die Ähnlichkeit eines Signals zu sich selbst dar. Für $\tau = 0$ ergibt sich die Leistung P des Signals.

$$\varphi_{xx}(0) = P \qquad (7.12)$$

Die Fouriertransformierte der AKF ist das sogenannte Leistungsdichtespektrum (LDS) $\varphi(f)$. Es gibt die Leistung des Signals pro Frequenz an.

$$\varphi_{xx}(\tau) \Leftrightarrow \phi(f) \qquad (7.13)$$

Ist $\varphi(f)$ bekannt, kann damit ebenfalls die Leistung P eines Signals bestimmt werden:

$$P = \int_{-\infty}^{\infty} \phi(f) \cdot df \qquad (7.14)$$

In Übertragungskanälen tritt für Rauschsignale häufig ein Leistungsdichtespektrum auf, das entlang der Frequenz einen konstanten Wert aufweist. Man spricht in diesem Fall von „weißem Rauschen" oder „Gauß-Rauschen".

Bild 7.5 zeigt die Verhältnisse für weißes Rauschen (Gauß-Rauschen). Da zwischen Zeit und Amplitude kein funktionaler Zusammenhang besteht, kann nur die Auftrittswahrscheinlichkeit $p(u_r)$ der Amplituden u_r angegeben werden. Sie besitzt eine Gauß-förmige Verteilung, wenn das Leistungsdichtespektrum (Rauschleistungsdichte) konstant ist, daher die Bezeichnung „Gauß-Rauschen".

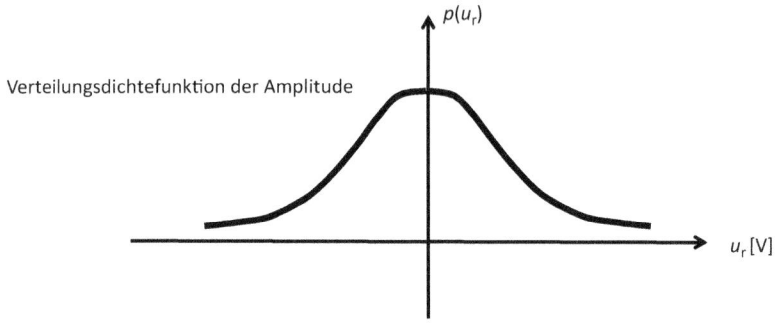

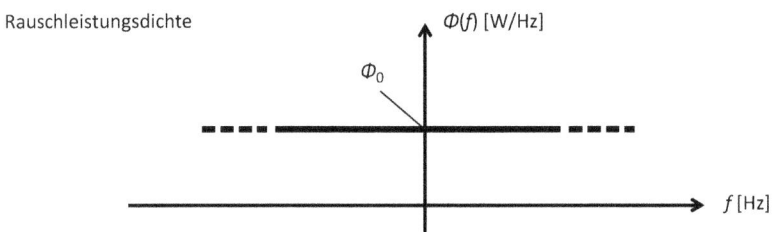

Bild 7.5 Eigenschaften von weißem Rauschen (Gauß-Rauschen)

 Bei der Addition von Rauschsignalen addieren sich nicht die Signalamplituden, sondern die Signalleistungen!

Bei Funkübertragungen treten zusätzlich äußere Rauschquellen mit Rauschsignalen in Erscheinung. Diese lassen sich wie folgt einteilen:

- kosmisches Rauschen

    Hauptsächlich verursacht durch Fixsterne des Milchstraßensystems.

- terrestrisches Rauschen

    Verursacht durch Ionisierungsvorgänge und Inhomogenitäten innerhalb der Erdatmosphäre.

Diese Rauschsignale werden über die Antenne aufgenommen und damit in das Übertragungssystem eingespeist. Die Rauschsignale der inneren und äußeren Rauschquellen lassen sich nicht kompensieren.

Die Ursache für die Rauschsignale der inneren Rauschquellen ist primär das thermische Rauschen, auch als Wärmerauschen oder Widerstandsrauschen bezeichnet. Es wird nachfolgend genauer betrachtet, weil diese Art des Rauschens modellhaft ebenfalls für die anderen anwendbar ist.

Das thermische Rauschen bedeutet ein von der Temperatur abhängiges Rauschsignal, hervorgerufen durch die regellose Bewegung der Elektronen in leitfähigem Material und in Halbleitern.

So tritt beispielsweise bei jedem Widerstand an seinen Anschlüssen eine völlig regellose Wechselspannung auf, auch wenn er nicht mit einer äußeren Spannungsquelle oder sonstigen Komponenten verbunden ist (Bild 7.6). Es muss allerdings die Umgebungstemperatur über dem absoluten Nullpunkt (0 K) liegen.

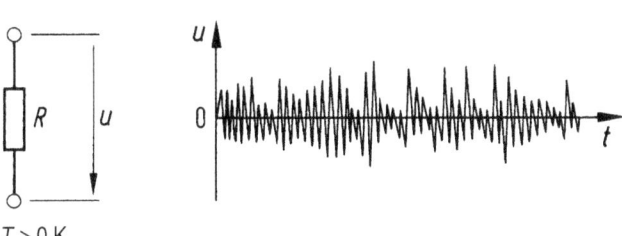

Bild 7.6
Rauschsignal beim Widerstand

Die an einem Widerstand auftretende **Rauschleistung** P_n [noise power (*NP*)] ist von der absoluten Temperatur (Angabe in K) und der betrachteten Bandbreite B abhängig.]

Es gilt:

$$P_n = k \cdot T \cdot B \tag{7.15}$$

Bei dem Faktor k handelt es sich um die Boltzmann-Konstante.

$$k = 1{,}38 \cdot 10^{-23} \frac{Ws}{K} \tag{7.16}$$

Da die Angabe der Temperatur in Kelvin (K) erfolgt, ist der Zusammenhang mit den üblichen Werten in Grad Celsius (°C) zu berücksichtigen.

$$0\,°C = 273{,}15\,K \tag{7.17}$$

Wird von 20 °C als Raumtemperatur T_0 ausgegangen, dann ergibt sich für die auf ein Hertz (Hz), also 293,15 K, bezogene Rauschleistung.

$$P_{n(20°C)} = k \cdot T = 4 \cdot 10^{-21} \frac{W}{Hz} \tag{7.18}$$

Die Rauschleistung pro Hz ist auch als absoluter Pegel darstellbar. Bei Bezug auf 1 mW ergibt sich folgender **Rauschleistungspegel** pro Hz:

$$L_{n(20°C)} = 10 \cdot \lg(k \cdot T) = -174 \frac{dBm}{Hz} \tag{7.19}$$

Die vorstehenden, auf 1 Hz bezogenen Gleichungen für die Rauschleistung und den Rauschleistungspegel zeigen deutlich, dass die Werte mit zunehmender Bandbreite ansteigen.

Wird nun die an einem Widerstand (z. B. Eingangswiderstand eines Verstärkers) auftretende Rauschspannung betrachtet und diese über einen hinreichend langen Zeitraum gemittelt, dann ergibt sich folgender Effektivwert:

$$U_n = 2 \cdot \sqrt{k \cdot T \cdot B \cdot R} \tag{7.20}$$

Das an einem Widerstand auftretende Rauschsignal enthält theoretisch alle Frequenzen, die Rauschleistung pro Hz Bandbreite ist damit für alle Frequenzen konstant. Ein solches Signal wird als **weißes Rauschen** bezeichnet.

Eine andere Situation liegt bei bandbegrenzten Signalen vor. Diese weisen nur innerhalb eines vorgegebenen Frequenzbereichs konstante Rauschleistung pro Hz Bandbreite auf. Für diese Art der Signale gilt die Bezeichnung **farbiges Rauschen**.

Da für die bestimmungsgemäße Funktion von Kommunikationssystemen das Nutzsignal stets um einen von der spezifischen Anwendung abhängigen Wert größer sein muss als das Rauschsignal, stellt das Verhältnis zwischen Nutzsignal und Rauschsignal einen wichtigen Qualitätsparameter dar. Er wird als **Signal-Rausch-Abstand** [signal-to-noise ratio] oder Rauschabstand bezeichnet und in Dezibel (dB) angegeben. Als Formelzeichen ist der griechische Kleinbuchstabe Sigma σ festgelegt. Es werden in der Fachliteratur häufig aber auch *SNR* und *S/N* verwendet. Der Signal-Rausch-Abstand gilt gleichwertig für die Spannungen und Leistungen der Signale.

$$\sigma = SNR = \frac{S}{N} = 20 \cdot \lg \frac{U_s}{U_n} = 10 \cdot \lg \frac{P_s}{P_n} \tag{7.21}$$

mit
U_s = Spannung des Nutzsignals
U_n = Spannung des Rauschsignals
P_s = Leistung des Nutzsignals
P_n = Leistung des Rauschsignals

 Beispiel

Soll an dem Ausgang eines Verstärkers ein Rauschabstand von 40 dB eingehalten werden, dann ergibt sich aus vorstehender Gleichung:

$$\sigma = 40\,\text{dB} = 20 \cdot \lg \frac{U_s}{U_n}\,\text{dB}$$

Umformung und Entlogarithmierung führen zu folgendem Ergebnis:
$U_s = 100 \cdot U_n$

> Die Spannung des Nutzsignals muss also mindestens um den Faktor 100 größer sein als die Spannung des Rauschsignals, um den vorgegebenen Rauschabstand zu gewährleisten.

Da jedes Gerät und jede Baugruppe in einem Kommunikationssystem Rauschsignale erzeugt, ist ein Maß für die Bewertung dieses störenden Effektes erforderlich. Es wurde deshalb die **Rauschzahl** F [noise figure (NF) definiert, und zwar als das Verhältnis des Rauschabstandes am Eingang zu dem am Ausgang dieser Zweitore (Vierpole).

$$F = \frac{\sigma_1}{\sigma_2} = \frac{\sigma_{Eingang}}{\sigma_{Ausgang}} \tag{7.22}$$

Im Idealfall würden die Geräte und Baugruppen kein Rauschen bewirken, dann wären die Rauschabstände am Eingang und Ausgang gleich groß und damit $F=1$. In der Realität tritt jedoch immer Rauschen auf, was den Rauschabstand am Ausgang verringert. Deshalb ist die Rauschzahl stets größer als Eins.

Üblicherweise wird die Rauschzahl nicht als Faktor, sondern als **Rauschmaß** a_F angeben. Es gilt dafür:

$$a_F = 10 \cdot \lg(F)\,\text{dB} \tag{7.23}$$

Beispiel

Für den LNB einer Satellitenempfangsantenne ist ein Rauschmaß von 1 dB angegeben. Daraus lässt sich wie folgt der Unterschied zwischen den Rauschabständen am Eingang und Ausgang ermitteln.

Durch Entlogarithmierung der vorstehenden Gleichung für das Rauschmaß ergibt sich die Rauschzahl:

$$F = 10^{\frac{a_F}{10\,\text{dB}}} = 10^{\frac{1\,\text{dB}}{10\,\text{dB}}} = 10^{0,1}$$

$F = 1{,}26$

Aus der Definition für die Rauschzahl ergibt sich damit für die Rauschabstände:

$$F = \frac{\sigma_1}{\sigma_2} = 1{,}26 \cdot \sigma_1 = 1{,}26 \cdot \sigma_2$$

Der Rauschabstand am Eingang ist also um den Faktor 1,26 größer als der Rauschabstand am Ausgang.

Bei Anwendungen im Hochfrequenzbereich ist in vielen Fällen das verwendete Trägersignal U_c bzw. P_c für den Einfluss der Rauschsignale von größerer Wichtigkeit als das vom Trägersignal transportierte Nutzsignal. Es erfolgt dann die Angabe des Störabstandes als **Träger-Rausch-Abstand** [carrier-to-noise ratio] und weist folgende Form auf:

$$SNR = \frac{C}{N} = 20 \cdot \lg \frac{U_c}{U_n} dB = 10 \cdot \lg \frac{P_c}{P_n} dB \qquad (7.24)$$

Auch wenn das Rauschen das am meisten verbreitete Störsignal ist, so sind bei einigen Anwendungen andere Störsignale von größerer Bedeutung. Es handelt sich um **Interferenzen** [interference], was als störende Spektralanteile verstanden werden kann. Aus diesem Grund sind auch dem Träger-Rausch-Abstand vergleichbare Angaben als Träger-Interferenz-Abstand C/I möglich.

Bei Rauschsignalen im Niederfrequenzbereich muss die Frequenzabhängigkeit des menschlichen Gehörs berücksichtigt werden. Dies erfolgt durch geeignete Filter und führt zu einem Spezialfall des farbigen Rauschens. Es gilt dafür die Bezeichnung Geräusch.

Geräusch = auf die Frequenzabhängigkeit des menschlichen Ohres bezogenes Rauschen

Es ergibt sich damit vergleichbar den bisherigen Betrachtungen der Geräuschabstand als bewerteter Rauschabstand.

■ 7.4 Abtastung

Das Abtasttheorem beschreibt die Diskretisierung eines kontinuierlichen Signals in zeitlicher Richtung. Eine Diskretisierung der Amplitude wird dabei nicht betrachtet, findet jedoch in realen Systemen statt. Die zeitliche Diskretisierung eines kontinuierlichen Signals $s(t)$ kann durch die Multiplikation mit einem Dirac-Kamm in zeitlicher Richtung dargestellt werden. Auf diese Weise werden nur die Amplitudenwerte des kontinuierlichen Signals an Vielfachen von T entlang der t-Achse herausgelöst. Für das abgetastete Signal im Zeitbereich gilt:

$$s_A(t) = s(t) \cdot d_T(t) = s(t) \cdot \sum_{i=-\infty}^{\infty} \delta(t - i \cdot T) \qquad (7.25)$$

Dieses ist eine idealisierte Darstellung (ideales Abtasttheorem), da sich Dirac-Impulse in technischen Systemen wegen der unendlich hohen Amplitude und der unendlich geringen Breite nicht realisieren lassen. Trotzdem ist diese Darstellung sinnvoll und hilfreich, da sie die wesentlichen Voraussetzungen für die Durchführung einer fehlerfreien Abtastung und Rekonstruktion wiedergibt. Bild 7.7 zeigt die einzelnen Signale bei der Beschreibung der Abtastung im Zeitbereich.

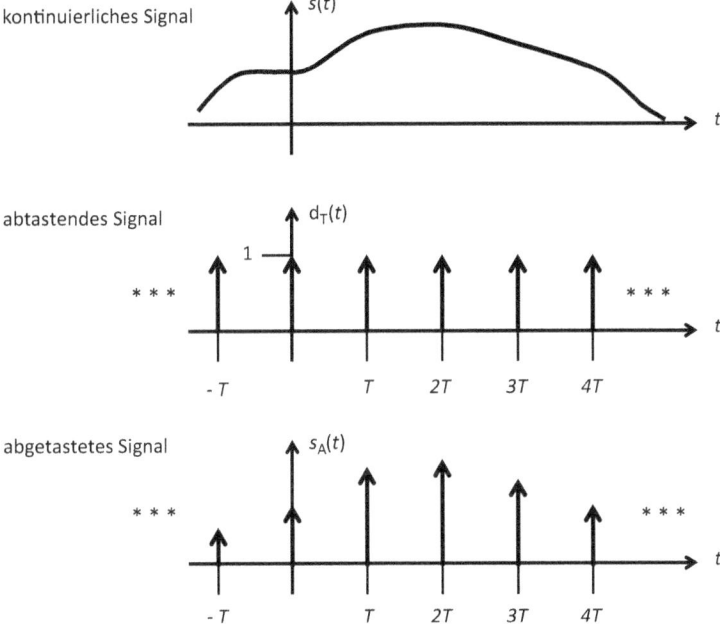

Bild 7.7 Darstellung der Abtastung im Zeitbereich

Die Beschreibung der Abtastung im Zeitbereich ist zwar vollständig und korrekt, jedoch lassen sich daraus keine Bedingungen für eine fehlerfreie Abtastung und Rekonstruktion herleiten. Daher ist die Betrachtung im Frequenzbereich notwendig.

Mithilfe der Theoreme zur Fouriertransformation kann das nach der Abtastung entstehende Spektrum $S_A(f)$ formuliert werden:

$$s_A(t) = s(t) \cdot d_T(t) = s(t) \cdot \sum_{i=-\infty}^{\infty} \delta(t - i \cdot T) \Leftrightarrow S_A(f) = S(f) \cdot \frac{1}{T} \cdot d_{\frac{1}{T}}(f) = S(f) \cdot \frac{1}{T} \cdot \sum_{i=-\infty}^{\infty} \delta\left(f - i \cdot \frac{1}{T}\right)$$
(7.26)

Die Faltung (im Frequenzbereich) des Spektrums $S(f)$ des kontinuierlichen Signals mit einem Dirac-Kamm im Frequenzbereich führt auf ein Spektrum, das an den Vielfachen von $1/T$ periodisch fortgesetzt wird:

$$S_A(f) = \frac{1}{T} \cdot \sum_{i=-\infty}^{\infty} S\left(f - i \cdot \frac{1}{T}\right) \qquad (7.27)$$

Bild 7.8 zeigt dazu den Zusammenhang von $S(f)$ und $S_A(f)$.

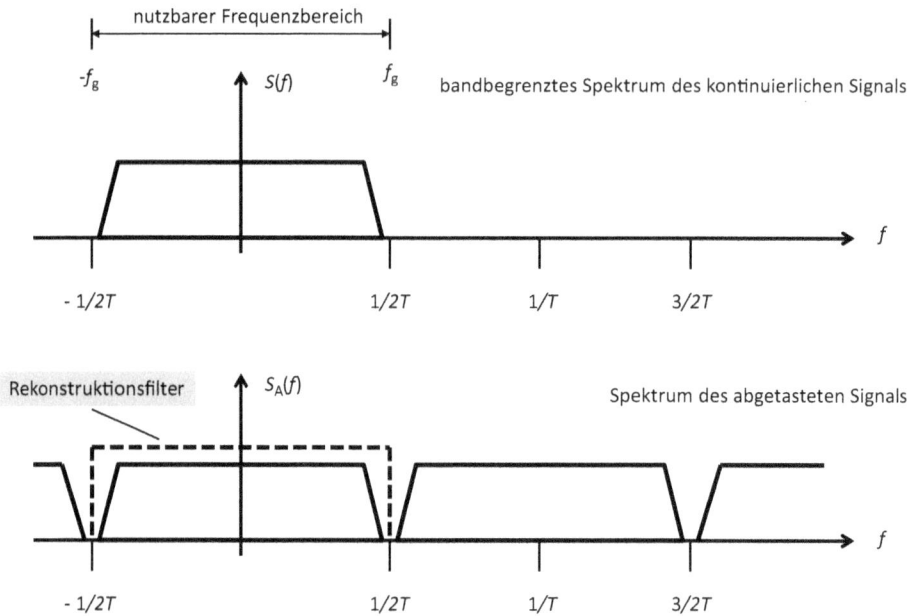

Bild 7.8 Spektren vor und nach der Abtastung

Wird das Spektrum des kontinuierlichen Signals vor der Abtastung gemäß vorstehender Formel bandbegrenzt, entsteht keine Überlappung der periodisch fortgesetzten Spektren des abgetasteten Signals. Durch eine Tiefpassfilterung (Rekonstruktionsfilterung) nach der D/A-Wandlung kann das Spektrum des (tiefpassgefilterten) kontinuierlichen Signals zurückgewonnen werden. Dieses bedeutet für das rekonstruierte Signal, dass im Zeitbereich die Amplitudenwerte zwischen den Abtastpunkten exakt zurückgewonnen werden. Allerdings gelingt nur die exakte Rückgewinnung für das zuvor tiefpassgefilterte kontinuierliche Signal. Formel 7.28 beschreibt die Bedingung für eine fehlerfreie Abtastung und Rekonstruktion:

$$f_g < \frac{1}{2} \cdot \frac{1}{T} = \frac{1}{2} \cdot f_s \tag{7.28}$$

Alle Spektralanteile, die in der Vorfilterung (Anti-Alias-Filterung) entfernt wurden können nicht mehr rekonstruiert werden. Es ist daher bei der Systemdimensionierung darauf zu achten, dass keine subjektiv relevanten Informationen durch die Vorfilterung unterdrückt werden. Danach kann die erforderliche Abtastfrequenz f_S bestimmt werden.

Wird keine Vorfilterung durchgeführt, entstehen im Spektrum des abgetasteten Signals Überlappungen (Alias), die zu einer Signalverfälschung führen (Bild 7.9 oben). Diese Störkomponenten reichen auch in den Bereich unterhalb von f_g hinein und können durch die Rekonstruktionsfilterung nicht eliminiert werden. Nach der Rekonstruktion verbleiben diese Aliasanteile im Signal, obwohl sie im Originalsignal nicht vorhanden waren.

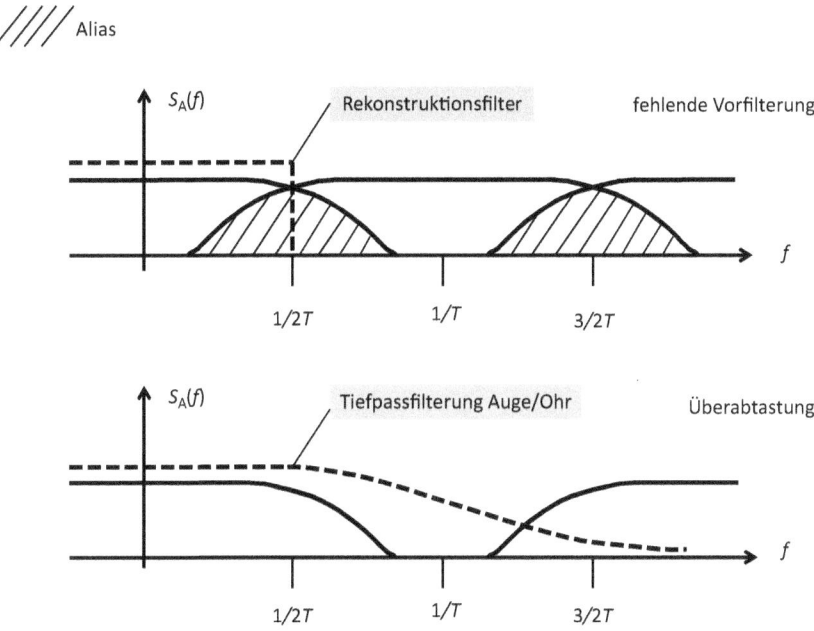

Bild 7.9 Spektrale Verhältnisse bei fehlender Vorfilterung und Überabtastung

Kann keine Vorfilterung durchgeführt werden, besteht die Möglichkeit, die Abtastfrequenz zu erhöhen. Die periodisch wiederholten Spektren sind dann entsprechend weiter voneinander entfernt und die Bereiche, in denen Alias auftritt, verschieben sich ebenfalls in einen höheren Frequenzbereich (Bild 7.9 unten). Diese Technik wird als **Überabtastung** bezeichnet. Es kann bei einer entsprechend hohen Überabtastung sogar auf die Rekonstruktionsfilterung verzichtet werden. Diese übernehmen dann Auge bzw. Ohr.

Dieses Konzept wird in Fernsehsystemen bei der Bildaufnahme und Bildwiedergabe eingesetzt. Hier kann nämlich weder in der Kamera eine Vorfilterung realisiert werden, noch bei der Bildwiedergabe eine Rekonstruktionsfilterung stattfinden.

Bild 7.10 zeigt das Gesamtsystem einer realen Abtastung und Rekonstruktion.

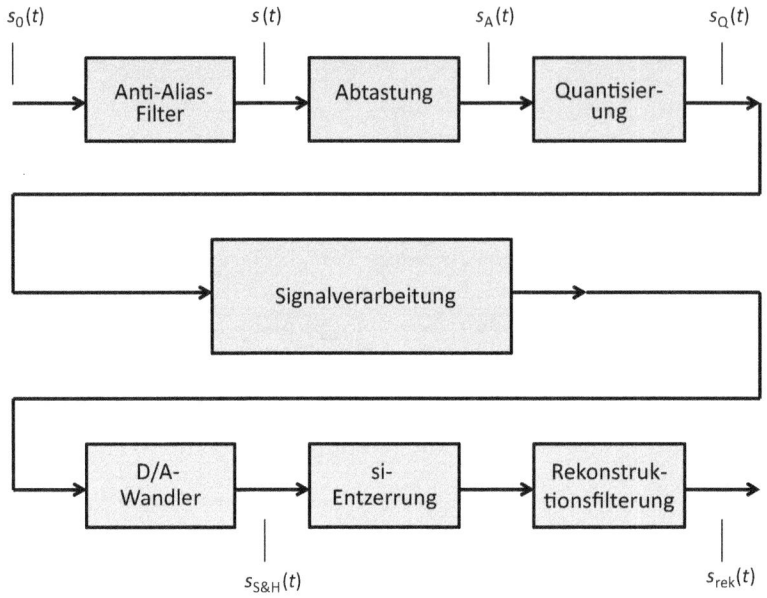

Bild 7.10 Gesamtsystem der realen Abtastung und Rekonstruktion

Die Abtastung in realen Systemen erfolgt nicht mit Dirac-Impulsen, sondern mit schmalen Rechteck-Impulsen der Breite T_{Apert}. Während der auch als Aperturzeit oder Öffnungszeit bezeichneten Impulsdauer findet eine Signalintegration statt, was eine Mittelwertbildung der Signalamplituden während T_{Apert} bedeutet. Diese bewirkt eine ungewollte Tiefpassfilterung des Signals $s(t)$. Bei A/D-Wandlern für Audio- und Videosignale ist T_{Apert} allerdings inzwischen so gering, dass diese Filterung vernachlässigt werden kann.

Ein D/A-Wandler kann ebenfalls nicht mit Dirac-Impulsen betrieben werden. Stattdessen wird der aktuelle Amplitudenwert bis zum nächsten Wert gehalten (Sample & Hold). Auf diese Weise entsteht ein treppenförmiges Ausgangssignal $s_{\text{S\&H}}(t)$. Dieses kann im Zeitbereich durch eine Faltung des ideal abgetasteten Signals $s_A(t)$ mit einem Rechteckimpuls der Breite T und der Amplitude 1 formuliert werden:

$$s_{\text{S\&H}}(t) = s_A(t) \cdot T \cdot \sqcap_T(t) \tag{7.29}$$

Es folgt für das Spektrum des Sample & Hold-Signals:

$$S_{\text{S\&H}}(f) = \sum_{i=-\infty}^{\infty} S(f - i \cdot \frac{1}{T}) \cdot \text{si}\left(2\pi \cdot f \cdot \frac{T}{2}\right) \tag{7.30}$$

Gegenüber dem Spektrum gemäß Formel 7.27 tritt nun eine zusätzliche si-förmige Tiefpassfilterung auf, die nicht vernachlässigt werden kann. Ohne weitere Maßnahmen würden nach der Rekonstruktionsfilterung Amplitudenverfälschungen auftreten. Daher wird nach der D/A-Wandlung eine si-Entzerrung (inverse si-Funktion) bis zur Grenzfrequenz f_g durchgeführt. Durch diese entsteht ein Spektrum $S'_{S\&H}(f)$, das bis auf einen Vorfaktor im Bereich $-f_g$ bis f_g mit dem Spektrum $S_A(f)$ identisch ist. Auf diese Weise wird die ungewollte Tiefpassfilterung, bedingt durch die Sample & Hold-Bildung, kompensiert. Man erhält die gleichen Verhältnisse wie bei der idealen Abtastung und Rekonstruktion.

7.5 Anpassung

Bei jedem Kommunikationssystem soll bekanntlich das Nutzsignal mit geringstmöglichen Verlusten und Störeinflüssen von der Quelle zur Senke übertragen werden. Um dieses zu erreichen, müssen zwischen den Funktionseinheiten des Systems bestimmte technische Vorgaben erfüllt sein. Diese werden als Anpassung [matching] bezeichnet. Sind die Vorgaben nicht erfüllt, dann liegt **Fehlanpassung** [mismachting] vor.

Die Anpassungsbedingungen lassen sich überschaubar an einer belasteten Quelle erklären. An die Klemmen eines aktiven Eintors mit dem Innenwiderstand $\underline{Z}_i$ ist dabei der Außenwiderstand $\underline{Z}_a$ angeschlossen (Bild 7.11). Für den allgemeinen Fall muss dabei von komplexen Widerständen (Impedanzen) ausgegangen werden. Beide Impedanzen weisen dann Wirkwiderstände und frequenzabhängige Blindwiderstände auf, wobei es sich um kapazitive oder induktive Blindwiderstände handeln kann.

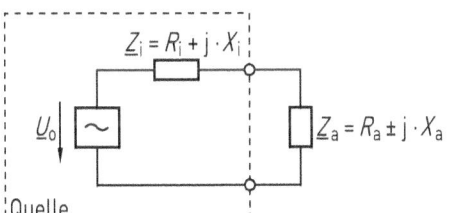

Bild 7.11
Belastete Quelle

Aus den Grundlagen der Elektrotechnik ist bekannt, dass die maximale Leistung von der Quelle an den Außenwiderstand abgegeben wird, wenn $R_a = R_i$ gilt. Diese Aussage berücksichtigt allerdings keine möglichen Blindanteile. Bei Signalen im kHz-Bereich ist das noch vertretbar, bei größeren Frequenzen wird jedoch abhängig vom Verhältnis der Blindanteile von $\underline{Z}_i$ und $\underline{Z}_a$ ein Teil des Signals vom Außenwiderstand zum Innenwiderstand wieder reflektiert. Diese Situation lässt sich durch ein vorlaufendes Signal $\underline{U}_v$ und ein rücklaufendes Signal $\underline{U}_r$ beschreiben und führt verständlicherweise zur Veränderung des ursprünglichen Signals (Bild 7.12).

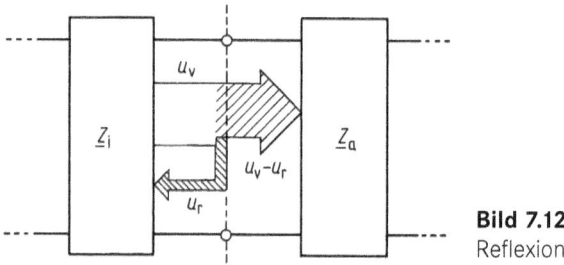

Bild 7.12 Reflexion

Es lassen sich grundsätzlich zwei Arten der Anpassung unterscheiden, nämlich die Widerstandsanpassung und die Leistungsanpassung. Bei der **Widerstandsanpassung** gilt die Beziehung $\underline{Z}_a = \underline{Z}_i$. Es liegen dabei gleiche Wirk- und Blindanteile beim Außen- und Innenwiderstand vor (Bild 7.13). Außerdem treten keine Reflexionen auf. Im Falle der **Leistungsanpassung** müssen die Wirkanteile von $\underline{Z}_i$ und $\underline{Z}_a$ gleich groß sein und sich die Blindanteile kompensieren. Dies lässt sich durch einen kapazitiven Blindwiderstand bei dem einen Widerstand und einem induktiven bei dem anderen Widerstand erreichen, wobei die Blindwiderstände gleiche Werte aufweisen müssen (Bild 7.14). Bei Leistungsanpassung wird maximale Wirkleistung übertragen, es treten allerdings Reflexionen auf.

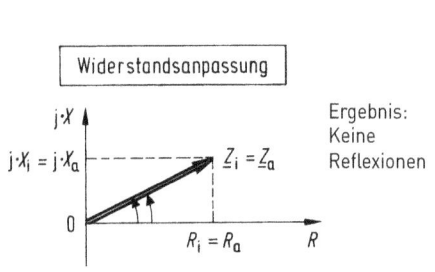

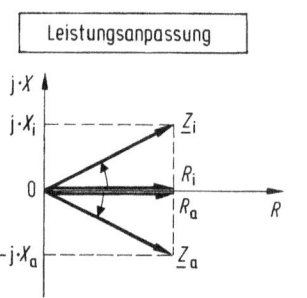

Bild 7.13 Widerstandsanpassung

Bild 7.14 Leistungsanpassung

Sobald an der Schnittstelle zwischen zwei Funktionseinheiten in einem Übertragungssystem ein rücklaufendes Signal auftritt, liegt Fehlanpassung vor. Diese lässt sich mathematisch durch folgende Ausdrücke beschreiben:

- Reflexionsfaktor [reflection coefficient] $\underline{r}$,
- Rückflussdämpfung [return loss] a,
- Welligkeitsfaktor [standing wave ratio (SWR)] s,
- Anpassungsfaktor [inverse standing wave ratio] m.

Vorstehende Angaben können alle ineinander umgerechnet werden, sodass sich die Auswahl in der Praxis üblicherweise am einfachsten Messverfahren für die Fehlanpassung orientiert.

Der **Reflexionsfaktor** ist eine dimensionslose komplexe Größe, die das Verhältnis des rücklaufenden Signals $\underline{U}_r$ zum vorlaufenden Signal $\underline{U}_v$ nach Betrag und Phasenlage angibt.

$$\underline{r} = r \cdot e^{j\varphi} = \frac{\underline{U}_r}{\underline{U}_v} = \frac{\underline{Z}_a - \underline{Z}_i}{\underline{Z}_a + \underline{Z}_i} \tag{7.31}$$

In vielen Fällen wird nur der Betrag des Reflexionsfaktors betrachtet. Dafür gilt:

$$r = |\underline{r}| = \left| \frac{\underline{Z}_a - \underline{Z}_i}{\underline{Z}_a + \underline{Z}_i} \right| \tag{7.32}$$

Die Reflexion lässt sich auch als Dämpfungsmaß a angeben. Dabei handelt es sich um den logarithmierten Kehrwert des Betrages des Reflexionsfaktors. Dafür gilt die Bezeichnung **Rückflussdämpfung**, weil es sich um eine Angabe handelt, wie stark das rücklaufende Signal gegenüber dem vorlaufenden Signal gedämpft wird.

$$a = 20 \cdot \lg \frac{1}{r} \mathrm{dB} = 20 \cdot \lg \frac{\underline{U}_v}{\underline{U}_r} \mathrm{dB} = 20 \cdot \lg \left| \frac{\underline{Z}_a + \underline{Z}_i}{\underline{Z}_a - \underline{Z}_i} \right| \mathrm{dB} \tag{7.33}$$

Der Welligkeitsfaktor und der Anpassungsfaktor werden aus der Überlagerung vom vorlaufenden und rücklaufenden Signal abgeleitet. Der resultierende Kurvenverlauf ist dabei für gleiche Zeitpunkte jeder Periode konstant, wiederholt sich also nach jeder Periodendauer T. Durch die Überlagerung treten beim resultierenden Signal zwischen $t = 0$ und $t = T$ örtlich konstante Maxima U_{max} und Minima U_{min} auf, was als stehende Wellen bezeichnet wird (Bild 7.15). Ein Maximum tritt auf, wenn vorlaufendes und rücklaufendes Signal gleichphasig sind, während sich bei Gegenphasigkeit ein Minimum ergibt. Daraus folgt:

$$U_{max} = U_v + U_r \tag{7.34}$$

$$U_{min} = U_v - U_r \tag{7.35}$$

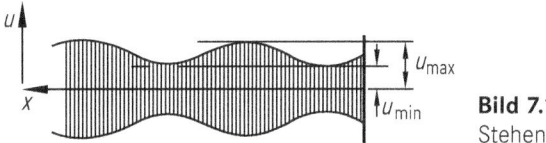

Bild 7.15
Stehende Wellen

Der **Welligkeitsfaktor** s beschreibt das Verhältnis zwischen dem Maximum U_{max} und dem Minimum U_{min}. Es gilt:

$$s = \frac{U_{max}}{U_{min}} = \frac{\underline{U}_v + \underline{U}_r}{\underline{U}_v - \underline{U}_r} = \frac{1+r}{1-r} \tag{7.36}$$

Für den Welligkeitsfaktor wird auch die Bezeichnung **Stehwellenverhältnis** [standing wave ratio (*SWR*)] verwendet.

Der Kehrwert des Welligkeitsfaktors ergibt den **Anpassungsfaktor** m als Verhältnis zwischen dem Minimum U_{min} und dem Maximum U_{max}. Daraus folgt:

$$m = \frac{U_{min}}{U_{max}} = \frac{\underline{U}_v - \underline{U}_r}{\underline{U}_v + \underline{U}_r} = \frac{1-r}{1+r} \tag{7.37}$$

In der Kommunikationstechnik wird für die Nutzsignale stets Widerstandsanpassung angestrebt, weil dann die Übertragung ohne Reflexionen erfolgt. Dies setzt bekanntlich gleich große Innen- und Außenwiderstände voraus.

Wird diese Bedingung in die Gleichungen für r, a, s und m eingesetzt, dann ergeben sich die Werte für die totale Anpassung. Das Gegenteil, nämlich die totale Fehlanpassung tritt bei Kurzschluss $\underline{Z}_a \rightarrow 0$ oder Leerlauf $\underline{Z}_a \rightarrow \infty$ am Ausgang der belasteten Quelle auf, weil bei diesen Konstellationen das vorlaufende Signal hundertprozentig reflektiert wird. Aus Tabelle 7.1 sind die bei Fehlanpassung möglichen Wertebereiche ersichtlich.

Tabelle 7.1 Wertebereiche bei Fehlanpassung

	Totale Anpassung $\underline{Z}_a = \underline{Z}_i$	Fehlanpassung	Totale Fehlanpassung ($\underline{Z}_a \rightarrow 0$ oder $\underline{Z}_a \rightarrow \infty$)
Reflexionsfaktor r	0	...	1
Rückflussdämpfung a	$\rightarrow \infty$ dB	...	0 dB
Welligkeitsfaktor s	1	...	$\rightarrow \infty$
Anpassungsfaktor m	0	...	1

Zu starke Fehlanpassung zwischen Funktionseinheiten in einem Kommunikationssystem beeinflusst die Übertragungsqualität unmittelbar.

Die in diesem Kapitel aufgezeigten Qualitätsparameter sind bei allen Varianten von Kommunikationssystemen relevant. Die jeweiligen Werte sind entweder vorgegeben oder sie werden gefordert. Dieser Unterschied ist bei allen Betrachtungen unbedingt zu berücksichtigen. Abschließend ist anzumerken, dass für die Ermittlung von Qualitätsparametern die Messverfahren bekannt sein müssen. Ansonsten sind keine soliden Vergleichsmöglichkeiten gegeben.

8 Merkmale der Signalübertragung

■ 8.1 Übertragungswege

8.1.1 Einführung

Für die Übertragung analoger und digitaler Signale gibt es grundsätzlich folgende Übertragungswege:

- Leitungsübertragung,
- Funkübertragung,
- portable Signalspeicher.

Bei Leitungsübertragung handelt es sich um **geführte Übertragung**, weil der Weg des Signals durch eine Leitung fest vorgegeben ist. Der Übertragungskanal besteht dabei aus einer elektrischen Leitung (Kupferleitung) oder einer optischen Leitung (Lichtwellenleiter [LWL]).

Elektrische Leitungen übertragen Spannungsverläufe vom Sender zum Empfänger. Im einfachsten Fall handelt es sich dabei um Verstärker, in der Praxis sind es jedoch meistens Kombinationen mit Codern/Decodern, Modulatoren/Demodulatoren oder Multiplexern/Demultiplexern (Bild 8.1).

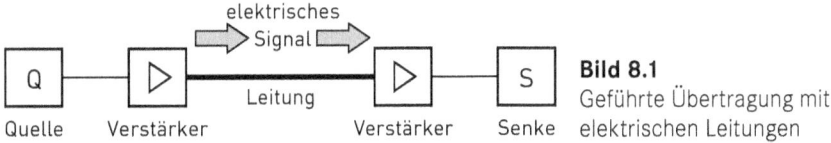

Bild 8.1 Geführte Übertragung mit elektrischen Leitungen

Bei optischen Leitungen werden optische Signale im Wellenlängenbereich von 800 nm bis 1600 nm verwendet. Als Sender kommen elektro-optische Wandler zum Einsatz, auf der Empfangsseite handelt es sich um opto-elektrische Wandler (Bild 8.2). Die optischen Leitungen sind meistens Glasfaserleitungen (GFL), es kann sich aber auch um Kunststofffaserleitungen (KFL) [polymer optical fibre (POF)] handeln.

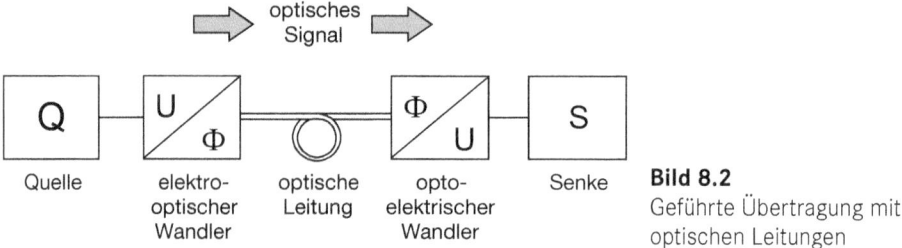

Bild 8.2 Geführte Übertragung mit optischen Leitungen

Funkübertragung verwendet elektromagnetische Wellen und stellt eine **ungeführte Übertragung** dar, weil der Luftraum als Ausbreitungsmedium grundsätzlich die Ausbreitung in beliebige Richtungen ermöglicht. Es werden dabei die elektro-magnetischen Wellen von Funksendern über Antennen abgestrahlt und mit Funkempfängern über Antennen aufgenommen (Bild 8.3).

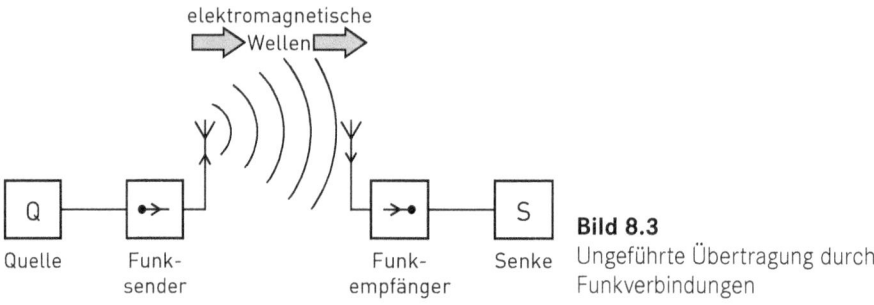

Bild 8.3 Ungeführte Übertragung durch Funkverbindungen

Eine besondere Form der Übertragung liegt vor, Signale auf einem Informationsträger zu speichern und diesen zwischen räumlich entfernten Stellen zu transportieren. Für diese Methode der materiellen Übertragung ist auf der Sendeseite eine Speichereinrichtung für die Signaleingabe und auf der Empfangsseite eine Speichereinrichtung für die Signalausgabe erforderlich. Diese Variante der Übertragung bietet eine hohe Flexibilität auf der Anbieter- und Nutzerseite.

8.1.2 Leitungsgebundene Übertragung mit elektrischen Leitungen

Elektrische Leitungen sollen elektrische Signale über definierte Entfernungen geführt übertragen. Sie bestehen aus Leitermaterial (z. B. Kupfer) in gestreckter Form mit meist rundem Querschnitt und bieten deshalb für Spannung und Strom optimale Bedingungen. Weil die elektrische Spannung stets ein elektrisches Feld hervorruft und der elektrische Strom immer ein Magnetfeld bewirkt, dienen Leitungen der geführten Verbreitung elektromagnetischer Energie, was als Wellenleitung bezeichnet wird.

Für die einwandfreie Funktion der Übertragung ist stets ein geschlossener Stromkreis erforderlich. Dies bedeutet einen Hinleiter vom Sender zum Empfänger und von diesem eine Rückleitung zum Sender. Dies gilt unabhängig von den verschiedenen Bauformen für die Leitungen (Bild 8.4).

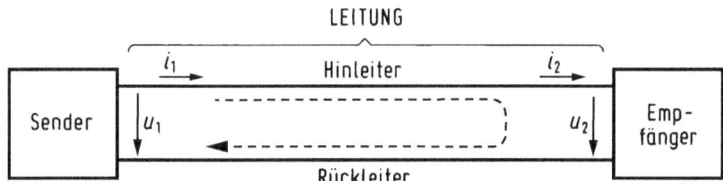

Bild 8.4 Leitung als geschlossener Stromkreis

Wie bekannt, hängt die Ausbreitungsgeschwindigkeit elektromagnetischer Wellen v vom Ausbreitungsmedium ab. Während bei Luft die Lichtgeschwindigkeit c_0 gilt, besteht bei elektrischen Leitungen eine Abhängigkeit von der Permittivitätszahl ε_r und der Permeabilitätszahl μ_r der Materie zwischen Hin- und Rückleiter in folgender Weise:

$$v = \frac{c_0}{\sqrt{\varepsilon_r \cdot \mu_r}} \tag{8.1}$$

Daraus folgt für die Wellenlänge:

$$\lambda = \frac{1}{\sqrt{\varepsilon_r \cdot \mu_r}} \cdot \frac{c_0}{f} \tag{8.2}$$

 Wellenlänge und Ausbreitungsgeschwindigkeit sind bei elektrischen Leitungen kleiner als in Luft.

Mithilfe des Ersatzschaltplans (Bild 8.5) wird ein infinitesimales Leitungsstück modelliert. Daraus ergeben sich Spannungs- und Stromverhältnisse auf der Leitung. Es entstehen auf diese Weise die Leitungsgleichungen als Differentialgleichungen, die die Ausbreitung der elektro-magnetischen Wellen auf der Leitung beschreiben.

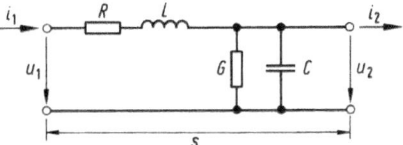

Bild 8.5
Ersatzschaltplan für kurzen Leitungsabschnitt

Der Längswiderstand R ergibt sich durch den Widerstand des Leitermaterials, während die gestreckte Form des Leiters die Induktivität L bedingt. Der Leitwert G ist der Querwiderstand zwischen Hin- und Rückleiter, da die Isolation nicht unendlich gut ist. Die Kopplung über das elektrische Feld zwischen dem Hin- und Rückleiter wird durch die Kapazität C gekennzeichnet.

Bei normalen Leitungen treten vorstehende Werte bei jedem beliebigen Leitungsabschnitt auf, und zwar unabhängig von ihrer Abgrenzung. Es gilt deshalb die Bezeichnung **homogene Leitung**. Diese lässt sich durch Leitungskonstanten eindeutig beschreiben, und zwar durch auf eine sehr kurze Leitungslänge s bezogene Werte von R, L, G und C. Für die vier möglichen Leitungskonstanten gilt:

Widerstandsbelag

$$R' = \frac{R}{s} \tag{8.3}$$

Induktivitätsbelag

$$L' = \frac{L}{s} \tag{8.4}$$

Leitwertbelag

$$G' = \frac{G}{s} \tag{8.5}$$

Kapazitätsbelag

$$C' = \frac{C}{s} \tag{8.6}$$

Es besteht also ein Bezug auf die Längeneinheit. Jede elektrische Leitung ist durch die Leitungskonstanten charakterisiert. Die Werte für die Leitungskonstanten, also der verschiedenen Beläge, hängen von der jeweiligen Bauform der elektrischen Leitung ab.

Vorstehende Ausführungen zeigen, dass elektrische Leitungen frequenzabhängig sind und ein Tiefpassverhalten mit entsprechender Grenzfrequenz aufweisen. Für ihren Einsatz als Übertragungskanal muss das entsprechend berücksichtigt werden.

An jeder Stelle der Leitung ist das Verhältnis zwischen Spannung und Strom konstant, solange ungestörter Betrieb vorliegt, also das Signal nur vom Sender zum Empfänger verläuft. Diese Konstante hat die Dimension eines Widerstandes und wird als **Wellenwiderstand** $\underline{Z}_0$ bezeichnet. Es gilt:

$$\underline{Z}_0 = \sqrt{\frac{R' + j \cdot \omega \cdot L'}{G' + j \cdot \omega \cdot C'}} \tag{8.7}$$

Der Wellenwiderstand tritt als komplexe Größe auf und ist von der Frequenz abhängig. Für viele Anwendungsfälle können jedoch die Wirkanteile gegenüber den Blindanteilen vernachlässigt werden. Bleiben R' und G' unberücksichtigt, dann wird dies als **verlustfreie Leitung** bezeichnet. Der Wellenwiderstand hängt dann nur noch vom Induktivitätsbelag L' und Kapazitätsbelag C' ab. Es ergibt sich dadurch folgende frequenzunabhängige Größe für den Wellenwiderstand einer verlustfreien Leitung:

$$\underline{Z}_0 = Z_0 = \sqrt{\frac{L'}{C'}} \tag{8.8}$$

Der Wellenwiderstand ist kein reales Bauelement, sondern eine wichtige Basis für die Anpassungsbedingungen zwischen Sender und Leitung bzw. Leitung und Empfänger oder Abschlusswiderstand.

Die Angaben des Wellenwiderstandes beziehen sich in der Fachliteratur üblicherweise auf die verlustfreie Leitung. Im Bedarfsfall sind deshalb die durch den Widerstandsbelag R' und Leitwertbelag G' bewirkten Verluste gesondert zu betrachten.

Durch elektrische Leitungen erfolgt bekanntlich die geführte Ausbreitung elektromagnetischer Wellen. Die Auswertung der Leitungsgleichungen zeigt, dass bei der Übertragung Beeinflussungen des Signals auftreten, und zwar Dämpfung sowie Phasenverschiebung. Die Werte lassen sich je aus dem **Übertragungsmaß** γ ermitteln. Für diese komplexe Größe gilt:

$$\gamma = \sqrt{(R' + j \cdot \omega \cdot L') \cdot (G' + j \cdot \omega \cdot C')} \tag{8.9}$$

Sie lässt sich nach den Regeln der komplexen Rechnung in den Realteil α und den Imaginärteil β aufteilen:

$$\gamma = \alpha + j \cdot \beta \tag{8.10}$$

Der Realteil α wird als **Dämpfungsmaß** oder Dämpfungsbelag bezeichnet und gibt die Dämpfung in Dezibel (dB) pro Längeneinheit an. Für den Imaginärteil β gilt die Bezeichnung **Phasenmaß** oder Phasenbelag. Es handelt sich dabei um die Aussage in Grad pro Längeneinheit über das Nacheilen des Signals gegenüber dem Leitungsanfang.

Bei den Werten für das Dämpfungsmaß α und Phasenmaß β ist deren Frequenzabhängigkeit zu berücksichtigen. Dafür gilt:

Dämpfungsmaß α und Phasenmaß β nehmen mit steigender Frequenz zu.

Um eine störungsfreie Übertragung zu erreichen, muss die Leitung mit einem Widerstand abgeschlossen sein, dessen Wert dem des Wellenwiderstandes der Leitung entspricht. In diesem Fall der Widerstandsanpassung tritt nur eine vom Leitungsanfang zum Leitungsende verlaufende Welle auf.

Entspricht der Abschlusswiderstand nicht dem Wellenwiderstand, dann liegt Fehlanpassung vor und ein Teil des Signals wird am Leitungsende reflektiert. Neben der vorlaufenden Welle tritt in diesem Fall noch eine rücklaufende Welle auf, sodass sich ein resultierendes Signal ergibt, welches die bereits behandelten stehenden Wellen hervorruft (Bild 8.6).

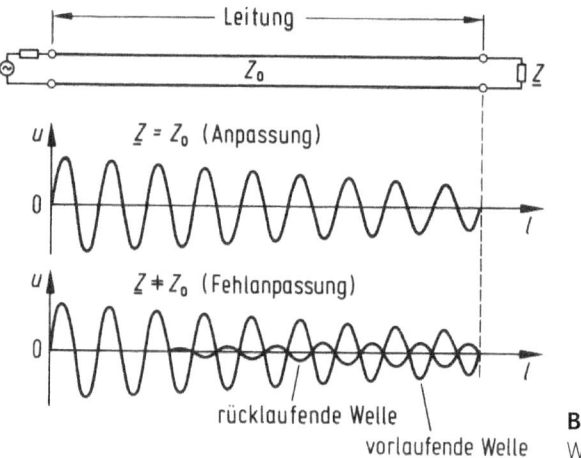

Bild 8.6 Wellen auf der Leitung

Ein Maß für die Fehlanpassung ist bekanntlich der **Reflexionsfaktor** $\underline{r}$, also das Verhältnis der rücklaufenden Welle zur vorlaufenden Welle nach Amplitude (Betrag) und Phasenlage (Phase). Bezogen auf den Wellenwiderstand der Leitung $\underline{Z}_0$ und den Abschlusswiderstand $\underline{Z}$ gilt:

$$\underline{r} = \frac{\underline{U}_r}{\underline{U}_v} = \frac{\underline{Z} - \underline{Z}_0}{\underline{Z} + \underline{Z}_0} \tag{8.11}$$

Für die Übertragung von Daten werden u. a. verdrillte Zweidrahtleitungen verwendet. Eine zusätzliche Schirmung verringert Einstrahlung und Abstrahlung von elektromagnetischen Wellen. Sollen besonders hohe Datenraten übertragen werden, verwendet man Koaxialkabel (Bild 8.7). Hierbei verläuft der Innenleiter konzentrisch in einer als Außenleiter wirkenden metallischen Hülle.

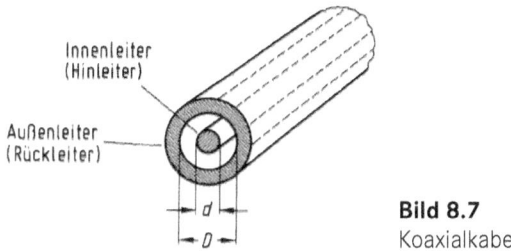

Bild 8.7
Koaxialkabel

Das Schirmdämpfungsmaß von Koaxialkabeln hängt vom Aufbau ihrer Außenleiter ab. Dabei kann es sich um Kupferfolie und/oder Geflecht aus Kupferdrähten handeln, und zwar in einer oder mehreren Schichten. Mit zunehmender Zahl und Dichte der Schichten beim Außenleiter steigt auch das Schirmdämpfungsmaß an. Es lassen sich auf diese Weise durchaus über 100 dB erreichen.

Um die zentrische Lage des Innenleiters zum Außenleiter sicherzustellen, wird der Raum zwischen beiden Leitern mit Kunststoffen vollständig ausgefüllt, wobei diese Materialien jeweils durch ihre **Permittivitätszahlen** ε_r gekennzeichnet sind.

Die Auswertung der Leitungsgleichungen ergibt, dass der Wellenwiderstand des Koaxialkabels vom Durchmesser des Innenleiters und Außenleiters sowie von der Permittivitätszahl ε_r abhängt. Es gilt als zugeschnittene Größengleichung:

$$\underline{Z}_0 = \frac{60}{\sqrt{\varepsilon_r}} \cdot \ln \frac{D}{d} \Omega \tag{8.12}$$

Typische Werte für den Wellenwiderstand von Koaxialkabeln sind 50 Ω und 75 Ω. Wegen ihrer frequenzabhängigen Dämpfung sind Koaxialkabel bis etwa 3 GHz einsetzbar.

8.1.3 Leitungsgebundene Übertragung mit optischen Leitungen

Bei optischen Leitungen werden keine elektrischen Signale, sondern optische Signale geführt übertragen. Es handelt sich um Wellenlängen zwischen 450 nm und 1600 nm, was Frequenzen im THz-Bereich bedeutet.

Optische Leitungen werden als Lichtwellenleiter [fibre optic] bezeichnet. Kommt dabei Glas als optisch leitfähiges Medium zum Einsatz, dann handelt es sich um Glasfaserleitungen (GFL). Bei Verwendung optisch leitfähiger Kunststoffe liegen Kunststofffaserleitungen (KFL) [polymer optical fibre (POF)] vor.

Die grundsätzliche Funktion von **Lichtwellenleitern** basiert auf der Totalreflexion von Licht an der Grenzfläche zwischen einem optisch dichteren und einem optisch dünneren Medium. Jede LWL-Faser besteht deshalb aus einem optisch dichteren

Kern, der mit einem optisch dünneren Mantel umgeben ist, und einer äußeren mechanischen Schutzhülle (Bild 8.8).

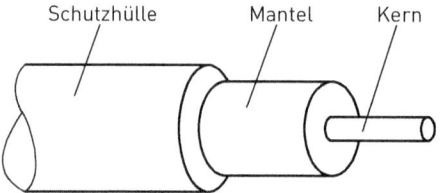

Bild 8.8
Aufbau eines Lichtwellenleiters

Eine wesentliche Kenngröße für jedes optische Medium ist ihre **Brechzahl** n. Sie wird auch als Brechungsindex bezeichnet und gibt an, um welchen Faktor sich das Licht im Medium gegenüber Luft bzw. Vakuum langsamer ausbreitet. Die Brechzahl ist somit ein Maß für die „optische Leitfähigkeit". Für Luft bzw. Vakuum gilt $n = 1$, während die Brechzahl bei Medien für LWL stets größer als eins ist. Es gilt:

$$n = \frac{c_{\text{Luft/Vakuum}}}{c_{\text{Medium}}} \tag{8.13}$$

Bei kleineren Brechzahlen wird von dünnem optischem Medium gesprochen, bei großer Brechzahl handelt es sich um dichtes optisches Medium.

Geht man von zwei nebeneinander angeordneten optischen Medien mit unterschiedlichen Brechzahlen aus, dann wird an der Grenzfläche unter dem Winkel α einfallendes Licht reflektiert und gebrochen. Die **Reflexion** des Lichtes erfolgt unter dem Winkel α, während sich für die Brechung des Lichtes der Winkel β ergibt. Dabei gilt die Beziehung $\beta > \alpha$. Die Voraussetzungen für diesen Effekt sind $n_1 > n_2$ und Einspeisung des Lichtes in das dichtere optische Medium (Bild 8.9). Wird nun der Einfallswinkel α so verändert, dass sich für den Winkel β genau 90 Grad ergeben, dann verläuft das gebrochene Licht in der Grenzfläche und es tritt nur noch das reflektierte Signal auf. Dann gilt die Bezeichnung **Totalreflexion**. Diese ist allerdings nur möglich, wenn der Winkel α_{TR} eingehalten wird (Bild 8.10).

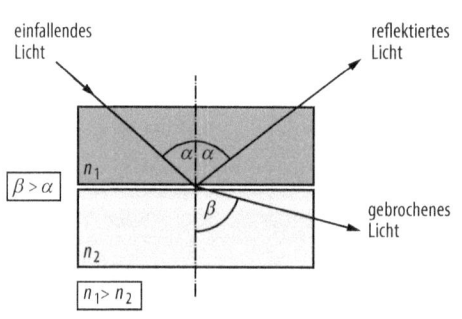

Bild 8.9 Reflexion und Brechung

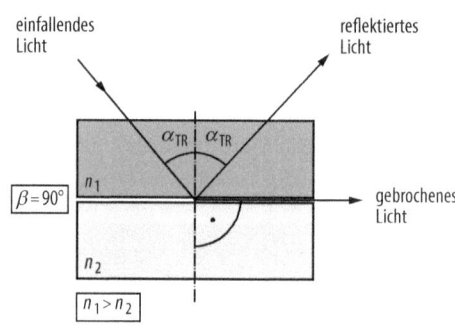

Bild 8.10 Totalreflexion

Eingekoppeltes Licht wird in einem LWL durch Reflexion an der Kern-Mantel-Grenzfläche nur dann transportiert, wenn es in einem bestimmten Winkelbereich erfolgt. Der dafür größte zulässige Winkel (bezogen auf die Mittelachse des LWL) wird als **Akzeptanzwinkel** θ bezeichnet. Bei dreidimensionaler Betrachtung ist auch der Begriff Akzeptanzkegel üblich (Bild 8.11). Für den Sinus des Akzeptanzwinkels gilt die Bezeichnung **numerische Apertur** NA, wobei der Wert unmittelbar von den Brechzahlen des Kernmaterials und des Mantelmaterials abhängt. Es gilt:

$$NA = \sin\Phi = \sqrt{n_{\text{Kern}}^2 - n_{\text{Material}}^2} \qquad (8.14)$$

Daraus folgt, dass es für jeden Lichtwellenleiter einen maximal zulässigen Akzeptanzwinkel gibt.

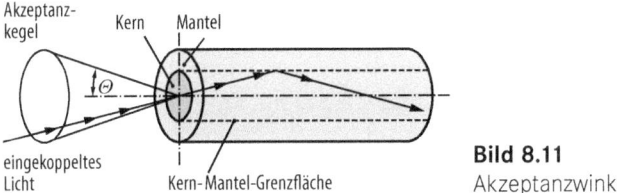

Bild 8.11 Akzeptanzwinkel

Das optische Signal wird üblicherweise über eine kleine Linse dem LWL zugeführt, weil diese eine für den Akzeptanzwinkel erforderliche Fokussierung ermöglicht. Als Strahlungsquelle kommen hauptsächlich Laserdioden als optische Sender zum Einsatz, deren Ansteuerung durch ein elektrisches Signal erfolgt. Für den Empfang der optischen Signale werden im Regelfall Fotodioden eingesetzt (Bild 8.12).

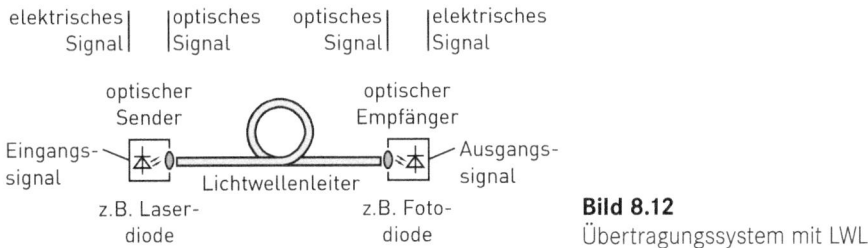

Bild 8.12 Übertragungssystem mit LWL

Bei Übertragungssystemen mit Lichtwellenleitern wird stets **monochromatisches Licht** verwendet, um eine möglichst störungsfreie Übertragung zu erreichen. Dieses Signal weist nur eine Wellenlänge bzw. Frequenz auf und wird deshalb auch als einwelliges Licht bezeichnet.

Die Art der Lichtführung in einem Lichtwellenleiter wird als **Mode** bezeichnet. Sie ist abhängig von den Brechzahlen, dem Einstrahlungswinkel, den Reflexionen und auch der Wellenlänge des Lichts.

In der Praxis treten abhängig vom Material und der Geometrie des LWL stets mehrere Moden auf. Da die Ausbreitungswege im Kern dabei unterschiedliche Längen haben, ergibt sich bei Einstrahlung nur eines Lichtimpulses beim Empfänger ein mehr oder weniger in die Breite verzerrter Impuls. Dieser Effekt wird als **Modendispersion** bezeichnet (Bild 8.13).

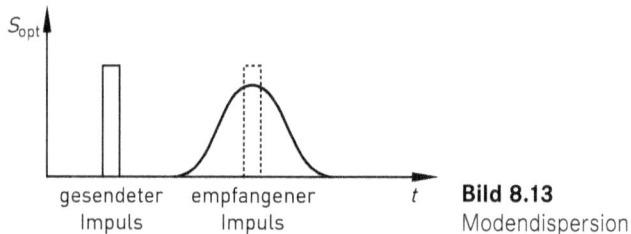

Bild 8.13
Modendispersion

Lichtwellenleiter sind ein hervorragendes, jedoch keineswegs verlustfreies Übertragungsmedium. Eine wesentliche Kenngröße ist deshalb die Dämpfung. Dabei beziehen sich alle Angaben aus messtechnischen Gründen stets auf die optische Leistung P_{opt}.

Die vom Material des Lichtwellenleiters abhängige Dämpfung wird durch Absorption und Streuung des eingekoppelten Lichts hervorgerufen. Sie bewirkt eine von der Leitungslänge abhängige Reduzierung der Leistung und begrenzt damit die Übertragungsdistanz. Angaben der Dämpfung erfolgen in dB/km. Die in einem LWL-Übertragungssystem auftretenden Dämpfungen sind auch von der Güte der Verbindungsstellen abhängig.

Eine weitere Kenngröße von Lichtwellenleitern ist die bereits erläuterte Dispersion. Die durch sie bewirkte Verbreiterung des gesendeten Pulses auf der Empfangsseite hat verschiedene materialbedingte Ursachen. Je geringer der Abstand zwei aufeinanderfolgender Pulse ist, desto gravierender wirkt sich die Dispersion aus. Da viele Pulse pro Zeiteinheit eine große Bandbreite bedeuten und die Dispersion mit der Leitungslänge zunimmt, können Bandbreite und Leitungslänge nicht gleichzeitig beliebig vergrößert werden.

Als kennzeichnendes Merkmal gilt deshalb ein **Bandbreiten-Längen-Produkt** (auch als Bandbreiten-Entfernungs-Produkt bezeichnet), üblicherweise in MHz km oder auch in Mbit/s km angegeben. So deutet die Angabe 100 MHz km, dass 100 MHz Bandbreite über 1 km ohne unzulässige Beeinflussung übertragen werden können. Bei 50 MHz Bandbreite wären es 2 km und bei 10 MHz Bandbreite sogar 10 km.

Bei einer vorgegebenen zu übertragenden Bandbreite bzw. Bitrate bestimmt sich somit die maximale LWL-Länge, die ohne Regenerator einsetzbar ist, aus dem Bandbreiten-Längen-Produkt.

Als Kenngröße eines LWL spielt auch die bereits erläuterte **numerische Apertur** (*NA*) eine Rolle, weil sie die in den LWL einkoppelbare optische Leistung begrenzt und damit die Einkoppelverluste kennzeichnet. Je größer der *NA*-Wert, desto mehr Leistung kann verfügbar gemacht werden.

Bei Lichtwellenleitern sind unterschiedliche Materialien und Durchmesser für Kern und Mantel möglich. Deshalb sind über den Querschnitt auch verschiedene Verläufe der Brechzahl realisierbar. Dies bewirkt eine jeweils differenzierte Lichtführung. In der Praxis lassen sich folgende LWL-Adern unterscheiden:

- Multimode-Stufenprofil-LWL,
- Multimode-Gradientenprofil-LWL,
- Monomode-Stufenprofil-LWL.

Für Stufen- bzw. Gradientenprofil wird in der Fachliteratur auch die Bezeichnung Stufenindex bzw. Gradientenindex verwendet.

Multimode-Lichtwellenleiter werden auch als **Mehrmoden-Lichtwellenleiter** bezeichnet. Bei ihnen sind gleichzeitig mehrere Moden möglich. Der auch als Einmoden-Lichtwellenleiter bezeichnete **Monomode-Lichtwellenleiter** weist dagegen nur einen Mode auf.

Die Unterscheidung der Profile bezieht sich auf den Brechzahlverlauf in Kern und Mantel. LWL mit **Stufenprofil** weisen beim Kern einen konstanten Verlauf und am Übergang zum Mantel einen Sprung (also eine Stufe) auf. Beim **Gradientenprofil** nimmt dagegen die Brechzahl von der Mitte des Kerns bis zum Kern-Mantel-Übergang kontinuierlich ab.

Beim Multimode-Stufenprofil-LWL ist der Kerndurchmesser groß gegenüber der Lichtwellenlänge. Wegen des Brechzahlverlaufs weist diese LWL-Variante eine konstante Ausbreitungsgeschwindigkeit im Kern auf. Bedingt durch damit verbundene unterschiedliche Wege ergeben sich allerdings verschiedene Laufzeiten für das optische Signal und damit eine starke Dispersion, die auch als Modendispersion bezeichnet wird.

Die zum Rande des Kerns abnehmende Brechzahl beim Multimode-Gradientenprofil-LWL bewirkt dagegen über den Kernquerschnitt gesehen unterschiedliche Ausbreitungsgeschwindigkeiten. Dadurch wird das optische Signal stets zur Mittelachse gebeugt und es ergeben sich für die Moden fast gleiche Laufzeiten. Deshalb ist der empfangene Impuls weniger breit als beim Multimode-Stufenprofil-LWL, die Dispersion also erheblich geringer.

Wird der Kern der LWL so gewählt, dass er kaum dicker als die Lichtwellenlänge ist, dann kann sich nur ein Mode ausbreiten und es liegt ein Monomode-Stufenprofil-LWL vor. Dies führt zu großen Werten für das Bandbreiten-Längen-Produkt und kleinstmöglicher Signalbeeinflussung.

Die aufgezeigten Arten der Lichtwellenleiter erfordern unterschiedlichen Aufwand bei der Fertigung. Sie weisen aber auch unterschiedliche Spezifikationen auf (Bild 8.14).

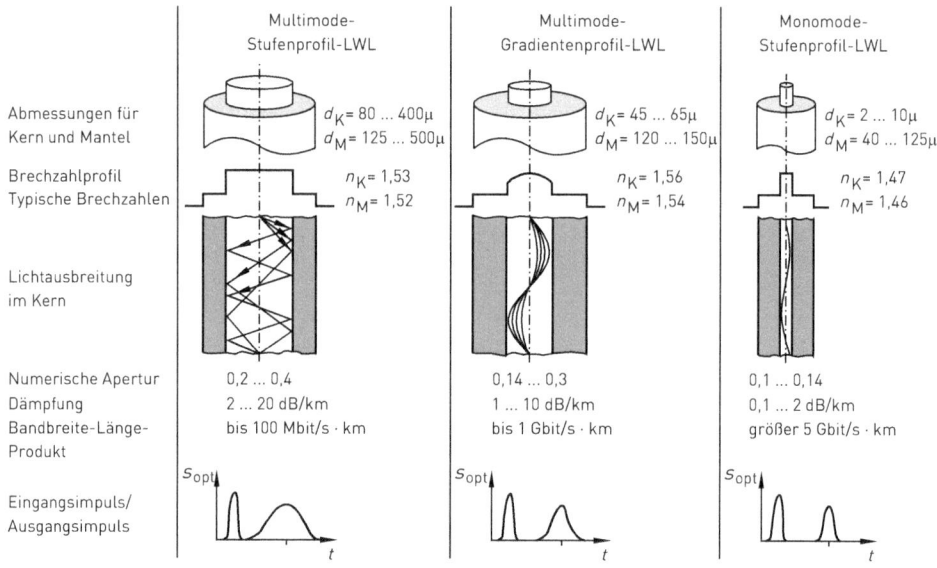

Bild 8.14 Typische Werte für LWL mit GF

Der Aufbau von Kunststofffaserleitungen (POF) ist vergleichbar mit denen von Glasfaserleitungen (GFL). Im Gegensatz zur GFL besteht der lichtführende Kern aus dem transparenten Kunststoff Polymethylacrylat, der besser unter der Bezeichnung Acrylglas bekannt ist. Beim Mantel handelt es sich um fluoriertes Polymer, das gegenüber dem Kern eine kleinere Brechzahl aufweist.

Wegen des Kunststoffmaterials und des größeren Durchmessers lassen sich Polymerfasern einfacher verarbeiten als Glasfasern, außerdem sind die Anforderungen an die Präzision bei der POF-Verbindungstechnik wesentlich geringer. Der materialbedingten größeren Robustheit von Kunststofffaserleitungen stehen allerdings große Dämpfungswerte gegenüber. Sie liegen im Bereich 10 – 100 dB/km, weshalb Übertragungssysteme mit POF nur für geringe Längen geeignet sind.

Grundsätzlich haben Lichtwellenleiter neben der größeren Übertragungskapazität auch noch den Vorteil des erheblich geringeren Gewichts gegenüber allen Varianten der Kupferleitungen. Außerdem gibt es bei LWL funktionsbedingt weder Abstrahlung noch Einstrahlung störender Signale. Abschirmungen sind deshalb bei Lichtwellenleitern nicht erforderlich und es brauchen keine Mindestabstände zu Energiekabeln eingehalten werden.

Ein weiterer Vorteil bei LWL-Einsatz als Übertragungsweg ist die galvanische Trennung zwischen der Sende- und Empfangsseite. Dadurch lassen sich bei verschiedenen Anwendungen Störprobleme vermeiden.

8.1.4 Funkübertragung

Terrestrische Funkübertragungssysteme

Im Gegensatz zur Übertragung auf elektrischen Leitungen ist bei der Funkübertragung die Ausbreitung der elektromagnetischen Wellen im Wesentlichen ungeführt. Diese Tatsache hat zur Folge, dass beim terrestrischen Rundfunk die elektromagnetischen Wellen nicht nur auf dem direkten Weg zum Empfänger gelangen, sondern durch Reflektionen am Empfangsort mehrfach und mit unterschiedlichen Laufzeiten und Intensitäten eintreffen (Bild 8.15). Dieses tritt nicht nur bei der terrestrischen Rundfunkübertragung, sondern auch bei WLAN, DAB+, LTE und 5G auf.

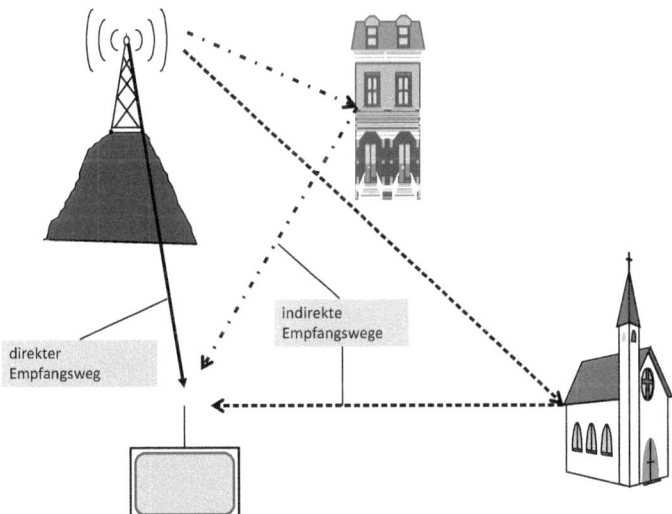

Bild 8.15 Empfangssituation bei einer ungeführten Funkübertragung

Die Überlagerung (Superposition) der Wellen mit unterschiedlichen Laufzeiten führt zu frequenzabhängigen konstruktiven oder destruktiven Interferenzen. Die Folge davon ist, dass der Amplitudengang des Übertragungskanals in Abhängigkeit von der Empfangssituation Welligkeiten aufweist, die bis zu tiefen Amplitudeneinbrüchen führen können. Im Zeitbereich kann diese Situation mit folgender Gleichung für die Impulsantwort des Übertragungskanals formuliert werden:

$$h_X(t) = \sum_{i=0}^{N(X)} [a_i(t,X) \cdot \delta(t - \tau_i(X))] \quad (8.15)$$

Bei N handelt es sich um die vom Empfangsort abhängige Anzahl der Ausbreitungspfade, während τ_i die jeweilige Laufzeit über diese beschreibt und a_i die Signaldämpfung.

Die Impulsantwort ist also zeit- und ortsabhängig (X), jedoch endlich. Aus diesem Grund muss eine Modulationsart gewählt werden, die resistent gegen Mehrwegeempfang ist (OFDM mit Guard Intervall).

Zur Dimensionierung von Funkübertragungssystemen muss zunächst die Wellenausbreitung vom Sender zum Empfänger betrachtet werden. Dazu wird der direkte Empfangsweg analysiert. Die abgestrahlte Sendeleistung P_T wird bei zunehmender Entfernung r vom Sender auf eine immer größer werden Fläche verteilt. Die durch die wirksame Antennenfläche zur Verfügung stehende Empfangsleistung $P_R(r)$ nimmt also mit zunehmender Entfernung r vom Sender ab.

Dieser Effekt wird durch die **Freiraumdämpfung** α_0 bezeichnet und ist wie folgt definiert:

$$\alpha_0 = \frac{\lambda^2}{(4\pi \cdot r)^2} \quad (8.16)$$

Die Abhängigkeit von der Wellenlänge λ ist dadurch begründet, dass bei abnehmender Wellenlänge die wirksame Fläche der Empfangsantenne kleiner wird. Der Faktor G_T definiert den Gewinn der Sendeantenne und der Faktor G_R den Gewinn der Empfangsantenne. Diese Faktoren setzen die durch die Bündelung entstehenden Strahlungsleistungen zu der Strahlungsleistung eines isotropen Kugelstrahlers ins Verhältnis. Damit ergibt sich beim Abstand r zwischen Sender und Empfänger für die Leistung P_R am Empfangsort der folgende Zusammenhang:

$$P_R(r) = P_T \cdot G_T \cdot G_R \cdot \alpha_0 \quad (8.17)$$

Bei einer vorgegebenen minimalen Empfangsleistung $P_{(R)min}$ kann der maximale Versorgungsradius r_{max} bestimmt werden, wenn P_T, G_T und G_R gegeben sind. Ist ein Versorgungsradius r_{max} gefordert, kann die notwendige Sendeleistung P_T bestimmt werden.

Die minimale Empfangsleistung $P_{(R)min}$ hängt vom gewählten Modulationsverfahren, der Kanalcodierung und den Rauscheinströmungen ab. Sie kann durch eine robustere Modulation und Kanalcodierung verringert werden. Dadurch erhöht sich der Versorgungsradius bzw. die Sendeleistung kann verringert werden, aber die übertragbare Datenrate nimmt ab.

Geostationäre Satellitensysteme für die Verbreitung von Hörfunk- und Fernsehprogrammen

Für die Verbreitung von Hörfunk- und Fernsehsignalen werden neben terrestrischen Sendenetzen und Kabelsystemen seit Ende der 1980er-Jahre auch Satellitensysteme genutzt. Diese erlauben eine wirtschaftliche Verbreitung und stellen einen großen Frequenzbereich zur Verfügung und ermöglichen damit hohe Datenraten. Bild 8.16 zeigt dazu das Prinzip eines geostationären Satellitensystems, wie es u. a. von Astra und Eutelsat genutzt wird. Die Satelliten befinden sich geostationär auf einer äquatorialen Umlaufbahn, und zwar mit gleicher Umlauflaufgeschwindigkeit wie die der Erde. Daher scheinen sie in einer festen Position über der Erde zu verharren.

Um Schwerelosigkeit zu erreichen, müssen Erdanziehung und Fliehkraft exakt gleich und entgegengesetzt sein. Da die Umlaufgeschwindigkeit der Satelliten vorgegeben ist, kann die Umlaufhöhe nicht frei gewählt werden. Sie beträgt exakt 35.620 km über der Erdoberfläche. Eine Umlaufbahn ist nur über dem Äquator möglich, da nur hier Erdanziehung und Fliehkraft exakt entgegengesetzt sind. Die Position des geostationären Satelliten auf der äquatorialen Umlaufbahn heißt Orbitposition. Sie wird in Grad angegeben, wobei der durch Greenwich (England) verlaufende Längengrad 0 Grad (Nullmeridian) als Bezug gilt. Es ist deshalb ergänzend zur Gradzahl stets die Information erforderlich, ob sich die Orbitposition östlich oder westlich vom Nullmeridian befindet.

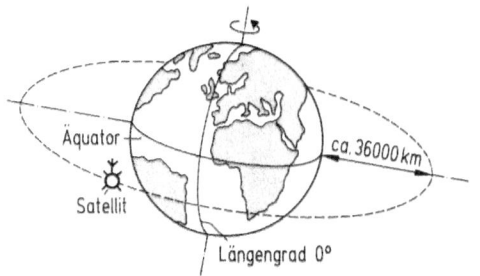

Bild 8.16
Prinzip eines geostationären Satellitensystems

Die Signalübertragung beginnt in der Bodenstation des Satellitenbetreibers. Hier werden die Signale über einen professionellen Parabolspiegel zum Satelliten übertragen (Aufwärtsstrecke [up link]). Bild 8.17 links zeigt das Prinzip einer solchen professionellen Antenne für die Aufwärtsstrecke. Es handelt sich um eine sogenannte **Primär-Fokus-Antenne**, bei der die Sendeeinheit im Mittelpunkt des Parabolspiegels positioniert ist. Ein derartiges Konzept zeichnet sich durch einen hohen Antennengewinn aus, bedeutet jedoch einen nicht unerheblichen Installationsaufwand. In Bild 8.17 rechts ist eine praktische Ausführung einer solchen Antenne dargestellt.

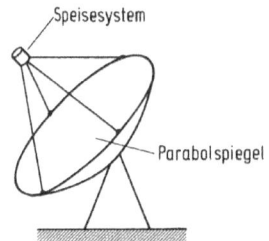 

Bild 8.17
Primär-Fokus-Antenne: Prinzip für die Aufwärtsstrecke (links), praktische Ausführung (rechts)

Die Signale sind dabei in Kanälen mit einer Bandbreite von ca. 37 MHz (Transponderkanäle) gebündelt. Im Satelliten werden die einzelnen Transponderkanäle für die Abwärtsstrecke [down link] in den Frequenzbereich 10,7 – 12,75 GHz umgesetzt. Für den Empfang beim Nutzer werden sogenannte **Offset-Antennen** genutzt. Bild 8.18 links zeigt das Prinzip einer Offset-Antenne, die einem Teil einer Primär-Fokus-Antenne entspricht. Aus Bild 8.18 rechts ist die praktische Ausführung einer solchen Antenne ersichtlich.

Da der Parabolspiegel einer Offset-Antenne fast senkrecht steht, wird die Ansammlung von Schnee und Regenwasser vermieden. Die Offset-Antenne besitzt gegenüber der Primär-Fokus-Antenne einen kleineren Gewinn und eine geringere Richtwirkung. Dafür ist der Spiegeldurchmesser deutlich kleiner, was die Installation beim Nutzer erheblich vereinfacht.

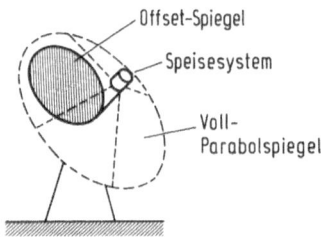 

Bild 8.18
Offset-Antenne: Prinzipdarstellung (links), praktische Ausführung (rechts)

Sende- und Empfangsantennen müssen bezüglich des horizontalen Winkels (Azimut) und des vertikalen Winkels (Elevation) aufgrund der hohen Richtwirkung der Parabolspiegel (Öffnungswinkel 0,5 – 1,5 Grad) exakt justiert werden. Der Azimutwinkel ist durch die Orbitposition vorgegeben. Die Erhebung (Elevation) hängt von der Antennenposition auf dem Breitengrad der Erde ab. In Zentraleuropa liegt dieser Winkel im Bereich 35 Grad bis 37 Grad.

Der Frequenzbereich in Abwärtsrichtung [down link] ist aus historischen Gründen in ein unteres und ein oberes Frequenzband unterteilt. Im gesamten Bereich wird gleichzeitig mit horizontaler und vertikaler **Polarisation** gearbeitet (Bild 8.19). Auf diese Weise wird die vorhandene Bandbreite doppelt genutzt, was zu einer resultierenden Übertragungsbandbreite von ca. 4 GHz führt. Im Brennpunkt des Parabolspiegels für den Empfang befindet sich ein „Low Noise Blockconverter" (LNB). Hier werden die horizontal und vertikal polarisierten Signale getrennt empfangen und verstärkt. Da die Weiterleitung der Signale von der Außeneinheit zum Empfänger mit Koaxialleitungen erfolgen muss, ist eine Umsetzung der empfangenen Signale in einen Frequenzbereich unterhalb von 3 GHz notwendig.

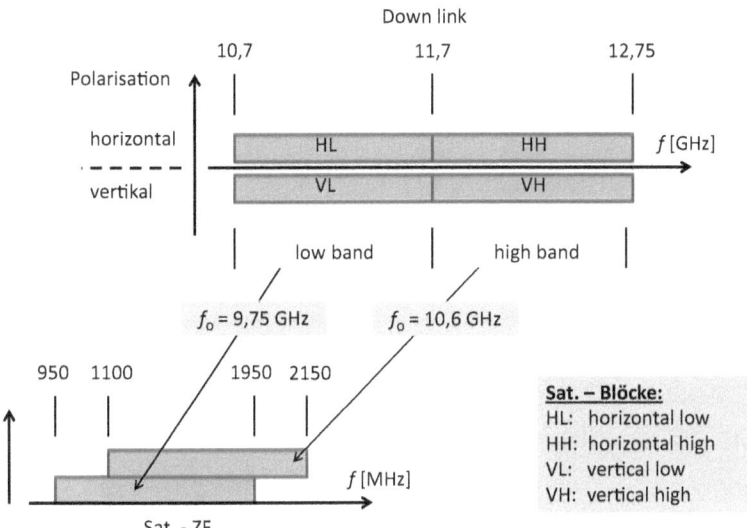

Bild 8.19 Signalverarbeitung im LNB

Das untere Frequenzband wird durch einen lokalen Oszillator im LNB mit einer Frequenz von 9,75 GHz abwärts gemischt, das obere Frequenzband mit einer Frequenz von 10,6 GHz. Auf diese Weise wird im Koaxialkabel ein Frequenzbereich von 950–2150 MHz genutzt (1. Sat-ZF). Der Frequenzbereich unterhalb von 950 MHz kann für die Verteilung terrestrischer Signale genutzt werden.

Steht für die Weiterleitung der Signale zum Empfänger nur ein Koaxialkabel zur Verfügung, dann kann jeweils nur ein Teilfrequenzband (Sat-Block) übertragen werden. Der Empfänger signalisiert dem LNB, welcher Sat-Block benötigt wird. Bei LNBs für große Empfangsverteilanlagen oder Kopfstationen [headend] verwendet man sogenannte Quattro-LNBs. Die 4 Sat-Blöcke werden in 4 parallelen Koaxialkabeln weitergeleitet.

8.1.5 Portable Signalspeicher

Bei den portablen Signalspeichern kommen magnetische, optische und elektrische Verfahren für die Speicherung zum Einsatz.

Portable magnetische Signalspeicher für den Heimgebrauch werden auf dem Markt nicht mehr angeboten, da es inzwischen bessere Lösungen gibt. Über viele Jahre hatten sich die Magnetband-Videokassetten mit dem VHS-Verfahren bestens bewährt, sie waren allerdings für das analoge Fernsehen konzipiert.

Es gibt allerdings professionelle Nutzungen von Magnetband-Kassetten, bei denen die Aufzeichnung mit hoher Qualität erfolgt. Ein typisches Beispiel sind Archive. Bei diesen ist ein schneller Zugriff auf bestimmte Stellen des gespeicherten Inhalts nicht erforderlich. Es geht vorrangig um die Signalqualität.

Eine besondere Variante der magnetischen Signalspeicher sind portable Festplattenspeicher. Sie werden als Wechselfestplatten bezeichnet, erfordern jedoch entsprechende Schnittstellen bei den dafür verwendeten Geräten. Mit derartigen Festplatten lassen sich große Datenmengen austauschen und einen schnellen Zugriff auf diese ermöglichen.

Als **portable optische Signalspeicher** haben sich folgende Varianten durchgesetzt:

- CD [compact disc],
- DVD [digital versatile disc],
- BD [blu-ray disc].

Dabei handelt es sich in den meisten Fällen um bereits bespielte Speicher, die lediglich ausgelesen werden können. Dafür müssen verständlicherweise die als Spieler [player] bezeichneten Wiedergabegeräte geeignet sein. Auch wenn CD, DVD und BD dasselbe Speicherkonzept nutzen, sind sie nicht kompatibel. Es gibt allerdings inzwischen auch Wiedergabegeräte, die alle drei Varianten verarbeiten können.

Grundsätzlich besteht für die Nutzer aber auch die Möglichkeit, CDs, DVDs und BDs selber zu beschreiben, was mit „brennen" bezeichnet wird. Dafür sind allerdings entsprechende Aufzeichnungsgeräte (sogenannte Brenner) erforderlich.

Portable elektrische Signalspeicher stellen die modernste und flexibelste Form dar, um digitale Signale zu speichern, und einen schnellen Zugriff auf diese zu ermöglichen. Sie sind für den Heimgebrauch als steckbare Speicherkarten (Speicherchips) in unterschiedlichen Bauformen und mit verschiedenen Speicherkapazitäten für vielfältige Aufgaben im Einsatz. Im Regelfall werden die Speicherkarten ohne gespeicherte Informationen verkauft, sondern stehen für nutzereigene Daten zur Verfügung.

Eine universelle Variante dieser Speicher sind in Stiftform aufgebaute elektrische Signalspeicher, die einen USB-Anschluss aufweisen und deshalb üblicherweise als USB-Sticks bezeichnet werden. Sie profitieren von der weiten Verbreitung der Schnittstelle USB [universal serial bus] bei Geräten der Informationstechnik (z. B. Notebook) und Unterhaltungselektronik. Die bisher erreichte Speicherkapazität von USB-Sticks liegt im zweistelligen GB-Bereich.

Bei allen portablen elektrischen Signalspeichern ist zu berücksichtigen, dass die Einlesegeschwindigkeit und die Auslesegeschwindigkeit für die Daten unterschiedlich sein können. Es handelt sich dabei um vom jeweiligen Speicherhersteller abhängige Spezifikationen.

8.2 Betriebsarten

Kommunikation stellt bekanntlich den Austausch von Information dar, die ein Kommunikationssystem ermöglichen soll. Teilnehmer (Tln) können dabei Menschen, als Einzelpersonen oder Gruppen, und/oder Maschinen sein. Für die Handhabung durch Menschen sind Endgeräte [terminal] erforderlich, während Maschinen diese Funktion selber wahrnehmen.

Kommunikation findet stets zwischen mindestens zwei Endgeräten statt. Dabei lassen sich drei **Betriebsarten** [operation mode] unterscheiden.

Im einfachsten Fall läuft das Signal von dem Endgerät des Teilnehmers A in einer Richtung durch das Übertragungssystem zum Endgerät des Teilnehmers B. Diese Dialogform wird als **Simplexbetrieb**, Richtungsbetrieb oder unidirektionaler Betrieb bezeichnet (Bild 8.20).

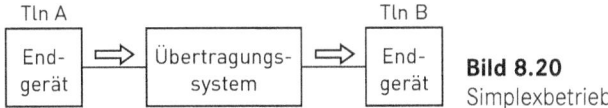

Bild 8.20 Simplexbetrieb

Beim Simplexbetrieb kann der Tln B also nur empfangen, was in verschiedenen Fällen auch durch den Begriff „receive only" gekennzeichnet wird.

Diese Betriebsart stellt eine Einbahnstraße dar. Um den Austausch von Informationen zwischen den beiden Teilnehmern zu ermöglichen, muss die Verbindungsrichtung umschaltbar sein. Es besteht dann entweder eine Verbindung vom Tln A zum Tln B oder vom Tln B zum Tln A. Für diese Dialogform gilt dann die Bezeichnung **Halbduplexbetrieb**, Semiduplexbetrieb oder Wechselbetrieb (Bild 8.21).

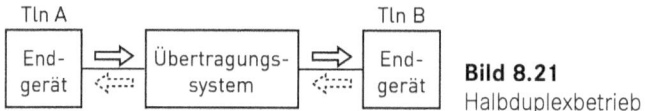

Bild 8.21 Halbduplexbetrieb

Für viele Anwendungen ist es hilfreich, wenn die Verbindung zwischen den Endgeräten in beiden Richtungen gleichzeitig besteht. Wird diese im Kommunikationssystem zur Verfügung gestellt, dann handelt es sich um **Vollduplexbetrieb,** Gegenbetrieb oder bidirektionalen Betrieb (Bild 8.22).

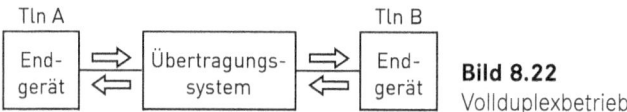

Bild 8.22 Vollduplexbetrieb

Der Vollduplexbetrieb ermöglicht gleichzeitige Kommunikation zwischen den Teilnehmern. Dies lässt sich wie folgt realisieren:

- Verwendung separater Verbindungswege (Leitung oder Funk) vom Tln A zum Tln B und vom Tln B zum Tln A,
- Einsatz von zwei unterschiedlichen Frequenzen über einen Verbindungsweg,
- frequenzmäßige oder zeitliche Staffelung der Kommunikation über einen Verbindungsweg.

Für die frequenzmäßige Staffelung gilt die Bezeichnung FDD [frequency division duplex], bei der zeitlichen Staffelung ist es TDD [time division duplex].

Bei **TDD** wird also dieselbe Frequenz für den Hin- und Rückkanal genutzt, allerdings zu verschiedenen Zeiten. Es erfolgt eine periodische Umschaltung zwischen den beiden Kanälen im Rahmen eines Ping-Pong-Verfahrens. Dadurch ist der technische Aufwand kleiner als bei FDD und die uneingeschränkte Nutzbarkeit für Antennen-Diversity gegeben.

FDD verwendet für den Hin- und Rückkanal verschiedene Frequenzen. Gegenüber TDD stehen damit beide Kanäle ständig, also ohne zeitliche Unterbrechungen, zur Verfügung. Das bedeutet eine größere Übertragungskapazität. Bedingt durch die unterschiedlichen Frequenzen für den Hin- und Rückkanal können allerdings die Übertragungseigenschaften voneinander abweichen. Maßgebend ist der Abstand zwischen den Frequenzen für die beiden Kanäle, der auch als Duplexabstand bezeichnet wird.

Bei den aufgezeigten Betriebsarten spielt es grundsätzlich keine Rolle, ob analoge oder digitale Signale übertragen werden. Bei digitaler Übertragung muss außerdem sichergestellt werden, dass sendendes und empfangendes Endgerät für die aus mehreren Bits bestehenden Zeichen (= Datenworte) im Gleichlauf (also synchron) arbeiten, weil sonst Übertragungsfehler auftreten.

Bei synchroner digitaler Übertragung wird der Gleichlauf zwischen den Endgeräten durch ein konstantes Taktsignal ständig sichergestellt. Sendung und Empfang erfolgen also mit gleicher Taktfrequenz.

Im Falle der asynchronen digitalen Übertragung ist nur bei jedem einzelnen Zeichen eine momentane Synchronität zwischen sendendem und empfangendem Endgerät gegeben. Das wird durch geeignete Startsignale am Anfang und Stoppsignale am Ende jedes Zeichens bewirkt.

Bei größeren Kommunikationssystemen kann die Sicherstellung der gleichen Taktfrequenz durchaus einen erheblichen Aufwand erfordern.

Bedingt durch die erforderlichen Start- und Stoppsignale sind beim asynchronen Betrieb die erreichbaren Netto-Bitraten stets kleiner als die bei synchronem Betrieb.

Bei jeder Kommunikation sind hinsichtlich des zeitlichen Zugriffs zwei Varianten möglich, nämlich online und offline. Online bedeutet Kommunikation in Echtzeit [realtime], der Dialog erfolgt dabei simultan. Bei offline ist dagegen stets eine Zwischenspeicherung gegeben, was durch den Begriff „store and forward" gekennzeichnet wird. Der Abruf bzw. die Weiterleitung der Informationen weist deshalb stets einen Zeitversatz auf.

Die Wahl der Betriebsart für ein Kommunikationssystem hängt stets von der vorgesehenen Anwendung, der technischen Machbarkeit und den ökonomischen Randbedingungen ab.

■ 8.3 Nutzungsverfahren

Es gibt zahlreiche Aspekte für die Nutzung von Kommunikationssystemen, die für den Nutzer als Teilnehmer einzeln, aber auch in ihrer Gesamtheit von Interesse sind.

Eine grundsätzliche Unterscheidung für den Zugriff auf übertragene Informationen besteht darin, ob dies für den Nutzer mit Entgelten verbunden ist oder keine Kosten entstehen. Es sind somit für die angebotenen Dienste folgende Varianten unterscheidbar:

- **entgeltfreie Dienste** [free service]

   Für die Nutzung der Dienste sind keine Entgelte erforderlich.

- **entgeltpflichtige Dienste** [pay service]

   Für die Nutzung der Dienste sind Entgelte zu entrichten.

Entgeltpflichtige Dienste werden auch als Bezahldienste [pay service] bezeichnet. Für diese ist stets eine vertragliche Regelung zwischen Diensteanbieter und Teilnehmer erforderlich.

Der Zugang zu Bezahldiensten wird im Regelfall durch geeignete Maßnahmen geschützt, damit nur autorisierte Teilnehmer darauf zugreifen können. Dabei handelt es sich üblicherweise um Verfahren, die mit dem Sammelbegriff Verschlüsselung bezeichnet werden. Eindeutiger ist hier allerdings der englische Begriff **Conditional Access (CA)**, was bedingter Zugang heißt und den Zugang unter der Bedingung eines entsprechenden Vertrags und der Zahlung der vereinbarten Entgelte meint. Die Authentifizierung des berechtigten Nutzers erfolgt dabei durch den Einsatz einer Smartcard, SIM [subscriber identification module] und/oder PIN [personal identification number].

Neben dem Zugang zu den Informationen kann auch deren Nutzung vorgegeben werden, zum Beispiel die Speichermöglichkeit. Dies basiert dann auf dem Urheberrecht und wird als **DRM [digital rights management]** bezeichnet.

Die Eigenschaft eines Dienstes wird auch durch die Methode des Zugriffs gekennzeichnet. Hier ist zwischen Verteildiensten und Abrufdiensten zu unterscheiden. Bei Verteildiensten werden die Informationen den Endgeräten der Teilnehmer automatisch zugeführt. Dieser „Bring-Dienst" wird auch als Push-Dienst [push service] bezeichnet. Bei Abrufdiensten handelt es sich dagegen um „Hol-Dienste", die auch als Pull-Dienste [pull service] bezeichnet werden. Der Nutzer muss dabei durch eigene Aktivitäten den Zugriff bewirken.

Während der klassische Rundfunk als Radio (Hörfunk) und Fernsehen ein typischer Verteildienst ist, handelt es sich bei einer Recherche im Internet stets um einen Abrufdienst.

Für Abrufdienste wird auch der Begriff „On Demand" verwendet. So gilt beispielsweise für das Angebot des Zugriffs auf elektronische Videotheken die Bezeichnung VoD [video on demand].

 Jeder Abrufdienst in ein „On-Demand-Service".

Bei den aufgezeigten Nutzungsverfahren sind alle Kombinationen möglich. So kann jeder Verteildienst und jeder Abrufdienst entgeltfrei oder entgeltpflichtig sein und der Inhalteschutz im Bedarfsfall durch CA/DRM erfolgen. Bezogen auf entgeltpflichtige Dienste gibt es verschiedene Varianten für die Bezahlung:

- Abrechnung nach Nutzungsdauer,
- Abrechnung nach Datenmenge (z. B. 100 MB),
- monatlicher Festpreis ohne Begrenzung der Nutzungsdauer und Datenmenge,
- Vorauszahlung [prepaid] und Abrechnung der Nutzung von diesem Guthaben.

Für den monatlichen Festpreis gilt üblicherweise die Bezeichnung **Flatrate** [flat rate]. Bei Verträgen mit einer solchen Flatrate sollten allerdings stets die möglichen Randbedingungen für die Nutzung der Dienste beachtet werden. So kann es sich beispielsweise um Beschränkungen bei der Datenmenge, Datenrate und/oder Nutzungsdauer handeln.

Während die Flatrate ein Abonnement darstellt und sich für die regelmäßige Nutzung von Diensten bewährt hat, ist die **Prepaid-Version** besonders für gelegentliche Nutzung von Vorteil.

9 Funktionseinheiten in Übertragungssystemen

■ 9.1 Einführung

Jedes Kommunikationssystem besteht aus verschiedenen Funktionseinheiten. Dabei kann es sich um Geräte [device], eigenständige Baugruppen [unit] oder die Zusammenschaltung von Komponenten [component] handeln.

Geräte sind stets aktive Eintore oder Zweitore, bestehen häufig aus verschiedenen Baugruppen, haben eine eigene Stromversorgung und sind meist auch portabel nutzbar.

Funktionseinheiten in Übertragungssystemen sind stets durch Spezifikationen gekennzeichnet. Diese können aus den jeweiligen Datenblättern oder Gerätedokumentationen ersehen werden. Wegen des Zusammenwirkens der Funktionseinheiten im Kommunikationssystem sind besonders ihre Eingangssignale und/oder Ausgangssignale hinsichtlich des Zeit- und Frequenzverhaltens von Bedeutung.

Für eine grobe Einteilung der Funktionseinheiten lassen sich die Frequenz und die Zeitfunktionen der Signale am Eingang bzw. Ausgang heranziehen. Bei Bezug auf die Frequenz handelt es sich entweder um den Niederfrequenzbereich (NF-Bereich), den Hochfrequenzbereich (HF-Bereich) oder den Höchstfrequenzbereich. In der Medientechnik gilt es folgende **Signalarten** zu unterscheiden:

- Audiosignale,
- Videosignale,
- Daten.

Da es sich bei digitalen Audiosignalen, digitalen Videosignalen und Daten physikalisch um zweiwertige Signale handelt, wird in der Regel für alle drei Signalformen ausschließlich der Begriff Daten genutzt. Im Bedarfsfall sind zur Präzisierung auch die Bezeichnungen Audiodaten und Videodaten üblich.

Nachfolgend werden die für Kommunikationssysteme wesentlichen Funktionseinheiten hinsichtlich ihrer Aufgabenstellung und Leistungsmerkmale behandelt.

9.2 Verstärker

Verstärker [amplifier] sind Funktionseinheiten, die als aktive Zweitore dazu dienen, ein dem Eingang zugeführtes Signal so zu verarbeiten, dass es am Ausgang einen größeren Pegel aufweist, jedoch mit möglichst unverändertem Signalverlauf. Jeder Verstärker ist deshalb durch ein definiertes Verstärkungsmaß gekennzeichnet. Abhängig von der Aufgabenstellung kann auch ein variables Verstärkungsmaß erforderlich sein, was durch manuelle oder automatische Einstellung realisierbar ist. Deshalb sind folgende Varianten zu unterscheiden:

- Verstärker mit festem Verstärkungsmaß,
- Verstärker mit variablem Verstärkungsmaß.

Für den zweiten Fall bedarf es der Information, in welchem Bereich das Verstärkungsmaß verändert werden kann.

Eine wichtige Kenngröße für Verstärker ist auch deren Bandbreite für analoge Signale bzw. die mögliche Datenrate bei digitalen Signalen. Die Bandbreite ist bekanntlich durch die beiden Frequenzen definiert, bei denen der Amplituden-Frequenzgang bezogen auf den Wert bei einer Referenzfrequenz um 3 dB zurückgegangen ist. Dadurch sind die untere und obere Grenzfrequenz bestimmt. Abhängig von deren Abstand zueinander ist folgende Unterscheidung möglich:

- Schmalband-Verstärker [narrowband amplifier],
- Breitband-Verstärker [broadband amplifier].

Es ist allerdings zu berücksichtigen, dass Schmalbandigkeit und Breitbandigkeit stets den Bezug auf einen Frequenzbereich erfordern. Bei diesem kann es sich um den NF-Bereich oder den HF-Bereich handeln, aber auch um Teilbereiche von diesen. Das führt zu folgenden Unterscheidungen:

- Niederfrequenz-(NF-)Verstärker,
- Hochfrequenz-(HF-)Verstärker.

Im Idealfall würde ein Verstärker im Bereich seiner Bandbreite einen konstanten Verlauf des Frequenzganges aufweisen. In der Praxis weist jedoch der Amplituden-Frequenzgang mehr oder weniger starke Schwankungen auf. Diese Welligkeit darf bei der Verstärkung analoger Signale abhängig vom Einzelfall bestimmte Werte nicht überschreiten. Bei digitalen Signalen ist dagegen die Konstanz des Phasen-Frequenzganges von Bedeutung, um Übertragungsfehler zu vermeiden.

Da es sich bei Verstärkern um aktive Funktionseinheiten handelt, treten auch zusätzliche Rauschsignale auf, gekennzeichnet durch die **Rauschzahl** F. Dessen Wert beeinflusst unmittelbar den **Störabstand**, wobei kleinen Rauschzahlen große Abstände zwischen dem Nutzsignal- und Störsignalpegel bewirken.

Die Arbeitskennlinie eines Verstärkers ist theoretisch eine Gerade, deren Steigungswinkel den Grad der Verstärkung kennzeichnet. Jede Abweichung vom idealen Verlauf führt zu Mischvorgängen der Spektralanteile des Eingangssignals. Diese rufen zusätzliche Anteile im Ausgangssignal hervor, die als **Intermodulationsprodukte** bezeichnet werden und den Störabstand verringern.

9.3 Sender

Sender [transmitter, sender] sind Funktionseinheiten, die als aktive Zweitore ihrem Eingang zugeführte Signale durch geeignete Verfahren (z. B. Modulation) so aufbereiten, dass sich ein Ausgangssignal ergibt, welches für einen vorgegebenen Übertragungskanal geeignet ist. Bei diesem kann es sich um eine Leitungsverbindung oder eine Funkverbindung handeln. Deshalb lassen sich folgende Senderarten unterscheiden:

- Leitungssender,
- Funksender.

Während Leitungssender im NF- und HF-Bereich zum Einsatz kommen, ist es bei den Funksendern, von speziellen Anwendungen abgesehen, nur der Hochfrequenzbereich.

 Sender stellen für den Übertragungskanal aufbereitete Signale zur Verfügung.

Jeder Sender erfordert einen definierten Pegel des Eingangssignals und stellt eine vorgegebene Leistung am Ausgang bereit. Diese wird bei Leitungssendern unmittelbar in den durch Kabel realisierten Übertragungskanal eingespeist, während bei Funksendern stets eine Antenne an den Ausgang angeschlossen ist, welche die Funkverbindung bewirkt.

Im Falle von Funkverbindungen muss bei Leistungsangaben stets zwischen der Ausgangsleistung des Senders und der durch die Antenne hervorgerufenen Strahlungsleistung unterschieden werden. Letztere bestimmt sich nämlich auch aus dem Antennengewinn.

9.4 Empfänger

Wie Sender sind auch Empfänger [receiver] aktive Zweitore. Sie nehmen übertragene Signale auf und stellen diese nach entsprechender Verarbeitung (z. B. Demodulation) für die weitere Nutzung zur Verfügung. Für diese Funktion benötigen sie allerdings immer einen Mindestpegel des Eingangssignals, was als Empfindlichkeit [sensitivity] bezeichnet wird. Wegen der beiden Varianten des Übertragungskanals lassen sich folgende Empfängerarten unterscheiden:

- Leitungsempfänger,
- Funkempfänger.

Bei Funkempfängern spielt die vorgeschaltete Empfangsantenne eine wesentliche Rolle, weil von deren Antennengewinn der Eingangspegel abhängt.

Empfänger verarbeiten die vom Übertragungskanal bereitgestellten Signale.

Bei allen Empfängern spielt die Spezifizierung der Ausgangssignale eine wesentliche Rolle. Dabei sind auch die möglichen Abweichungen vom gesendeten Signal von Bedeutung. Außerdem bewirken Empfänger zusätzliche Rauschsignale, die zur Reduzierung des Störabstands beitragen.

Jeder Empfänger benötigt für seine bestimmungsgemäße Funktion einerseits den bereits erwähnten Mindestpegel des Eingangssignals, andererseits darf allerdings auch ein bestimmter größter Wert nicht unterschritten werden, weil sonst **Übersteuerung** eintritt.

Da jeder Empfänger komplementär zu einem Sender arbeitet, muss er für die gesendete Frequenz, aber ebenso für die Bandbreite des jeweiligen Signals und die verwendete Signalaufbereitung ausgelegt sein.

9.5 Filter und Weichen

Filter sind passive oder aktive Zweitore, die den Amplitudengang eines zugeführten Signals definiert beeinflussen. Es lassen sich folgende Varianten unterscheiden:

- **Tiefpass** [lowpass] (TP)

  Dieser lässt nur Signale **unterhalb** einer definierten Grenzfrequenz f_g passieren.

- **Hochpass** [highpass] (HP)

  Dieser lässt nur Signale **oberhalb** einer definierten Grenzfrequenz f_g passieren.

- **Bandpass** [bandpass] (BP)

  Dieser lässt nur Signale passieren, die **zwischen** einer unteren Grenzfrequenz f_u und einer oberen Grenzfrequenz f_o liegen.

- **Bandsperre** [bandstop] (BS)

  Dieser lässt nur Signale passieren, die **unterhalb** einer unteren Grenzfrequenz f_u und **oberhalb** einer oberen Grenzfrequenz f_o liegen.

Mit Filtern werden von einem zugeführten Signal nur definierte Frequenzbereiche durchgelassen bzw. gesperrt.

Die Übergänge zwischen Durchlass und Sperrung verlaufen theoretisch sprunghaft, in der Praxis lässt sich allerdings nur eine endliche **Flankensteilheit** realisieren. Dabei ist folgender Zusammenhang zu berücksichtigen:

Je steiler die Flanke des Signals im Frequenzbereich verläuft, desto größer werden die Überschwinger des Signals im Zeitbereich, was zu einer störenden Beeinflussung führt.

Die Angabe der Flankensteilheit erfolgt als auf die Frequenz bezogenes Dämpfungsmaß, also in dB/kHz oder dB/MHz. Dies bedeutet:

- großes Dämpfungsmaß → steile Flanke,
- kleines Dämpfungsmaß → flache Flanke.

Die Flankensteilheit stellt ein wichtiges Qualitätskriterium für jeden Filter dar. Sie hängt von der technologischen Komplexität des Filters ab, die durch Filterklassen gekennzeichnet ist.

Neben der Flankensteilheit spielt bei Filtern auch der Amplitudengang im Durchlassbereich und im Sperrbereich eine Rolle. Dieser soll möglichst geradlinig sein, Abweichungen davon werden üblicherweise als **Ripple** bezeichnet. Der zulässige oder auftretende Bereich dafür wird in Dezibel (dB) angegeben, als Bezug dient der ideale geradlinige Verlauf.

Beispiel

Wird für einen Filter als gemessener Wert für den Ripple +3 dB/−1 dB angegeben, dann sind die Amplituden bis 3 dB größer und bis zu 1 dB kleiner als der Bezugswert von 0 dB.

Jeder Filter ist auch durch die im Durchlassbereich auftretende Dämpfung gekennzeichnet. Die dB-Werte dieser Durchlassdämpfung sollten möglichst klein sein.

Weisen bei einer Bandsperre die beiden Grenzfrequenzen nur einen geringen Abstand auf, dann gilt auch die Bezeichnung **Kerbfilter** [notch filter], weil der Amplitudengang nur einen schmalen Einbruch aufweist.

Der Spezialfall eines Filters liegt vor, wenn das Eingangssignal in zwei oder mehr festgelegte Frequenzbereiche aufgeteilt wird. Es ist dann ein Mehrtor gegeben, an dessen Ausgängen jeweils die durch eine untere und obere Grenzfrequenz gekennzeichneten Signale zur Verfügung stehen. Es liegt dann der Fall einer **Frequenzweiche** mit den bereits aufgezeigten Problemen der Flankensteilheit vor.

Frequenzweichen bewirken die Aufteilung des Eingangssignals in unterschiedliche Frequenzbereiche.

Eine besondere Variante ist bei Filtern gegeben, wenn ein definierter Frequenzbereich an mehreren Ausgängen zur Verfügung stehen soll. Es handelt sich dann um passive oder aktive **Verteiler**. Abhängig von der Zahl der gleichwertigen Ausgänge lassen sich Zweifachverteiler, Dreifachverteiler usw. unterscheiden.

Bei Filtern, Frequenzweichen und Verteilern ist stets zu berücksichtigen, welche Dämpfung das Nutzsignal durch die jeweilige Funktionseinheit erfährt. Bei passiven Varianten ist diese Einfügedämpfung [insertion loss] durch die Verluste der eingesetzten Bauelemente bedingt. Sie kann mit aktiven Schaltungen vollständig kompensiert werden, also den Wert 0 dB erreichen.

9.6 Umsetzer

9.6.1 Einführung

In Kommunikationssystemen besteht häufig der Bedarf von einer Signalform in eine andere zu wechseln. Für solche Übergänge kommen Umsetzer [converter] zum Einsatz, die häufig auch als Wandler bezeichnet werden. Es handelt sich dabei stets um aktive Zweitore.

Da Audio- und Videosignale im Ursprung stets analog sind und für die Wiedergabe auch wieder diese Form haben müssen, ist bei digitalen Übertragungssystemen auf der Sendeseite immer eine Umwandlung von analog in digital erforderlich und auf der Empfangsseite die Rückwandlung von digital in analog. Beide Vorgänge sollen dabei so erfolgen, dass die Abweichungen des analogen Signals auf der Empfangsseite von dem auf der Sendeseite möglichst klein bleiben. Zur Erfüllung der vorstehend beschriebenen Aufgabe sind folgende Funktionseinheiten erforderlich:

- **Analog-Digital-Umsetzer** (ADU) [analog-to-digital converter (ADC)] (auf der Sendeseite),
- **Digital-Analog-Umsetzer** (DAU) [digital-to-analog converter (DAC)] (auf der Empfangsseite).

9.6.2 Analog-Digital-Umsetzer

Durch Analog-Digital-Umsetzer (ADU) werden analoge (= vielwertige) Eingangssignale in digitale (= zweiwertige) Ausgangssignale umgesetzt (Bild 9.1).

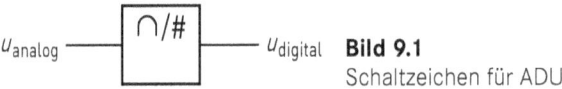

Bild 9.1
Schaltzeichen für ADU

Jeder ADU ist durch eine Umsetzerkennlinie mit stufigem Verlauf gekennzeichnet. Durch diese wird jedem Teilbereich der analogen Eingangsspannung ein aus mehreren Bits bestehendes Datenwort zugeordnet, dessen Ausgabe seriell oder parallel erfolgen kann. So ist dem im Bild 9.2 markierten ersten Teilbereich des analogen Eingangssignals das Datenwort 101 zugeordnet, bei dem markierten zweiten Teilbereich ist es das Datenwort 011.

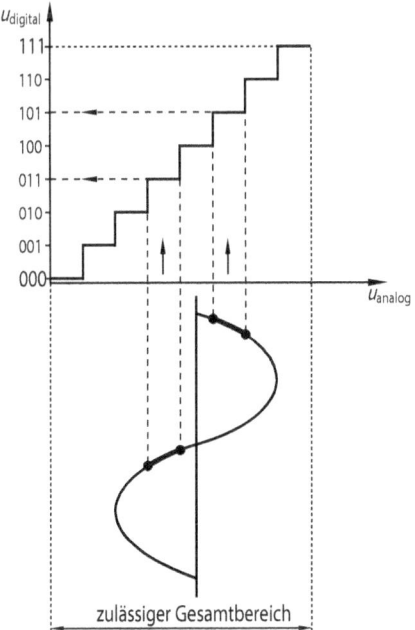

Bild 9.2
Analog-Digital-Umsetzung

Die Genauigkeit der Umsetzung hängt davon ab, wie viele Stufen die Umsetzerkennlinie aufweist. Je feiner die Stufung, desto länger werden allerdings die Datenworte.

Die maximale Zahl der Stufen einer Umsetzerkennlinie wird als **Auflösung** bezeichnet. Sie bezieht sich stets auf den zulässigen Gesamtbereich des analogen Eingangssignals, wobei für diesen auch die Abkürzung FS [full scale] üblich ist. Die Angabe der Auflösung erfolgt als Anzahl der Bits, welche für die Stufenzahl benötigt wird. So sind bei einer Auflösung von 8 Bit maximal 2^8 = 256 Stufen möglich.

Die Umsetzerkennlinie eines ADU kann gleichmäßige oder ungleichmäßige Stufen aufweisen. Im Fall der ungleichmäßigen Stufung werden bestimmte Eingangsspannungsbereiche in mehr Datenworte umgesetzt, während es bei den anderen weniger Datenworte sind.

Die Stufung der ADU-Umsetzerkennlinie kann gleichmäßig oder ungleichmäßig sein.

Weicht der Verlauf der Umsetzerkennlinie von seiner vorgegebenen Form ab, dann ist die Umwandlung fehlerbehaftet. Bei Verschiebung der Kennlinie nach rechts oder links handelt es sich um **Offsetfehler**, während bei Abweichung von der ursprünglichen Steigung **Verstärkungsfehler** vorliegen. Beide Mängel sind im Regelfall abgleichbar. Dies gilt jedoch nicht, wenn die Kennlinie vom linearen Verlauf abweicht und eine gekrümmte Form aufweist. Es handelt sich dann um **Linearitätsfehler**.

Bei der ADU-Umsetzerkennlinie können Offsetfehler, Verstärkungsfehler und Linearitätsfehler auftreten.

Jeder ADU benötigt für die Umsetzung eines analogen Eingangswertes in ein Datenwort eine bestimmte **Wandlungszeit** [conversion time], die auch als Umsetzzyklus bezeichnet wird und zu einer Begrenzung der Datenrate des Ausgangssignals führt.

Für die schaltungstechnische Realisierung von Analog-Digital-Umsetzern gibt es verschiedene Konzepte, wie integrierende Umsetzer, rückgekoppelte Umsetzer und Parallel-Umsetzer. Von diesen hängen unmittelbar die Spezifikationen dieser Funktionseinheiten ab. In der Regel stehen Analog-Digital-Umsetzer als Chips zur Verfügung.

9.6.3 Digital-Analog-Umsetzer

Digital-Analog-Umsetzer (DAU) sind von ihrer Funktion her die Umkehrung der Analog-Digital-Umsetzer. Es werden dabei die zugeführten Datenworte nacheinander in Spannungswerte umgesetzt und daraus ein kontinuierliches Signal gebildet (Bild 9.3).

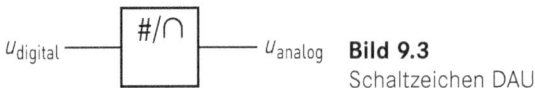

Bild 9.3 Schaltzeichen DAU

Beim Digital-Analog-Umsetzer gibt es dem Analog-Digital-Umsetzer vergleichbare Kenngrößen. Auch hier ist die Umsetzerkennlinie von Wichtigkeit, mit allen bekannten Fehlermöglichkeiten. Linearitätsfehler liegen dabei üblicherweise im Promillebereich.

Während beim analogen Eingangssignal des ADU die Zahl der Stufen den zulässigen Gesamtbereich bestimmt, gilt dies beim DAU für die maximale Länge der Datenworte. Die Arbeitsgeschwindigkeit entspricht auch beim DAU der Umsetzfrequenz und ist unmittelbar von der Taktfrequenz abhängig.

Abschließend sei noch erwähnt, dass bei Digital-Analog-Umsetzern häufig ein Tiefpass nachgeschaltet ist, um störende höherfrequente Anteile (z. B. Taktfrequenz) zu unterdrücken.

9.6.4 Elektro-optische und opto-elektrische Umsetzer

Die zunehmende Nutzung optischer Leitungen in Kommunikationssystemen erfordert Umsetzer, die elektrische Signale in optische Signale wandeln und umgekehrt. Dabei spielt es grundsätzlich keine Rolle, ob es sich um analoge oder digitale elektrische Signale handelt. Es sind folgende Arten zu unterscheiden:

- **elektro-optische Umsetzer**

  Diese Funktionseinheiten benötigen am Eingang ein elektrisches Signal und stellen am Ausgang ein optisches Signal zur Verfügung.

- **opto-elektrische Umsetzer**

  Solchen Funktionseinheiten wird über einen Lichtwellenleiter ein optisches Signal zugeführt und dieses in ein elektrisches Ausgangssignal gewandelt.

Für die Wandlung des elektrischen Signals in ein optisches Signal werden Lumineszenzdioden [light emitting diode (LED)] oder Laserdioden verwendet. Beide Komponenten weisen im mittleren Teil ihrer Kennlinien stets einen linearen Zusammenhang zwischen dem durch sie fließenden Strom I und der optischen Leistung P_{opt} auf. Der richtige Arbeitspunkt dieser Dioden ergibt sich durch einen konstanten Vorstrom I_0, dem das zu wandelnde elektrische Signal überlagert wird. Das Licht dieser Sendedioden ändert sich somit proportional zu den Werten des elektrischen Signals. Dafür gilt die Bezeichnung **Intensitätsmodulation** (Bild 9.4). Es gilt:

$$P_{opt} \sim I_{Sendediode} \tag{9.1}$$

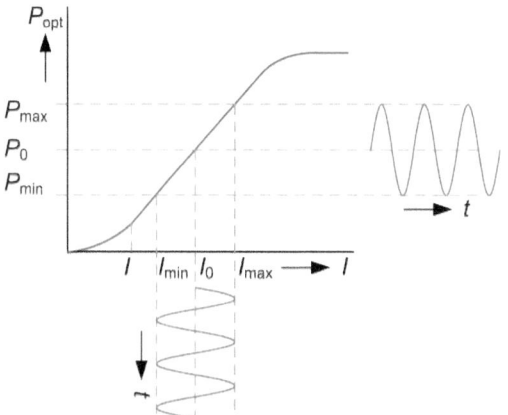

Bild 9.4
Intensitätsmodulation [Quelle: dibkom]

Um das übertragene optische Signal wieder in ein elektrisches Signal wandeln zu können, werden Fotodioden verwendet, weil bei diesen der Fotostrom über weite Bereiche der Kennlinie zur einfallenden optischen Leistung proportional ist. Das bedeutet:

$$I_{Fotodiode} \sim P_{opt} \tag{9.2}$$

Wird also eine LED oder Laserdiode über einen Lichtwellenleiter (LWL) mit einer Fotodiode zusammengeschaltet, dann ergibt sich ein lineares optisches Übertragungssystem, bei dem sich der Strom auf der Empfangsseite proportional zu dem auf der Sendeseite ändert (Bild 9.5). Dies setzt allerdings voraus, dass nur der lineare Teil der Kennlinien genutzt wird, was durch entsprechenden Vorstrom und Begrenzung der Amplitude des Signalstroms problemlos erreichbar ist.

 Elektro-optische und opto-elektrische Umsetzer nutzen stets die bei entsprechenden Dioden gegebene Proportionalität zwischen Strom und optischer Leistung.

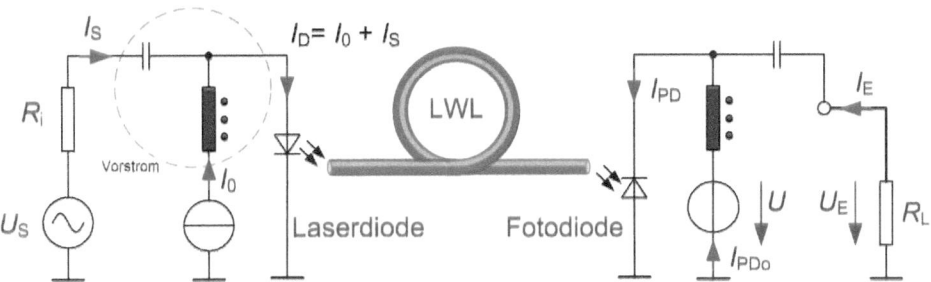

Bild 9.5 Optisches Übertragungssystem [Quelle: dibkom]

9.6.5 Sonstige Umsetzer

In Kommunikationssystemen besteht häufig auch der Bedarf für die Umsetzung folgender kennzeichnender Merkmale von Signalen:

- Frequenz,
- Modulation,
- Codierung.

Bei den für diese Aufgabenstellungen erforderlichen Funktionseinheiten handelt es sich prinzipiell um aktive Zweitore, bei denen das unveränderte Signal am Eingang durch die Umsetzung zu dem in der gewünschten Art veränderten Signal am Ausgang führt.

Im Falle der Frequenzumsetzung [frequency conversion] wird ein in der Frequenzbandbreite begrenztes Signal (Bandpass-Signal) von der Frequenzlage f_1 ohne Änderung des Signalinhalts in die Frequenzlage f_2 gebracht. Dabei spielt es keine Rolle, ob die Ausgangsfrequenz größer oder kleiner als die Eingangsfrequenz ist.

Es sei darauf hingewiesen, dass für **Frequenzumsetzer** [frequency converter] auch die Bezeichnung Mischer [mixer] üblich ist. Deren Funktion lässt sich durch Hardware-Schaltungstechnik oder mit einem Signalprozessor [signal processor] und entsprechender Software [software defined] realisieren.

In Kommunikationssystemen kann es auch erforderlich sein, dass modulierte Signale aufgrund des Übertragungsweges oder der Empfangstechnik aus technischen und/oder wirtschaftlichen Gründen in eine andere Modulation umgesetzt werden müssen. Es handelt sich dann um Transmodulation, also die durch aktive Zweitore realisierte Umsetzung von Modulation Typ A am Eingang auf Modulation Typ B am Ausgang. Diese **Transmodulatoren** verändern die Signalinhalte nicht, es können sich allerdings Wechsel der Frequenzlage ergeben.

> **Beispiel**
>
> In Kopfstellen von Kabelnetzen werden Transmodulatoren benötigt, um die bei Empfang des digitalen Satellitenfernsehens DVB-S gegebene Modulation Phasenumtastung PSK [phase shift keying] auf die des digitalen Kabelfernsehens DVB-C, nämlich Quadratur-Amplitudenmodulation QAM, umzusetzen. Nur auf diese Weise kann die Weiterverbreitung der Inhalte über das Kabelnetz standardkonform erfolgen.

Die digitalen Signale (Audio, Video, Daten) in Kommunikationssystemen können unterschiedliche Strukturen aufweisen, die als Datenformate bezeichnet werden. Für die bestimmungsgemäße Funktion des Systems kann es dabei erforderlich sein, von einem vorgegebenen Datenformat auf ein anderes Datenformat zu wechseln. Dieser Übergang wird als Transcodierung bezeichnet und durch **Transcoder** als aktive Zweitore realisiert.

■ 9.7 Netzwerkkomponenten

In allen digitalen Kommunikationssystemen werden Funktionseinheiten benötigt, die basierend auf den Schichten [layer] des OSI-Referenzmodells bestimmte Aufgaben erfüllen. Da ihr Einsatz in Datennetzen erfolgt, gilt für sie üblicherweise die Bezeichnung Netzwerkkomponenten. Zu diesen gehören typischerweise Repeater, Hub, Bridge, Switch, Router, Gateway und Server.

Bei allen Netzwerkkomponenten sind folgende Punkte zu berücksichtigen:

- Die Anschlüsse (Eingänge und Ausgänge) werden als Ports bezeichnet.
- Jede Netzwerkkomponente weist eine eindeutige MAC-Adresse auf. Dabei steht die Kurzform MAC für Media Access Control.
- Die Weiterleitung der zugeführten Signale erfordert stets Laufzeiten. Dieser physikalische Effekt führt zu Verzögerungen zwischen den Signalen am Eingang und Ausgang, die auch als Latenz bezeichnet werden.
- Es erfolgt keine Veränderung der Datenpakete.

Repeater (Wiederholer) weisen nur zwei Ports (Eingang und Ausgang) auf, verbinden Segmente von Datennetzen (z. B. LAN) und erweitern damit die physikalische Reichweite des Netzes. Sie arbeiten auf dem Physical Layer (Schicht 1), weshalb bei den Segmenten dieselbe Bit-Übertragungsschicht erforderlich ist, aber verschiedene Übertragungsmedien möglich sind (Bild 9.6).

In Repeatern erfolgen neben Verstärkung im notwendigen Umfang auch die Regenerierung der Codierung und Synchronisation, die Unterdrückung von Rauschsignalen sowie die Kompensation von Amplituden- und Laufzeitverzerrungen, wobei Letztere als Jitter bezeichnet werden.

Hubs (Nabe) werden auch als Sternverteiler bezeichnet. Sie stellen Multipoint-Repeater dar, weil sie wie Repeater arbeiten, jedoch das gleiche Eingangssignal an mehreren Ausgangsports zur Verfügung stellen. Die Endgeräte sind somit bei Hubs durch Punkt-zu-Punkt-Verbindungen sternförmig angeschlossen. Das ermöglicht die transparente Verteilung von Daten.

Eine **Bridge** (Brücke) verbindet Segmente von Datennetzen, die unterschiedliche Bit-Übertragungsschichten aufweisen. Die Kopplung erfolgt dabei auf dem Data Link Layer (Schicht 2), weshalb die Schicht der beiden Segmente identisch sein muss (Bild 9.7). Die Steuerung von Verbindungen erfolgt auf Basis gespeicherter MAC-Adressen und daran orientierter Entscheidungstabellen.

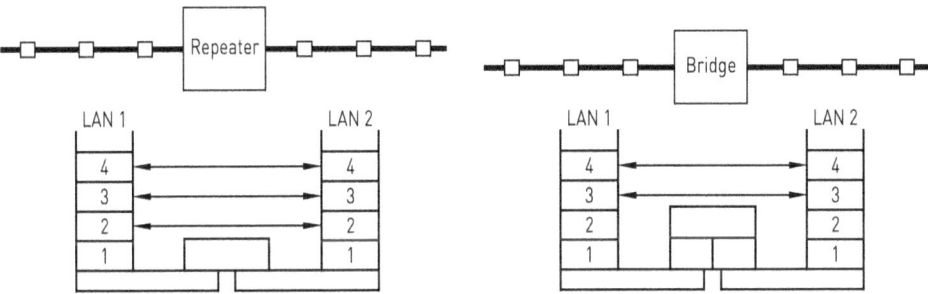

Bild 9.6 LAN-Kopplung durch Repeater   **Bild 9.7** LAN-Kopplung durch Bridge

Switches (Schalter) sind Kopplungselemente, die Segmente von Datennetzen oder angeschlossene Endgeräte miteinander verbinden. Da sie mehrere Ports aufweisen, stellen sie im Prinzip Multipoint-Bridges dar und arbeiten deshalb auch auf dem Data Link Layer (Schicht 2). Für die Steuerung von Verbindungen wird die Source Address Table (SAT) verwendet, in der die Ports und MAC-Adressen der angeschlossenen Endgeräte gespeichert sind. Mithilfe von Entscheidungstabellen [switching table] wird sichergestellt, dass ein zugeführtes Signal zum richtigen Ausgangsport gelangt. Durch die Auswertung der in den zugeführten Daten enthaltenen Zieladresse wird gewährleistet, dass für jede individuelle Verbindung die maximal mögliche Datenrate als digitale Bandbreite zur Verfügung steht.

Switches bieten eine hohe Flexibilität, weil alle ihre Ports unabhängig voneinander Daten empfangen und senden können. Sie ermöglichen deshalb den Anschluss vieler Endgeräte an einer Stelle im Datennetz.

Router (Wegweiser) dienen zur Kopplung von Segmenten in Datennetzen auf dem Network Layer (Schicht 3), weshalb die Schichten 1 und 2 bei diesen unterschiedlich sein können, während die Schicht 3 bei verkoppelten Segmenten identisch sein muss. Beim Router ergeben sich mehr Möglichkeiten zur Beeinflussung der Datenpakete. Dazu gehören zum Beispiel Paketadressen ändern, alternative Verbindungswege verwalten und Zugriff auf Segmente oder Endgeräte einschränken (Bild 9.8). Für diese Maßnahmen kommen mit IP-Adressen arbeitende Routingtabellen und Routingprotokolle zum Einsatz. Gegenüber einer Bridge weist ein Router allerdings größere Laufzeiten der Datenpakete auf. Router haben eine Vermittlungsfunktion, wobei Datenpakete entweder unmittelbar zum Endgerät gelangen oder über einen weiteren Router geleitet werden.

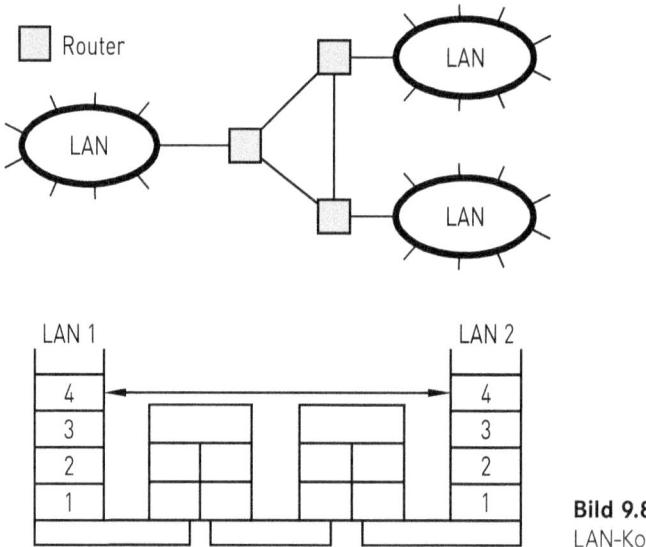

Bild 9.8
LAN-Kopplung durch Router

Die komplexeste Art der Verbindung zwischen zwei Segmenten eines Datennetzes ermöglicht ein **Gateway** (Übergang). Bei diesem erfolgt die Verkopplung über den Application Layer (Schicht 7), also der obersten Schicht des OSI-Referenzmodells. Damit ist höchste Flexibilität gewährleistet und ermöglicht die Verbindung von Netzsegmenten mit beliebig unterschiedlichen Protokollen. Das führt allerdings zu langen Durchlaufzeiten für die Datenpakete.

Das Einsatzfeld von Gateways ist gegeben, wenn Segmente von Datennetzen verkoppelt werden sollen, die sich in den unteren Schichten unterscheiden, weil dann Bridges, Repeater oder Router nicht möglich sind. Wegen der Protokollumsetzung lassen sich also mit Gateways völlig unterschiedliche Netzsegmente miteinander verbinden und auch alle erforderlichen Anpassungen realisieren.

Alle bisher aufgezeigten Netzwerkkomponenten ermöglichen den Übergang zwischen den Segmenten von Datennetzen und/oder die Verbindung von Endgeräten.

Die Leistungsfähigkeit hängt jeweils davon ab, auf welcher Schicht des OSI-Referenzmodells die Komponente arbeitet.

Eine besondere Form von Netzwerkkomponenten ist der **Server** (Lieferant). Es handelt sich um Rechner (Computer) mit entsprechender Speicherkapazität, die Informationen oder Dienste für den Abruf über das Datennetz bereithalten. Die Anfragen kommen dabei von den als **Client** (Kunde) bezeichneten Endgeräten der Nutzer. Der Server reagiert darauf mit der Lieferung der Information oder des Dienstes (Bild 9.9). Dies wird als Server-Client-Kommunikation bezeichnet.

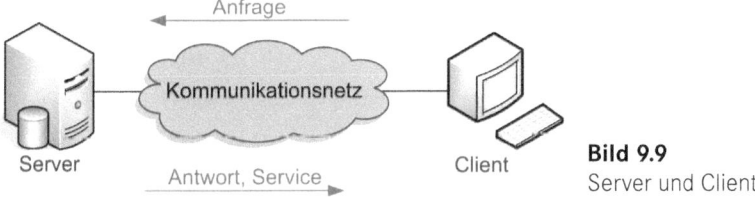

Bild 9.9
Server und Client

10 Schnittstellen und Protokolle

10.1 Grundlagen

Kommunikationssysteme bestehen bekanntlich aus verschiedenen Geräten, Baugruppen und Komponenten. Diese müssen in vorgegebener Art und Weise zusammenarbeiten, um die bestimmungsgemäße Funktion des gesamten Systems sicherzustellen.

Die Übergänge zwischen den Geräten, Baugruppen und Komponenten sind die Schnittstellen [interface]. Sie werden durch Schnittstellenbeschreibungen definiert, in denen ihre Eigenschaften und die Anwendungsvorschriften festgehalten sind. Als Eigenschaften gelten alle Bedingungen für Hardware und/oder Software, die erfüllt werden müssen. Es kann sich um bestimmte mechanische und elektrische Werte handeln und/oder den störungsfreien Betrieb mit einer vorgegebenen Software.

Schnittstellen beschreiben die Eigenschaften der vorstehend angeführten Übergänge als Blackbox („Schwarzer Kasten"), von denen nur die Oberfläche sichtbar ist. Die angestrebte Kommunikation kann deshalb nur erfolgen, wenn die Oberflächen „zusammenpassen". Diese **Anpassung** wird auch als „matching" bezeichnet. Das gilt in gleicher Weise für Hardware und Software.

Schnittstellenbeschreibungen umfassen stets folgende Informationen:

- Angabe der vorhandenen Funktionen,
- Nutzungsmöglichkeiten der einzelnen Funktionen,
- Bedeutung der einzelnen Funktionen.

 Schnittstellen [interface] = definierte Übergänge bezüglich Hardware und/oder Software zwischen Geräten, Baugruppen und Komponenten von Kommunikationssystemen

Der Vorteil definierter Schnittstellen ist die Kompatibilität in Systemen.

Zu Kommunikationssystemen gehören auch Einrichtungen für die Eingabe und/oder Ausgabe von Informationen (z.B. Tastaturen, Bildschirme …). Diese nach außen gerichteten (externen) Schnittstellen sind für den Kontakt zu den Nutzern [user] von Wichtigkeit. Sie stellen somit Nutzer-Schnittstellen [user interface (UI)] dar.

Bei Schnittstellen können folgende Signalarten vorliegen:

- Audio (analog oder digital),
- Video (analog oder digital),
- Daten (digital).

Es lassen sich grundsätzlich folgende Varianten von Schnittstellen unterscheiden:

- Hardware-Schnittstellen (HW-Schnittstellen),
- Software-Schnittstellen (SW-Schnittstellen).

Hardware-Schnittstellen arbeiten in der Praxis üblicherweise auf der Basis elektrischer Signale. Ihre Verknüpfung kann leitungsgebunden oder funkgestützt mithilfe elektromagnetischer Wellen erfolgen. Bei leitungsgeführten Schnittstellen handelt es sich in der Regel um steckbare Verbindungen, die entweder als flexible Steckverbindungen über Kabel (z.B. bei Geräten) oder als fest montierte Steckleisten (z.B. bei Baugruppen) ausgeführt sind. Bei kabelbasierten Geräteschnittstellen ist ein Zusammenspiel von Steckern und dazu passenden Buchsen gegeben. Die Stecker befinden sich in diesem Fall am Verbindungskabel, während es bei Geräten die zu den Steckern passenden Buchsen sind.

Bei Schnittstellen für digitale Signale besteht die Aufgabe, Bits oder Bytes zu übertragen. Dies kann entweder nacheinander über eine Leitung/Funkverbindung oder gleichzeitig über mehrere Leitungen/Funkverbindungen erfolgen. Im ersten Fall handelt es sich um **serielle Übertragung**, während bei der gleichzeitigen Nutzung mehrerer Übertragungswege **parallele Übertragung** vorliegt. Es sind deshalb serielle und parallele Schnittstellen zu unterscheiden (Bild 10.1). Bezüglich der Übertragungskapazität haben parallele Schnittstellen zwar gegenüber seriellen Schnittstellen Vorteile, erfordern dafür aber auch einen größeren technischen Aufwand.

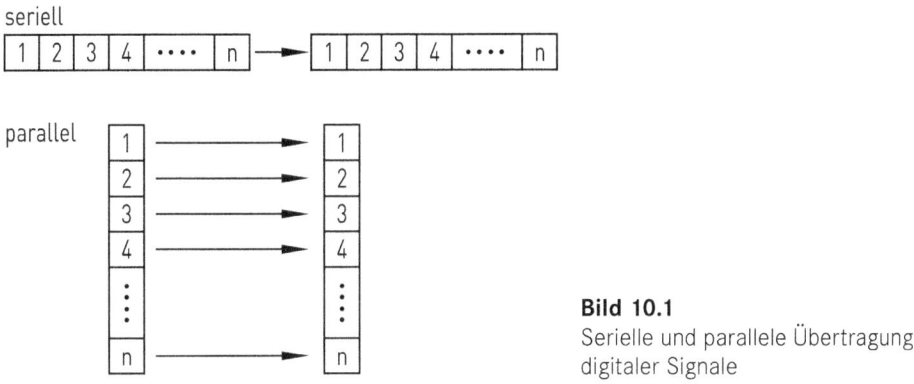

Bild 10.1
Serielle und parallele Übertragung digitaler Signale

Zur Schnittstellenbeschreibung gehört bei digitalen Signalen auch die Angabe, bis zu welcher Datenrate die Schnittstelle störungsfrei arbeitet. Die gewünschte Funktion von Schnittstellen lässt sich durch Festlegung von Verfahren sicherstellen. Ein einfaches Beispiel dafür ist das Handschlagverfahren [handshake procedure]. Bei diesem erfolgt beim Verbindungsaufbau und Verbindungsabbau, also bei jeder Aktivität der einen Seite jeweils eine Bestätigung der anderen Seite.

 Handschlagverfahren [handshake procedure] = Bestätigung jeder Aktivität der einen Seite durch die andere Seite beim Verbindungsaufbau und Verbindungsabbau in digitalen Kommunikationssystemen

Arbeiten Schnittstellen von Kommunikationssystemen funkgestützt, dann sind auch dafür Schnittstellenbedingungen erforderlich. Die Kriterien für Senden und Empfangen werden deshalb als Luftschnittstelle [common air interface (CAI)] festgelegt, um die Besonderheiten der Ausbreitung elektromagnetischer Wellen und die Funktion der Antennen zu berücksichtigen. Es gilt deshalb auch die Bezeichnung Funkschnittstelle.

 Luftschnittstelle [common air interface (CAI)] = Kriterien für die Funkaussendung und den Funkempfang in Kommunikationssystemen

Bei Schnittstellen kann es sich um proprietäre oder standardisierte Versionen handeln. Proprietäre Schnittstellen kommen nur bei einem Hersteller zum Einsatz, während durch Standards (Normen) festgelegte Schnittstellen von vielen Herstellern genutzt werden und es damit möglich machen, Geräte verschiedener Hersteller problemlos miteinander verbinden und betreiben zu können. Das bedeutet:

- Proprietäre Schnittstellen sind herstellerspezifische Schnittstellen.
- Standardisierte Schnittstellen ermöglichen das Zusammenwirken von Geräten verschiedener Hersteller.

10.2 Hardware-Schnittstellen

In der Medientechnik gibt es eine große Zahl standardisierter Schnittstellen für leitungsgebundene und funkgestützte Anwendungen.

Bei den leitungsgebundenen Schnittstellen weisen inzwischen folgende Typen Marktbeherrschung auf, weil sie für unterschiedliche Funktionen geeignet sind:

- HDMI [high definition multimedia interface],
- USB [universal serial bus].

Beide sind Flachsteckverbindungen für die Übertragung digitaler Signale bis hin zu hohen Datenraten. Sie weisen entwicklungsbedingt eine Gleichwertigkeit auf, wobei HDMI aus dem Multimediabereich (also Audio und Video) stammt, während der Ursprung von USB der Datenbereich ist. HDMI und USB haben bereits viele der bisherigen Schnittstellen abgelöst.

High Definition Multimedia Interface (HDMI)

Die standardisierte HDMI-Schnittstelle arbeitet mit 19-poligen Flachsteckverbindungen, nutzt das bewährte Handschlagverfahren [handshake procedure] für den Verbindungsaufbau und hat auch den Kopierschutz HDCP [high bandwidth digital copy protection] als digitales Urheberrechte-Management DRM [digital rights management] integriert (Bild 10.2 und Bild 10.3).

Bild 10.2 HDMI-Buchse

Bild 10.3 HDMI-Stecker

Die Entwicklung der Leistungsmerkmale des digitalen Fernsehens hat zu weiteren HDMI-Versionen geführt, die jedoch alle zu den Vorgängerversionen kompatibel sind, was Abwärtskompatibilität bedeutet. Sie sind durch Folgenummern nach der Bezeichnung HDMI unterscheidbar.

Um die Leistungsfähigkeit der jeweiligen HDMI-Schnittstelle optimal nutzen zu können, gibt es auch Vorgaben für die Kabelverbindungen, und zwar durch Festlegung von Kategorien.

Alle HDMI-Verbindungen verwenden für die Signalcodierung das **TDMS** [transition minimized differential signalling]-**Konzept**, bei dem vier verdrillte Zweidrahtleitungen [twisted pair (TP)] mit Schirmung die Grundfarbensignale Rot (R), Grün (G) und Blau (B) und das für die Synchronisierung zwischen Sende- und Empfangsseite erforderlichen Taktsignals übertragen (Bild 10.4). Für die aufgezeigten Signale wurde eine bestimmte Kontaktbelegung der Buchsen/Stecker festgelegt, die bei allen HDMI-Versionen durchgängig Bestand hat.

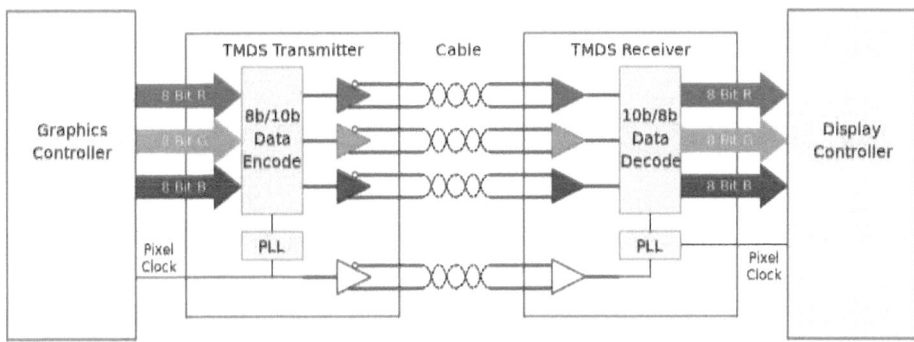

Bild 10.4 TDMS-Konzept

Bei den Steckern wurden im Laufe der Entwicklung vom HDMI-Forum die in Tabelle 10.1 aufgeführten Typen entwickelt, die sich primär an dem Bedarf geringerer Abmessungen orientieren:

Tabelle 10.1 Stecker-Typen für HDMI-Verbindungen

Typ	Abmessungen	Bezeichnungen	Nutzung
A	13,9 mm × 4,5 mm	Standard	single link
B	21,1 mm × 4,5 mm	Standard	dual link
C	10,4 mm × 2,5 mm	Mini	single link
D	6,5 mm × 2,5 mm	Mikro	single link
E	17,0 mm × 6,1 mm	Automotive	in Fahrzeugen

Die bei HDMI verwendeten Steckverbindungen unterscheiden sich in den Abmessungen, allerdings weisen alle in der Verbraucherelektronik eingesetzten Typen stets die bereits angeführten 19 Kontakte auf. Es gelten folgende Einsatzbereiche:

- Standard-Steckverbindung A → ab HDMI 1.0,
- Mini-Steckverbindung C → ab HDMI 1.3,
- Mikro-Steckverbindung D → ab HDMI 1.4.

Die Spezifikationen der HDMI-Versionen führen auch zu spezifischen Anforderungen an die HDMI-Kabel. Dabei handelt es sich stets um konfektionierte Kabel, die an beiden Enden HDMI-Stecker aufweisen. Bezogen auf die jeweiligen Datenraten und Bandbreiten muss das Kabel entsprechend leistungsfähig sein. Außerdem spielt wegen der elektromagnetischen Verträglichkeit (EMV) [electromagnetic compatibility (EMC)] auch die Schirmung der vier verdrillten Zweidrahtleitungen und die des gesamten Kabels eine wichtige Rolle. Um den Anwendern bei der Beschaffung von HDMI-Kabeln eine sinnvolle Hilfestellung zu geben, wurden folgende Kabeltypen definiert:

- Standard → für HDMI 1.0, HDMI 1.1, HDMI 1.2,
- High Speed → für HDMI 1.3, HDMI 1.4,
- Premium → für HDMI 2.0, HDMI 2.1.

Bedingt durch die Spezifikationen sind die Längen von HDMI-Kabeln begrenzt, weil sonst die Signalpegel auf der Empfangsseite wegen der Kabeldämpfung zu kleine Werte aufweisen und damit die bestimmungsgemäße Funktion von HDMI nicht mehr gewährleistet ist. Bei größeren Entfernungen zwischen Sende- und Empfangsseite kann die Umsetzung auf optische Übertragung via Glasfaser eine Lösung sein.

Universal Serial Bus (USB)

Der Universal Serial Bus (USB) ist eine 1996 entwickelte serielle Schnittstelle, die den Austausch von Daten zwischen entsprechend ausgestatteten Geräten ermöglicht, zu denen Computer und alle Peripheriegeräte gehören, aber auch die als USB-Sticks bezeichneten Speicherstifte (Bild 10.5).

USB arbeitet mit vierpoligen Flachsteckverbindungen, bei denen ein Adernpaar für die Datenübertragung zur Verfügung steht, während über das andere Adernpaar die Übertragung von Gleichspannung für die Stromversorgung angeschlossener Geräte und/oder zur Aufladung von Akkus erfolgt (Bild 10.6).

Bild 10.5 USB-Logo

Bild 10.6 USB-Buchse

Die Leistungsfähigkeit der Schnittstelle USB wurde durch die Entwicklung neuer Versionen stets den Anforderungen der Datentechnik angepasst. Es handelt sich um folgende **Brutto-Datenraten**:

- Version USB 1.0 (low speed) → 1,5 Mbit/s,
- Version USB 1.0 (full speed) → 12 Mbit/s,
- Version USB 2.0 → 480 Mbit/s,
- Version USB 3.0 → 5 Gbit/s,
- Version USB 3.1 → 10 Gbit/s.

USB zeichnet sich durch nutzerfreundliche Handhabung aus. Es gibt die Steckverbindung in den Varianten A, B, C und D mit den Ausführungsformen Normal, Mini und Mikro (Bild 10.7). Diese sind allerdings über entsprechende Adapter miteinander kompatibel.

Bild 10.7
USB-Steckerformen

Vor der Einführung von USB gab es für die aufgezeigte Datenübertragung eine Vielzahl verschiedener Schnittstellen mit unterschiedlichen Steckverbindungen zur Verbindung der datenrelevanten Geräte.

An dieser Stelle sei noch darauf hingewiesen, dass sich Geräte mit USB-Anschluss im laufenden Betrieb miteinander verbinden lassen, was als „hot plugging" bezeichnet wird. Es erfolgt dabei nämlich die automatische Erkennung der betroffenen Geräte.

Ergänzend noch eine Zusammenstellung weiterer leitungsgebundener Schnittstellen mit Relevanz für die Medientechnik:

- Cinch,
- Common Interface plus (CI+),
- Digital Video Interface (DVI),
- Display Port (DP),
- F-Steckverbindung,
- Klinken-Steckverbindung,
- RJ-45,
- RS-232,

- Sony/Philips Digital Interface (SPDIF),
- Teilnehmer-Anschlussdose (TAD),
- Teilnehmer-Anschlusseinheit (TAE),
- Video Graphic Adapter (VGA).

Wegen der kurzen Übertragungswege bei funkgestützten Schnittstellen liegen die verwendeten Wellenlängen im cm-Bereich oder dm-Bereich. Kennzeichnende Merkmale solcher Schnittstellen sind die maximale Reichweite, die übertragbare Datenrate und die Interaktivität des Übertragungsverfahrens. Es gibt zahlreiche Verbands- und Industriestandards. Für die Medientechnik sind wegen der großen Bitraten folgende Versionen von Interesse:

- IrDA,
- Miracast,
- Wireless Home Digital Interface (WHDI),
- Wireless Display (WiDi),
- Wireless Gigabit (WiGig),
- Wireless HD (WiHD).

Für Steuerungszwecke sind folgende funkgestützte Schnittstellen geeignet:

- Bluetooth,
- Enocean,
- Near Field Communication (NFC),
- Zig Bee,
- Z-Wave.

Die Spezifikationen der angeführten Schnittstellen sind im Internet verfügbar.

10.3 Software-Schnittstellen

Die Funktion moderner Kommunikationssysteme basiert zunehmend stärker auf dem Einsatz von Software. Daraus ergibt sich die Notwendigkeit, dass Softwarepakete in vorgegebener Weise zusammenarbeiten. Dies erfolgt mithilfe von Schnittstellen zur Programmierung von Anwendungen, die meist als **Anwendungsprogrammierschnittstellen** [application programming interface **(API)**] bezeichnet werden. Jede API wirkt als Anpassungsglied zwischen spezifischen Softwarepaketen. Ein typischer Fall ist bei Anwendungsprogrammen für Applikationen und Betriebssystemen [operating system (OS)] gegeben. Jede Applikation müsste nämlich ohne API-Einsatz für das jeweilige Betriebssystem gesondert angepasst werden. Mit einer API braucht jede Applikation nur für diese geschrieben werden, während im Grundsatz beliebige Betriebssysteme zum Einsatz kommen können, wenn die Anpassung zwischen API und Betriebssystem gewährleistet ist (Bild 10.8).

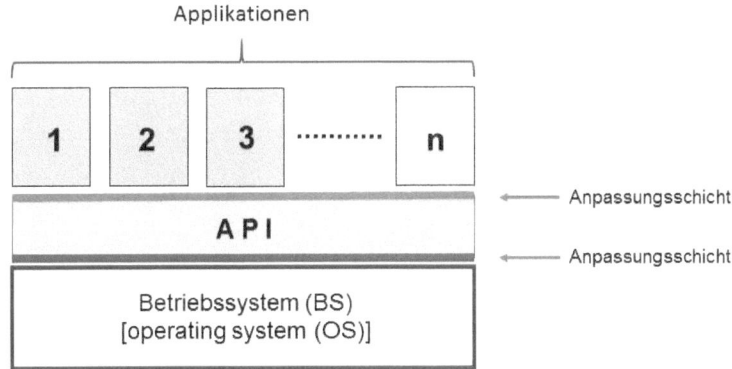

Bild 10.8 Anwendungsprogrammierschnittstelle

Die Verwendung von APIs hat folgende ökonomische Vorteile:
- Applikationen müssen nur für diese API geschrieben werden, sind also unabhängig vom Betriebssystem des Gerätes.
- Jeder Gerätehersteller kann beliebige Betriebssysteme einsetzen, wenn er für die Anpassung zwischen API und Betriebssystem sorgt.
- APIs ermöglichen Wettbewerb und damit horizontale Märkte für Applikationen und Geräte.

Software-Schnittstellen weisen eine große Flexibilität auf, weil sie durch Umprogrammierung der API-Oberfläche zu den Applikationen und dem Betriebssystem neuen Anforderungen im Kommunikationssystem angepasst werden können.

10.4 Protokolle

Die Spezifikationen von Schnittstellen sind stets aus den jeweiligen Standards oder sonstigen Unterlagen ersichtlich.

Neben diesen Vorgaben sind auch Festlegungen für den Ablauf der Kommunikationsvorgänge erforderlich, weil nur so ein geordneter und damit effizienter Betrieb möglich ist. Es gibt deshalb einen Satz von Regeln über die Abwicklung der einzelnen Schritte eines Kommunikationsvorgangs. Dieses Regelwerk wird als

Protokoll [protocol] bezeichnet. Es kann dienstespezifische und diensteunabhängige Eigenschaften aufweisen.

Protokoll [protocol] = verbindliche Regelungen für die Abwicklung der einzelnen Schritte bei Kommunikationsvorgängen

Protokolle sind meist in Standards festgelegt. Für die Abwicklung eines Protokolls gilt die Bezeichnung Prozedur, sie stellt also die Realisierung des Protokolls dar.

Prozedur [procedure] = Abwicklung eines Protokolls

Bei jedem Kommunikationsvorgang lassen sich drei Kategorien unterscheiden:
- Nutzinformation (Video, Audio, Daten),
- Signalisierung zur Verbindungssteuerung (zwischen Endgerät und Netz, zwischen Netzknoten und zwischen Netzen),
- Informationen über die Netzkonfiguration [network operation], die Netzverwaltung [network administration] und die Netzwartung [network maintenance].

Die Aufgaben von Protokollen sind also sehr vielfältig und umfassen zum Beispiel:
- Erkennung und Behebung von Übertragungsfehlern,
- Steuerung des Nachrichtenflusses, um beispielsweise die Sendegeschwindigkeit an eine langsame Empfangseinrichtung anzupassen,
- Zusammenfassen bzw. Trennen von Nachrichtenströmen, für die nur ein physikalischer Übertragungskanal zur Verfügung steht,
- Segmentierung bzw. Zusammensetzung von Nachrichtenblöcken, die länger sind als das Netz erlaubt,
- Wahl von Übertragungswegen,
- Vereinbarung von Übertragungsqualitäten.

Protokolle gewährleisten die fehlerfreie Kommunikation zwischen den beteiligten Endgeräten in einem System.

Kommunikationssysteme bestehen häufig aus Teilsystemen, die über Schnittstellen verknüpft sind. Dies führt dazu, dass gegebenenfalls mehrere Protokolle zu berücksichtigen sind und gestaffelt abgearbeitet werden müssen. Es wird dann von einer Protokollarchitektur gesprochen.

Protokollarchitektur = systematisch gestaffelte Struktur von Protokollen

Deckt ein Protokoll die vollständige Verbindung zwischen zwei Endgeräten ab, dann handelt es sich um ein Ende-zu-Ende-Protokoll [end-to-end-protocol]. Solche Protokolle gelten im Regelfall jeweils nur für einen Dienst.

 Ende-zu-Ende-Protokolle [end-to-end protocol] ermöglichen die Kommunikation zwischen zwei Endgeräten für einen Dienst.

Protokolle beziehen sich häufig auch auf einzelne Schichten des Referenzmodells für offene Kommunikationssysteme. Für einen Kommunikationsvorgang, an dem mehrere oder alle Schichten beteiligt sind, müssen deshalb die Protokolle in der Reihenfolge der Schichten abgearbeitet werden. Es gilt dann auch die Bezeichnung Protokollstapel [protocol stack].

Viele Protokolle sind auf internationaler Ebene festgelegt. Maßgebend dafür ist die **Internationale Fernmeldeunion** [International Telecommunication Union (ITU)]. Sie erarbeitet in mit Experten besetzten Arbeitsgruppen Protokolle, die als Empfehlungen [recommendations] bezeichnet werden, allerdings für die Mitgliedsstaaten der ITU als verbindliche Vorgaben gelten.

Neben der ITU werden Protokolle auch von anderen Organisationen und der Industrie entwickelt. Deren Durchsetzung bestimmt sich aus wirtschaftlichen Interessen und der Akzeptanz am Markt.

Wie andere Regelwerke werden auch Protokolle in angemessenen Zyklen auf Mängel und Aktualität untersucht und im Bedarfsfall korrigiert oder dem neuesten Stand angepasst. Da bei digitaler Übertragung ein Übertragungsweg gleichzeitig auch für unterschiedliche Dienste nutzbar ist, werden die Protokolle zunehmend einer Struktur angepasst, welche dieser Entwicklung Rechnung trägt. Dies bedeutet den Übergang von geschlossenen Systemen zu offenen Systemen.

 Offene Systeme sind von spezifischen Diensten unabhängig.

Ein besonderes Merkmal offener Systeme besteht darin, dass diese von spezifischen Diensten unabhängig sind, also eine „Mehr-Dienste-Fähigkeit" aufweisen.

11 Standardisierung

11.1 Standards und ihre Aspekte

Da es sich bei der Medientechnik um einen Massenmarkt handelt, ist unbedingt anzustreben, dass es für möglichst alle relevanten Hardware- und Software-Anwendungen festgelegte Spezifikationen gibt, damit in Systemen die bestimmungsgemäße Funktion gewährleistet werden kann. Dies erfolgt in der Praxis durch Standardisierung, die im eigentlichen Wortsinn die Vereinheitlichung von Maßen, Typen, Verfahren oder anderen Parametern bedeutet. Vom British Standards Institute (BSI) stammt folgende Definition:

„Ein Standard ist ein öffentlich zugängliches technisches Dokument, das unter Beteiligung aller interessierter Parteien entwickelt wird und deren Zustimmung findet. Der Standard beruht auf Ergebnissen aus Wissenschaft und Technik und zielt darauf ab, das Gemeinwohl zu fördern."

Es ist allerdings zu berücksichtigen, dass jeder Standard grundsätzlich nur eine Empfehlung darstellt, die angewendet werden kann, aber nicht angewendet werden muss. Eine Verbindlichkeit zur Einhaltung bestimmter Standards lässt sich allerdings durch entsprechende Vorgaben in Ausschreibungen, Spezifikationen, Aufträgen und sonstigen technischen Festlegungen erreichen. Auch seitens des Gesetzgebers wird in Gesetzen und Verordnungen diese Möglichkeit durchaus genutzt.

Bei Standards sind folgende Aspekte zu berücksichtigen:

- Standards führen zu einer geringeren Marktsegmentierung.
- Standards erhöhen den Wettbewerb zwischen den Anbietern.
- Wettbewerb steigert Forschung und Entwicklung.
- Standards reduzieren den Aufwand bei der Vergabe von Aufträgen.
- Standards ermöglichen den effizienten Aufbau komplexer Systeme.
- Standards bewirken eine große Verbreitung der auf ihnen basierenden Produkte.

11.2 Varianten der Standards

In der Praxis gibt es offizielle Standardisierungsgremien, Fachverbände und Unternehmen als Urheber von Standards. Sie unterscheiden sich bei den Beteiligten, aber auch der Prozedur für die Erarbeitung und Pflege der Standards.

Bei den **offiziellen Standardisierungsgremien** sind die nationale, europäische und internationale Ebene zu berücksichtigen.

- Nationale Standardisierungsgremien:
  - Deutsches Institut für Normung (DIN),
  - Deutsche Elektrotechnische Kommission im DIN und VDE (DKE).
- Europäische Standardisierungsgremien:
  - Europäisches Komitee für Normung CEN [Comité Européen de Normalisation (frz.)],
  - Europäisches Komitee für elektrotechnische Normung CENELEC [Comité Européen de Normalisation Electrotechnique (frz.)],
  - Europäisches Institut für Telekommunikationsstandards ETSI [European Telecommunications Standards Institute].
- Internationale Standardisierungsgremien:
  - Internationale Organisation für Normung ISO [International Organization for Standardization],
  - Internationale Elektrotechnische Kommission IEC [International Electrotechnical Commission],
  - Internationale Fernmeldeunion ITU [International Communication Union].

Aus der Auflistung ist erkennbar, dass die Standardisierung auf jeder Ebene durch spezifische Organisationen erfolgt.

Die von offiziellen Standardisierungsgremien erarbeiteten Standards werden wegen der Transparenz des gesamten Standardisierungsverfahrens und der Möglichkeit für jeden Interessierten, daran im Rahmen der festgelegten Prozedur mitzuwirken, als **offene Standards** [public standard] bezeichnet. Als grundsätzliche Merkmale dieser Standards gelten:

- Sie sind nicht von spezifischen Herstellern abhängig.
- Sie beziehen sich auf allgemein bekannte Schnittstellen.
- Sie beziehen sich nicht auf Patente oder Quellcodes von Software, die es Herstellern unmöglich machen, standardkonforme Produkte zu entwickeln.

Es gibt auch Fachverbände, die sich bei der Standardisierung engagieren. Die Ergebnisse werden als **Verbandsstandard** bezeichnet, wobei die Erarbeitung dieser

Dokumente ebenso wie bei den offenen Standards gemäß einer festgelegten Prozedur erfolgt. Die Mitwirkung an der Standardisierung und die Entscheidung über einen Standard bleibt allerdings in der Regel den Verbandsmitgliedern vorbehalten. Damit ist keine Transparenz für die Öffentlichkeit gegeben, weshalb es sich um einen proprietären Ansatz handelt, bei dem die Interessen der Verbandsmitglieder im Vordergrund stehen.

In der Praxis haben Verbandsstandards Bedeutung, weil sich zahlreiche von ihnen im Markt durchsetzen konnten. Ein typisches Beispiel ist die Standardfamilie IEEE 802.11x (wobei x für einen Kleinbuchstaben steht, der die Version des Standards angibt), die ein weltweit bedeutendes Regelwerk unter anderem für Aufbau, Funktionalität und Betrieb von funkgestützten lokalen Datennetzen [wireless local area network (WLAN)] darstellt. Der Herausgeber ist das IEEE [Institute of Electrical and Electronics Engineers] in den USA, also der Fachverband der Elektro- und Elektronikingenieure in den Vereinigten Staaten von Amerika.

Im europäischen Raum spielt auch die Europäische Rundfunkunion [European Broadcasting Union (EBU)] als Fachverband eine wichtige Rolle bei der Standardisierung.

Es ist zu beachten, dass sich von Fachverbänden herausgegebene Standards bei deren Erstellung und Fortschreibung primär an den Interessen der Mitglieder orientieren.

Für jedes Unternehmen spielt sein Marktanteil aus wirtschaftlichen Gründen eine bedeutende Rolle. Gelingt es ihm oder in einem Verbund mit anderen, einen Standard im Markt zu etablieren, dann ist dies aus ökonomischer Sicht von Vorteil.

Derartige Standards werden als **Industriestandards** bezeichnet. Es handelt sich stets um proprietäre Lösungen, weil der oder die Urheber keinen Vorgaben von außen unterliegen. Bei Industriestandards geht es ausschließlich um die Marktposition der beteiligten Unternehmen.

Das Problem jedes Industriestandards (z. B. Betriebssystem Windows 10 des Unternehmens Microsoft) besteht darin, dass bei Erstellung, Änderung und Ergänzung kein Einfluss von Dritten möglich ist. Wegen der damit nicht gegebenen Transparenz besteht deshalb auch die Problematik der möglichen Diskriminierung anderer Marktbeteiligter.

Während offene Standards für jeden Marktbeteiligten Gleichbehandlung gewährleisten, sind Verbandsstandards und Industriestandards stets an spezifischen Interessenlagen orientiert. Es wird deshalb bei offenen Standards auch von De-jure-Standards gesprochen, während es sich bei den anderen um De-facto-Standards handelt. Dies gilt unabhängig davon, wie stark ein Standard im Markt vertreten ist.

12 Netze

■ 12.1 Einführung

Wie schon aufgezeigt wurde, dienen Netze der Verteilung oder Vermittlung sowie der Übertragung analoger und/oder digitaler Signale über Leitungen oder funkgestützt, um die an das Netz angeschlossenen Endgeräte zu erreichen und ihren Einsatz durch die Nutzer [user] zu ermöglichen.

Verteilung und Vermittlung stellen unterschiedliche Verbindungsarten dar. Bei der **Verteilung** [distribution] handelt es sich um Punkt-zu-Mehrpunkt-Verbindungen [point-to-multipoint connection]. Das bedeutet die gleichzeitige Verbindung von einem Netzknoten zu mehreren Endgeräten, also unidirektionale Kommunikation. Handelt es sich um eine Gruppe ausgewählter Endgeräte, dann liegt **Multicast** vor, was auch als „one to many" bezeichnet wird. Die vom Netzknoten übertragenen Informationen sind dabei nur von diesem empfangbar. Dies kann durch einzelne Leitungsverbindungen vom Netzknoten zu den jeweiligen Endgeräten oder durch verschlüsselte Übertragung sichergestellt werden.

Die Verteilung von Informationen kann auch gleichzeitig an alle an ein Netz angeschlossenen Endgeräte erfolgen. Das typische Beispiel für diese Variante ist beim Radio und Fernsehen gegeben. Hier kann jeder Teilnehmer jederzeit wahlfrei auf das Angebot zugreifen. Es handelt sich deshalb nun um **Broadcast**, was als „one to all" zu verstehen ist.

Bei **Vermittlung** [switching] soll jedes an das Netz angeschlossene Endgerät wahlfrei im Rahmen einer Punkt-zu-Punkt-Verbindung [point-to-point connection] jedes andere an das Netz angeschlossene Endgerät erreichen können. Bei diesen Individualverbindungen liegt **Unicast** als bidirektionale Kommunikation vor. Dafür gilt konsequenterweise auch die Bezeichnung „one to one".

Verteilung
- Multicast → „one to many"
- Broadcast → „one to all"

Vermittlung
- Unicast → „one to one"

Vermittlungseinrichtungen sind von ihrer Funktion her Koppelfelder, bei denen m Eingänge genau n Ausgänge erreichen können (Bild 12.1). Dies erfordert verständlicherweise eine entsprechende Steuerung des Verbindungsaufbaus und wird in modernen Netzen durch entsprechende Software unterstützt.

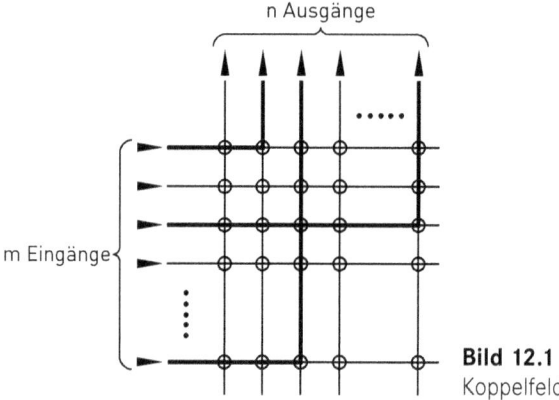

Bild 12.1 Koppelfeld

Bei **verbindungsorientierter Vermittlung** ist für die Dauer der Verbindung zwischen den beiden beteiligten Endgeräten eine physikalische Verbindung gegeben. Dabei kann es sich um Leitungen (elektrische oder optische) und/oder Funkstrecken handeln, aber auch um einen Zeitbereich oder Frequenzbereich in einem Gesamtsignal. Für diese Art der Vermittlung sind die Bezeichnungen Leitungsvermittlung [line switching] oder Durchschaltevermittlung üblich.

Leitungsvermittlung (Durchschaltevermittlung) [line switching] = physikalische Verbindung zwischen beiden beteiligten Endgeräten für die Dauer der Verbindung

Die **verbindungslose Vermittlung** betrifft ausschließlich digitale Signale. Bei diesen erfolgt stets die systematische Begrenzung auf definierte Datenmengen. Dafür gelten die Begriffe Paket [packet], Rahmen [frame] oder Zelle [cell]. Sie bestehen immer aus einem Kopfteil [header] und der Nutzlast [pay load]. Im Kopfteil sind Steuerungsinformationen enthalten, wozu auch die Zieladresse gehört. Die Nutzlast umfasst dagegen die Bits der zu übertragenden Information. Der Umfang der

Datenpakete kann konstant oder variabel sein, was auch für den Kopfteil und die Nutzlast gilt.

Pakete [packet], **Rahmen** [frame] und **Zellen** [cell] bestehen stets aus dem Kopfteil [header] für die Adressinformation und dem Rumpfteil [body] für die Nutzlast [pay load].

Bei der Vermittlung von Paketen, Rahmen oder Zellen ist eine konstante physikalische Verbindung zwischen den beiden beteiligten Endgeräten nicht erforderlich. Da es sich um definierte kleine Datenmengen mit Zieladresse im Kopfteil handelt, können diese auf unterschiedlichen Übertragungswegen und ohne vorgegebenes Zeitraster zum gewünschten Endgerät gelangen. Es handelt sich somit um virtuelle Verbindungen, also nur scheinbar direkte Übertragungswege von dem sendenden Endgerät zum empfangenden Endgerät. Dieses rekonstruiert aus dem auf verschiedenen Wegen und zu verschiedenen Zeiten ankommenden Paketen, Rahmen oder Zellen das ursprüngliche Signal. Für das aufgezeigte Konzept gilt die Bezeichnung Paketvermittlung [packet switching].

Paketvermittlung [packet switching] = virtuelle Verbindung zwischen beiden beteiligten Endgeräten für die Dauer der Verbindung

An dieser Stelle sei darauf hingewiesen, dass die Zieladresse im Kopfteil eines Pakets, eines Rahmens oder einer Zelle von großer Bedeutung für die Kommunikationssysteme ist. Auf diese Weise kann nämlich jeder Teilnehmer adressiert werden, was besonders bei kommerziellen Anwendungen eine Rolle spielt.

12.2 Begriffe

Jedes Netz hat unabhängig von der verwendeten Technologie und Übertragungstechnik die Aufgabe, vorgegebene Bereiche zu versorgen. Bei leitungsgebundenen Netzen lassen sich folgende Varianten unterscheiden:

- PAN [personal area network]   → Nahbereichsnetz,
- LAN [local area network]   → lokales Netz,
- MAN [metropolitan area network]   → städtisches Netz,
- WAN [wide area network]   → Weitbereichsnetz,
- GAN [global area network]   → globales Netz.

Lokale Netze sind der Regelfall für Infrastrukturen in Gebäuden, während es sich beim Internet um ein typisches Beispiel für ein globales Netz handelt.

Vorstehend angeführte Netzversionen sind auch funkbasiert realisierbar. Dann gelten dieselben Abkürzungen, jedoch mit dem vorgesetzten Buchstaben W [wireless] als Hinweis auf den drahtlosen Einsatz. Als Beispiel sei das weitverbreitete WLAN [wireless local area network] angeführt.

Für die Einsatzbereiche von Netzen werden in der Praxis unterschiedliche Bezeichnungen verwendet, die allerdings meist der Interpretation bedürfen. Als Beispiele seien angeführt:

- Breitbandnetz = Netz für große Datenraten,
- Hochgeschwindigkeitsnetz = Netz für besonders große Datenraten,
- Datennetz = Netz für Übertragung digitaler Signale,
- IP-Netz = Netz für die Übertragung digitaler Signale auf Basis des Internet-Protokolls [internet protocol (IP)],
- optisches Netz = mit optischen Leitungen (z. B. Glasfaser) aufgebautes Netz,
- Hybrid-Netz = Netz, bei dem unterschiedliche Technologien zum Einsatz kommen,
- HF-Netz = Netz für die Übertragung hochfrequenter Signale,
- Hausnetz/In-Haus-Netz = Kommunikationsnetz innerhalb von Gebäuden,
- Heimnetz/Wohnungsnetz = Kommunikationsnetz im Wohnbereich.

Bezüglich ihrer Funktion ist bei Netzen auch zu unterscheiden, ob sie nur für einen bestimmten Dienst geeignet sind oder ob gleichzeitig mehrere unterschiedliche Dienste abgewickelt werden können. Es handelt sich dann entweder um ein dienstespezifisches Netz [dedicated services network] oder ein diensteintegrierendes Netz [integrated services network].

Dienstespezifische Netze können somit nur für vorgegebene Dienste genutzt werden, während sich bei diensteintegrierenden Netzen mehrere Dienste gleichzeitig und unabhängig voneinander über solche Netze abwickeln lassen.

Netzfunktion
- dienstespezifisch [dedicated services]
- diensteintegrierend [integrated services]

Die Kommunikation in Netzen soll stets mit einer definierten Qualität erfolgen, die als Dienstegüte [quality of service (QoS)] bezeichnet wird. Hohe Vorgaben erfordern dabei entsprechenden technischen Aufwand und sind damit kostenrelevant.

Für jedes Netz spielt auch die Verfügbarkeit für den Betrieb eine wichtige Rolle. Sie wird als Prozentsatz, bezogen auf die 8870 Stunden pro Jahr, angegeben. Bei einer Verfügbarkeit von 99 % würde sich damit um eine Ausfallzeit von 3,65 Tage/Jahr handeln. Um diesen Umfang zu reduzieren, wird stets eine höhere Verfügbarkeit angestrebt. So ergeben sich bei 99,997 % nur noch etwa 15 Minuten Ausfallzeit pro Jahr.

Da sich bei Netzen in der Praxis wegen der technologischen Entwicklung die Anforderungen erhöhen können, ist für den Netzbetreiber und die Nutzer eine dafür verfügbare Anpassungsfähigkeit von Bedeutung, die als Skalierbarkeit [scalability] bezeichnet wird. Sie bedarf für jedes Netz der Spezifizierung.

■ 12.3 Betriebsvarianten

Bei Netzen spielt es auch eine Rolle, welche Konditionen für den Anschluss der Nutzer bestehen. Es sind zwei Gruppen unterscheidbar, nämlich die öffentlichen Netze und die privaten Netze.

Bei öffentlichen Netzen [public network] ist der diskriminierungsfreie Zugang für jedermann möglich, solange er bestimmte Vorgaben einhält.

Beispiel

Das Telefonfestnetz und die Mobilfunknetze sind öffentliche Netze. Für den Zugang muss jeder Teilnehmer einen Vertrag mit dem Diensteanbieter abschließen. In diesem sind die technischen, betrieblichen und finanziellen Konditionen als Allgemeine Geschäftsbedingungen (AGB) festgelegt. Der Diensteanbieter muss jedem Nutzer sein Netz verfügbar machen, wenn dieser die AGB erfüllt.

Bei **öffentlichen Netzen** [public network] ist die Zugangsmöglichkeit für jedermann diskriminierungsfrei gegeben, wenn er die Allgemeinen Geschäftsbedingungen des Diensteanbieters einhält.

Im Falle privater Netze [private network] hat sein Betreiber das exklusive Auswahlrecht bezüglich der Nutzer. Es sind beliebige Kriterien möglich, da es sich bei privaten Netzen um geschlossene Benutzergruppen (GBG) [closed user group (CUG)] handelt.

Bei **privaten Netzen** [private network] bestimmt der Netzbetreiber die Voraussetzungen für den Zugang.

Unabhängig von der Aufgabenstellung und Funktionsweise eines Netzes ist zu berücksichtigen, dass es eine Zuständigkeit für die technische Abwicklung der Nutzung des Netzes gibt. Diese liegt beim Netzbetreiber [network operator]. Sein Angebot ist eine technische Dienstleistung, unabhängig von den zu übertragenden Informationen.

 Ein **Netzbetreiber** [network operator] bietet als Dienstleistung die technische Nutzung des Netzes an.

12.4 Kriterien bei Netzen

Jedes Netz ist durch die verwendete Technologie gekennzeichnet. Bei dieser hängt es primär davon ab, ob es sich um leitungsgebundene Netze oder funkgestützte Netze handelt. Die damit verknüpften unterschiedlichen Funktionsweisen lassen sich durch folgende Merkmale beschreiben:

- leitungsgebundene Netze
    - hohe Funktionssicherheit,
    - gute bis sehr gute Störfestigkeit,
    - nur stationärer Betrieb möglich.
- funkgestützte Netze
    - Versorgungsreichweite abhängig von Frequenz und Dämpfung,
    - es können Interferenzen mit anderen Funkdiensten auftreten,
    - es ist auch mobiler Betrieb möglich.

Es sind somit **Festnetze** und Mobil(funk)netze zu unterscheiden. Während **Mobilnetze** das Konzept von Sende- und Empfangseinrichtungen auf Frequenzen bis in den GHz-Bereich nutzen, basieren Festnetze auf Leitungsverbindungen zwischen den angeschlossenen Endgeräten. In der Praxis kommen bei Leitungen folgende Varianten zum Einsatz, die spezifische Leistungsmerkmale wie die maximal übertagbare Datenrate, die von der Leitungslänge abhängige Dämpfung und die Störfestigkeit als Maß für die Robustheit gegen einwirkende Störsignale aufweisen:

- **elektrische Leitungen**
    - verdrillte Zweidrahtleitung [twisted pair (TP)] ohne Schirmung,
    - verdrillte Zweidrahtleitung [twisted pair (TP)] mit Schirmung,
        (übliche Bezeichnungen: Datenleitung oder Netzwerkkabel),

- Koax(ial)leitung,
- nicht verdrillte Zweidrahtleitung für die Stromversorgung, (Einsatz für PLC [power line communication] in kleinen Netzen).
- **optische Leitungen**
  - Glasfaser [fibre],
  - Polymerfaser [polymer optical fibre].

Dienen Netze ausschließlich zur Verteilung von Informationen (z. B. beim digitalen Fernsehen DVB), dann erfolgt der Betrieb von der Sendeseite zur Empfangsseite, also nur in einer Richtung. Für die meisten Netze ist allerdings die vermittelte bidirektionale Kommunikation der Regelfall. Es sind dabei für jedes Endgerät ein Hinkanal und ein Rückkanal als Übertragungswege gegeben, was zu einer höheren Komplexität des Netzes führt.

Unabhängig von der Kommunikationsart kommen bei jedem Netz Übertragungsverfahren zum Einsatz. Sie sind bestimmend für die Leistungsfähigkeit des Netzes und umfassen die Codierung und die Modulation, aber auch mögliche Verschlüsselungsverfahren [conditional access (CA)]. Bei der Modulation haben sich die Phasenumtastung [phase shift keying (PSK)], die Quadratur-Amplitudenmodulation QAM und das Mehr-Träger-Verfahren OFDM [orthogonal frequency division multiplex] etabliert, was Übertragungskapazitäten bis in den Gbit/s ermöglicht.

Bei der bidirektionalen Kommunikation zwischen Netz und Endgerät gibt es zwei Übertragungsrichtungen. Der Weg vom Netz zum Endgerät stellt den **Vorwärtskanal** [forward channel] dar, wobei der Datenstrom zum Endgerät als Downstream (DS) bezeichnet wird. Konsequenterweise gilt für den Weg vom Endgerät zum Netz der Begriff **Rückkanal** [return channel], für den darüber übertragenen Datenstrom ist es Upstream (US).

Bei Festnetzen werden die Endgeräte über entsprechende Schnittstellen angeschlossen. Deren Zahl hängt von der Konfiguration der Netze ab, was stets eine Begrenzung der Kommunikation bewirkt. Diese Situation ist bei Mobilnetzen funktionsbedingt nicht gegeben, weil mithilfe der elektromagnetischen Wellen theoretisch beliebig viele Zugriffe auf das drahtlose Netz realisierbar sind.

12.5 Strukturen von Leitungsnetzen

Für die Kommunikation in Leitungsnetzen, also der Abwicklung von Diensten, müssen die Funktionseinheiten in definierter Weise miteinander verknüpft sein. Dies ist zwar grundsätzlich beliebig, basiert jedoch in der Praxis stets auf Grundstrukturen von Netzformen, was als **Netztopologie** bezeichnet wird.

Als grundlegende Netzformen gelten das Sternnetz, das Busnetz, das Ringnetz, das Baumnetz und das Maschennetz (Bild 12.2).

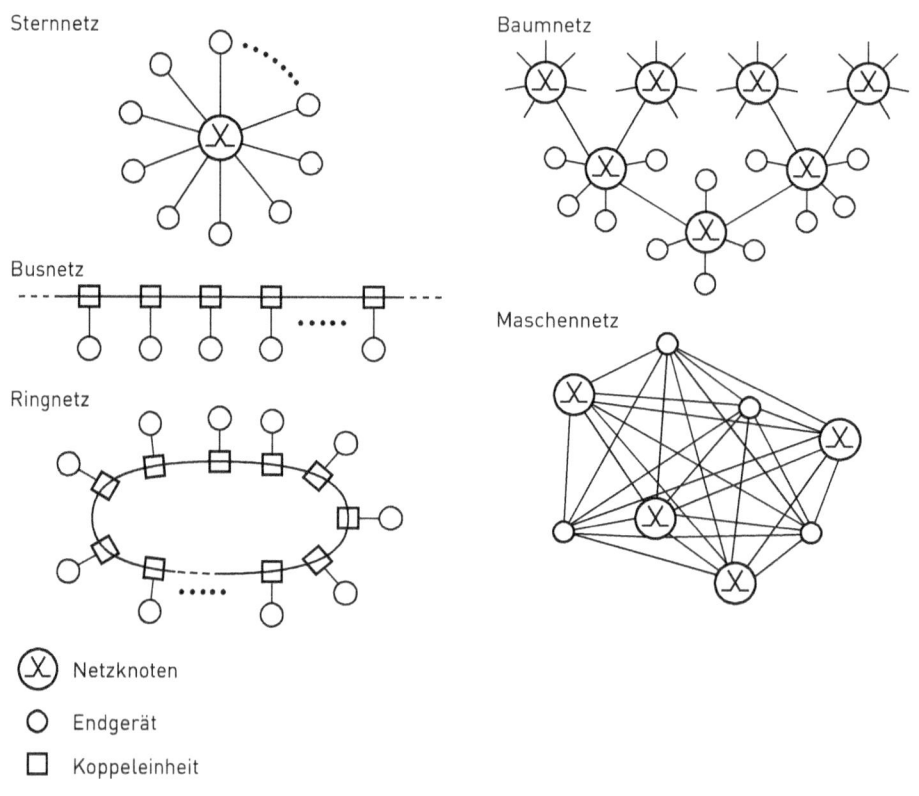

Bild 12.2 Netztopologien

Beim **Sternnetz** sind alle Endgeräte an einen Netzknoten angeschlossen. Dieser bildet den kritischen Punkt, da bei seinem Ausfall ein vollständiger Funktionsausfall des Netzes eintritt. Eine derartige Problematik kann beim **Busnetz** nicht auftreten, weil eine Busleitung (meist nur als Bus bezeichnet) als gemeinsames Medium für alle Endgeräte zur Verfügung steht. Alle Endgeräte werden über Koppeleinheiten an den Bus angeschlossen. Bei diesem Konzept sind stets Regelungen über den Zugriff der Endgeräte auf das gemeinsame Medium erforderlich. Tritt bei der Busleitung allerdings eine Unterbrechung auf, dann ergibt sich jedoch eine Einschränkung der Funktionalität des Netzes.

Das **Ringnetz** ist durch eine Ringleitung als Bus gekennzeichnet, in der die Signale umlaufen können, was üblicherweise gerichtet erfolgt. Die Ringleitung stellt das gemeinsame Medium dar, an das die Endgeräte über entsprechende Koppeleinheiten angeschlossen werden. Wie beim Busnetz muss es auch hier für den Zugriff Regelungen geben. Bei einer Unterbrechung der Ringleitung kann die volle

Funktion des Netzes erhalten bleiben, wenn die Richtung der Übertragung umgekehrt werden kann.

Bei **Baumnetzen** sind im Prinzip Sternnetze über ihre Netzknoten zu einem größeren Verbund zusammengefasst, wobei die Struktur baumförmig erscheint.

Maschennetze weisen vom Prinzip her Verbindungen zwischen allen beteiligten Netzknoten und Endgeräten auf. Es handelt sich dann um eine Vollvermaschung. Da bei einer großen Zahl beteiligter Funktionseinheiten der Aufwand für die Verbindungen stark ansteigt, werden nicht immer alle möglichen Maschen realisiert. Es liegt dann eine Teilvermaschung vor. Maschennetze erfordern zwar einen großen technischen Aufwand, dafür bleibt aber auch bei Ausfall von Netzknoten im Falle der Vollvermaschung die Verfügbarkeit des Netzes vollständig erhalten.

In der Praxis realisierte große Netze weisen häufig Mischungen aus den aufgezeigten Grundformen als gekoppelte Strukturen auf. Dies erfolgt aus Gründen der Zweckmäßigkeit, wie einfachere Netzverwaltung, bessere Lastverteilung oder größere Verfügbarkeit. Diese Verkopplung kann über Busnetze oder Ringnetze erfolgen, die als **Backbone** (Rückgrat) oder Backbone-Netz bezeichnet werden und sozusagen im Hintergrund eine leistungsfähige Verbindung zwischen den Teilnetzen sicherstellen (Bild 12.3). Deshalb kommen für solche Netze üblicherweise Lichtwellenleiter zum Einsatz, früher waren es üblicherweise Richtfunkverbindungen.

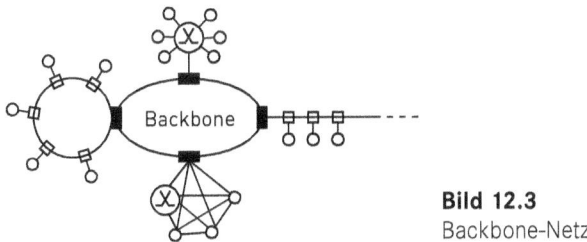

Bild 12.3
Backbone-Netz

Es ist auch möglich, einzelne Netze nur über bestimmte Verbindungen miteinander zu verkoppeln, um dadurch unterschiedliche Ebenen zu bilden. Es liegt dann eine **Netzhierarchie** vor (Bild 12.4).

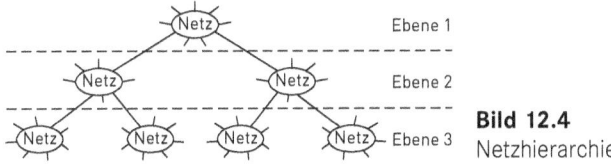

Bild 12.4
Netzhierarchie

Soll die Kapazität eines bestehenden Netzes erweitert werden, dann lässt sich dieses durch den Aufbau eines zweiten Netzes erreichen, welches das erste Netz überlagert. Es liegt dann ein Overlay-Netz vor, wobei die Technologie der beiden Netze gleich oder verschieden sein kann. Für die Realisierung sind die gewünschte Übertragungskapazität und die Kosten maßgebend.

Overlay-Netze sind solche Netze, die bereits vorhandene Netze überlagern und damit zu einer größeren Übertragungskapazität führen.

■ 12.6 Hybride Leitungsnetze

Die Leistungsfähigkeit leitungsgebundener Netze hängt unmittelbar von der verwendeten Technologie und den damit verbundenen Spezifikationen ab. Hier spielen zum Beispiel die Unterschiede zwischen elektrischen Leitungen und optischen Leitungen eine wichtige Rolle. Bezogen auf gleiche Leitungslänge gilt:

- elektrische Leitung
    - Übertragungskapazität: groß,
    - Dämpfungsmaß: mittel.
- optische Leitung
    - Übertragungskapazität: sehr groß,
    - Dämpfungsmaß: klein bis sehr klein.

Für möglichst große Reichweiten und Übertragungskapazität bieten sich deshalb hybride Leitungsnetze an, bei denen möglichst große Teile mit optischen Leitungen arbeiten und sich nur ein Rest auf elektrische Leitungen abstützt, weil damit die Dämpfungsproblematik erheblich verringert wird. Ein typisches Beispiel für dieses Konzept sind die bei den Breitbandkabelnetzen für Triple Play (also Fernsehen, Internet und Telefonie) verwendeten HFC-Netze, wobei die Abkürzung für „hybrid fibre coax" steht.

Hybride Leitungsnetze arbeiten mit elektrischen und optischen Leitungen.

Um den ständig wachsenden Bedarf der Nutzer an Datenrate in den Netzen zu erfüllen, besteht eine Lösung darin, die Glasfaser nahe an die Endgeräte zu führen. Das bedeutet, den Anteil von Koaxialleitungen in HFC-Netzen möglichst klein zu halten. Dafür gibt es folgende Varianten:

- FTTC [fibre to the curb],
- FTTB [fibre to the building],
- FTTH [fibre to the home].

Der Buchstabe C steht bei **FTTC** für „curb" (Bordsteinkante) und bedeutet in der Praxis den in einem Gestellschrank am Straßenrand untergebrachten Kabelverzweiger (KVz). Bis zu diesem gelangen die Signale von Netzknoten über Glasfaser. Dann erfolgt die Umsetzung von optischen Signalen auf elektrische Signale und nachfolgend die Verzweigung auf die einzelnen Teilnehmer-Anschlussleitungen (TAL). Die Verbindung zwischen dem Kabelverzweiger und den Endgeräten bei den Nutzern erfolgt durch individuelle elektrische Leitungen. Dabei kann es sich um verdrillte Zweidrahtleitungen oder Koaxialleitungen handeln.

Im Falle **FTTB** ist die Glasfaser bis zum Gebäude [building] geführt. Die optoelektrische Wandlung und die Verzweigung erfolgen hier in entsprechenden Gestellschränken, die meist im Keller des Hauses untergebracht sind. Dadurch werden die mit elektrischen Leitungen zu überbrückenden Entfernungen zu den Endgeräten gegenüber FTTC merkbar reduziert. Es wird jetzt nur noch im Gebäude ein Sternnetz mit elektrischen Leitungen als Hausverteilanlage benötigt.

Der nächste Schritt besteht darin, die Glasfaser bis in die Wohnungen [home] der Nutzer zu führen und erst dort die optoelektrische Wandlung und die Verzweigung durchzuführen. Es handelt sich dann um die Variante **FTTH**, bei der nur noch relativ kurze elektrische Leitungen zu den Endgeräten erforderlich sind.

Der aus übertragungstechnischer Sicht bestmögliche Fall liegt dann vor, wenn die Endgeräte einen optischen Anschluss aufweisen würden und damit eine Glasfaser unmittelbar bis zum Endgerät [device] geführt werden könnte. Auf diese Weise wäre **FTTD** [fibre to the desk] realisiert.

Als Sammelbegriff für die vorstehend beschriebenen Varianten der Glasfaserführung wird **FTTX** verwendet, wobei das „X" als Platzhalter für die verschiedenen Ausführungen steht.

Die Wahl der FTTX-Variante hängt stets von folgenden Faktoren ab:
- vorhandene Infrastruktur,
- Investitionskosten.

Das gilt vorrangig bei der geplanten Änderung bestehender Netze. Bei Neuinstallationen wird in der Regel FTTH eingesetzt. Grundsätzlich bedarf es allerdings stets der Einzelfallentscheidung, da immer der unmittelbare Zusammenhang zwischen der erreichbaren Leistungsfähigkeit des Netzanschlusses und den dafür erforderlichen Investitionskosten gegeben ist.

Die FTTX-Familie
- FTTC [fibre to the curb] → Glasfaser bis zum letzten Kabelverzweiger
- FTTB [fibre to the building] → Glasfaser bis ins Haus
- FTTH [fibre to the home] → Glasfaser bis in die Wohnung

12.7 Passive optische Netze (PON)

Die Basis für moderne FTTX-Strukturen sind passive optische Netze [passive optical network (PON)]. Sie befinden sich zwischen den Netzknoten mit der optischen Glasfaserabschlusseinheit [optical line terminal (OLT)] und den Standorten der Nutzer mit den teilnehmerseitigen Glasfaseranschlusseinheiten [optical network unit (ONU)]. Eine OLT versorgt dabei stets eine definierte Zahl von ONUs. Jedes PON weist eine rein passiv aufgebaute, baumförmige optische Netzstruktur auf. Sie benötigen deshalb keine Stromversorgung und sind somit wartungsfrei. Dabei ist die Glasfaser nicht nur dämpfungsärmer als eine Kupferleitung, sondern auch unempfindlich gegenüber elektromagnetischer Einstrahlung.

Passive optische Netze (PON) weisen ausschließlich passive Komponenten auf, benötigen keine Stromversorgung, sind dämpfungsärmer als Netze mit Kupferleitungen und unempfindlich gegen elektromagnetische Einstrahlung.

Die Ausdehnung von PON-Strukturen kann bis etwa 30 km betragen. Als Datenraten für den Downstream (DS) und den Upstream (US) sind Werte im Gbit/s-Bereich realisierbar.

Die einfachste Form eines PON weist nur eine Glasfaser auf. Über diese erfolgt die Übertragung von Downstream und Upstream mit unterschiedlichen Lichtwellenlängen, jeweils im Zeitmultiplex, bei der jeder angeschlossenen ONU zyklisch ein definiertes Zeitfenster zur Verfügung steht. Ein optischer Splitter auf der Teilnehmerseite teilt das von den OLT über die Glasfaser zugeführte Signal in der Regel für 32 oder 64 ONUs auf (Bild 12.5).

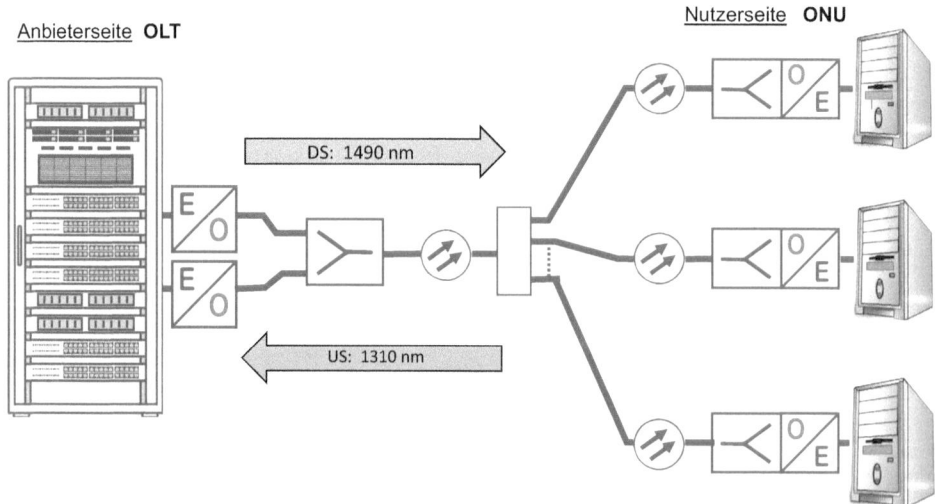

Bild 12.5 PON mit einem Lichtwellenleiter [Quelle: dibkom]

Die bei vorstehend aufgezeigter Form eines PON erforderliche Frequenzweiche nach der OLT ist nicht erforderlich, wenn Downstream und Upstream auf getrennten Glasfasern übertragen werden. Dabei kann dann in beiden Richtungen dieselbe Frequenz zum Einsatz kommen (Bild 12.6).

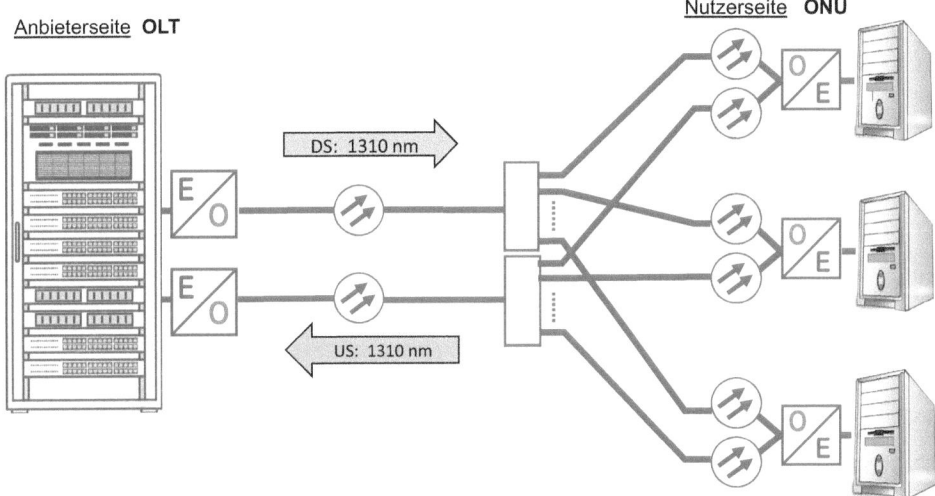

Bild 12.6 PON mit zwei Lichtwellenleitern [Quelle: dibkom]

Ein weiterer Lösungsansatz für ein PON besteht darin, für jede ONU eine eigene Lichtwellenlänge zu verwenden. Es handelt sich dann um **Wellenlängenmultiplex** [wavelength division multiplex (WDM)], bei dem durch einen Demultiplexer auf der Nutzerseite die Separierung der Wellenlängen für die einzelnen ONUs erfolgt (Bild 12.7). Abhängig von dem Abstand der Wellenlängen zueinander sind derzeit zwei Varianten standardisiert.

- **CWDM** [coarse WDM] → grober Wellenlängenmultiplex:

  Standard: ITUT G.694.2,

  CWDM weist maximal 18 Wellenlängen im Abstand von mindestens 20 nm im Wellenlängenbereich von 1290 nm bis 1610 nm auf.

- **DWDM** [dense WDM] → dichter Wellenlängenmultiplex:

  Standard: ITUT G.694.1,

  DWDM kann Hunderte von Wellenlängen im Abstand von 1,6 nm, 0,8 nm oder 0,4 nm im Wellenlängenbereich 1525 nm bis 1610 nm aufweisen.

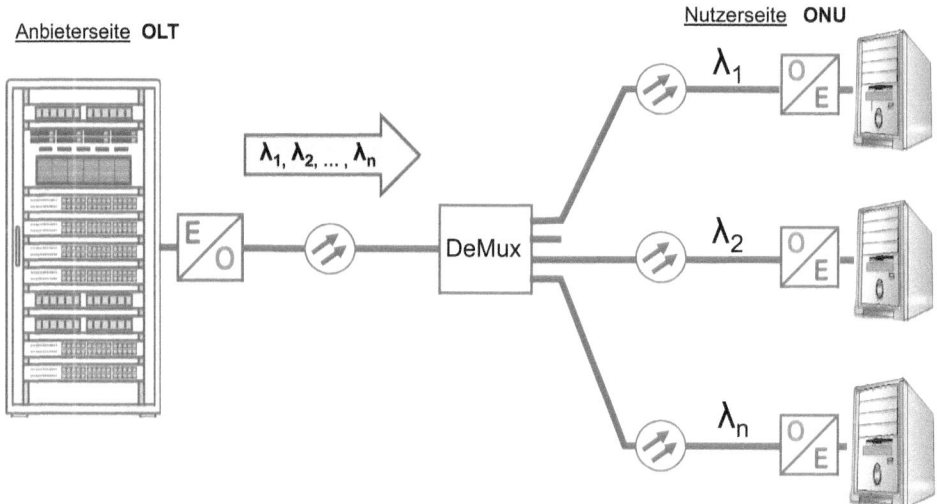

Bild 12.7 PON mit Wellenlängen-Multiplex [Quelle: dibkom]

Der technische Aufwand ist bei DWDM aufgrund der wesentlich geringeren Wellenlängenabstände gegenüber CWDM zwar größer und daher teurer, es wird dafür aber die verfügbare Übertragungskapazität optimal genutzt.

Aufbauvarianten für PON
- 1 Glasfaser, unterschiedliche Wellenlängen für Downstream und Upstream
- 2 Glasfasern, gleiche Wellenlänge für Downstream und Upstream
- 1 Glasfaser, eine Wellenlänge für jedes ONU (Wellenlängenmultiplex)

12.8 Struktur von Funknetzen

Bei funkgestützten Kommunikationsnetzen werden für die Verbindungen zu den Endgeräten keine Leitungen, sondern elektromagnetische Felder verwendet. Dabei kommen Frequenzen vom MHz-Bereich bis in den GHz-Bereich zum Einsatz, was Wellenlängen von Metern (m) bis zu Millimetern (mm) bedeutet. Das Konzept basiert auf Sende-/Empfangseinrichtungen im Netz und bei den Nutzern, um die bidirektionale Kommunikation realisieren zu können. Die Reichweite von Funkverbindungen hängt dabei unmittelbar von der Strahlungsleistung [radiated power] der Sendeeinrichtung (also Sender und Sendeantenne) und der Empfindlichkeit [sensitivity] der Empfangseinrichtung (also Empfangsantenne und Empfänger) ab.

Bei reinen Verteilnetzen wird wegen der unidirektionalen Kommunikation üblicherweise mit Strahlungsleistungen bis in den Kilowatt-Bereich gearbeitet, um den technischen Aufwand bei den Empfängern klein zu halten und um möglichst große Flächenbereiche zu versorgen. Es können theoretisch beliebig viele Empfänger gleichzeitig und ohne gegenseitige Beeinflussung auf die Inhalte zugreifen. Die bidirektionale Kommunikation erfordert dagegen funktionsbedingt Punkt-zu-Punkt-Verbindungen. Die Sende-/Empfangseinrichtungen im Netz sind dabei allerdings stets nur für eine definierte Zahl gleichzeitiger Verbindungen ausgelegt, was die Übertragungskapazität des Netzes begrenzt. Es sind deshalb folgende Abhängigkeiten zu berücksichtigen:

- Hohe Strahlungsleistungen ergeben große Versorgungsbereiche, es sind aber nur wenige gleichzeitige Verbindungen pro Flächeneinheit möglich.
- Geringe Strahlungsleistungen ergeben kleine Versorgungsbereiche, es sind deshalb viele gleichzeitige Verbindungen pro Flächeneinheit möglich.

Um in einem vorgegebenen Versorgungsbereich möglichst viele gleichzeitige Verbindungen realisieren zu können, werden als **Funkzellen** bezeichnete Teilbereiche gebildet. Für die dort eingesetzten Sende-/Empfangseinrichtungen gilt die Bezeichnung **Basisstation** [base station]. Auf diese können die als **Mobilstationen** [mobile station (MS)] ausgeführten Sende-/Empfangseinrichtungen der Nutzer (z. B. Smartphone) sternförmig zugreifen. Das kann mobil, portabel und stationär erfolgen.

Ein zu versorgender Bereich weist im Regelfall mehrere Funkzellen auf, bei denen sich allerdings die Betriebsfrequenzen der Basisstationen von denen der benachbarten Funkzellen unterscheiden müssen, um gegenseitige Interferenzen zu vermeiden. Es liegt in diesem Fall ein **zellulares Funknetz** vor.

Wegen der Ausbreitungseigenschaften der elektromagnetischen Wellen ist jede Betriebsfrequenz in einem definierten Abstand störungsfrei wieder verwendbar. Für die Planung zellularer Funknetze wird von Funkzellen in Form eines Sechsecks ausgegangen. Dabei zeigt sich überschaubar, dass die jeweils direkt benachbarten Funkzellen andere Betriebsfrequenzen aufweisen müssen. Die betroffenen sieben Funkzellen bilden eine Wabenstruktur und werden in der aufgezeigten Frequenzsituation als **Cluster** bezeichnet. Außerhalb jedes Clusters sind die dort eingesetzten Frequenzen in neuen Clustern wieder verwendbar (Bild 12.8).

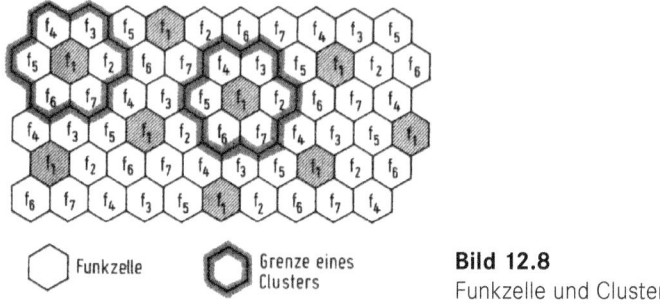

Bild 12.8
Funkzelle und Cluster

Es sei darauf hingewiesen, dass die Basisstationen von Funknetzen stets über Festnetze miteinander verbunden sind, um die Verbindung zwischen beliebigen Nutzern gewährleisten zu können.

13 Verfahren der Medientechnik

13.1 Übertragung

Bei der Übertragung von Signalen ist es ein wichtiges Kriterium, in welcher Frequenzlage dieser Vorgang stattfindet. Handelt es sich dabei um das ursprüngliche, also unmittelbar von einer Quelle stammende Signal, dann gilt für dieses die Bezeichnung **Basisbandsignal** [baseband signal]. Dabei spielt es keine Rolle, ob es sich um ein analoges oder digitales Signal handelt. Basisbandsignale sind durch ihre Frequenzlage (untere Grenzfrequenz, obere Grenzfrequenz, Bandbreite) gekennzeichnet, die durch reine Übertragung unverändert bleibt. Es liegt dann **Basisbandübertragung** [baseband transmission] vor, wobei die Frequenzlage des Quellensignals auch als natürliche Lage oder Regellage bezeichnet wird.

Basisbandübertragung ist durch folgende Merkmale gekennzeichnet:

- Sie lässt sich mit geringem Aufwand realisieren.
- Sie erfordert galvanische Kopplung zwischen Sende- und Empfangsseite, wenn das Signal einen Gleichanteil aufweist, weil dieser sonst nicht mitübertragen werden kann.
- Sie erschwert bei digitalen Signalen die Taktsynchronisierung, wenn lange Folgen von Nullen (0) oder Einsen (1) auftreten.
- Sie erfordert für jede Übertragung einen separaten Kanal, es ist also keine Mehrfachnutzung von Übertragungswegen möglich.

Es lässt sich erkennen, dass die Basisbandübertragung nicht immer ausreichend ist. Ein weiteres Problem stellt die Übertragung von Basisbandsignalen über größere Entfernungen dar. Wegen der damit verbundenen Dämpfung der Signale wäre nämlich sehr viel Aufwand erforderlich, um notwendige Pegel und Störabstände einhalten zu können. Diese unwirtschaftliche Situation kann durch **frequenzversetzte Übertragung** des Basisbandsignals verhindert werden.

Für diese Verschiebung des Basisbandsignals in den Bereich größerer Frequenzen kommen sinusförmige oder pulsförmige Trägersignale mit entsprechender Frequenz zum Einsatz, die das Basisbandsignal sozusagen im Huckepack-Verfahren transportieren. Auf diese Weise lässt sich die Übertragung von Basisbandsignalen auch über große Entfernungen effizient realisieren, also mit geringen Verlusten und bei optimaler Nutzung des jeweiligen Übertragungskanals. Die Verwendung von Trägersignalen führt zu den Verfahren der Modulation, die nachfolgend genauer behandelt werden.

■ 13.2 Codierung/Decodierung

13.2.1 Grundlagen

Zur Übertragung digitaler Signale ist es in vielen Fällen aus technischen und/oder wirtschaftlichen Gründen erforderlich oder zweckmäßig, die zu übertragenden Zeichen durch andere zu ersetzen. Es muss sich dabei allerdings um die eindeutige Zuordnung von Zeichen aus einem festgelegten Zeichenvorrat zu Zeichen aus einem anderen festgelegten Zeichenvorrat handeln, damit auch wieder in die Ursprungsform umgesetzt werden kann. Dieser Zuordnungsprozess auf der Sendeseite stellt die Codierung dar, die Rückumsetzung am Empfänger die Decodierung.

Für den Einsatz von Algorithmen der Codierung und Decodierung gibt es die folgenden Anwendungsbereiche:

- optimierte Basisbandübertragung über elektrische Leitungen (Leitungscodierung),
- Reduktion der zu übertragenden Datenrate (Quellencodierung),
- Ermöglichung der empfängerseitigen Korrektur von Übertragungsfehlern (Kanalcodierung),
- Vermeidung von unzulässigem Zugriff auf Inhalte (Verschlüsselung).

Bild 13.1 zeigt die Positionen von Codierung und Decodierung in einer Übertragungskette. Oftmals bestehen Codierung und Decodierung aus der Kaskadierung von mehreren Algorithmen. Bei digitalen Fernsehsystemen findet zum Beispiel zunächst die Quellencodierung zur Verringerung der Datenrate statt. Daran schließen sich eine optionale Verschlüsselung und dann die Kanalcodierung an. Im Empfänger findet die kaskadierte Decodierung in umgekehrter Reihenfolge statt.

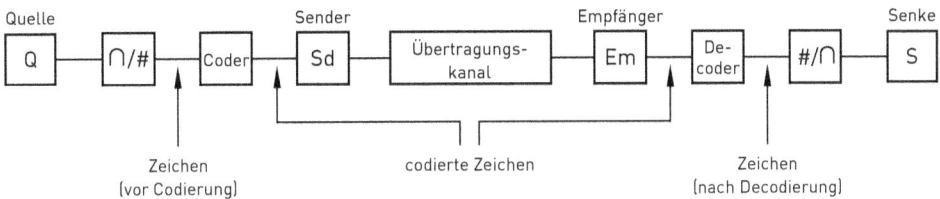

Bild 13.1 Übertragungssystem mit Codierung und Decodierung

13.2.2 Leitungscodierung

Die Aufgabe der Leitungscodierung ist, dass zu übertragende Basisbandsignal spektral zu formen, um es optimal an die Eigenschaften eines Übertragungsmediums anzupassen. So kann beispielsweise der Gleichspannungsanteil unterdrückt werden. Daneben wird die Taktrückgewinnung möglich.

Manche Leitungscodes sind frei von Gleichanteilen, was einen zeitlichen Mittelwert von Null bedeutet. Dies ist dann wichtig, wenn in einer bestimmten Anwendung die elektrische Übertragung von Gleichspannung über den Kanal nicht möglich ist. Die Notwendigkeit für Gleichanteilsfreiheit kann beispielsweise durch Impulstransformatoren zur galvanischen Trennung im Übertragungsweg vorgegeben sein, die keine Gleichspannung passieren lässt.

Die existierenden Leitungscodes können nach den folgenden Kriterien charakterisiert werden:

- Rückgewinnung des Taktsignals,
- Gleichspannungsanteil,
- Fehlererkennung/Fehlerkorrektur.

Binäre Leitungscodes

Beim **RZ-Format [return to zero]** geht bei jedem Bit mit dem Zustand 1 (mark) der Pegel für Eins bei der Hälfte der Bitdauer auf den Pegel für Null [space] zurück. Es findet also bei jedem Bit mit dem Zustand 1 ein Pegelwechsel statt, was die Taktsignalrückgewinnung erleichtert (Bild 13.2). Bleibt beim Bit mit dem Zustand 1 der Pegel über die gesamte Bitdauer erhalten, erfolgt also kein Wechsel auf den Zustand Null, dann liegt das **NRZ-Format [non return to zero]** vor (Bild 13.3). Wegen des während der Bitdauer konstanten Pegels benötigt dieses Signal gegenüber dem RZ-Format eine geringere Bandbreite, dafür ist allerdings die Rückgewinnung des Signaltakts aufwendiger. Beide Signalformate sind nicht gleichspannungsfrei.

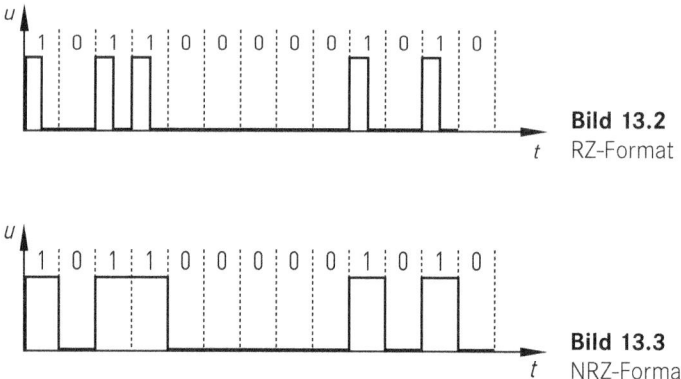

Bild 13.2 RZ-Format

Bild 13.3 NRZ-Format

Pseudo-ternäre Leitungscodes

Werden beim RZ- bzw. NRZ-Format die Eins-Bits mit wechselnder Polarität übertragen, dann liegt das **AMI-Format [alternate mark inversion]**. Es wird auch als pseudo-ternär bezeichnet, weil drei Signalpegel (+1, 0, −1) auftreten. Beim **RZ-AMI-Format** weist das Eins-Bit in der ersten Bithälfte den Pegel +1 oder −1 auf. Der Wechsel zwischen beiden Werten erfolgt immer dann, wenn ein weiteres Eins-Bit auftritt (Bild 13.4).

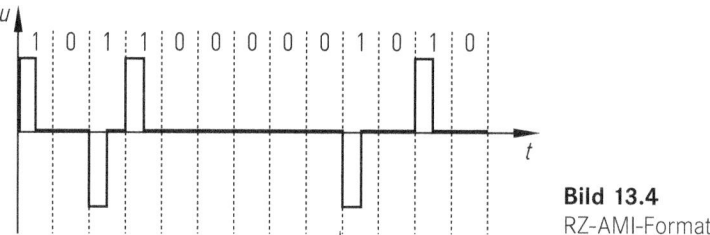

Bild 13.4 RZ-AMI-Format

Das **NRZ-AMI-Format** hält den Pegel +1 oder −1 über die gesamte Bitdauer (Bild 13.5) Bei beiden Formaten ist die Erkennung fehlerhaft übertragener Eins-Bits einfach möglich, weil auf jeden Fall das nachfolgende Eins-Bit gegenüber dem Vorgänger stets die andere Polarität aufweisen muss. Beide Formate sind gleichspannungsfrei.

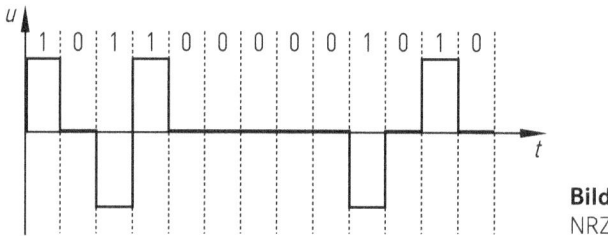

Bild 13.5 NRZ-AMI-Format

Bei längeren Folgen von Null-Bits ist auch bei einem AMI-Format die Taktsignalrückgewinnung auf der Empfangsseite problematisch. Dies lässt sich durch das **HDB-3-Format [high density bipolar of order 3]** vermeiden (Bild 13.6). Die Eins-Bits werden dabei wie vom AMI-Format bekannt dargestellt, für die Null-Bits gelten folgende Regeln: Es treten nur maximal drei Null-Bits nacheinander auf, ein viertes Null-Bit wird mit dem Pegel +1 oder –1 entgegen der AMI-Regel dargestellt. Dieses Bit bezeichnet man als V(erletzungs) [violating]-Bit. Damit sich durch diese kein Gleichanteil ergibt, ist bei den nächsten vier Gruppen von Null-Bits jeweils wechselnde Polarität erforderlich.

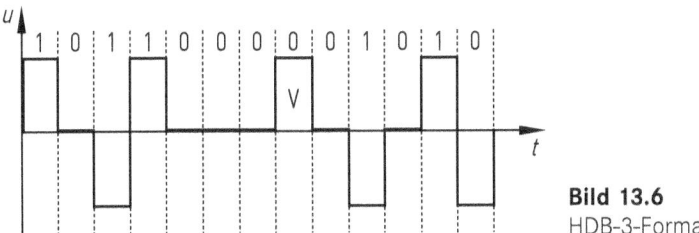

Bild 13.6
HDB-3-Format

Blockcodes

Bei den üblicherweise mit pBqX bezeichneten Blockcodes werden „p" Bits eines Binärworts zusammengefasst und zu einem Block der Länge q mit X Pegelstufen codiert.

Der **Manchester-Code** trägt die Bezeichnung 1B2B (1 Bit auf 2 Bit), nämlich 2 (2^1) Blockcodes auf 4 (2^2) Leitungscodes, verwendet werden von den vier jedoch nur zwei Leitungscodes, 01 und 10, da die beiden anderen keine Spannungswechsel enthalten. Die Codierung ist simpel, sie ist gleichspannungsfrei und erlaubt die Taktrückgewinnung, erfordert jedoch eine relativ große Leitungsbandbreite.

Der **4B3T-Code** bildet entsprechend je 4 Bit auf eine 3er-Gruppe mit drei Spannungsstufen ab (ternäres Signal), und damit 16 (2^4) Blockcodes auf 27 (3^3) Leitungscodes. Merkmale von 4B3T sind gute Taktrückgewinnung, geringer Gleichspannungsanteil und Bandbreitenreduktion. Diese Codierung wird unter anderem auf 34 Mbit/s (E3)- und 140 Mbit/s (E4)-Koaxialübertragungsstrecken verwendet.

Bei allen Leitungscodes führt die unvermeidbare Bandbegrenzung der Leitung zu einer Impulsverbreiterung, die Intersymbolstörungen hervorrufen kann. Die Weiterentwicklung von Leitungscodes ist noch nicht abgeschlossen. In der Robotertechnik werden Leitungscodes mit geringer Latenz und erhöhter Störfestigkeit benötigt.

13.2.3 Quellencodierung

Grundlagen der Quellencodierung

Bei der Digitalisierung von Audio- und Videosignalen entstehen große Datenmengen, bzw. hohe Datenraten. Ein mit 20 Bit und einer Abtastfrequenz von 48 kHz digitalisiertes Stereo-Audiosignal weist eine Datenrate von ca. 1,4 Mbit/s auf. Ein HDTV-Signal besitzt unkomprimiert eine Datenrate von ca. 1 Gbit/s. Die Übertragung solch hoher Datenraten wäre unwirtschaftlich. Die Quellencodierung sorgt hier für eine signifikante Herabsetzung der Datenrate, ohne die subjektive Qualität merklich zu reduzieren. Diese Art der Signalverarbeitung wird auch als **Datenkompression** [data compression] bezeichnet. Die dazu angewandten Algorithmen lassen sich in verlustfreie und verlustbehaftete Verfahren einteilen.

Zu den verlustfreien Verfahren zählen:

- **Redundanz-Reduktion**

  Als Redundanz bezeichnet man Anteile im Nutzsignal, die mehrfach vorhanden sind oder sich aus anderen Signalanteilen ergeben. Eine einmalige Übertragung ist deshalb ausreichend.

- **Lauflängen-Codierung**

  Wird der gleiche Signalwert mehrfach hintereinander übertragen, reicht die einmalige Übertragung dieses Wertes aus, wenn zusätzlich noch die Anzahl der Wiederholungen übertragen wird.

- **Entropie-Codierung**

  Signalwerte mit großer Auftrittswahrscheinlichkeit werden auf ein kurzes Codewort abgebildet, Signalwerte mit geringer Wahrscheinlichkeit auf ein längeres Codewort.

Alle drei Verfahren führen im Mittel zu einer Datenreduktion ohne Informationsverlust. Die nur mit diesen Verfahren erreichbaren Reduktionsfaktoren sind jedoch in den meisten Anwendungsfällen nicht ausreichend, sodass auch zusätzlich verlustbehaftete Verfahren implementiert werden müssen.

Zu den verlustbehafteten Verfahren zählen:

- **Irrelevanz-Reduktion**

  Mit Irrelevanz bezeichnet man Informationen, die von unseren Sinnesorganen nicht wahrnehmbar sind. Eine Irrelevanz-Reduktion ist zwar messtechnisch nachweisbar, führt aber zu keiner Verschlechterung des subjektiven Eindrucks.

- **Relevanz-Reduktion**

  Mit Relevanz bezeichnet man Informationen, die von unseren Sinnesorganen wahrgenommen werden. Ihre Reduktion führt zu einer Verschlechterung des subjektiven Eindrucks, ist aber in manchen Fällen unvermeidbar, um auf die geforderte Reduktion der Datenrate zu kommen.

Quellencodierung von Audiosignalen

Bei Audiosignalen ist die Frequenzabhängigkeit des menschlichen Gehörs zu berücksichtigen. Signale mit gleichem Schalldruck werden bei unterschiedlichen Frequenzen mit unterschiedlicher Lautstärke empfunden. Diese nicht-lineare Ohrenempfindlichkeitskurve ermöglicht die Reduzierung der zu übertragenden Informationen. Unterhalb bestimmter Schalldruckpegel tritt bei Tonsignalen überhaupt kein Höreindruck mehr auf. Die Übertragung von Pegelwerten unter dieser Ruhehörschwelle ist deshalb überflüssig.

Die Audiocodierung basiert auf den aufgezeigten psychoakustischen Effekten und berücksichtigt den Frequenzbereich 20 Hz bis 20 kHz. Mithilfe einer großen Zahl von Hörtests wurde dafür die Auswirkung des frequenz- und pegelabhängigen Verdeckungseffekts ermittelt. Das Ergebnis sind Pegel-Frequenz-Funktionen für jede Frequenz, wobei sich für jeden Pegel ein anderer Verlauf ergibt. Diese Kurven werden als **Mithörschwellen** bezeichnet und charakterisieren anschaulich die Auswirkung der Verdeckung (Bild 13.7).

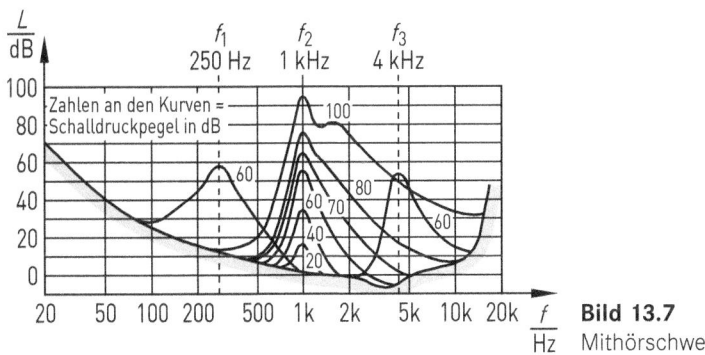

Bild 13.7 Mithörschwellen

Bei lauten Einzeltönen sind frequenzmäßig benachbarte Töne mit kleinen Pegeln nicht wahrnehmbar. Sie werden durch den dominanten Ton verdeckt und sind deshalb für die Übertragung nicht erforderlich.

Das menschliche Gehör kann nicht jede Einzelfrequenz unterscheiden, es hat also nur ein begrenztes Auflösungsvermögen. Man kann deshalb den Frequenzbereich in schmale Teilbereiche gliedern und von diesen jeweils nur einen Mittelwert übertragen. Diese **Subband-Codierung** reduziert die Datenmenge erheblich.

Wegen des geringen Auflösungsvermögens des menschlichen Ohres erfolgt die Aufteilung des gesamten niederfrequenten Bereiches in 32 **Teilbänder** mit jeweils

750 Hz Bandbreite (Filterbank in Bild 13.8). Bezogen auf die Abtastfrequenz 48 kHz für das Gesamtsignal beträgt die Abtastfrequenz je Teilband 1,5 kHz.

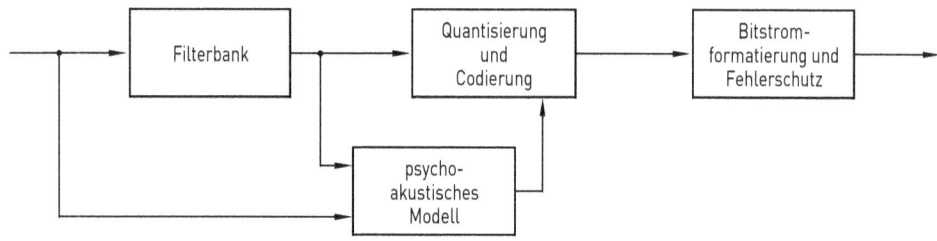

Bild 13.8 Audiocodierung (Konzept)

Für jedes Teilband wird durch zwölf aufeinanderfolgende Abtastwerte die Mithörschwelle mithilfe eines psychoakustischen Modells ermittelt. Diese steuern Quantisierung und Codierung der Teilbandsignale. Danach erfolgen Formatierung des Bitstroms und die Ergänzung des Fehlerschutzes. Da pro Teilband 64 unterscheidbare Pegelstufen möglich sein sollen, sind 6-Bit-Codeworte erforderlich. Jede Pegelstufe entspricht einer Dynamik von 2 dB, weshalb eine Dynamik des Audiosignals von bis zu 128 dB verarbeitet werden kann.

Das Grundprinzip der Audiocodierung nach Bild 13.8 wurde ständig weiterentwickelt. Durch komplexere Algorithmen konnte die notwendige Datenrate weiter reduziert werden, wie in Tabelle 13.1 dargestellt. Bei MP3 wurden die 32 Teilbänder mittels MDCT [modified discrete cosine transformation] nochmals in jeweils 18 feinere Teilbänder unterteilt. Die Framelänge wurde von 12 ms auf 36 ms erhöht.

Tabelle 13.1 Entwicklung der Audiocodierungsverfahren

Verfahren	Bitrate für Stereosignal [kbit/s]
ohne Codierung	1411
MPEG-1 Layer 1 (1. Stufe)	384
MPEG-1 Layer 1 (2. Stufe)	256
MPEG-1 Layer 2 (MUSICAM)	192
MPEG-1 Layer 3 (MP 3)	128
MPEG-4 AAC	96
MPEG-4 AAC+ (MPEG-4 AACv2)	64

AAC: advanced audio coding

Die AAC-Verfahren unterstützen auch Dolby 5.1.

Weitere Verfahren
- Dolby AC-3: sehr ähnlich zu den MPEG-Verfahren,
- Microsoft Windows Media Audio (WMA): nicht offengelegtes Verfahren mit sehr hoher Codiereffizienz (CD-Qualität bei 64 kbit/s).

Alle dargestellten Verfahren sind skalierbar, das bedeutet, dass bei einer höheren Datenrate eine höhere Übertragungsqualität entsteht.

Die Weiterentwicklung der Audiosignal-Codierverfahren mit hoher Datenreduktion wird als weitestgehend abgeschlossen betrachtet. Aktuelle Entwicklungsaktivitäten konzentrieren sich auf verlustlose Verfahren, auch im Zusammenhang mit Virtual Reality (VR).

Quellencodierung von Videosignalen

Bei der Codierung von Videosignalen werden die folgenden Eigenschaften des menschlichen Auges genutzt:

- Das menschliche Auge nimmt Änderungen der Helligkeit (Luminanz) besser wahr als Änderungen der Farbe (Chrominanz). Aus diesem Grund werden die Rot-, Grün- und Blausignale der Bildquelle (Farbauszüge R, G, B) mittels einer Matrixoperation in ein Helligkeitssignal Y und die beiden Farbdifferenzsignale C_R und C_B umgewandelt. Diese Matrixoperation ist verlustfrei und wird im Empfänger wieder rückgängig gemacht. Aufgrund der verminderten Wahrnehmung von Änderungen in den Farbdifferenzsignalen (Chrominanz) können diese vor der Quellencodierung nach entsprechender Vorfilterung unterabgetastet werden.
- Hochfrequente Signalanteile im Helligkeitssignal können gröber quantisiert werden.
- Diagonale Strukturen treten in natürlichen Bildern seltener auf als horizontale oder vertikale Strukturen. Ferner besitzt das menschliche Auge eine verminderte Wahrnehmung für diagonale Details (Oblique-Effekt). Daher können diese Signalanteile entfernt, bzw. stark reduziert werden.
- Das Auge besitzt eine nur begrenzte Detailwahrnehmung für schnelle Bewegungsabläufe. Diese können deshalb in ihrer Detailauflösung reduziert werden.

Bei der Ausnutzung dieser genannten Effekte handelt es sich um **Irrelevanz-Reduktion**. Bezüglich der Reduktion von Redundanz bestehen die folgenden Möglichkeiten:

- **Räumliche Redundanz:** Bei gleichen Bildelementen innerhalb eines Bildes ist deren einmalige Codierung ausreichend. Es muss lediglich eine Zusatzinformation übertragen werden, die angibt, an welcher Stelle sich die Bildstruktur wiederholt. Bei MPEG-2 wird diese Eigenschaft nicht genutzt.

- **Zeitliche Redundanz:** Treten in aufeinanderfolgenden Bildern keine bzw. nur geringe Unterschiede auf, so ist die einmalige Übertragung, plus der Differenz im Folgebild, ausreichend. Die Datenmenge für das Differenzsignal ist in der Regel deutlich geringer als die Datenmenge für das entsprechende, komplette Bild (GoP [group of pictures]).
- **Statistische Redundanz:** Kann in einem Folgebild die Position einer bewegten Struktur vorhergesagt werden, so ist es ausreichend, diese Struktur nur einmal zu codieren und einen Bewegungsvektor zu übertragen, der die Position der Struktur im Folgebild anzeigt (Bewegungskompensation [motion compensation]).

Neben der Ausnutzung der bereits beschriebenen Effekte findet bei allen Codierverfahren für Videosignale eine Transformationscodierung statt. Diese wird zunächst anhand der diskreten Kosinus-Transformation [discrete cosine transformation (DCT)], wie sie bei MPEG-2 implementiert ist, beschrieben (Bild 13.9). Die Amplitudenwerte $f(x,y)$ von jeweils 8 × 8 großen Bildblöcken werden gemäß Formel 13.1 in 8 × 8 Frequenzkoeffizienten $F(u,v)$ transformiert.

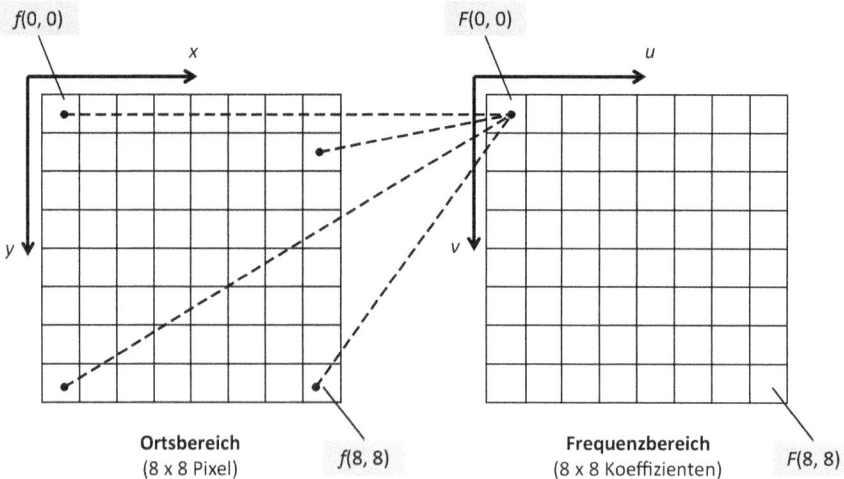

x, y: Indizes im Ortsbereich	u, v: Indizes im Frequenzbereich
$f(x, y)$: Abtastwerte im Ortsbereich	$F(u, v)$: DCT - Koeffizienten

Bild 13.9 Prinzip der DCT

$$F(u,v) = \frac{1}{4} \cdot c_u \cdot c_v \cdot \sum_{\substack{0 \leq x \leq 7 \\ 0 \leq y \leq 7}} f(x,y) \cdot \cos\left[\frac{(2x+1) \cdot u \cdot \pi}{16}\right] \cdot \cos\left[\frac{(2y+1) \cdot v \cdot \pi}{16}\right] \tag{13.1}$$

$$c_u = c_v = \begin{cases} \sqrt{2} & \text{wenn } u,v = 0 \\ 1 & \text{wenn } u,v \neq 0 \end{cases}$$

Aus den Frequenzkoeffizienten $F(u,v)$ lassen sich durch die inverse DCT (DCT^{-1}) die Abtastwerte auf der Empfangsseite wieder korrekt darstellen. Da sich in kleinen Bildblöcken die benachbarten Abtastwerte nur geringfügig unterscheiden, entsteht eine Koeffizientenmatrix mit vielen Werten von Null oder nahe Null. Die Signalenergie wird also auf wenige Koeffizienten reduziert. Durch eine anschließende Quantisierung lässt sich so die Zahl der zu übertragenden Koeffizienten signifikant reduzieren (Bild 13.10).

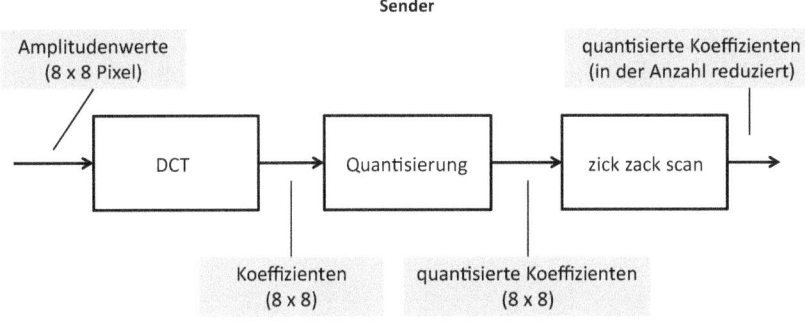

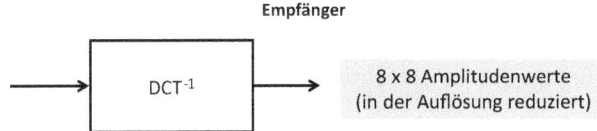

Bild 13.10 DCT und Quantisierung

Mit Transformationscodierungen allein lassen sich Datenreduktionen bis zum Faktor 10 bei akzeptabler Bildqualität erreichen. Bei MPEG-4 und HEVC wurde diese Transformationscodierung dahingehend modifiziert, dass die Blockgrößen für die Transformation dem Bildinhalt adaptiv angepasst werden können. Die Bildblöcke können deshalb beliebige, rechteckförmige Gestalt haben. Eine Transformationscodierung kann in Matrixschreibweise wie folgt dargestellt werden:

$$\underline{Y} = \underline{A} \cdot \underline{X} \cdot \underline{A}^T \tag{13.2}$$

mit
A, B = Transformationsmatrix
X = Matrix Abtastwerte Bildblock
Y = Koeffizientenmatrix

Für die Rücktransformation am Empfänger gilt:

$$\underline{X} = \underline{B} \cdot \underline{Y} \cdot \underline{B}^T \qquad (13.3)$$

mit

$$\underline{B} = \underline{A}^{-1}$$

Für eine wirtschaftlich sinnvolle Übertragung von Videosignalen müssen Datenreduktionsfaktoren von deutlich über 50 realisiert werden. Dieses Ziel kann mit einer Transformationscodierung allein nicht erreicht werden. Es wird daher zusätzlich die Redundanz in zeitlicher Richtung, also in aufeinanderfolgenden Bildern, reduziert. Dieses Verfahren ist in Bild 13.11 dargestellt. Die entstehende Signalstruktur wird **Group of Pictures (GoP)** genannt. Die sogenannten I-**Frames** entsprechen dabei den Originalbildern an den entsprechenden zeitlichen Positionen. Die P-Frames ergeben sich aus der Differenz (Prädiktion) zum vorherigen I-Frame. Bei den B-Frames handelt es sich um solche Bilder, die aus einem vorangegangenen Bild und einem nachfolgenden Bild vorhergesagt werden.

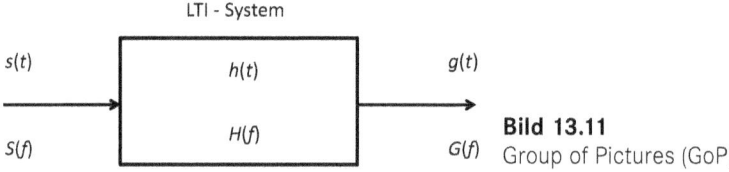

Bild 13.11 Group of Pictures (GoP)

Der Sinn dieser Prädiktion bzw. Differenzbildung liegt darin, die Signalenergie der P- und B-Frames deutlich zu reduzieren. Dadurch wird die Datenmenge in den P- und B-Frames herabgesetzt. In Bild 13.12 sind ein I-Frame und ein P-Frame zum Vergleich dargestellt. Die grauen Bereiche in dem P-Frame repräsentieren die Signalanteile Null und können daher mit einer Lauflängencodierung in ihrer Menge deutlich reduziert werden.

Die erzeugte GoP durchläuft dann im Encoder die Transformationscodierung. Die daraus entstehenden Koeffizienten repräsentieren im Fall von I-Frames absolute Signalwerte und im Fall von P- oder B-Frames Signaldifferenzen. Dieses Konzept wird als **hybride Transformationscodierung** bezeichnet, auf der alle Verfahren für Videocodierungen basieren.

Additiv zur Reduktion der zeitlichen Redundanz durch die Bildung einer GoP kann eine Reduktion der statistischen Redundanz erzielt werden. Das Prinzip ist aus Bild 13.13 ersichtlich.

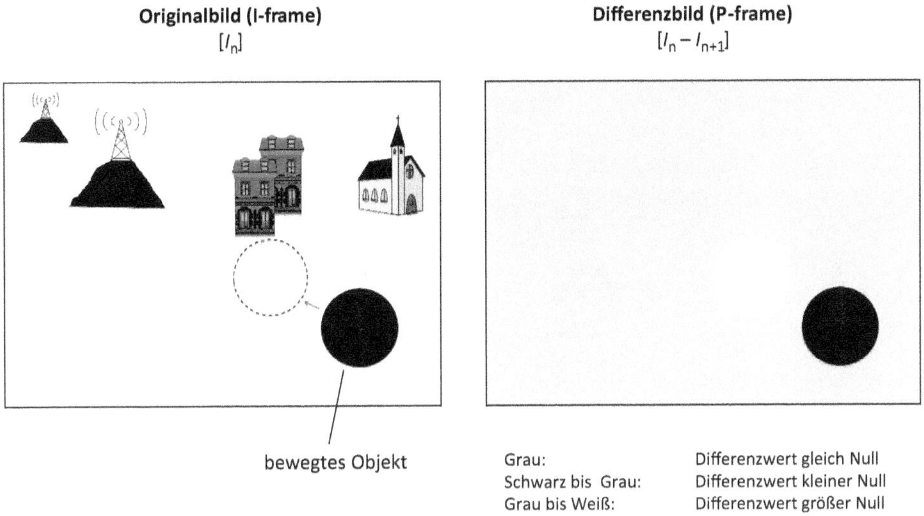

13.2 Codierung/Decodierung

Originalbild (I-frame)
$[I_n]$

Differenzbild (P-frame)
$[I_n - I_{n+1}]$

bewegtes Objekt

Grau: Differenzwert gleich Null
Schwarz bis Grau: Differenzwert kleiner Null
Grau bis Weiß: Differenzwert größer Null

Bild 13.12 Vergleich der Signalenergien in I- und P-Frames

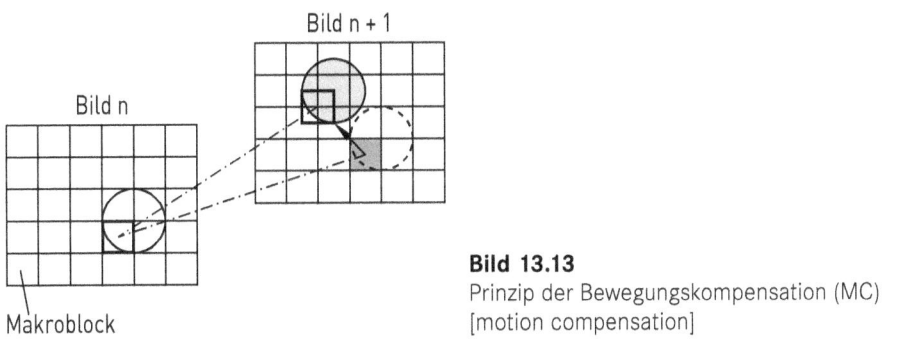

Bild n

Bild n + 1

Makroblock

Bild 13.13
Prinzip der Bewegungskompensation (MC)
[motion compensation]

Die Position einer sich bewegenden Struktur kann mittels der Algorithmen für Bewegungsschätzung [motion estimation (ME)] in den nachfolgenden Bildern erkannt werden. Aus dieser Information lässt sich ein Verschiebungsvektor ableiten, der die Positionsänderung beim Übergang vom Bild n auf Bild $n+1$ angibt. Zur Berechnung des Verschiebungsvektors werden die Inhalte von Makroblöcken in den Bildern n und $n+1$ verglichen. Bei MPEG-2 besteht ein Makroblock aus 4 Bildblöcken, also 16 × 16 Bildpunkten. Bei der Encodierung wird mithilfe des Verschiebungsvektors im Bild $n+1$ die bewegte Struktur an die Position von Bild n zurückgeschoben: Bewegungskompensation [motion compensation (MC)]. Dadurch werden beide Bilder ähnlicher, was bei der Bildung von P- und B-Frames zu weniger Signalanteilen führt (Bild 13.14).

Differenzbild ohne Bewegungskompensation   Differenzbild mit Bewegungskompensation

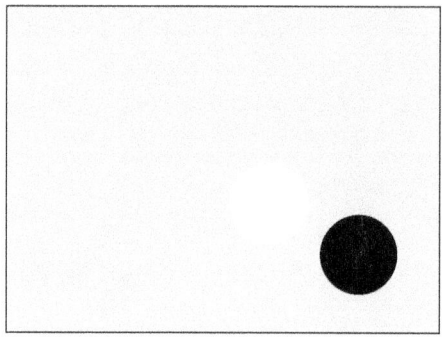 

Grau: Differenzwert gleich Null
Schwarz bis Grau: Differenzwert kleiner Null
Grau bis Weiß: Differenzwert größer Null

Bild 13.14 Signalenergie ohne und mit Bewegungskompensation

Die Datenmenge in den P- und B-Frames kann also zusätzlich reduziert werden. Der Bewegungsvektor wird mit zum Empfänger übertragen, wo dann im Bild $n+1$ die Struktur wieder in die richtige Position verschoben wird.

Bild 13.15 zeigt den prinzipiellen Aufbau eines MPEG-2-Encoders. Die Differenzbildung vor dem DCT-Block bewirkt, dass wahlweise I-, P- oder B-Frames transformiert werden. Am Ausgang des DCT-Blocks entstehen dann Koeffizienten, die entweder absolute Signalwerte oder Differenzsignalwerte repräsentieren. Daran schließt sich eine steuerbare Quantisierung und Umsortierung [zick-zack-scan] der Koeffizienten von wichtig bis weniger wichtig an. Auf Entropiecodierung (Huffman-Code) und Lauflängencodierung folgt ein Pufferspeicher, der mit der Information über seinen Füllstand die Quantisierung steuert. Auf diese Weise kann eine konstante Datenrate für die Übertragung realisiert werden.

Nach der Quantisierung und Umsortierung werden die Koeffizienten abgegriffen und einer inversen DCT unterzogen. Mit diesen Signalen wird im Encoder aus der GoP wieder eine Bildfolge aus I-Frames erzeugt, wie es ebenso im Decoder stattfindet. Damit ist sichergestellt, dass Encoder und Decoder mit den gleichen Signalwerten arbeiten. In jedem Encoder ist also immer der Decoder implementiert. Das gilt für jede hybride Transformationscodierung. Im Bildspeicher [frame store] wird die GoP erzeugt. Die Blöcke Bewegungsschätzung (ME) und Bewegungskompensation (MC) bewirken die zusätzliche Signalenergiereduktion in den P- und B-Frames.

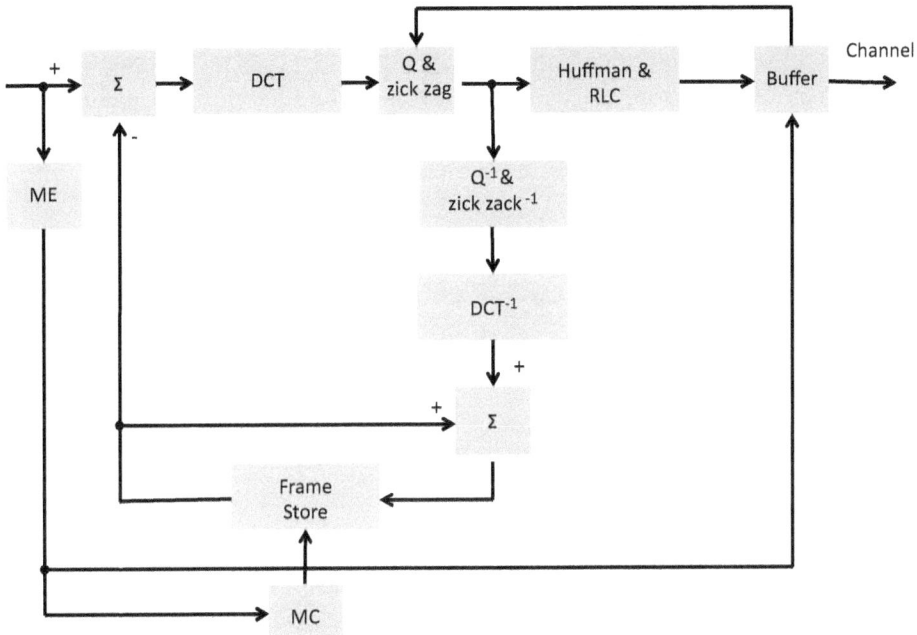

Bild 13.15 Blockschaltbild eines MPEG-2-Encoders

Mit der Ausstrahlung von HDTV-Signalen entstand der Bedarf für einen Codierstandard mit gesteigerter Effizienz. Dieses führte zur Spezifikation von MPEG-4 (H.264). Die prinzipielle Coderstruktur von MPEG-2 (hybride Transformationscodierung) wurde beibehalten und durch folgende Modifikationen ergänzt:

- **Transformationscodierung**

  Die Bildblockgröße ist von 8 × 8 auf 4 × 4 reduziert worden. Das führt zu einer besseren Anpassung an die Bildinhalte. Die DCT wurde durch einen rechenärmeren Integer-Algorithmus ersetzt, um die Komplexität des Encoders zu verringern.

- **Intra-Prädiktion**

  Gegenüber MPEG-2 wird auch die Reduktion der räumlichen Redundanz durchgeführt.

- **In-Loop-Filterung**

  Bei einer Übertragung mit niedriger Datenrate stehen nur wenige Frequenzkoeffizienten zur Rekonstruktion der Amplitudenwerte eines Bildblocks zur Verfügung. Dieses führt zu einer störenden Sichtbarkeit der Blockgrenzen. Zur Vermeidung dieser sogenannten Blocking-Artefakte ist ein MPEG-4-Encoder in seiner DPCM-Schleife mit einem Deblocking-Filter ausgestattet. Dieser Filter erzeugt zusätzliche Korrektursignale, die bei der Decodierung die Bildblockgrenzen verwischen.

- **Referenzbilder**

  Während sich die B-Bilder bei MPEG-2 nur auf die jeweils direkt vorangegangenen und nachfolgenden P- bzw. I-Frames beziehen, können hier mehrere Bilder als Referenzbilder verwendet werden, wobei die Bildinhalte aus mehreren Referenzbildern, auch beliebig gewichtet, gemischt werden können.

- **Makroblockgröße**

  Um die Bewegungskompensation zu optimieren, kann die Größe der Makroblöcke von 4 × 4 bis 16 × 16 variiert werden.

- **Entropie-Codierung**

  Die Huffman-Codierung (Entropie-Codierung) wurde durch einen effizienteren Algorithmus ersetzt. Dabei kann es sich um CAVLC [context adaptive variable length coding] oder CABAC [context adaptive binary arithmetic coding] handeln.

- **SI/SP-Slices**

  Es handelt sich bei SI/SP-Slices um speziell codierte Bilder, die einen einfachen Übergang von einem Datenstrom zum anderen erlauben, ohne dass bei Beginn des neuen Datenstroms jeweils ein I-Frame (mit hoher Datenrate) decodiert werden muss. Dadurch werden besonders bei langen Group of Pictures [long GoPs] die Umschaltzeiten beim Programmwechsel reduziert.

Im Ergebnis wird mit den vorstehend beschriebenen Maßnahmen bei MPEG-4 gegenüber MPEG-2 eine vom Bildinhalt abhängige Effizienzsteigerung um den Faktor 2 bis 3 erreicht.

Mit HEVC [high efficiency video coding] gelang im Vergleich mit MPEG-4 eine weitere Effizienzsteigerung um den Faktor 2. In vielen Blöcken der Signalverarbeitung wurden nämlich bei HEVC komplexere Algorithmen implementiert, die eine verbesserte Bewegungsschätzung und eine größere Auswahl bei den Bildblockgrößen zur Transformationscodierung ermöglichen.

Neben den hier dargestellten MPEG-Verfahren existiert eine Reihe von weiteren Codierungskonzepten, zum Beispiel Windows Media Video (WMV) von Microsoft. Diese Verfahren sind den MPEG-Versionen sehr ähnlich. Lediglich aus patentrechtlichen Gründen sind dort Modifikationen in den Algorithmen vorgenommen worden. Darüber hinaus gibt es verlustfreie Codierungskonzepte für den Einsatz in der professionellen Videoproduktion.

13.2.4 Kanalcodierung

Bei Übertragungskanäle wirken immer Störungen ein, die den zu übertragenden Datenstrom verfälschen. Gerade bei den durch die Quellencodierung stark reduzierten Datenströmen äußern sich diese Übertragungsfehler besonders gravierend. Es ist der Sinn einer Kanalcodierung, durch die senderseitige Hinzufügung von Zusatzinformationen es dem Empfänger zu ermöglichen die entstandenen Übertragungsfehler zu erkennen und zu korrigieren. Dieses Prinzip wird als **Vorwärtsfehlerkorrektur** [forward error correction (FEC)] bezeichnet. Nur dieses Prinzip der Übertragungsfehlerkorrektur ist in einer Punkt-zu Multi-Punkt-Übertragung (Broadcast-Mode) möglich. Bild 13.16 zeigt dazu das Verhältnis der entstehenden Datenraten.

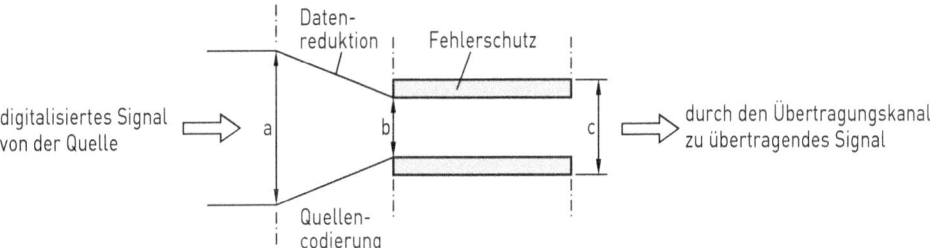

a Bitrate des digitalisierten Signals der Quellen
b Bitrate nach Datenreduktion
c Bitrate des zu übertragenden Signals

Bild 13.16 Quellencodierung und Kanalcodierung

Das Signal am Ausgang einer Bildquelle besitzt die Datenrate a. Durch die Quellencodierung wird diese Datenrate auf den Wert b (Nettodatenrate) reduziert. Die Kanalcodierung fügt eine entsprechende Redundanz hinzu, sodass die Datenrate auf den Wert c (Bruttodatenrate) steigt. Diese Bruttodatenrate entspricht der Übertragungsdatenrate in einem entsprechenden Kanal.

Bei einer Übertragung im Trägerfrequenzbereich treten in der Regel die folgenden Störungen auf:
- Rauschen (weißes Rauschen bzw. Gauß-Rauschen),
- Impulsstörungen (bei Übertragungskanälen unterhalb von 500 MHz),
- Intermodulationsstörungen (Kreuzmodulation, bedingt durch Nichtlinearitäten im Übertragungssystem).

Diese Störeinwirkungen führen zu folgenden Fehlerarten im Datenstrom:
- Einzelbitfehler,
- Bündelfehler bzw. Burstfehler: Mehrere aufeinander folgende Bits sind fehlerhaft,
- Symbolfehler: Ein Bit in einem Symbol ist fehlerhaft, das aus einer definierten Anzahl von aufeinander folgenden Bits besteht.

Im Folgenden werden die Elemente der Kanalcodierung dargestellt.

Energieverwischung [base band scrambling]

Als erster Schritt der Kanalcodierung wird jedes Bit eines Bitstroms pseudo-stochastisch invertiert. Dadurch entsteht ein Signal, das den Charakter von Gauß-Rauschen hat, das die gleichmäßige Verteilung der Signalleistung auf der Frequenzachse bedeutet und auf dem Übertragungskanal zu einer Gleichverteilung der Sendeleistung über die gesamte Bandbreite des Kanals führt.

Auf diese Weise lassen sich Intermodulations- oder Nachbarkanalstörungen reduzieren. Diese entstehen, wenn in der Übertragungskette Elemente mit nicht-linearem Verhalten (z. B. Verstärker) vorhanden sind. Auf der Empfangsseite wird diese Invertierung der Bits im letzten Schritt der Kanaldecodierung wieder rückgängig gemacht. In Bild 13.17 ist die schaltungstechnische Realisierung einer derartigen Energieverwischung dargestellt, wie sie am Sender und am Empfänger implementiert ist.

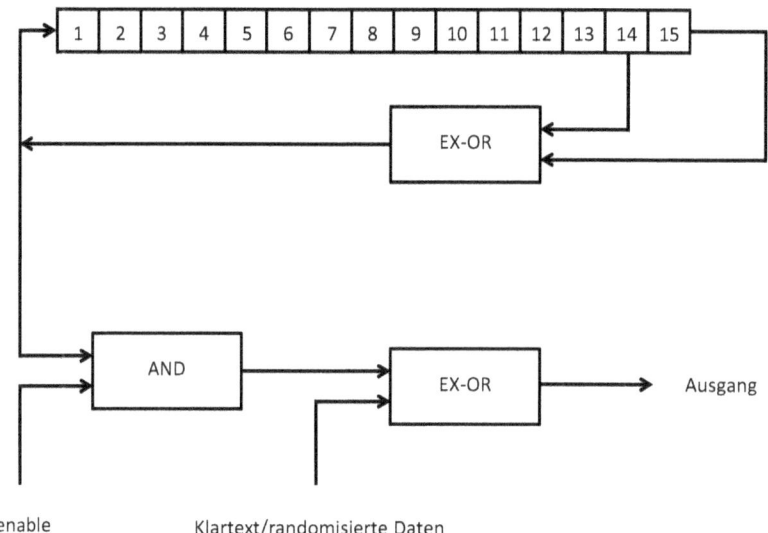

Bild 13.17 Energieverwischung

Ein Schieberegister wird in definierten Abständen mit einer festen Startsequenz geladen, danach erfolgt die Invertierung abhängig vom Datenstrom und vom Zustand des Schieberegisters. Durch die definierte Startsequenz kann die Bit-Invertierung am Empfänger rückgängig gemacht werden. Der Gleichlauf der Schaltungen am Sender und am Empfänger wird durch eine Synchronisationssequenz erreicht. Diese Art der Energieverwischung wird bei allen Übertragungsstandards von DVB eingesetzt. Die in Bild 13.17 dargestellte Anordnung verändert die Datenrate nicht (keine Addition von Redundanz).

Interleaving

Der Sinn von Interleaving/Deinterleaving besteht darin, Bündelfehler/Burstfehler in Einzelfehler zu überführen, damit eine nachgeschaltete Fehlerkorrektur am Empfänger diese Einzelfehler korrigieren kann.

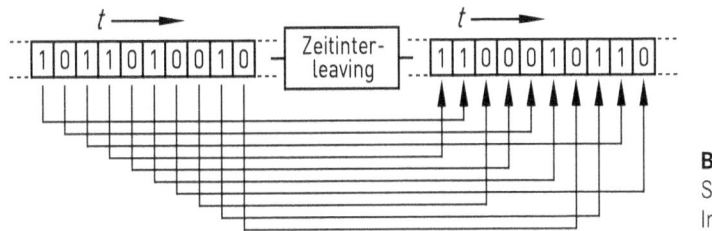

Bild 13.18
Struktur eines zeitlichen Interleavers

Bild 13.18 zeigt dazu das Prinzip des zeitlichen Interleavers. Bei der Kanalcodierung auf der Sendeseite erfolgt eine Verwürfelung des Bitstroms im Zeitbereich nach einem definierten Algorithmus. Auf der Empfangsseite wird dieser Prozess wieder rückgängig gemacht, wodurch ein Bündelfehler in Einzelfehler mit zeitlichen Abständen überführt wird.

Bei Übertragungskonzepten mit dem Mehrträger-Modulationsverfahren OFDM findet additiv ein Frequenz-Interleaving statt. Bei diesem werden die Bits nach einer definierten Systematik auf die einzelnen Unterträger verteilt. Auf diese Weise reduziert sich die Auswirkung des selektiven Schwundes. Beide Interleaving-Methoden ändern die Datenrate nicht.

Faltungscodierung

Faltungscoder werden unter anderem zur Fehlerkorrektur in den Übertragungsverfahren DVB-S und DVB-T eingesetzt. Sie arbeiten auch bei Fehlerraten von 10^{-3} einwandfrei, können jedoch nicht die komplette Fehlerkorrektur leisten, sondern dienen bei den vorstehend angeführten Übertragungsverfahren zur Vorkorrektur, nämlich zur Reduktion der Fehlerrate von 10^{-3} auf ca. 10^{-4}. Faltungscodes sind stets bit-orientiert und lassen sich mit Schieberegistern realisieren (Bild 13.19).

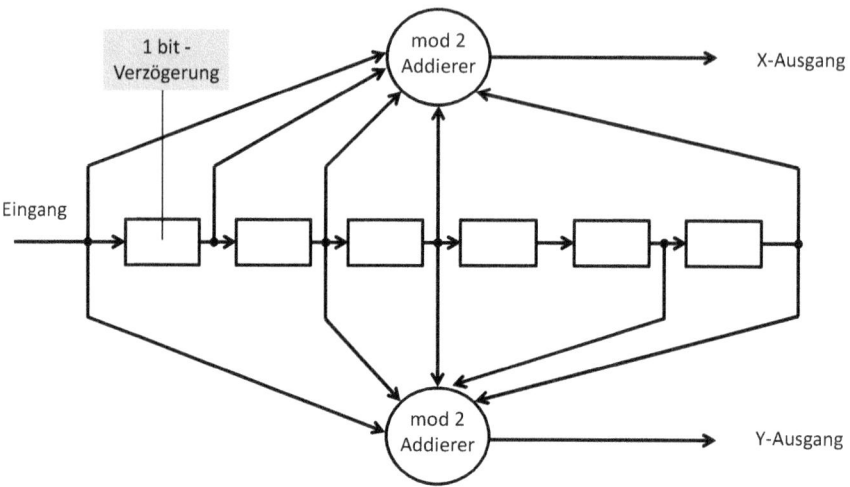

Bild 13.19 Faltungscodierung

Aus dem Eingangsbitstrom werden mittels der Schaltung nach Bild 13.19 zwei Ausgangdatenströme erzeugt. Die gesamte Ausgangsdatenrate entspricht der zweifachen Eingangsdatenrate. Damit ergibt sich für die dargestellte Anordnung die **Coderate** R:

$$R = \frac{\text{Datenrate}_{netto}}{\text{Datenrate}_{brutto}} = \frac{1}{2} \qquad (13.4)$$

Dem vorstehend dargestellten Faltungscoder wird eine sogenannte Punktierung nachgeschaltet. Diese entfernt aus beiden Ausgangsdatenströmen gezielt Bits nach einem definierten Algorithmus. Auf diese Weise kann die Coderate des Faltungscoders variiert werden. Nach der Punktierung entstehen wahlweise die folgenden resultierenden Coderaten:

$R = \{1/2;\ 2/3;\ 3/4;\ 5/6;\ 7/8\}$

Dabei bedeutet bei $R = 1/2$ keine Punktierung und maximale Redundanz, während $R = 7/8$ eine minimale Redundanz ergibt. Durch die Variation der Coderate kann die generierte Redundanz optional an die Erfordernisse des Übertragungskanals angepasst werden. Bei einer niedrigeren Coderate kann eine höhere Nettodatenrate übertragen werden.

Blockcodierung

Blockcodes fügen einem Nutzdatenwort der Länge m eine Prüfbitsequenz der Länge k an. Daraus entsteht das Datenwort der Länge $n = m + k$. Es handelt sich also, gegenüber der Faltungscodierung, um eine blockweise Signalverarbeitung. Dabei folgt für die Coderate R:

$$R = \frac{m}{(m+k)} = \frac{m}{n} \qquad (13.5)$$

Bei den DVB-Übertragungsverfahren der ersten Generation (DVB-S, DVB-C, DVB-T) kommt ein verkürzter Reed-Solomon-Code mit $m = 188$ Byte und $k = 16$ Byte zum Einsatz, was zur Coderate $R = 188/204$ führt. Dieser arbeitet nur dann fehlerfrei, wenn die Bitfehlerrate [bit error rate (BER)] am Eingang kleiner als $2 \cdot 10^{-4}$ ist. In diesem Fall sinkt die Bitfehlerrate am Ausgang auf 10^{-12}, was als quasi-fehlerfrei [quasi error free (QEF)] bezeichnet wird. Bei DVB-S und DVB-T treten auf dem Übertragungskanal Bitfehlerraten von ca. 10^{-3} auf. Daher kann bei diesen Verfahren der Blockcoder nur in Verbindung mit einem Faltungscoder betrieben werden, um einen quasi-fehlerfreien Datenstrom zu generieren. Der Faltungscoder führt dabei also die Vorkorrektur des Datenstromes durch.

Der Reed-Solomon-Code ist zwar vom Algorithmus her relativ aufwandsarm, dafür ist jedoch seine Effizienz begrenzt. Dies führt dazu, dass die DVB-Übertragungsverfahren der ersten Generation in ihrer Effizienz deutlich unterhalb der Shannon-Grenze liegen. Daher wird bei den DVB-Übertragungsverfahren der zweiten Generation (DVB-S2 und DVB-T2) der komplexere und damit leistungsfähigere Blockcode LDPC [low density parity check] verwendet.

Bei diesem LDPC-Code dient eine Matrix A zur Erzeugung der Prüfbitsequenz der Länge k aus der Nutzdatensequenz der Länge m. Die Matrix ist bezüglich ihrer Werte im Wesentlichen im Bereich der Hauptdiagonalen besetzt, daher die Bezeichnung „low density". Der Rechenaufwand auf der Sendeseite ist relativ gering, da nur eine Operation der Matrix A mit dem Nutzdatenvektor m durchgeführt werden muss. Im Empfänger ergibt sich dagegen ein erhöhter Rechenaufwand, da die Fehlerkorrektur mit einem iterativen Algorithmus realisiert werden muss. Dafür ist aber die Leistungssteigerung so hoch, dass die Effizienz der DVB-Übertragungsverfahren der zweiten Generation die Shannon-Grenze fast erreicht.

■ 13.3 Modulation

13.3.1 Grundlagen

Die Übertragung von Signalen in Basisbandlage über größere Entfernungen würde wegen der auftretenden Dämpfung hohen Aufwand erfordern und deshalb nicht wirtschaftlich sein. Es kommen deshalb sinusförmige oder pulsförmige Trägersignale zum Einsatz, mit deren Hilfe ein Transport von Basisbandsignalen auch über große Entfernungen effizient, also mit möglichst geringen Verlusten bei optimaler Nutzung des jeweiligen Übertragungskanals, möglich ist. Dabei beeinflusst das zu übertragende Basisbandsignal (Modulationssignal) ein oder mehrere Parameter des Trägersignals systematisch und bewirkt dadurch ein neues Signal. Dieser Vorgang wird als Modulation bezeichnet und schaltungstechnisch durch Modulatoren realisiert.

Bild 13.20 zeigt das Prinzip der Modulation. Das Basisbandsignal (Modulationssignal) beeinflusst das Trägersignal und als Ausgangssignal entsteht das modulierte Signal.

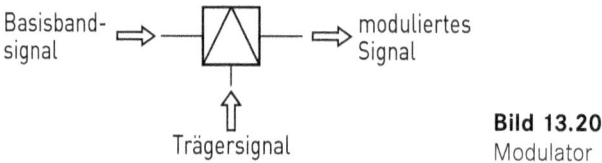

Bild 13.20
Modulator

Wird für die Modulation nur ein Träger verwendet, dann liegt ein Ein-Träger-Verfahren [single carrier system] vor. Neben dieser bisher typischen Form gibt es inzwischen allerdings auch Modulationsverfahren, die mit mehreren Trägersignalen arbeiten. Dafür gilt dann die Bezeichnung Mehr-Träger-Verfahren [multi carrier system].

Es gibt eine Vielzahl unterschiedlicher Modulationsverfahren, und zwar abhängig von folgenden Kriterien:

- Art des Modulationssignals (analog oder digital),
- Art des Trägersignals (analog oder digital),
- Anzahl der Träger (Ein-/Mehr-Träger-Verfahren).

Die Modulation eines sinusförmigen (analogen) Trägers wird auch als **Schwingungsmodulation** bezeichnet, während die Modulation eines pulsförmigen (digitalen) Trägers **Pulsmodulation** genannt wird. Einen Sonderfall stellt die Modulation im Basisband dar, bei der kein Trägersignal zum Einsatz kommt. Hierbei wird ein analoges Basisbandsignal in ein digitales Signal überführt, allerdings ohne Betrachtung des Übertragungskanals.

Jedes Modulationsverfahren hat seine spezifischen Vor- und Nachteile, es soll jedoch stets die verfügbare Bandbreite/Bitrate des Übertragungskanals bestmöglich genutzt werden. Prinzipiell spielt es für den Einsatz von Modulationsverfahren keine Rolle, ob die Übertragung per Funk oder leitungsgebunden erfolgt. Bei der Wahl der Modulationsart muss allerdings die Orientierung an den Spezifikationen des jeweiligen Übertragungskanals erfolgen.

Der Modulation auf der Sendeseite steht am Empfänger die **Demodulation** gegenüber (Bild 13.21). Dort wird die Umsetzung des trägerfrequenten Modulationssignals zurück ins Basisband realisiert.

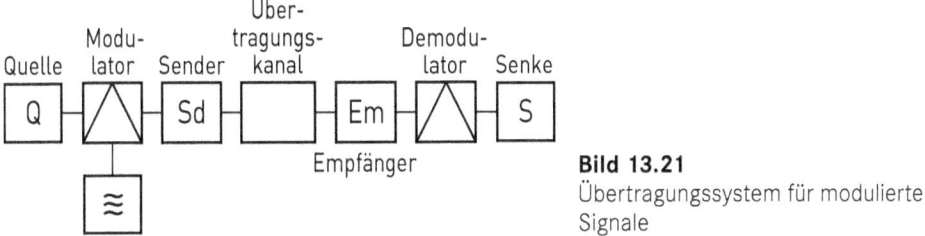

Bild 13.21
Übertragungssystem für modulierte Signale

13.3.2 Analoges Modulationssignal/sinusförmiges Trägersignal

Ein analoges Trägersignal kann im Zeitbereich in der folgenden Form dargestellt werden:

$$s_T(t) = A_0 \cdot \sin(2\pi \cdot f_T \cdot t + \varphi_0) \tag{13.6}$$

Dieses Signal besitzt die folgenden drei Parameter:

- A_0: Amplitude der Trägerschwingung,
- f_T: Frequenz der Trägerschwingung,
- φ_0: Phase der Trägerschwingung.

Abhängig davon, welche Parameter durch das Basisbandsignal (Modulationssignal) beeinflusst werden, handelt es sich um Amplitudenmodulation (AM), Frequenzmodulation (FM) oder Phasenmodulation (PM).

Amplitudenmodulation (AM)

Die Amplitudenmodulation wurde bei der Einführung des Hörrundfunks wegen ihrer relativ einfachen schaltungstechnischen Realisierung gewählt. Sie findet heute noch Anwendung im Bereich der Lang-, Mittel- und Kurzwelle bei der Verbreitung von Hörfunkinhalten über große Distanzen. Ein zu übertragendes Basisbandsignal $s_0(t)$ werde zunächst in der folgenden Weise normiert:

$$s_{\text{mod}}(t) = \frac{s_0(t)}{|s_0(t)|_{\text{max}}} \tag{13.7}$$

Das so entstandene Modulationssignal $s_{\text{mod}}(t)$ kann dann im Extremfall den Maximalwert 1 und den Minimalwert −1 annehmen. Der Aussteuerbereich ist also auf ±1 begrenzt. Das am Ausgang des Amplitudenmodulators entstehende Signal $s_{\text{AM}}(t)$ hat im Zeitbereich die folgende Form:

$$s_{\text{AM}}(t) = A_0 \cdot [1 + m \cdot s_{\text{mod}}(t)] \cdot \sin(2\pi \cdot f_T \cdot t + \varphi_0) \tag{13.8}$$

Dabei stellt m den Modulationsgrad dar und es gilt:

$$0 \leq m \leq 1 \tag{13.9}$$

Bild 13.22 zeigt das amplitudenmodulierte Signal $s_{AM}(t)$, wobei ohne Einschränkung der Allgemeinheit $\varphi_0 = 0$ angesetzt wurde. Die Information des Modulationssignals $s_{mod}(t)$ steckt dabei in der gedachten Hüllkurve.

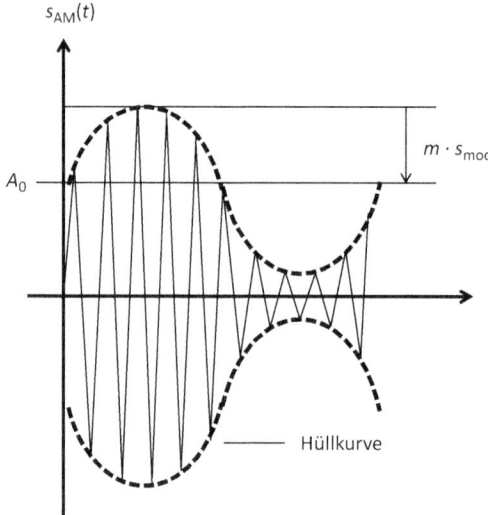

Bild 13.22
Amplitudenmoduliertes Signal im Zeitbereich

Die Demodulation kann relativ einfach durch eine Gleichrichtung von $s_{AM}(t)$ und anschließender Signalglättung realisiert werden. Aus Formel 13.8 lässt sich das Spektrum eines AM-Signals ableiten. Mit $\varphi_0 = 0$ folgt dann:

$$S_{AM}(f) = j \cdot \frac{A_0}{2} \cdot \left\{ \left[\delta(f + f_T) - \delta(f - f_T) \right] + m \cdot \left[S_{mod}(f + f_T) - S_{mod}(f - f_T) \right] \right\} \tag{13.10}$$

Bild 13.23 zeigt das Spektrum des Modulationssignals $S_{mod}(f)$ und das Spektrum des resultierenden AM-Signals $S_{AM}(f)$.

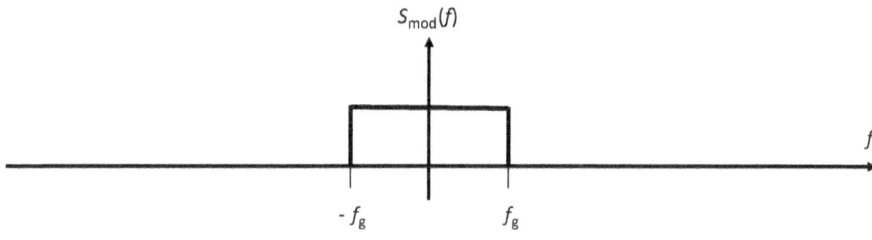

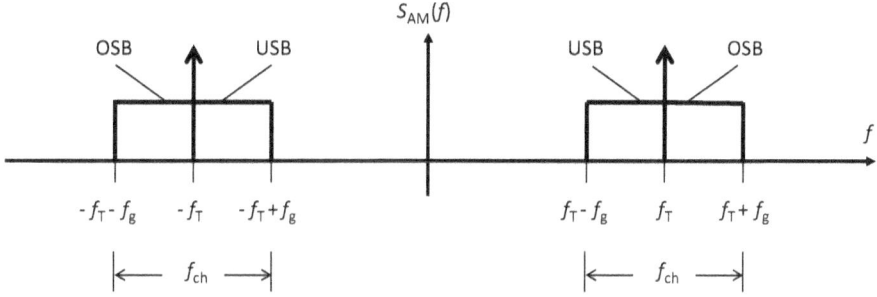

USB: unteres Seitenband; OSB: oberes Seitenband

Bild 13.23 Spektrum eines AM-Signals

Aus der spektralen Darstellung des AM-Signals wird deutlich, dass die Bandbreite f_{ch} des Übertragungskanals der doppelten Grenzfrequenz f_g des Modulationssignals entspricht.

$$f_{ch} = 2 \cdot f_g \tag{13.11}$$

Dieses ist bezüglich der Kanalnutzung nicht effizient. Die Informationen des Modulationssignals befinden sich nur in den beiden Seitenbändern. Beide Seitenbänder transportieren die gleiche Information. Die Signalanteile bei $\pm f_T$ übertragen keine Informationen, sondern erhöhen nur die benötigte Sendeleistung. Die folgenden Varianten der AM bewirken eine Reduktion der Sendeleistung, bzw. eine Reduktion der benötigten Kanalbandbreite. Bei diesen ist jedoch keine einfache Hüllkurvendemodulation (Gleichrichtung mit Signalglättung) mehr möglich. Es muss eine kohärente Demodulation erfolgen, das heißt, dass die Rückgewinnung des Basisbandsignals durch synchrone Abwärtsmischung erfolgen muss.

Im oberen Teil von Bild 13.24 ist das Spektrum einer **modifizierten Amplitudenmodulation** dargestellt. Das Trägersignal wurde dabei in seiner Amplitude reduziert, wodurch die notwendige Sendeleistung verringert wird. Das Trägersignal mit der reduzierten Amplitude kann am Empfänger zur Rückgewinnung des Demodulationsträgers genutzt werden. Für diese Modulationsart gilt die Bezeichnung Doppelseitenband-AM mit reduziertem Träger.

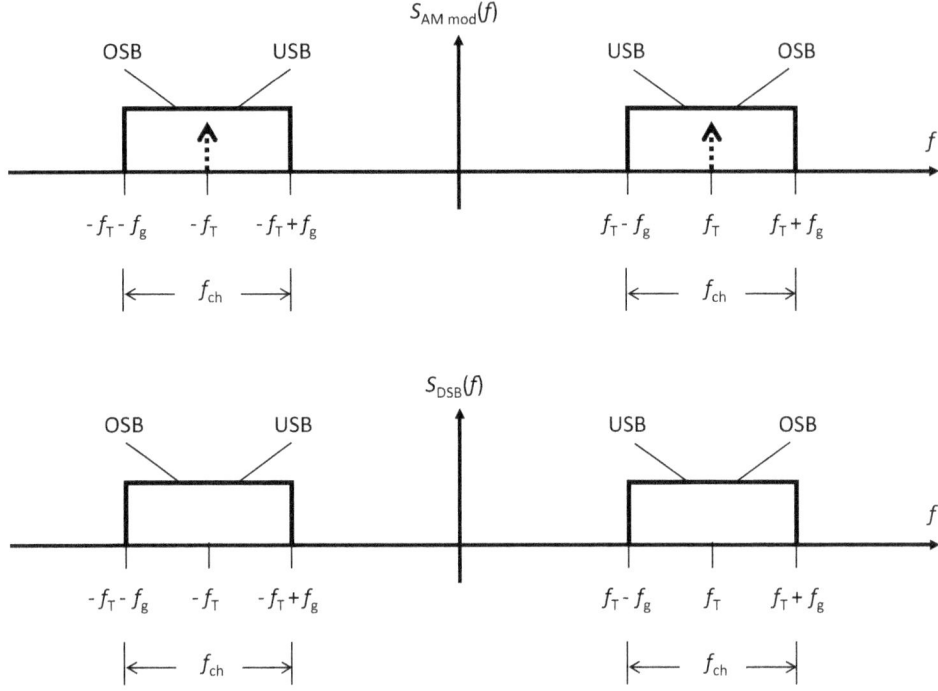

Bild 13.24 AM-Varianten zur Reduktion der notwendigen Sendeleistung

Im unteren Teil von Bild 13.24 ist das Trägersignal vollständig unterdrückt. Die empfängerseitige Rückgewinnung des Demodulationsträgers muss aus den Seitenbändern erfolgen. Diese Modulationsart wird als **Doppelseitenband-AM** mit unterdrücktem Träger bezeichnet.

Da beide Seitenbänder die gleichen Informationen beinhalten, ist es möglich, auf die Übertragung eines Seitenbandes zu verzichten. Im oberen Teil von Bild 13.25 ist das Spektrum einer solchen **Einseitenband-AM** [single side band (SSB)] dargestellt. In der Praxis stellen die Übertragung des oberen Seitenbandes oder des unteren Seitenbandes eine gleichwertige Realisierung dieser SSB-AM dar. Sie benötigt allerdings, wegen der zu realisierenden Filterflanke, eine minimale untere Grenzfrequenz f_{min} im Spektrum des Modulationssignals. Für die benötigte Kanalbandbreite gilt:

$$f_{ch} = f_g - f_{min} \tag{13.12}$$

Bei dieser Modulationsart wird kein Trägersignal übertragen. Als notwendige Sendeleistung wird nur die Leistung eines Seitenbandes benötigt. Die empfängerseitige Rückgewinnung eines Demodulationsträgers ist nicht möglich. Die Demodulation findet asynchron statt.

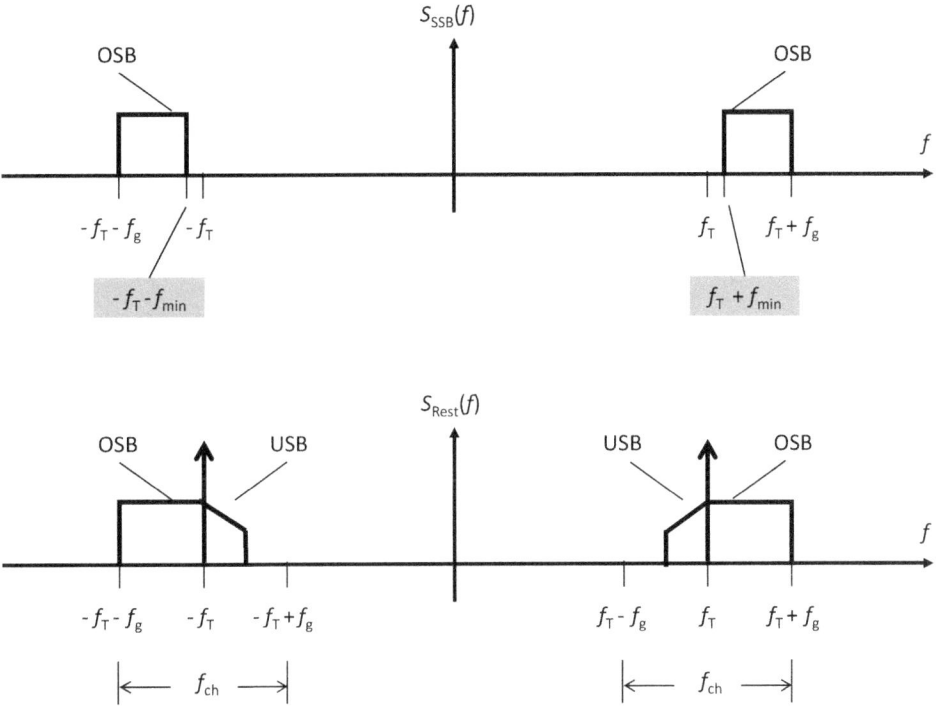

Bild 13.25 Varianten zur Reduktion der notwendigen Kanalbandbreite

Eine weitere Variante zur Reduktion der Kanalbandbreite stellt die **Restseitenband-AM** (RSB-AM) (Bild 13.25, unterer Teil) dar. Mithilfe eines Filters wird nur ein kleiner Bereich des nicht benötigten Seitenbandes übertragen. Eine untere Grenzfrequenz im Modulationssignal ist dabei nicht erforderlich. Das Trägersignal wird mitübertragen. Die Reduktion der benötigten Kanalbandbreite hängt maßgeblich von der Flankensteilheit des verwendeten Filters ab. Für die notwendige Kanalbandbreite gilt:

$$f_g \leq f_{ch} \leq 2 \cdot f_g \qquad (13.13)$$

Frequenzmodulation (FM)

Bei Frequenzmodulation (FM) ändert sich die Frequenz des Trägersignals f_T proportional zum Spannungsverlauf des Modulationssignals $s_{mod}(t)$. Der Phasenwinkel kann als konstant betrachtet werden und lässt sich für die weiteren Betrachtungen vernachlässigen. Das frequenzmodulierte Signal (FM-Signal) $s_{FM}(t)$ am Ausgang des Modulators ist sinusförmig, weist im Gegensatz zum AM-Signal eine konstante Amplitude auf und ist für jeden Zeitpunkt durch eine bestimmte Frequenz gekennzeichnet, wobei diese zwischen einem kleinsten und größten Wert liegt. Die Abweichung von der Trägerfrequenz wird als **Frequenzhub** Δf_T bezeichnet (Bild 13.26).

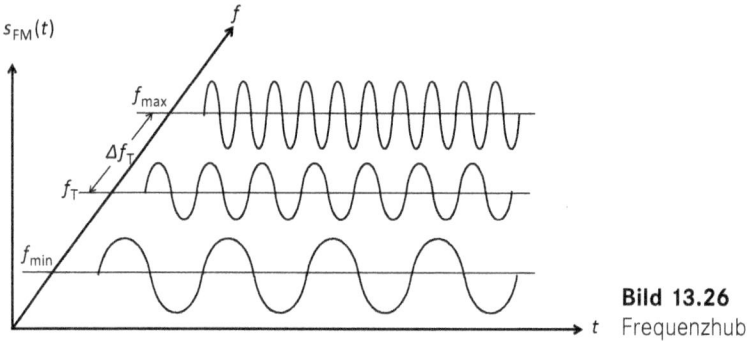

Bild 13.26 Frequenzhub

Für die Momentanfrequenz $f_{FM}(t)$ des FM-Signals folgt demnach:

$$f_{FM}(t) = f_T + \Delta f_T \cdot s_{mod}(t) \tag{13.14}$$

wobei das Modulationssignal $s_{mod}(t)$ die Amplitudenwerte zwischen -1 und 1 annimmt. Für die momentane Phase $\varphi(t)$ des FM-Signals ergibt sich dann:

$$\varphi(t) = 2\pi \cdot f_T \cdot t + 2\pi \cdot \Delta f_T \cdot \int_0^t s_{mod}(\tau) \cdot d\tau \tag{13.15}$$

Mit Formel 13.15 kann das FM-Signal im Zeitbereich wie folgt dargestellt werden:

$$s_{FM}(t) = A_0 \cdot \cos\left[2\pi \cdot f_T \cdot t + 2\pi \cdot \Delta f_T \cdot \int_0^t s_{mod}(\tau) \cdot d\tau\right] \tag{13.16}$$

Da sich die Frequenzmodulation nicht-linear verhält, kann aus einem beliebigen Spektrum $S_{mod}(f)$ nicht das Spektrum des FM-Signals analytisch bestimmt werden. Für die Berechnung des FM-Spektrums wird daher im Folgenden beim Modulationssignal von einer einzigen sinusförmigen Schwingung ausgegangen:

$$s_{mod}(t) = \cos(2\pi \cdot f_{mod} \cdot t) \tag{13.17}$$

Daraus folgt für das FM-Signal:

$$s_{FM}(t) = A_0 \cdot \cos\left[2\pi \cdot f_T \cdot t + \left(\frac{\Delta f_T}{f_{mod}}\right) \cdot \sin(2\pi \cdot f_{mod} \cdot t)\right] \tag{13.18}$$

Der Ausdruck

$$\frac{\Delta f_T}{f_{mod}} = M \tag{13.19}$$

stellt den Modulationsindex M dar. In Formel 13.18 tritt eine sin-Funktion im Argument einer cos-Funktion auf (Verkettung). Es gilt folgende Umformung:

$$s_{FM}(t) = A_0 \cdot \sum_{n=-\infty}^{\infty} J_n(M) \cdot \cos\left[2\pi \cdot (f_T + n \cdot f_{mod}) \cdot t\right] \tag{13.20}$$

Dabei stellen die Funktionen $J_n(M)$ **Besselfunktionen** 1. Art und n-ter Ordnung dar (Bild 13.27). Diese lassen sich durch folgende Funktion beschreiben:

$$J_n(M) = \frac{1}{\pi} \cdot \int_0^\pi \left[\cos(n \cdot \tau) - M \cdot \sin(\tau) \right] \cdot d\tau \qquad (13.21)$$

Außerdem gilt:

$$J_{-n}(M) = (-1)^n \cdot J_n(M) \qquad (13.22)$$

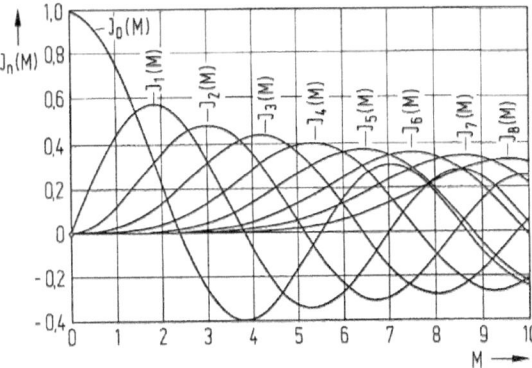

Bild 13.27
Besselfunktionen 1. Art und n-ter Ordnung

Aus Formel 13.20 kann mit Anwendung von Formel 13.21 und Formel 13.22 das FM-Spektrums für die Modulation mit einem sinusförmigen Signal abgeleitet werden:

$$S_{FM}(f) = \frac{A_0}{2} \cdot \sum_{n=-\infty}^{\infty} J_n(M) \cdot \left\{ \delta\left[f - (f_T + n \cdot f_{mod}) \right] + \delta\left[f + (f_T + n \cdot f_{mod}) \right] \right\} \qquad (13.23)$$

Aus Formel 13.23 wird ersichtlich, dass Seitenbänder n-ter Ordnung entstehen, die symmetrisch um das Trägersignal positioniert sind. Theoretisch entsteht ein Spektrum mit unendlicher Bandbreite. Die Leistung der Seitenbänder nimmt aber mit steigendem *n* ab. Bild 13.28 zeigt die spektralen Verhältnisse für verschiedene Werte von *M*. Je größer *M* ist, desto mehr Seitenbänder erscheinen mit relevanten Leistungsanteilen.

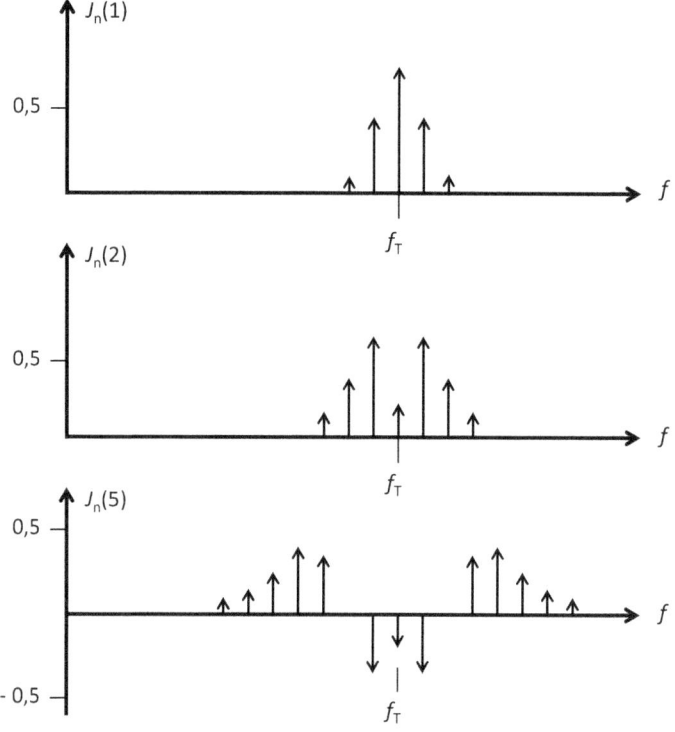

Bild 13.28 FM-Spektrum bei unterschiedlichen Modulationsindizes

Die praktisch relevante Bandbreite kann durch die **Carson-Näherung** angegeben werden:

$$B_{FM} = 2 \cdot (\Delta f_T + f_{mod}) \tag{13.24}$$

Innerhalb dieser Bandbreite befindet sich 90 % der gesamten Sendeleistung. Eine Vergrößerung des Frequenzhubes führt zu einer Vergrößerung der Bandbreite, was jedoch bei der Demodulation zu einem besseren Signal-Stör-Abstand führt. Im Gegensatz zu den Amplitudenmodulationen kann bei der FM durch Variation der Bandbreite der Signal-Stör-Abstand beeinflusst werden.

Die Demodulation von FM-Signalen erfolgt mithilfe eines Phasenregelkreises. Das FM-Signal gelangt dabei zu einem Komparator für den Phasenvergleich. Als Referenzfrequenz dient das Signal eines spannungsgesteuerten Oszillators [voltage controlled oscillator (VCO)]. Dessen Steuerspannung ergibt sich aus dem Ausgangssignal des Komparators nach entsprechender Verarbeitung (Bild 13.29).

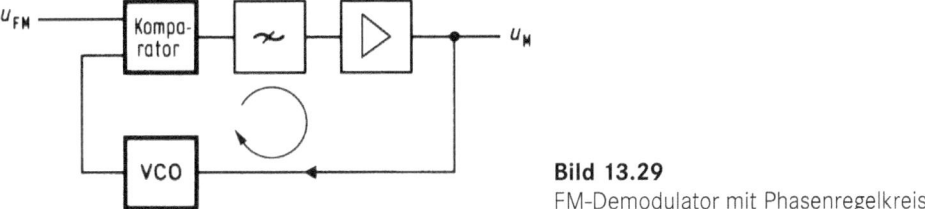

Bild 13.29
FM-Demodulator mit Phasenregelkreis

Der Regelkreis ist so eingestellt, dass bei der Trägerfrequenz auch der VCO diese Frequenz erzeugt. Damit ist die Ausgangsspannung null. Jede Variation der Frequenz des Eingangssignals bewirkt ein Ausgangssignal beim Komparator. Über den Tiefpass wird der VCO angesteuert. Er führt seine Frequenz damit auf die Eingangsfrequenz nach. Die Ausgangsspannung der PLL-Schaltung entspricht deshalb dem Modulationssignal.

Phasenmodulation (PM)

Bei der Phasenmodulation wird im Gegensatz zur FM nicht die Frequenz, sondern der Phasenwinkel des Trägersignals proportional zum Modulationssignal $s_{mod}(t)$ verändert. Die Abweichung aus der Ruhelage wird deshalb als Phasenhub $\Delta\varphi_T$ bezeichnet. Mit

$$s_{mod}(t) = \sin(2\pi \cdot f_{mod} \cdot t) \tag{13.25}$$

folgt für das PM-Signal im Zeitbereich:

$$s_{PM}(t) = A_0 \cdot \sin\left[2\pi \cdot f_T \cdot t + \Delta\varphi_T \cdot \sin(2\pi \cdot f_{mod} \cdot t)\right] \tag{13.26}$$

Es ist eine der Frequenzmodulation vergleichbare Signalstruktur gegeben. Der Vorteil von PM gegenüber FM besteht darin, dass bei gleichen Randbedingungen ein kleinerer Störabstand für die bestimmungsgemäße Funktion ausreicht.

13.3.3 Analoges Modulationssignal/pulsförmiges Trägersignal

Anstelle sinusförmiger Trägersignale sind auch rechteckförmige Pulsfolgen als digitale Trägersignale möglich. Diese können einfach erzeugt werden und lassen sich gemäß Fourier-Analyse auf die Überlagerung von Sinuskurven unterschiedlicher Frequenz und Amplitude zurückführen.

Für die Modulation stehen bei einem solchen Trägersignal die Pulsamplitude, die Pulsfrequenz, die Pulsphase und die Pulsdauer als Parameter zur Verfügung. Es liegen also bei dieser Pulsmodulation vergleichbare Verhältnisse wie bei analogen Trägern vor. Es lassen sich deshalb folgende Modulationsvarianten unterscheiden:

- Pulsamplitudenmodulation (PAM),
- Pulsfrequenzmodulation (PFM),
- Pulsphasenmodulation (PPM),
- Pulsdauermodulation (PDM).

Pulsmodulation wird nur bei leitungsgebundener Übertragung verwendet, da sich pulsförmige Träger für Funkanwendungen nicht realisieren lassen.

Pulsamplitudenmodulation (PAM)

Bei der Pulsamplitudenmodulation variieren die Amplituden der Pulsfolge im Rhythmus des Modulationssignals, während Pulsfrequenz, Pulsphase und Pulsdauer konstant bleiben. Dies kann auch als Abtastung verstanden werden, also der Feststellung des Amplitudenwertes des Modulationssignals in konstanten Zeitabständen (Bild 13.30).

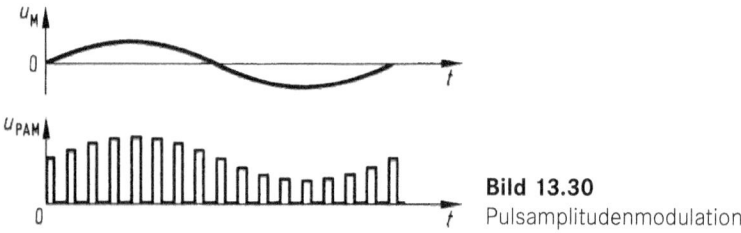

Bild 13.30
Pulsamplitudenmodulation

Pulsfrequenzmodulation (PFM)

Das Konzept der Frequenzmodulation ist auch bei digitalem Träger anwendbar. Dabei stellt die Zahl der Impulse pro Zeiteinheit ein Maß für den zu übertragenden Wert des Modulationssignals dar. Bei großen Werten des Modulationssignals liegen die Pulse dicht beieinander, während die Abstände zu kleineren Spannungswerten hin größer werden (Bild 13.31).

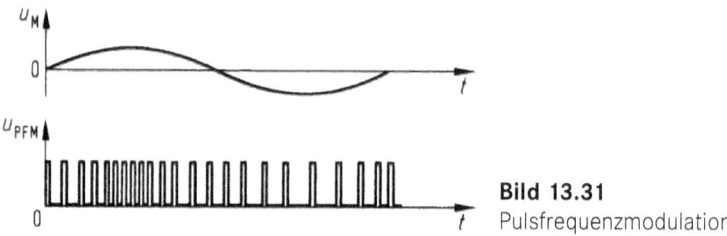

Bild 13.31
Pulsfrequenzmodulation

Pulsphasenmodulation (PPM)

Geht man von konstanten Intervallen beim pulsförmigen Trägersignal aus, dann kann die Information auch durch die Phasenlage der Pulse ausgedrückt werden (Bild 13.32).

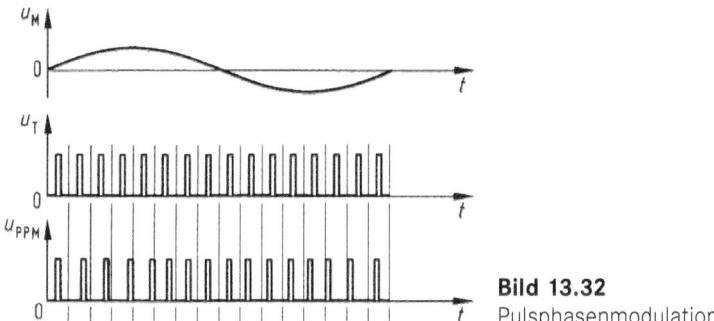

Bild 13.32
Pulsphasenmodulation

Abhängig vom Modulationssignal ändert sich die Lage der Pulse im Intervall.

Pulsdauermodulation (PDM)

Bei den bisher behandelten Pulsmodulationsverfahren wird stets mit Pulsen gearbeitet, die die gleiche Zeitdauer aufweisen. Wird diese nun in Abhängigkeit vom Modulationssignal variiert, dann ergibt sich Pulsdauermodulation (Bild 13.33). Wie bei der PPM sind auch hier konstante Zeitintervalle erforderlich, damit für den jeweiligen Puls eine Bezugsgröße gegeben ist.

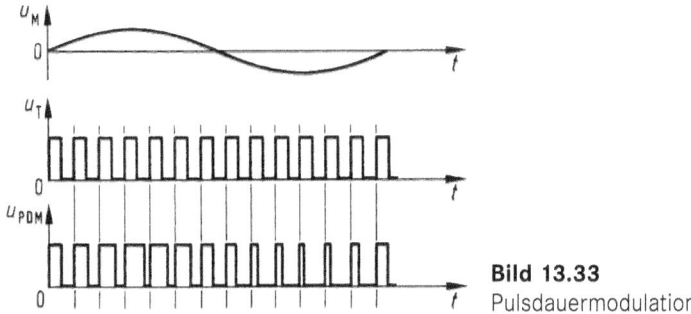

Bild 13.33
Pulsdauermodulation

13.3.4 Digitale Modulation im Basisband

Bei den bisher dargestellten Verfahren der Pulsmodulation wird stets ein Parameter des digitalen Trägersignals gemäß dem Verlauf des analogen Modulationssignals variiert. Dies führt zu einer begrenzten Störfestigkeit bei der Übertragung.

Diese Situation lässt sich erheblich verbessern, wenn das analoge Modulationssignal in ein digitales Signal gewandelt wird, bei dem Bitfolgen auftreten, die von festgelegten Abtastzeitpunkten und Wertestufen für das Modulationssignal abhängen. Diese Art der Modulation findet im Basisband statt, es wird also kein Trägersignal verwendet.

Die einfachste Form der digitalen Modulation im Basisband wird als **Pulscodemodulation** [pulse code modulation (PCM)] bezeichnet. Sie umfasst stets drei Schritte, nämlich die Zeitquantisierung, die Wertequantisierung und die Codierung.

Bei der **Zeitquantisierung** handelt es sich um die bereits bekannte Abtastung des analogen Modulationssignals in konstanten Zeitintervallen. Für die dabei möglichen Amplitudenwerte erfolgt als zweiter Schritt die Festlegung von Werteintervallen. Diese als **Wertequantisierung** bezeichnete Einteilung kann über den gesamten Wertebereich konstant sein oder variable Stufungen aufweisen. Jeder Abtastwert lässt sich somit einem Werteintervall zuordnen.

Der letzte Schritt ist dann die Verknüpfung dieser Werteintervalle mit Codeworten, also Bitfolgen definierter Länge (Bild 13.34). Deren Stellenzahl ist davon abhängig, wie viele quantisierte Wertebereiche unterscheidbar sein sollen. Bei einer größeren Zahl von Quantisierungsstufen sind längere Codeworte erforderlich als bei gröberer Stufung des Wertebereichs. Dies ist einsichtig, weil jeder Wert nach der Übertragung unterscheidbar sein muss.

Die Qualität einer Pulscodemodulation ist unmittelbar von der Zahl der Quantisierungsintervalle im Zeit- und Wertebereich abhängig. Je feiner die Stufung im Zeitbereich, umso mehr Codeworte müssen pro Zeiteinheit übertragen werden. Dagegen erfordert eine große Zahl von Intervallen im Wertebereich längere Codeworte, damit jede Stufung unterscheidbar ist. Für die entstehende Bitrate ergibt sich damit der folgende Zusammenhang:

$$\text{Bitrate} = \text{Abtastfrequenz} \cdot \text{Codewortlänge} \tag{13.27}$$

Im Wertebereich kann es für verschiedene Anwendungen sinnvoll sein, kleine und große Werte unterschiedlich zu quantisieren. Dies wird durch größere und kleinere Intervalle realisiert, wobei große Intervalle zu einer entsprechend geringeren Genauigkeit der Abbildung des analogen Signals führen, während kleine Intervalle größere Genauigkeit ergeben. Diese Form wird als **nicht-lineare Quantisierung** bezeichnet, während es sich bei gleichen Intervallen im Wertebereich um **lineare Quantisierung** handelt.

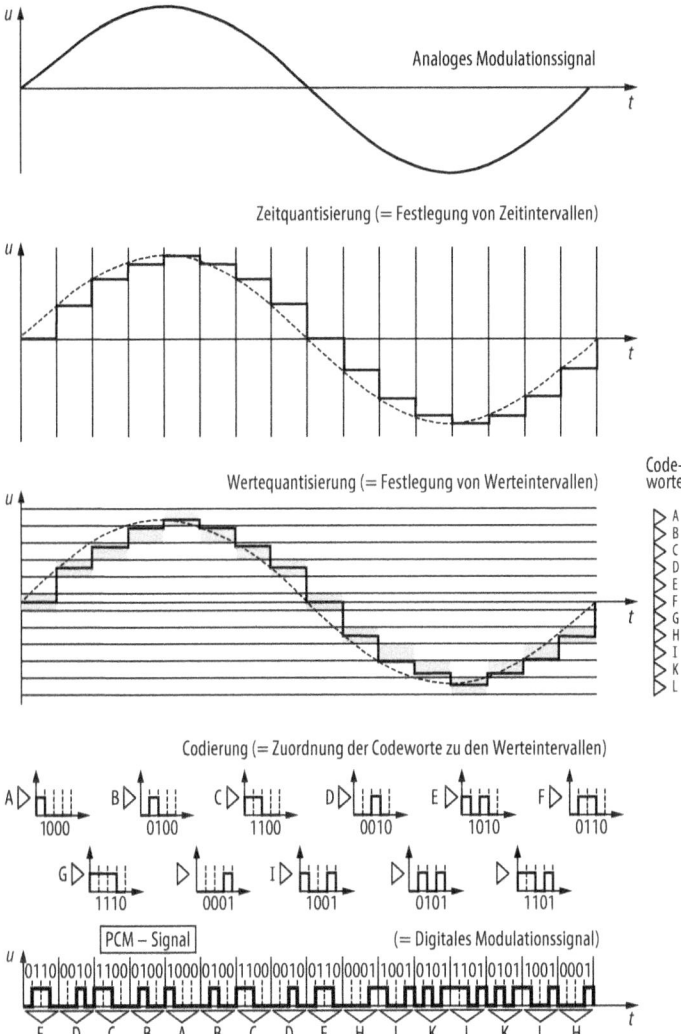

Bild 13.34 Prinzip der Pulscodemodulation

Die Amplitudenquantisierung des analogen Modulationssignals führt zu Fehlern, die statistischen Charakter haben. Diese können als Rauschsignal betrachtet werden, das dem korrekten Modulationssignal überlagert wird. Das Verhältnis vom Effektivwert dieses Quantisierungsrauschens und dem Effektivwert des Modulationssignals bildet den Signal-Rausch-Abstand, der durch die Quantisierung der Amplitude entsteht. Für ein Sinussignal bei Vollaussteuerung und einer linearen Quantisierung folgt für den Signal-Rausch-Abstand [signal to noise ratio (SNR)]:

$$SNR_{dB} = 6{,}02 \cdot n + 1{,}76 \, \text{dB} \tag{13.28}$$

Es gilt:

$$M = 2^n \tag{13.29}$$

mit
M = Zahl der Amplitudenstufen
n = Zahl der Bits des Codewortes

Durch die Quantisierung der Amplitude findet bei der PCM eine Reduktion der Irrelevanz statt, die Redundanz bleibt jedoch erhalten, weil sich der Signalwert von Abtastung zu Abtastung im Regelfall nur wenig ändert. Durch Redundanzreduktion lässt sich die Bitrate des zu übertragenden Signals verringern.

Eine dafür geeignete Variante der PCM ist die **Differenz-Pulscodemodulation** [differential pulse code modulation (DPCM)]. Diese arbeitet mit prädiktiver Codierung und bedeutet, dass mit einer als Prädiktor bezeichneten Funktionseinheit jeweils aus dem vorangegangenen Abtastwert und unter Einbeziehung statistischer Abhängigkeiten ein Vorhersagewert für die nächste Abtastung gebildet wird. Dann erfolgt die Bildung des Differenzwertes zwischen dem aktuellen Signalwert und dem vorhergesagten Schätzwert für die nächste Abtastung. Die nachfolgende Codierung der quantisierten Differenzwerte ermöglicht nun kürzere Codeworte, was zu einer Reduzierung der Bitrate führt.

Auf der Empfangsseite werden mithilfe des dort eingesetzten Prädiktors ebenfalls Vorhersagewerte gewonnen, diese dann zu den übertragenen Differenzwerten addiert und damit das ursprüngliche Signal rekonstruiert. Auf diese Weise wird die Funktion des sendeseitigen Prädiktors wieder aufgehoben (Bild 13.35).

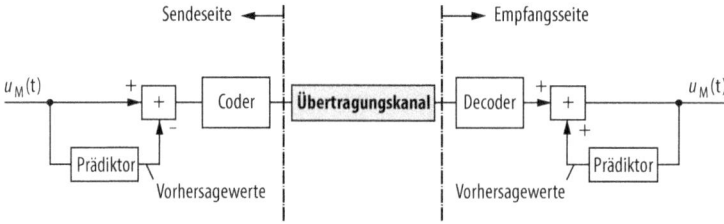

Bild 13.35 Funktionsprinzip der DPCM

Erfolgt die Skalierung der Wertequantisierung abhängig vom Verlauf des analogen Signals, dann handelt es sich um **adaptive Differenz-Pulscodemodulation** [adaptive differential pulse code modulation (ADPCM)].

Der einfachste Fall einer DPCM liegt vor, wenn 1-Bit-Codeworte verwendet werden, was zwei Intervalle im Wertebereich bedeutet. Damit lässt sich allerdings nur die Vorhersage übertragen, dass der nächste Abtastwert kleiner oder größer ist als der aktuelle Wert. Diese Variante wird als **Deltamodulation** (DM) bezeichnet. Gegenüber DPCM und ADPCM bewirkt diese eine noch kleinere Bitrate, weist allerdings dafür eine größere Ungenauigkeit auf. Außerdem wird eine größere Abtastfrequenz benötigt.

Bei der **adaptiven Deltamodulation** (ADM) wird als Vergleichswert nicht der unmittelbar vorangegangene Abtastwert verwendet, sondern ein nach einem Algorithmus errechneter Wert. Das führt zu einer größeren Dynamik, weil die Werteintervalle dem Signalverlauf angepasst werden.

13.3.5 Digitales Modulationssignal/sinusförmiges Trägersignal

Bei digitalen Modulationssignalen treten ausschließlich diskrete Werte in einem konstanten Zeitraster auf. Dadurch ergeben sich unstetige Änderungen der Parameter des analogen Trägersignals (Amplitude, Frequenz, Phase) und ermöglichen die Übertragung entsprechender Bitraten. Während bei den analogen Modulationsverfahren die Bandbreite und der erforderliche Störabstand die wesentlichen Kriterien darstellen, sind es bei den digitalen Modulationsverfahren die übertragbare Bitrate und die für eine störungsfreie Übertragung zulässige Bitfehlerrate (BER). Um die zulässige Bitfehlerrate nicht zu überschreiten, darf der Störabstand einen Mindestwert nicht unterschreiten. Es wird dafür im Regelfall der Träger-Rausch-Abstand C/N angegeben.

Einfache Umtastverfahren

Bei der **Amplitudenumtastung** [amplitude shift keying (ASK)] handelt es sich um eine Amplitudenmodulation mit rechteckförmigem Modulationssignal. Der Modulationsgrad wird dabei an den Übergängen zwischen 0 und 1 sprunghaft geändert, was auch die Bezeichnung digitale Amplitudenmodulation erklärt. Die Hüllkurve besitzt einen rechteckförmigen Verlauf, wobei der Modulationsgrad zwischen 0 und 1, aber auch zwischen 0,1 und 0,9 oder 0,2 und 0,8 variieren kann (Bild 13.36).

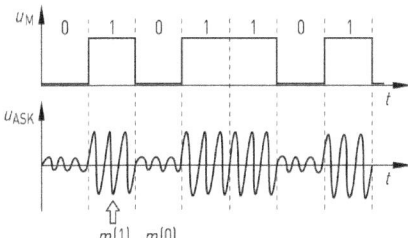

Bild 13.36
Amplitudenumtastung

Während bei ASK die Amplitude gemäß des zweiwertigen Modulationssignals geändert wird, gilt dies bei der **Frequenzumtastung** [frequency shift keying (FSK)] für die Frequenz. Bezogen auf ein zweiwertiges Modulationssignal treten am Ausgang eines FSK-Modulators die Frequenzen $f_T + \Delta f$ und $f_T - \Delta f$ auf (Bild 13.37).

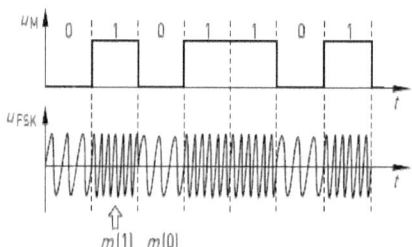

Bild 13.37
Frequenzumtastung

Die Frequenzänderung muss so gewählt werden, dass durch den Demodulator die beiden Frequenzen bis zu einem festgelegten C/N-Wert unterscheidbar sind.

Bei der **Phasenumtastung** [phase shift keying (PSK)] ändert sich die Phasenlage des Trägersignals sprunghaft, wobei für jeden Zustand 0 und 1 ein definierter Wert gegeben ist. Wird eine Bitfolge übertragen, dann treten bei jedem Wechsel zwischen 0 und 1 Phasensprünge von 180 Grad auf (Bild 13.38). Es handelt sich dann um zweiwertige Phasenumtastung, üblicherweise als 2-PSK oder BPSK [binary phase shift keying] bezeichnet.

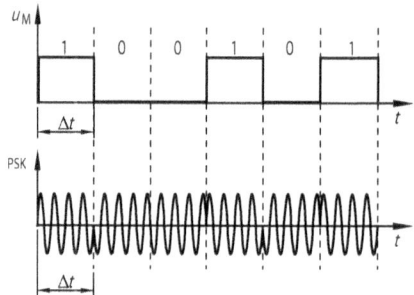

Bild 13.38
Phasenumtastung

In den vorstehenden Bildern besitzt das Modulationssignal $s_M(t)$ zwei Amplitudenstufen. Damit wird pro Symbol ein Bit übertragen. Die Übertragungsrate lässt sich durch die Einführung von mehreren Amplitudenstufen im Modulationssignal erhöhen. Mit 2^n Amplitudenwerten lassen sich dann pro Symbol n Bits übertragen. Dafür wird jedoch ein Übertragungskanal mit einem besseren C/N-Wert benötigt.

Quadratur-Amplitudenmodulation (QAM)

Im Folgenden wird die Quadratur-Amplitudenmodulation systemtheoretisch dargestellt, wie sie bei den Übertragungsverfahren DVB-S/S2 und DVB-C verwendet wird. Gegenüber den Verfahren der einfachen Umtastung wird hier eine komplexe Aufwärtsmischung als *I/Q*-Modulation verwendet. Dadurch kann die Bandbreite des Übertragungskanals optional genutzt werden. Allerdings stellt diese Methode erhöhte Anforderungen an die Qualität des Übertragungskanals.

Um die Datenübertragung im Trägerfrequenzbereich verstehen zu können, muss zunächst die Datenübertragung im Basisband (Tiefpassbereich) behandelt werden. Hierzu wird im ersten Schritt ein idealer Tiefpass verwendet, der zwar technisch nicht realisierbar ist, jedoch das Prinzip der Datenübertragung im Basisband korrekt darstellt. Ein idealer Tiefpass mit der Grenzfrequenz f_0 besitzt folgende Übertragungsfunktion:

$$H_{TP}(f) = \begin{cases} 1, |f| \leq f_0 \\ 0, |f| > f_0 \end{cases} \tag{13.30}$$

Der Phasengang ist dabei ohne Einschränkung der Allgemeinheit zu Null definiert. Mithilfe der Fourier-Rücktransformation kann die Impulsantwort eines idealen Tiefpasses bestimmt werden:

$$h_{TP}(t) = 2 \cdot f_0 \cdot si(2\pi \cdot f_0 \cdot t) \tag{13.31}$$

Wird an den Eingang eines idealen Tiefpasses ein Dirac-Impuls mit der Gewichtung *a* bei *t* = 0 gegeben, dann entsteht als Ausgangssignal die Impulsantwort nach Formel 13.31, jedoch ebenfalls mit dem Gewichtungsfaktor *a* (Bild 13.39). Die Dateninformation steckt in dem Gewichtungsfaktor *a* und kann am Ausgang des idealen Tiefpasses durch synchrone Nachabtastung an der Stelle *t* = 0 zurückgewonnen werden.

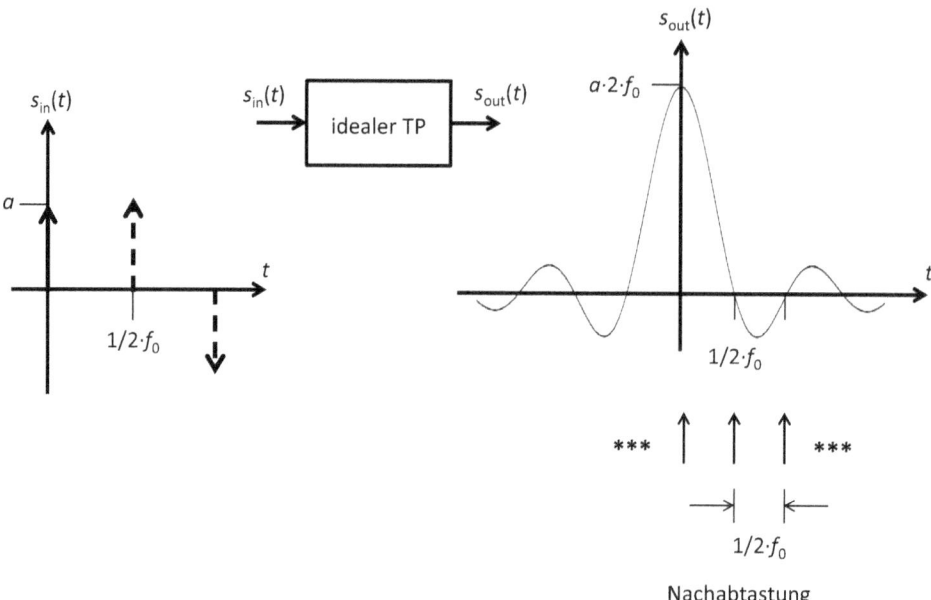

Bild 13.39 Prinzip der Datenübertragung in Tiefpässen

Weitere gewichtete Dirac-Impulse können an den Nullstellen der Impulsantwort, also im Abstand von $1/2 \cdot f_0$, folgen. Dieses ist in Bild 13.41 im Zusammenhang mit einem Nyquist-Tiefpass genauer dargestellt. Da ein idealer Tiefpass nicht realisierbar ist, wird im Weiteren die Datenübertragung im Basisband mit einem technisch realisierbaren Nyquist-Tiefpass behandelt.

Bild 13.40 zeigt nochmals im linken, oberen Teil die Übertragungsfunktion eines idealen Tiefpasses $H_{TP}(f)$ jetzt mit der Grenzfrequenz f_{Ny}. Wird $H_{TP}(f)$, gemäß Formel 13.32, mit der Formungsfunktion $W(f)$ gefaltet (Faltung im Frequenzbereich), dann entsteht die Übertragungsfunktion eines Tiefpasses mit Nyquist-Flanke (Bild 13.40 unten).

$$H_{Ny}(f) = H_{TP}(f) \cdot W(f) \tag{13.32}$$

Ohne Einschränkung der Allgemeinheit wird angenommen, dass $H_{Ny}(f)$, $H_{TP}(f)$ und $W(f)$ jeweils einen Phasengang von Null aufweisen. In realen Systemen besitzen diese Teilfrequenzgänge einen linearen Phasengang, was dazu führt, dass die Ausgangssignale gegenüber den Eingangssignalen nur eine Verzögerung aufweisen. Die Bedingung an die Formungsfunktion $W(f)$ ist, dass sie einen symmetrischen Verlauf zur y-Achse aufweisen muss.

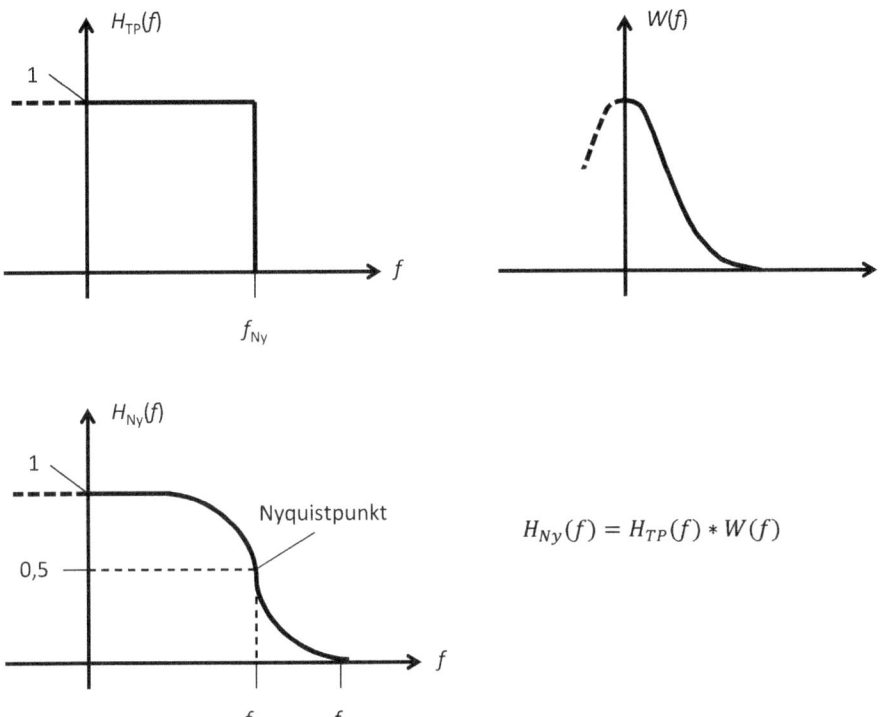

Bild 13.40 Realisierung eines Tiefpasses mit Nyquist-Flanke

Die Übertragungsfunktion des so definierten Nyquist-Tiefpasses weist bei $f=f_{Ny}$ einen Betrag von 0,5 auf. Die Flanke verläuft punktsymmetrisch zur Frequenz f_{Ny}. Gegenüber dem idealen Tiefpass entsteht jetzt die Grenzfrequenz f_{ch}, die größer ist als f_{Ny}. Die Datenübertragung über einen Tiefpass mit Nyquist-Flanke benötigt daher immer eine größere Bandbreite als die Datenübertragung über einen idealen Tiefpass. Dafür ist die empfängerseitige Datenrückgewinnung mit Nyquist-Filter robuster, was durch Formel 13.35 erläutert wird.

Die Impulsantwort eines Nyquist-Tiefpasses kann aus Formel 13.32 durch Fourier-Rücktransformation hergeleitet werden. Da in Formel 13.32 eine Faltung auftritt, führt dieses im Zeitbereich zu einer Multiplikation. Ein idealer Tiefpass mit der Grenzfrequenz f_{Ny} besitzt die Impulsantwort:

$$h_{TP}(t) = 2 \cdot f_{Ny} \cdot si(2\pi \cdot f_{Ny} \cdot t) \tag{13.33}$$

Die Formungsfunktion $W(f)$ korrespondiert mit der Impulsantwort $w(t)$:

$$w(t) \Leftrightarrow W(f) \tag{13.34}$$

Damit folgt für die Impulsantwort des Nyquist-Tiefpasses:

$$h_{Ny}(t) = h_{TP} \cdot w(t) = 2 \cdot f_{Ny} \cdot si(2\pi \cdot f_{Ny} \cdot t) \cdot w(t) \tag{13.35}$$

Die Impulsantwort des Nyquist-Tiefpasses besitzt die gleichen Nullstellen wie die Impulsantwort des zugehörigen idealen Tiefpasses. Durch die Multiplikation mit $w(t)$ klingen die Impulse beim Nyquist-Filter jedoch schneller ab und beeinflussen sich daher weniger. Das ist der Grund für die höhere Robustheit bei der Datenrückgewinnung im Empfänger, wenn die zeitlichen Positionen der Nachabtastung nicht korrekt einbehalten werden (Abtast-Jitter).

Die Steilheit der Nyquist-Flanke wird durch den Roll-off-Faktor r bestimmt:

$$r = \frac{(f_g - f_{Ny})}{f_{Ny}} \tag{13.36}$$

Wird einem Nyquist-Tiefpass eine Dirac-Impulsfolge $s(t)$ zugeführt

$$s(t) = \sum_{i=-\infty}^{\infty} \delta\left(t - \frac{i}{2 \cdot f_{Ny}}\right) \tag{13.37}$$

dann ergibt sich das Ausgangssignal $g(t)$ gemäß Bild 13.41:

$$g(t) = \sum_{i=-\infty}^{\infty} h_{Ny}\left(t - \frac{i}{2 \cdot f_{Ny}}\right) \tag{13.38}$$

Das Ausgangssignal $g(t)$ ergibt sich als Überlagerung der Impulsantworten im zeitlichen Abstand von $0{,}5 \cdot f_{Ny}$. Da die Dirac-Impulse in Formel 13.37 die gleichen Amplituden aufweisen, treten in $g(t)$ die Einzelimpulse ebenfalls mit der gleichen Amplitude auf. Es findet somit noch keine Datenübertragung statt. Die einzelnen Impulsantworten sind orthogonal zueinander, das heißt, dass im Maximum eines Impulses alle anderen Impulse eine Nullstelle besitzen. Dieses aber gilt nur für einen Eingangs-Impulsabstand von:

$$t = \frac{1}{2 \cdot f_{Ny}} \tag{13.39}$$

Zur Datenübertragung werden die einzelnen Dirac-Impulse jeweils mit den Faktoren a_i gewichtet:

$$s_D(t) = \sum_{i=-\infty}^{\infty} a_i \cdot \delta\left(t - \frac{i}{2 \cdot f_{Ny}}\right) \tag{13.40}$$

Damit folgt für das Ausgangssignal $g_D(t)$:

$$g_D(t) = \sum_{i=-\infty}^{\infty} a_i \cdot h_{Ny}\left(t - \frac{i}{2 \cdot f_{Ny}}\right) \tag{13.41}$$

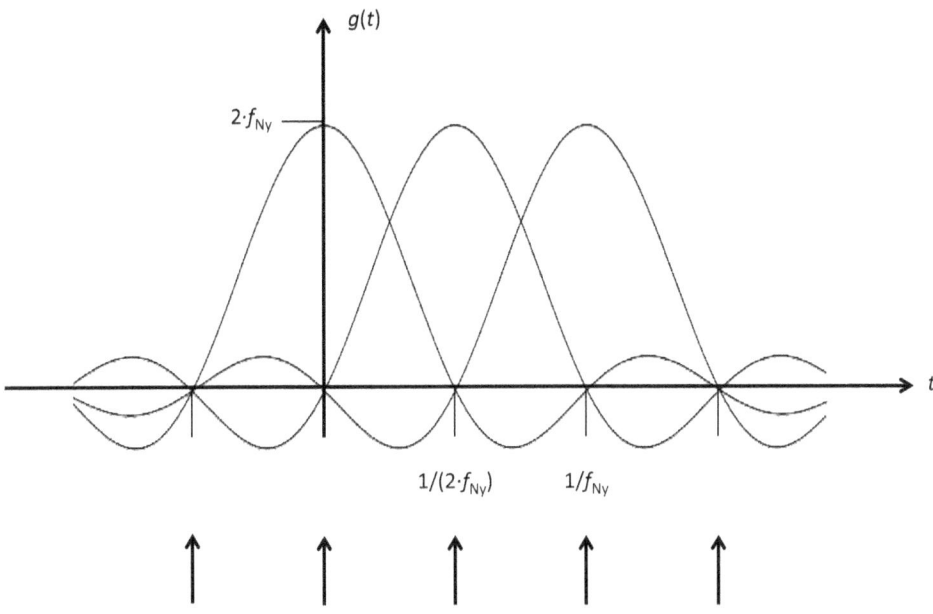

Bild 13.41 Orthogonalität der Impulsantworten

Wird das Signal $g_D(t)$ empfängerseitig zu den Zeitpunkten entsprechend der Vielfachen von $½f_{Ny}$ abgetastet (Bild 13.41), können die Daten a_i zurückgewonnen werden. Dieses ist möglich, weil die einzelnen Impulsantworten orthogonal zueinander positioniert sind. Aufgrund des Abstands der einzelnen Impulse von $½f_0$ ergibt sich die Symbolrate SR:

$$SR = 2 \cdot f_{Ny} \tag{13.42}$$

Besitzen die Gewichtungsfaktoren a_i n Amplitudenstufen, entsteht damit eine Datenrate von:

$$DR = ld(n) \cdot 2 \cdot f_{Ny} \tag{13.43}$$

Die Datenübertragung mit gewichteten Dirac-Impulsen ist nur systemtheoretisch möglich. Dirac-Impulse lassen sich aufgrund ihrer unendlichen Amplitude und unendlich kurzen Dauer nicht realisieren. In der Praxis verwendet man daher sogenannte Sample & Hold-Signale, die einen stufenförmigen Verlauf besitzen. Ein Amplitudenwert a_i wird bis zum nächsten Amplitudenwert gehalten. Ein solches Sample & Hold-Signal kann aus der Signalfolge nach Formel 13.40 wie folgt erzeugt werden:

$$s_{SH}(t) = s_D(t) \cdot \left[\frac{1}{2 \cdot f_{Ny}} \cdot rect_{\frac{1}{2 \cdot f_{Ny}}}(t) \right] \quad (13.44)$$

Für das Spektrum des Sample & Hold-Signals ergibt sich dann:

$$S_{SH}(f) = S_D(f) \cdot \frac{1}{2 \cdot f_{Ny}} \cdot si\left[2\pi \cdot f \cdot \frac{1}{4 \cdot f_{Ny}} \right] \quad (13.45)$$

Das Spektrum $S_{SH}(f)$ des Sample & Hold-Signals zeichnet sich gegenüber dem Spektrum der Dirac-Folge $S_D(f)$ durch eine additive Tiefpassfilterung mit si-Charakter aus. Ohne weitere Maßnahmen würde das am Empfänger zu Fehlern bei der Datenrückgewinnung führen. Wird diese Tiefpassfilterung auf der Sendeseite bis zur Grenzfrequenz des Nyquist-Filters kompensiert (si-Entzerrung), liefert die Datenübertragung mit $s_{SH}(t)$ exakt die gleichen Signale am Ausgang des Nyquist-Filters, als hätte man die Datenübertragung mit $s_D(t)$ realisiert.

Bild 13.42 zeigt die komplette Datenübertragung im Basisband, das heißt ohne Einbeziehung von Modulation und Demodulation.

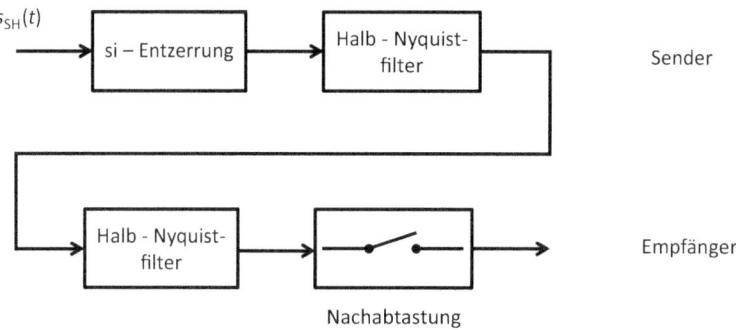

Bild 13.42 Prinzip der Datenübertragung im Basisband

Die Nyquist-Filterung ist senderseitig und empfängerseitig jeweils als Halb-Nyquist-Filterung realisiert. In der Kaskadierung der beiden Teilfilter entsteht eine Nyquist-Filterung vor der empfängerseitigen Nachabtastung. Das Halb-Nyquist-Filter am Sender übernimmt zusätzlich die Funktion der Bandbegrenzung auf die Bandbreite des Übertragungskanals. Das empfängerseitige Halb-Nyquist-Filter bewirkt zusätzlich die Kanalselektion und verhindert die unnötige Einströmung von Rauschen. Der Abtasttakt für die synchrone Nachabtastung wird aus dem Datenstrom gewonnen.

Im Weiteren wird nun die I/Q-Modulation separat und zunächst ohne die Datensignale betrachtet (Bild 13.43). Die Spektren $S_I(f)$ (Inphase-Komponente; I-Signal) und $S_Q(f)$ (Quadratur-Komponente; Q-Signal) seien auf f_g bandbegrenzt. Der Übertragungskanal bleibt zunächst unberücksichtigt, das bedeutet, dass Modulator und Demodulator direkt miteinander verbunden sind.

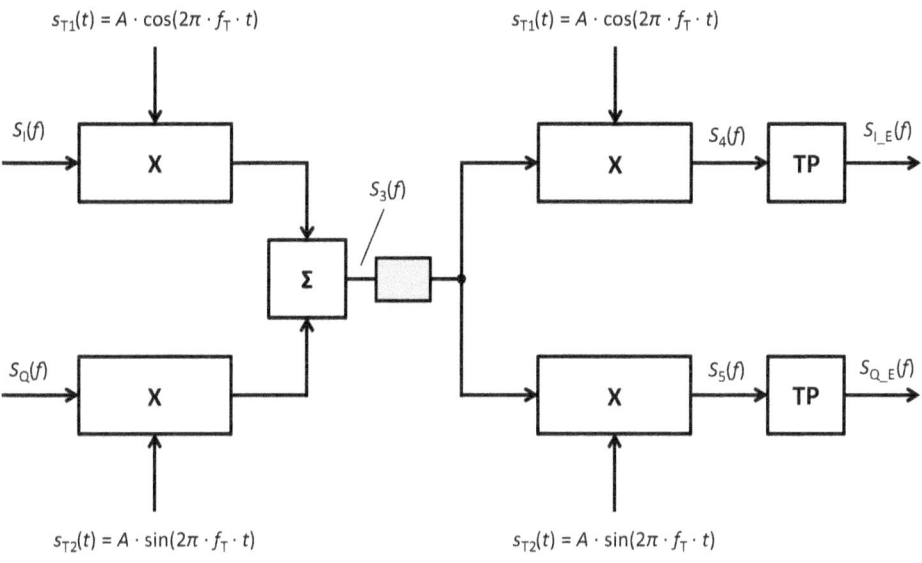

Σ: Addierer
X: Multiplizierer
TP: Tiefpass mit $f_g \ll f_T$

☐ Übertragungskanal

Bild 13.43 Prinzip der I/Q-Modulation und Demodulation

Für das Zeitbereichssignal am Ausgang des Modulators folgt:

$$s_3(t) = s_I(t) \cdot A \cdot \cos(2\pi \cdot f_T \cdot t) + s_Q(t) \cdot A \cdot \sin(2\pi \cdot f_T \cdot t) \tag{13.46}$$

Damit kann das dazu gehörige Spektrum bestimmt werden:

$$S_3(f) = \frac{A}{2} \cdot [S_I(f - f_T) + S_I(f + f_T) - j \cdot S_Q(f - f_T) + j \cdot S_Q(f + f_T)] \tag{13.47}$$

Das Spektrum $S_3(f)$ benötigt eine Kanalbandbreite von $2f_g$ (Bild 13.44). Die Teilspektren der *I*- und *Q*-Komponente belegen im Übertragungskanal exakt die gleiche Bandbreite, sind aber entweder rein reell oder rein imaginär (Formel 13.47). Dadurch können bei der empfängerseitigen Demodulation beide Signalkomponenten separiert werden, wenn der Übertragungskanal Voraussetzungen erfüllt, die nachfolgend hergeleitet werden.

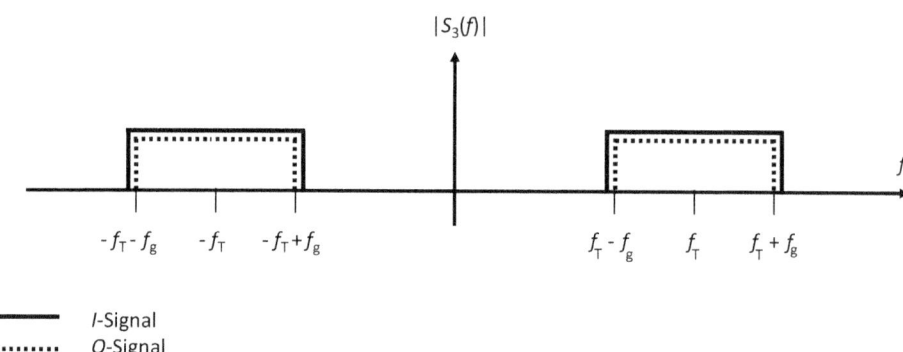

Bild 13.44 Spektrum am Ausgang des Modulators

Zur Herleitung der Anforderungen an den Übertragungskanal wird beispielhaft die Demodulation der *I*-Komponente betrachtet. Die Demodulation der *Q*-Komponente erfolgt in vergleichbarer Weise. Das Spektrum $S_4(f)$ am Ausgang des *I*-Demodulators (Bild 13.43) besitzt folgende Form:

$$S_4(f) = \frac{A^2}{4} \cdot \left[S_I(f) + S_I(f + 2f_T) - j \cdot S_Q(f) + j \cdot S_Q(f + 2f_T) + S_I(f - 2f_T) + S_I(f) - j \cdot S_Q(f - 2f_T) + j \cdot S_Q(f) \right]$$

(13.48)

Die Spektralanteile bei $f = \pm 2f_T$ werden durch den nachfolgenden Tiefpass unterdrückt. Die in das Basisband zurückmodulierte *Q*-Komponente erscheint mit positivem und negativem Vorzeichen und wird folglich zu Null kompensiert, wenn der Übertragungskanal die noch zu fordernden Eigenschaften aufweist. Für das Spektrum $S_{I\_E}(f)$ in Bild 13.43 folgt bei korrekter Kompensation der *Q*-Komponenten:

$$S_{I\_E}(f) = \frac{A^2}{2} \cdot S_I(f)$$

(13.49)

Die Demodulation der *Q*-Komponente (im *I*-Signalweg) in das Basisband ist noch einmal separat in Bild 13.45 dargestellt. Nach der Demodulation muss zum Beispiel der Spektralanteil bei $-f_T-f_g$ den Spektralanteil bei f_T-f_g kompensieren. Diese Überlegung kann für die gesamte Breite des Übertragungskanals angestellt werden. Eine vollständige Kompensation gelingt nur dann, wenn der Übertragungskanal einen konstanten Amplitudengang und einen linearen Phasengang besitzt. In Übertragungskanälen, die diese Eigenschaft besitzen, kann eine *I/Q*-Modulation angewandt werden.

Das gilt für Satelliten- und Kabelkanäle. Terrestrische Funkkanäle besitzen aufgrund ihrer Mehrwegeausbreitung keinen konstanten Amplitudengang. Würde man hier eine *I/Q*-Modulation verwenden, könnten die *I*- und *Q*-Signale bei der

Demodulation nicht getrennt werden und ein Übersprechen, verbunden mit einem Anstieg der Bitfehlerrate, wäre die Folge.

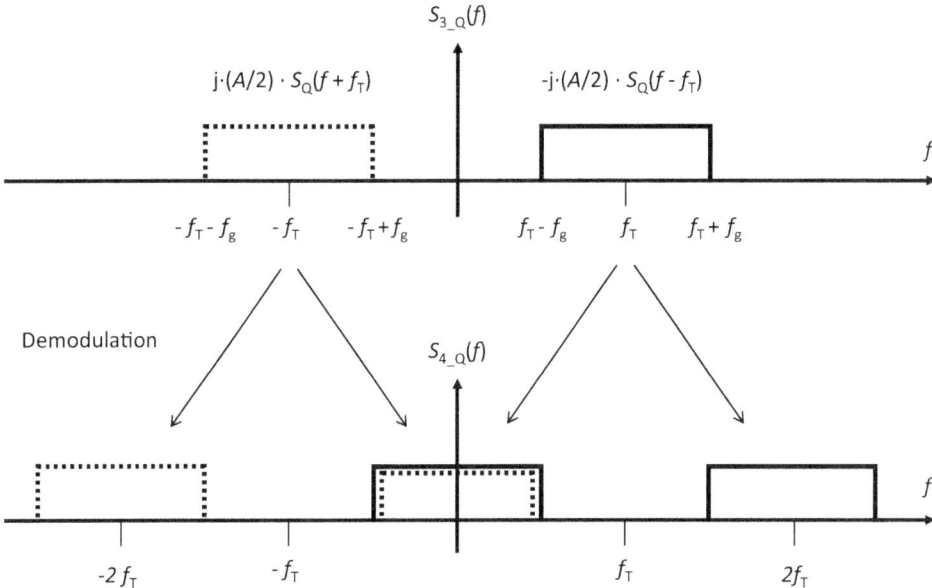

Bild 13.45 Kompensation der Q-Komponente im I-Signalweg

Erfüllt der Übertragungskanal die zuvor dargestellten Anforderungen, kann die Übertragung mittels I/Q-Modulation/Demodulation als Übertragung in zwei äquivalenten Tiefpasskanälen interpretiert werden.

Bild 13.46 zeigt nun die komplette Kette der Signalverarbeitung im Sender, Bild 13.47 die entsprechende Signalverarbeitung im Empfänger. Die Datensignale 1 und 2 haben dabei Sample & Hold-Form.

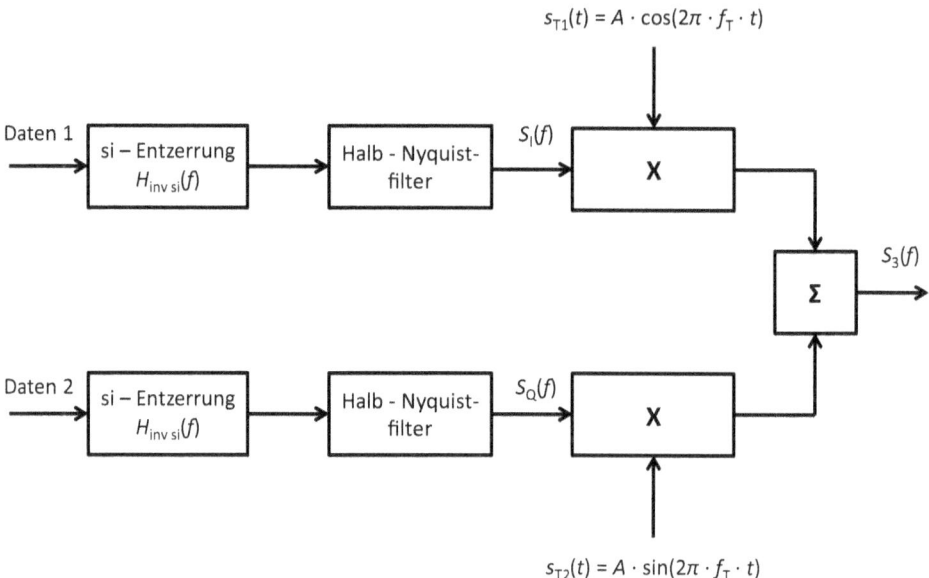

Bild 13.46 Komplette Signalverarbeitung auf der Sendeseite

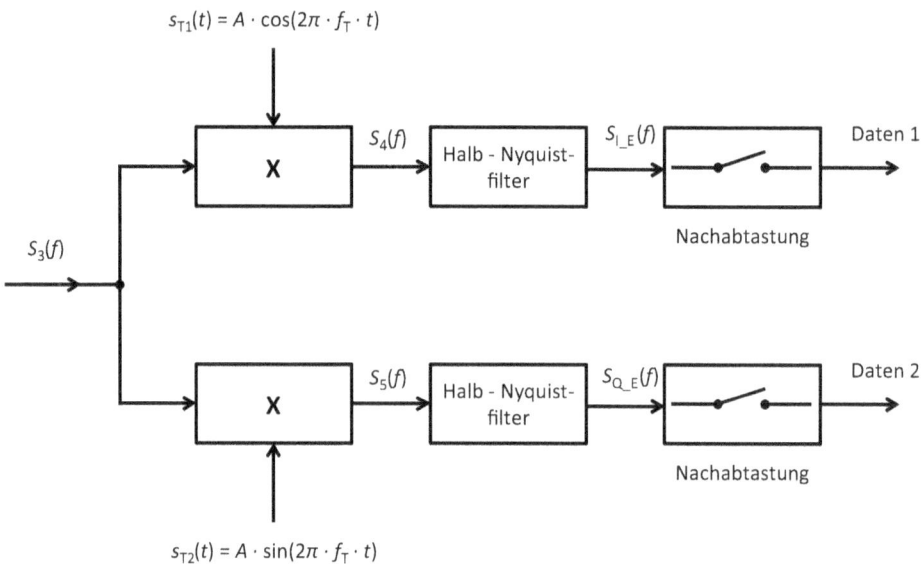

Σ: Addierer
X: Multiplizierer
Halb - Nyquistfilter mit $f_{Ny} \ll f_T$

Bild 13.47 Komplette Signalverarbeitung auf der Empfangsseite

Bild 13.48 zeigt nochmals das Spektrum des Signals am Ausgang des I/Q-Modulators, um die Zusammenhänge zwischen den Parametern im Basisband und im Trägerfrequenzbereich darzustellen.

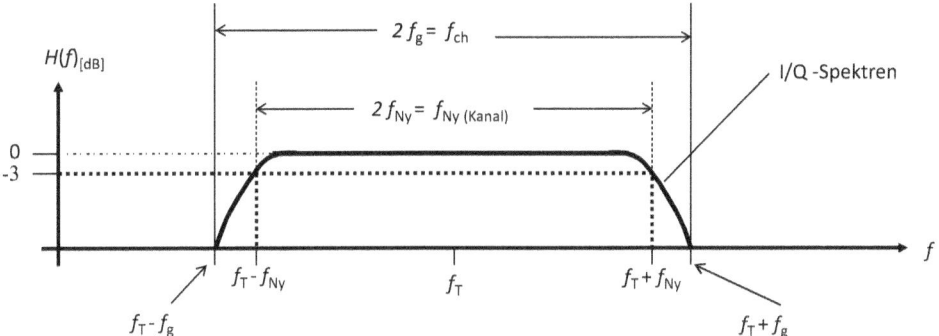

Basisbandbereich: $f_g = f_{Ny} \cdot (1 + \alpha)$ Trägerfrequenzbereich: $f_{ch} = f_{Ny(Kanal)} \cdot (1 + \alpha)$

f_g: Bandbreite Halb – Nyquistfilter (Tiefpaß) f_{ch}:   Bandbreite (Übertragungskanal)
f_{Ny}:   Nyquistbandbreite (Tiefpaß) α: roll off
$f_{Ny(Kanal)}$: Nyquistbandbreite (Übertragungskanal)

Bild 13.48 Zusammenhang zwischen Parametern im Basisband und im Trägerfrequenzbereich

Die in Bild 13.46 und Bild 13.47 dargestellten Halb-Nyquist-Filter besitzen die Nyquist-Frequenz f_{Ny}. Damit ergeben sich für den I- und Q-Signalweg im Basisband jeweils die Symbolraten SR_{BB}:

$$SR_{BB} = 2 \cdot f_{Ny} \qquad (13.50)$$

Die Symbole in den beiden Signalwegen im Basisband werden bei der Modulation zu einem neuen Symbol zusammengefügt. Damit folgt für die Symbolrate SR_{trans} am Ausgang des I/Q-Modulators:

$$SR_{trans} = 2 \cdot f_{Ny} \qquad (13.51)$$

Für die Nyquist-Bandbreite im Trägerfrequenzbereich gilt:

$$f_{Ny(Kanal)} = 2 \cdot f_{Ny} \qquad (13.52)$$

Damit ist die Symbolrate im Trägerfrequenzbereich vom Wert her identisch mit der Nyquist-Bandbreite im Trägerfrequenzbereich.

Für die erforderliche Bandbreite f_{ch} des Übertragungskanals folgt:

$$f_{ch} = (1+\alpha) \cdot f_{Ny(Kanal)} = (1+\alpha) \cdot 2 \cdot f_{Ny} \qquad (13.53)$$

Beträgt die Anzahl der unterschiedlichen Symbole im Trägerfrequenzbereich n, dann ergibt sich als Datenübertragungsrate:

$$DR = ld(n) \cdot f_{Ny(Kanal)} = ld(n) \cdot 2 \cdot f_{Ny} \tag{13.54}$$

Es soll nun die **QPSK-Modulation** [quadrature phase shift keying] betrachtet werden, bei der in den I- und Q-Signalen im Basisband [$s_I(t)$; $s_Q(t)$] jeweils die Amplituden ±1 auftreten. Formel 13.47 geht damit über in:

$$s_{QPSK}(t) = \pm A \cdot \cos(2\pi \cdot f_T \cdot t) \pm A \cdot \sin(2\pi \cdot f_T \cdot t) \tag{13.55}$$

Auf diese Weise entstehen vier Kombinationen für das Zeitsignal am Ausgang des Modulators. Mithilfe von trigonometrischen Umformungen kann das Zeitsignal gemäß Formel 13.55 dargestellt werden:

$$s_{QPSK}(t) = \sqrt{2} \cdot A \cdot \cos(2\pi \cdot f_T \cdot t + \varphi_i) = B \cdot \cos(2\pi \cdot f_T \cdot t + \varphi_i) \tag{13.56}$$

$s = 1 \ldots 4$

Das Signal in Formel 13.56 besitzt eine konstante Amplitude und die Information steckt nur in der Phase. Die vier verschiedenen Phasenlagen bedeuten vier Symbole für die Datenübertragung, wobei jedes Symbol zwei Bit beinhaltet. Bild 13.49 stellt das Konstellationsdiagramm der QPSK-Modulation dar. Die Amplitude der cos-Schwingung (in Formel 13.55) wird auf der I-Achse aufgetragen und die Amplitude der sin-Schwingung auf der Q-Achse. Die I-Achse repräsentiert dabei die Referenzphase.

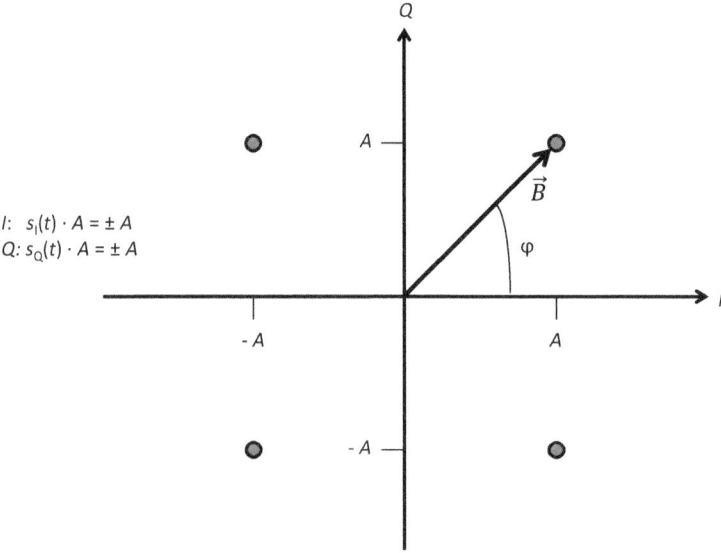

Bild 13.49 Konstellationsdiagramm bei QPSK

Die Länge des Vektors B repräsentiert die Amplitude der Schwingung am Ausgang des *I/Q*-Modulators und φ die Phasenverschiebung, bezogen auf eine cos-Schwingung (Formel 13.56). Da die QPSK-Modulation stets eine konstante Amplitude aufweist, kann sie bei Übertragungskanälen mit nicht-linearer Kennlinie eingesetzt werden. Satellitentransponder besitzen aufgrund ihrer nicht-linearen Kennlinie der Sendeendstufe ein solches Verhalten. Bei DVB-S2 ist unter anderem eine 8-PSK definiert, bei der die Information ebenfalls nur in der Phase enthalten ist. Bei der 8-PSK werden 3 Bit/Symbol übertragen, da 8 Symbole zur Verfügung stehen.

Kabelnetze hingegen zeichnen sich durch eine gute Linearität aus. Deshalb kann dort eine Konstellation verwendet werden, die auch Informationen in der Amplitude trägt. Bild 13.50 zeigt das Konstellationsdiagramm einer 16-QAM, bei der 4 bit/Symbol übertragen werden. Verglichen mit dem Symbolabstand in Bild 13.49 ist hier der Abstand der einzelnen Symbole deutlich kleiner, was einen Übertragungskanal mit einem besseren Träger-Rausch-Abstand (C/N) erfordert.

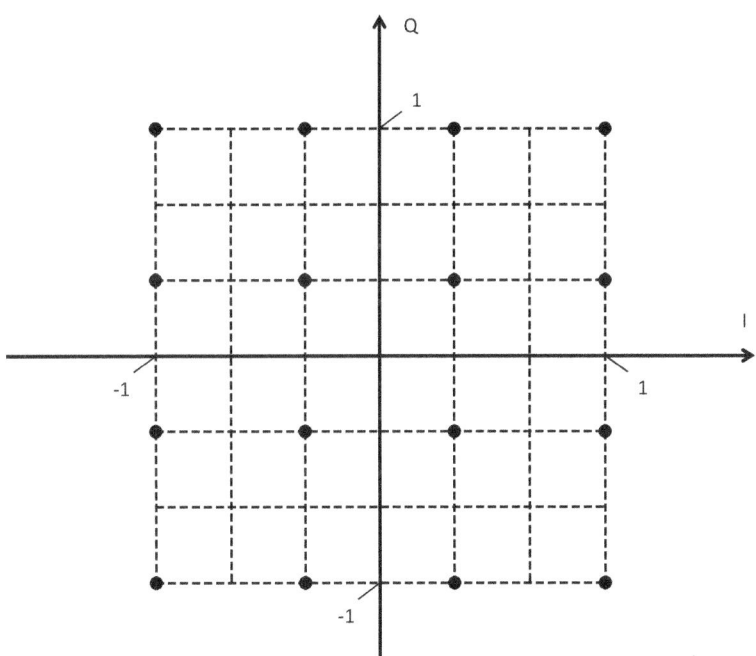

Bild 13.50 Konstellationsdiagramm für 16-QAM

Das Konstellationsdiagramm hat auch eine messtechnische Bedeutung. Werden anstelle der Basisbandsignale vor der Modulation die Basisbandsignale nach der Demodulation [$s_{I\_E}(t)$, $s_{Q\_E}(t)$] dargestellt, erhält man zusätzlich Informationen darüber, welche Störungen durch die Übertragung in den Nutzsignalen auftreten. Damit kann die Qualität eines Übertragungskanals visuell beurteilt werden.

Bild 13.51 zeigt das QPSK-Konstellationsdiagramm für einen Übertragungskanal mit Gauß-Rauschen. Ein solches Rauschsignal besitzt eine zufällige Amplitude und eine zufällige Phase und addiert sich vektoriell zum Signal $s_3(t)$. Deshalb entarten die Konstellationspunkte zu kreisförmigen Wolken. Ist das Rauschsignal so groß, dass sich die Wolken überlappen, kann keine fehlerfreie Zuordnung der Konstellationspunkte mehr erfolgen und die Bitfehlerrate steigt an.

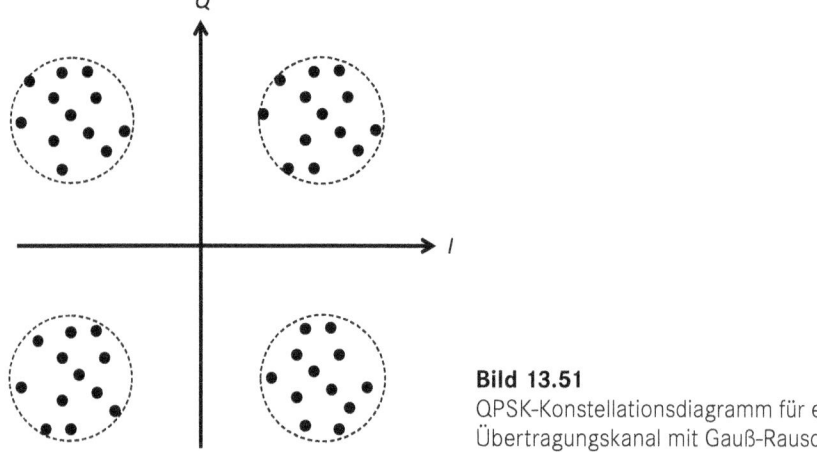

Bild 13.51
QPSK-Konstellationsdiagramm für einen Übertragungskanal mit Gauß-Rauschen

Der linke Teil von Bild 13.52 zeigt den Effekt des **Phasenrauschens** (bei QPSK-Modulation), das im Wesentlichen durch Oszillatoren in Mischstufen (Modulatoren und Demodulatoren) hervorgerufen wird. Dieses tritt zum Beispiel bei der Abwärtsmischung der Signale in einem LNB auf. Die Variation der Konstellationspunkte erfolgt hauptsächlich in Richtung der Phase, da bei Oszillatoren die Amplitude im Wesentlichen konstant ist.

Der rechte Teil in Bild 13.52 zeigt die Auswirkungen von **Nicht-Linearitäten** (bei QPSK-Modulation), wie sie zum Beispiel durch Verstärker hervorgerufen werden. Die Variation der Konstellationspunkte erfolgt hauptsächlich in Richtung der Amplituden.

Das Konstellationsdiagramm erlaubt also eine visuelle Beurteilung der Übertragungsqualität. Die unterschiedlichen Störeinflüsse sind anhand ihrer Struktur erkennbar. In vielen Fällen ist man jedoch an einer automatisierten Messung interessiert, die das Ausmaß der Störungen quantitativ erfasst. Dieses gelingt mit sogenannten **MER** [modulation error ratio].

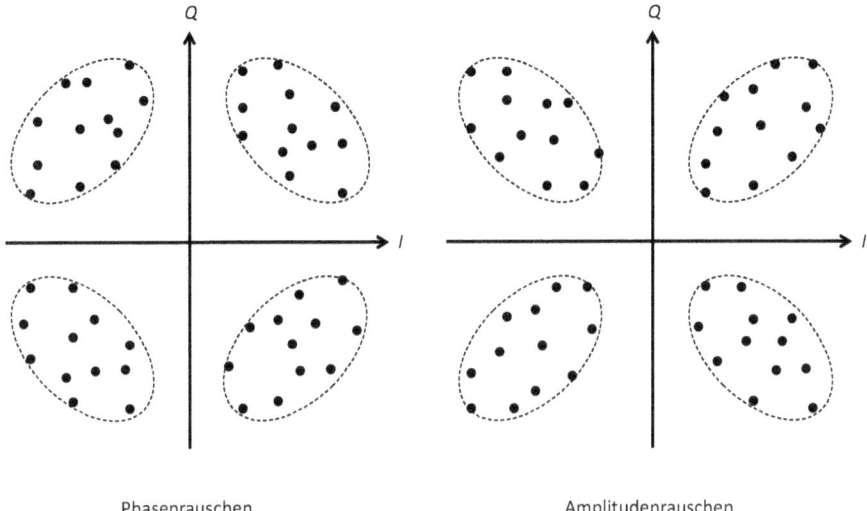

Phasenrauschen   Amplitudenrauschen

Bild 13.52 Phasen- und Amplitudenrauschen bei QPSK-Modulation

In Bild 13.53 ist das Prinzip zur Definition der MER anhand einer 16-QAM (1. Quadrant) dargestellt. Ohne die Einwirkung von Störungen würden nur die idealen Konstellationspunkte vorhanden sein. Durch das Auftreten von Störungen weicht der tatsächliche Konstellationspunkt vom idealen Konstellationspunkt ab, was durch einen entsprechenden Fehlervektor erfasst werden kann:

$$\vec{e} = \vec{B} - \vec{A} \tag{13.57}$$

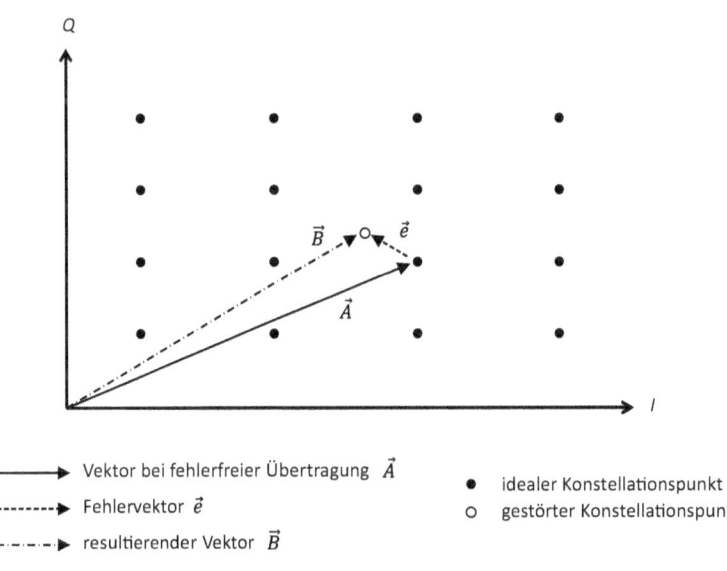

——▶ Vektor bei fehlerfreier Übertragung $\vec{A}$ • idealer Konstellationspunkt
------▶ Fehlervektor $\vec{e}$ ○ gestörter Konstellationspunkt
—·—·▶ resultierender Vektor $\vec{B}$

Bild 13.53 Erläuterung zur MER

Bei der Definition der MER wird der Effektivwert dieses Fehlervektors über n Messungen bestimmt und zum Effektivwert des mittleren Signalpegels C_{RMS} ins Verhältnis gesetzt:

$$\text{MER}_{RMS} = \frac{\sqrt{\frac{1}{n}\sum_{i=1}^{n}|\vec{e}_i|^2}}{C_{RMS}} \tag{13.58}$$

Oftmals erfolgt die Definition auch in dB:

$$\text{MER}_{RMS} = 20 \cdot \lg(\text{MER}_{RMS})\,\text{dB} \tag{13.59}$$

Der Wert der MER erfasst immer die Summe aller Störwirkungen.

OFDM [orthogonal frequency division multiplex]

Terrestrische Funkkanäle besitzen aufgrund des Mehrwegeempfangs (Echos) keinen konstanten Amplitudengang, was zur Folge hat, dass I/Q-Modulation nicht angewandt werden kann. Man benötigt ein Modulationsverfahren, das resistent gegen Echos ist. Bei einer I/Q-Modulation sind die Symbolrate und damit auch die Symboldauer direkt abhängig von der Nyquist-Bandbreite des Übertragungskanals. Die Symboldauer für einen Satellitenkanal liegt daher im zweistelligen Nanosekundenbereich. Mit einer OFDM-Modulation wird eine Symboldauer gewählt, die deutlich länger als die Impulsantwort des Übertragungskanals ist und zwischen 0,8 ms und 3,8 ms variiert.

Während die Datenrückgewinnung bei einer I/Q-Modulation mittels Abtastung im Zeitbereich erfolgt, findet bei OFDM eine empfängerseitige Abtastung im Frequenzbereich statt. Bei der OFDM handelt es sich im Gegensatz zur I/Q-Modulation um ein **Mehrträgerverfahren**. Bei diesem wird der Datenstrom auf n Unterträgern [sub carrier] übertragen (Bild 13.54).

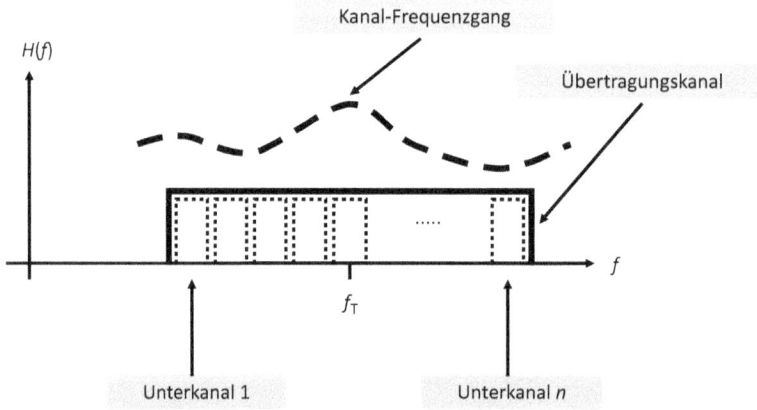

Bild 13.54 Prinzip eines Mehrträgerverfahrens

Zunächst soll das Prinzip der OFDM mit nur einem Unterträger (f_{sc1}) betrachtet werden. Das Signal im Zeitbereich dazu lautet:

$$s_1(t) = \left[I_1 \cdot \cos(2\pi \cdot f_{sc1} \cdot t) + Q_1 \cdot \sin(2\pi \cdot f_{sc1} \cdot t)\right] \cdot T_U \cdot \sqcap_{T_U}(t) \tag{13.60}$$

Formel 13.60 stellt ein QAM-Signal dar, das auf die Zeit T_U begrenzt ist (linker Teil in Bild 13.55). I_1 und Q_1 sind dabei Amplitudenwerte, die für die Zeit T_U konstant gehalten werden. Wie viele Amplitudenstufen I_1 und Q_1 besitzen, hängt von der gewählten Modulationskonstellation ab (QPSK, 16-QAM, 64-QAM, usw.). Das korrespondierende Signal im Frequenzbereich lautet:

$$S_1(f) = \frac{I_1}{2} \cdot T_U \cdot \left\{ si\left[2\pi \cdot (f+f_{sc1}) \cdot \frac{T_U}{2}\right] + si\left[2\pi \cdot (f-f_{sc1}) \cdot \frac{T_U}{2}\right]\right\} + \frac{Q_1}{2} \cdot T_U \cdot \left\{ j \cdot si\left[2\pi \cdot (f+f_{sc1}) \cdot \frac{T_U}{2}\right] - j \cdot si\left[2\pi \cdot (f-f_{sc1}) \cdot \frac{T_U}{2}\right]\right\} \tag{13.61}$$

$S_1(f)$ ist im rechten Teil von Bild 13.55 für positive Frequenzen dargestellt. Das Spektrum hat einen si-förmigen Verlauf und einen Maximalwert bei $f = \pm f_{sc1}$. Die Nullstellen treten in einem Abstand von $1/T_U$ auf. Die Daten I_1 und Q_1 können durch eine Frequenzabtastung an den Stellen $f = \pm f_{sc1}$ zurückgewonnen werden.

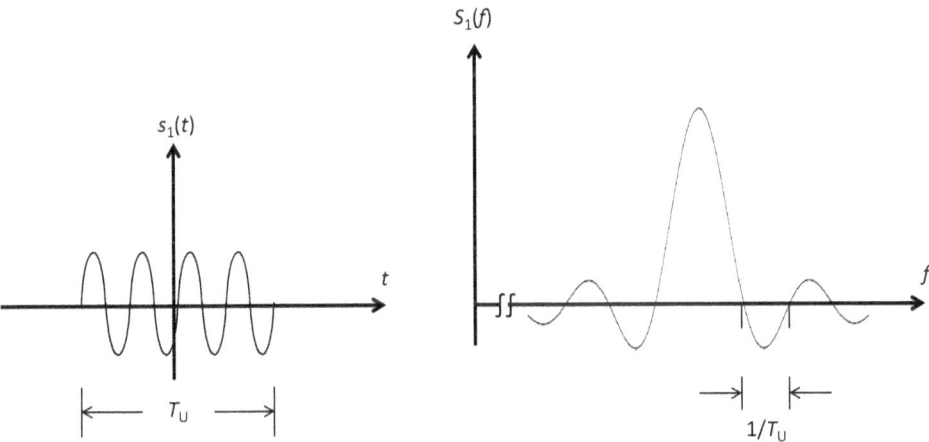

Bild 13.55 Erläuterung der OFDM mit einem Unterträger

Bild 13.56 zeigt die Verhältnisse für drei Unterträger (jeweils mit der Dauer T_U) im Bereich der positiven Frequenzen. Beträgt der Unterträgerabstand exakt $1/T_U$, sind die Unterträger orthogonal zueinander und die einzelnen Daten können bei den entsprechenden positiven und negativen Mittenfrequenzen der Unterträger separat abgetastet werden.

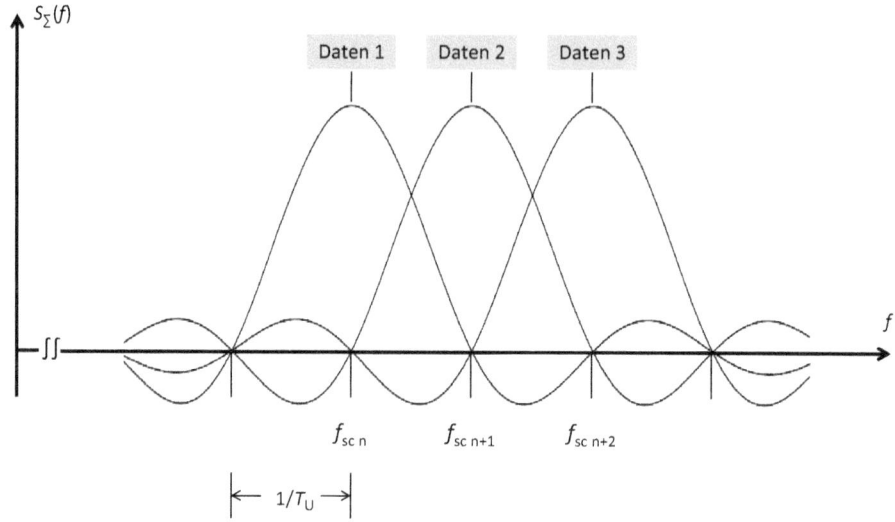

Bild 13.56 Orthogonalität der Unterträger

Dieses Prinzip funktioniert für jede beliebige Anzahl von Unterträgern, wenn die Orthogonalitätsbedingung

$$\Delta f_{sc1} = \frac{1}{T_U} \tag{13.62}$$

erfüllt ist.

Prinzipiell kann das Konzept der Mehr-Träger-Modulation mit einer Struktur nach Bild 13.57 realisiert werden. Mithilfe der digitalen Signalverarbeitung ist das ohne großen Hardware-Aufwand möglich. Die inverse Fast-Fourier-Transformation (*IFFT*) und die Fast-Fourier-Transformation (*FFT*) leisten dabei die Erzeugung der Unterträger am Sender und die Frequenzabtastung am Empfänger (Bild 13.58).

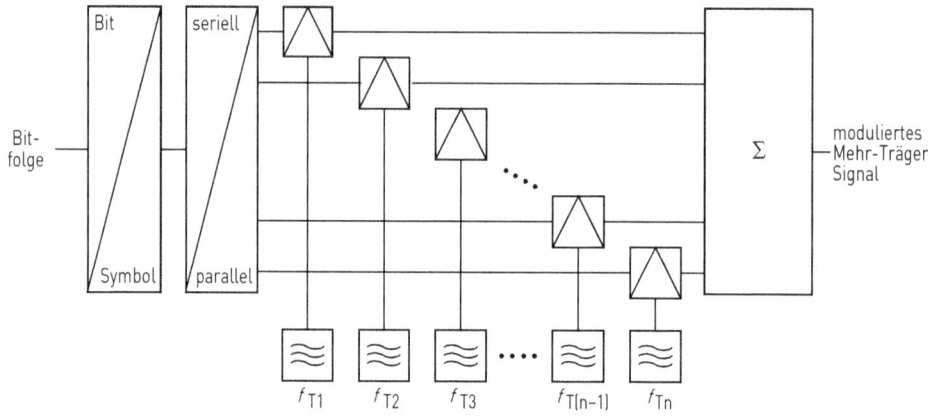

Bild 13.57 Bildung des modulierten Mehr-Träger-Signals (Konzept)

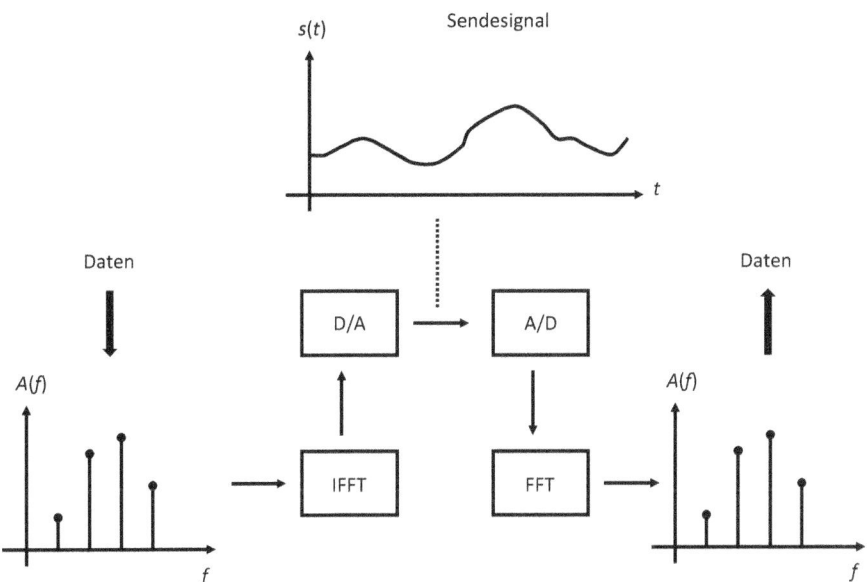

Bild 13.58 Praktische Realisierung der Mehr-Träger-Modulation

Die **Fast-Fourier-Transformation (FFT)** ist aus der diskreten Fourier-Transformation (*DFT*) entstanden und stellt einen aufwandsoptimierten Algorithmus für die Berechnung der Fourier-Komponenten dar. Das Gleiche gilt für die entsprechende Rücktransformation (*IFFT*). Dazu muss bei den entsprechenden Signalen die Anzahl der diskreten Werte N einer Potenz von 2 entsprechen.

Für die **diskrete Fouriertransformation** folgt für die Berechnung der N Fourier-Komponenten aus N Abtastwerten im Zeitbereich:

$$A_n = \sum_{k=0}^{N-1} s_k \cdot e^{-j \cdot \frac{2\pi \cdot k \cdot n}{N}} \qquad (13.63)$$

mit
$n = 0,1,...,N-1$

Bei *DFT* und *IDFT* kann N noch beliebig sein. Für die **inverse diskrete Fourier-Transformation** (*IDFT*) folgt:

$$s_n = \frac{1}{N} \cdot \sum_{k=0}^{N-1} A_k \cdot e^{j \cdot \frac{2\pi \cdot k \cdot n}{N}} \qquad (13.64)$$

mit
$n = 0,1,...,N-1$

Die senderseitigen Daten werden dabei für die Symboldauer T_U auf die Anzahl der Unterträger abgebildet [mapping]. Die *IFFT* erzeugt aus den datentragenden Unterträgern ein Signal im Zeitbereich, das dann übertragen werden kann. Im Empfänger findet für die Symboldauer T_U mittels der *FFT* eine Abtastung im Frequenzbereich statt, wodurch die Daten zurückgewonnen werden. Nach Ablauf von T_U wird ein neues Symbol mit neuen Daten generiert. Der Datenwechsel auf den Unterträgern findet also in Intervallen von T_U statt.

Würde die Symboldauer weiterhin nur T_U betragen (Bild 13.59, links oben), entstünde durch das Vorhandensein von Echos am Empfänger eine unzulässige zeitliche Überlappung der einzelnen Symbole (Bild 13.59, links unten).

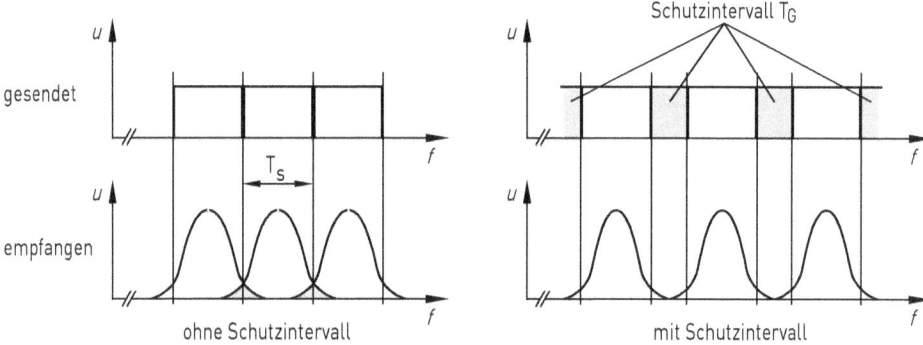

Bild 13.59 Wirkung des Schutzintervalls

Durch die Einführung eines **Schutzintervalls** [guard interval] wird jedes Symbol am Anfang um die Zeit *GI* verlängert (Bild 13.59, rechts oben). Das Schutzintervall wird auch als zyklischer Prefix bezeichnet.

Damit ergibt sich die neue Symboldauer T_S zu:

$$T_S = GI + T_U \tag{13.65}$$

Die Dauer des Schutzintervalls wird dabei etwas größer als die Dauer der Impulsantwort des Übertragungskanals gewählt. Auf diese Weise wird die zeitliche Überlappung der Symbole aufgrund von Echos vermieden (Bild 13.59, rechts unten). Das folgende Bild zeigt diesen Sachverhalt in einer detaillierteren Form.

In Bild 13.60 sind die ersten und letzten Signalkomponenten dargestellt, die den Empfänger erreichen. Die Verzögerung des letzten Echos ist hier wertegleich mit der Länge der Impulsantwort des Übertragungskanals dargestellt, was dem Worst Case entspricht.

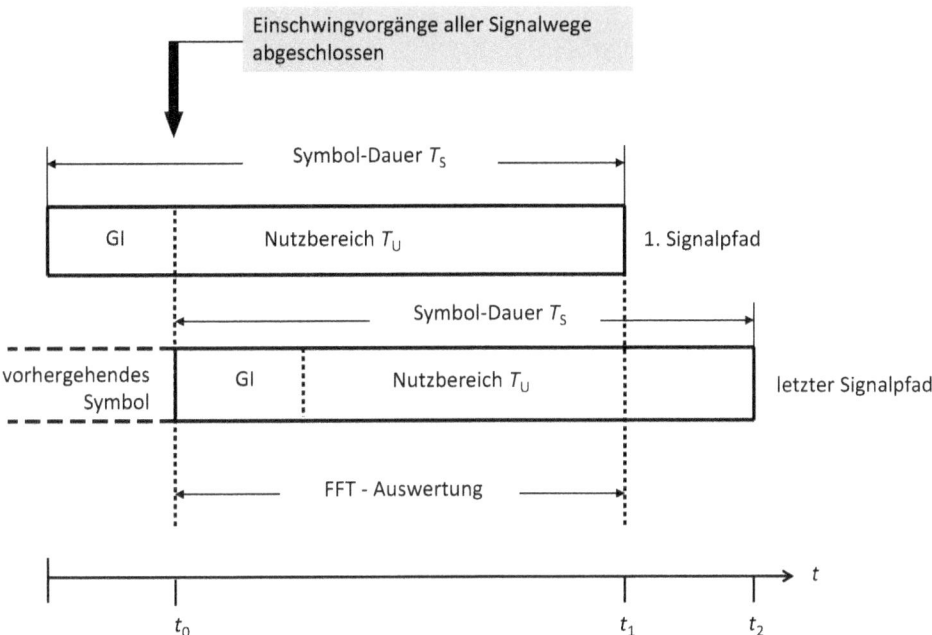

Bild 13.60 Empfängerseitige Signalverarbeitung mit Schutzintervall

Wird die empfängerseitige *FFT*-Auswertung erst nach Ablauf des Schutzintervalls durchgeführt, entstehen keine Symbolinterferenzen, da alle Signalpfade die Information aus dem gleichen Symbol besitzen. Die Einführung eines Schutzintervalls bewirkt somit auf der einen Seite eine Resistenz gegen den Mehrwegeempfang, auf der anderen Seite sinkt aber die Datenübertragungsrate, da die Symboldauer nicht mehr T_U, sondern T_S entspricht.

Die Unempfindlichkeit des mit Schutzintervall versehenen OFDM-Signals bezüglich der Mehrwegeausbreitung lässt sich für die Sendernetzplanung nutzen. Im Gegensatz zum analogen Rundfunk ist es mit OFDM möglich, benachbarte Sender auf derselben Frequenz zu betreiben, auch wenn sich deren Versorgungsbereiche überlappen. Es sind deshalb beim digitalen terrestrischen Rundfunk (DAB und DVB) Gleichwellennetze [single frequency network (SFN)] realisierbar. Sie sind im Gegensatz zu den beim analogen Rundfunk erforderlichen Mehrfrequenznetzen [multi frequency network (MFN)] erheblich frequenzökonomischer (Bild 13.61).

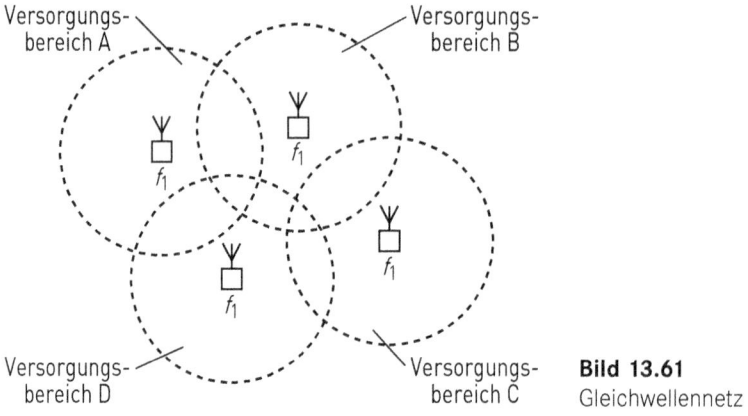

Bild 13.61
Gleichwellennetz

■ 13.4 Multiplexierung/Demultiplexierung

Jeder Übertragungskanal ist bekanntlich durch seine Kanalkapazität definiert. Für das zu übertragende Signal wird diese allerdings in vielen Fällen nicht vollständig benötigt, was aus wirtschaftlicher Sicht unbefriedigend ist. Es wurden deshalb Verfahren entwickelt, bei denen die gleichzeitige Nutzung eines Übertragungskanals für mehrere zu übertragende Signale möglich ist. Es handelt sich somit um die Vielfachnutzung (auch Mehrfachnutzung genannt) eines Übertragungskanals. Derartige Konzepte werden als **Multiplexverfahren** bezeichnet.

Auf der Sendeseite erfolgt durch entsprechende Zusammenfassung mehrerer zu übertragender Signale die Multiplexierung. Dieser Vorgang wird auf der Empfangsseite rückgängig gemacht, damit die Signale wieder einzeln zur Verfügung stehen. Es erfolgt also die Demultiplexierung. Für die Realisierung der beiden Funktionen werden als technische Funktionseinheiten auf der Sendeseite ein Multiplexer (MUX) und auf der Empfangsseite ein Demultiplexer (DEMUX) benötigt (Bild 13.62).

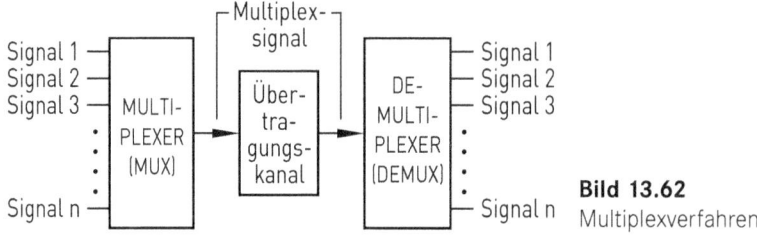

Bild 13.62
Multiplexverfahren

Das Multiplexsignal stellt eine Verschachtelung der zu übertragenden Signale dar. Es können dafür folgende Parameter verwendet werden:

- Zeit,
- Frequenz,
- Codierung,
- Raum,
- Polarisation.

Auf der Empfangsseite soll durch die Demultiplexierung der Zugriff auf alle übertragenen Signale einzeln erfolgen können. Multiplexverfahren erhöhen die Wirtschaftlichkeit von Übertragungssystemen und kommen deshalb in der Praxis häufig zum Einsatz. Sie sollen nachfolgend näher betrachtet werden.

Zeitmultiplex (TDM)

Die Abtastung eines analogen Signals muss bekanntlich mit mindestens dem doppelten Wert der größten im Signal enthaltenen Frequenz erfolgen. Die Zeiten zwischen den auftretenden Abtastimpulsen stehen grundsätzlich für andere Nutzungen zur Verfügung. Dabei kann es sich auch um Abtastimpulse anderer Signale handeln. Abhängig von den erforderlichen zeitlichen Abständen der Abtastimpulse lassen sich auf diese Weise mehrere Signale zeitlich gestaffelt übertragen. Dieses Konzept wird als Zeitmultiplex [time division multiplex (TDM)] bezeichnet und durch zyklische Abtastung der zu übertragenden Signale realisiert (Bild 13.63). Zwischen Multiplexer und Demultiplexer muss bei TDM Synchronität bestehen, damit die richtige Zuordnung der Zeitschlitze zu den einzelnen Signalen störungsfrei erfolgen kann.

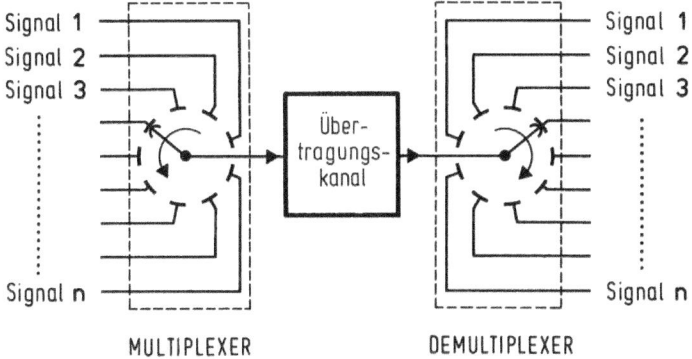

Bild 13.63 Zeitmultiplex

Das Zeitmultiplexsignal besteht somit aus Abtastimpulsen in einem festen Zeittakt, was die sichere Rückgewinnung der einzelnen Signale durch den Demultiplexer ermöglicht (Bild 13.64). Bei jeder Abtastung steht dabei die gesamte Kanalkapazität zur Verfügung.

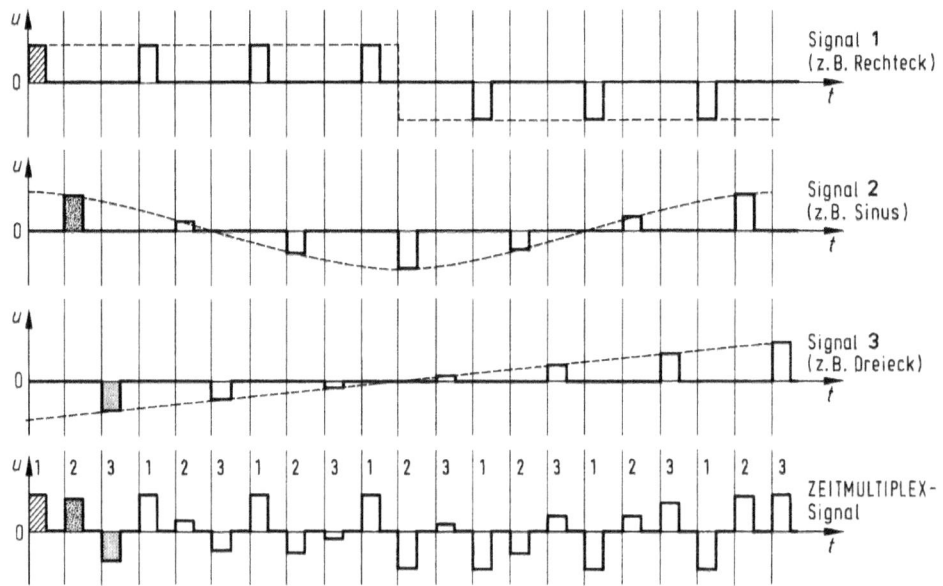

Bild 13.64 Zeitmultiplexsignal

Bild 13.65 zeigt die Struktur eines MPEG-Transportstroms (MPEG-TS), der für die Übertragung von audio-visuellen Inhalten genutzt wird. Im Gegensatz zu Bild 13.63 und Bild 13.64 sind die Steuerinformationen für die Synchronisierung von Multiplexierung und Demultiplexierung in den Datenpaketen selbst enthalten. Mit einem derartigen Transportstrom sind mehrere Programme übertragbar, die aus Video-, Audio- und Datensignalen bestehen können.

Die einzelnen Datenpakete [container] besitzen eine feste Länge von 188 Byte. Dadurch ist der Datenverlust bei Übertragungsfehlern auf kleine Datenpakete begrenzt. Jeder Container besitzt einen Header mit 4 Byte und einen Datenteil (Nutzdaten) von 184 Byte. Mit dem Synchronisations-Byte im Header kann der Anfang eines Datenpakets erkannt werden. Der Paket-Identifier (PID) signalisiert mit weiteren nachgeschalteten Tabellen, zu welchem Programm das Datenpaket gehört und ob es sich um Audio-, Video- oder Datenpakete handelt. Auf diese Weise ist bei der Demultiplexierung eine eindeutige Zuordnung der übertragenen Daten möglich.

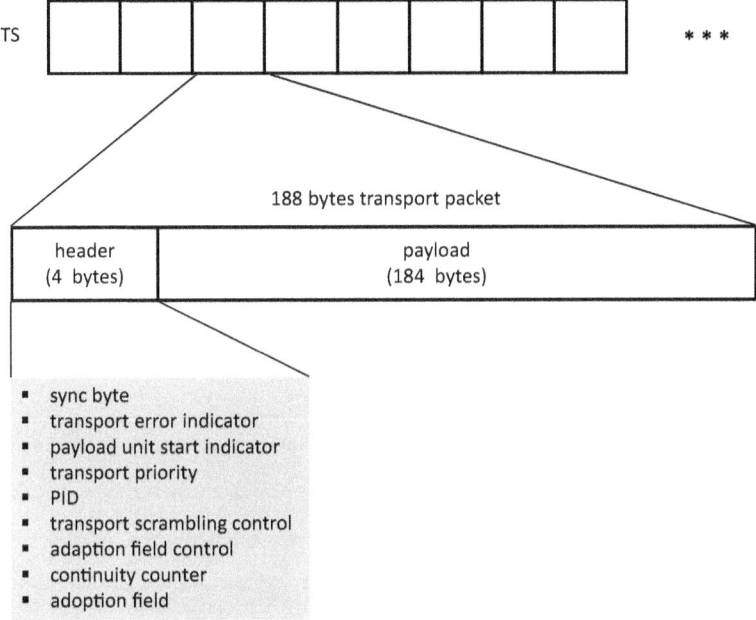

Bild 13.65 Aufbau eines MPEG-Transportstroms

Frequenzmultiplex (FDM)

Im Gegensatz zum Zeitmultiplex erfolgt beim Frequenzmultiplex [frequency division multiplex (FDM)] keine zeitliche, sondern die frequenzmäßige Staffelung der zu übertragenden Signale. Durch Mischung wird deshalb jedes Signal im Frequenzbereich so verschoben, dass sie für die Übertragung nebeneinanderliegen. Dabei ist für jede Umsetzung eine andere Trägerfrequenz erforderlich. Über entsprechend dimensionierte Bandpässe werden die entstandenen Signale zum Gesamtsignal zusammengefasst, wobei zwischen den einzelnen Signalen stets Schutzabstände eingehalten werden, um gegenseitige Störbeeinflussungen zu vermeiden (Bild 13.66).

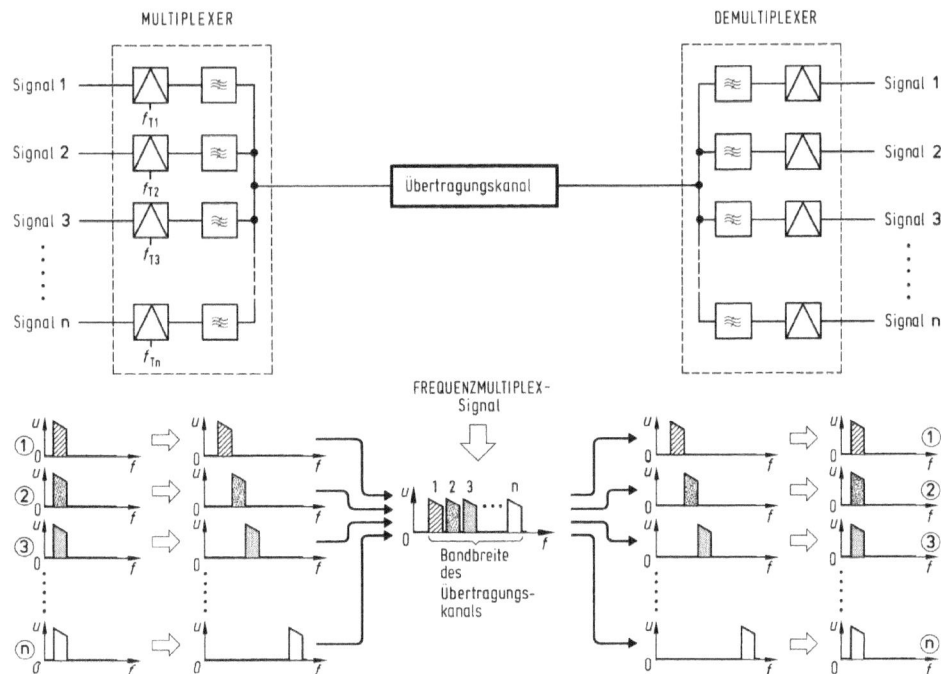

Bild 13.66 Frequenzmultiplex

Im Demultiplexer trennen Bandfilter das Multiplexsignal in die einzelnen Signalanteile. Danach erfolgt durch Mischung die Rückumsetzung in die Basisbandlage. Die Schutzabstände zwischen den Kanälen sind wegen der nicht idealen Dämpfungsverläufe der Bandpässe erforderlich. Um den störungsfreien Betrieb von FDM-Systemen zu gewährleisten, ist für alle Trägerfrequenzen eine große Präzision erforderlich. Deshalb ist es üblich, sie von einer frequenzstabilen Quelle abzuleiten.

Bei optischen Übertragungssystemen kommt eine der FDM vergleichbare Multiplexierung zum Einsatz. Es handelt sich um den **Wellenlängenmultiplex** [wavelength division multiplex (WDM)]. Bei diesem Konzept werden verschiedene Lichtwellenbereiche gleichzeitig über einen Lichtwellenleiter (LWL) übertragen. Da Wellenlänge und Frequenz bekanntlich über die Ausbreitungsgeschwindigkeit verkoppelt sind, stellt WDM ein der FDM vergleichbares System dar, bedingt durch die Wellenlängen liegen die Frequenzen allerdings im THz-Bereich.

Codemultiplex (CDM)

Werden die zu übertragenden Signale jeweils mit einer für den Nutzer individuellen Bitfolge überlagert, dann bedeutet dies mathematisch eine Multiplikation der beiden Signale. Für diese zweite Bitfolge gilt der Begriff Spreizsignal oder Spreizfrequenzsignal (Bild 13.67). Der auch als **Spreizung** bezeichnete Multiplikationsvorgang bewirkt, dass sich die Bandbreite des ursprünglichen Signals auf die Bandbreite des verfügbaren Übertragungskanals vergrößert. Deshalb wird auch von gespreiztem Spektrum [spread spectrum] gesprochen. Für das aufgezeigte Verfahren gilt die Bezeichnung **Codemultiplex** [code division multiplex (CDM)] (Bild 13.68). Die Verwendung der sendeseitig jedem Nutzsignal zugeordneten Spreizsignale ermöglicht die optimale Nutzung der Kapazität des jeweiligen Übertragungskanals.

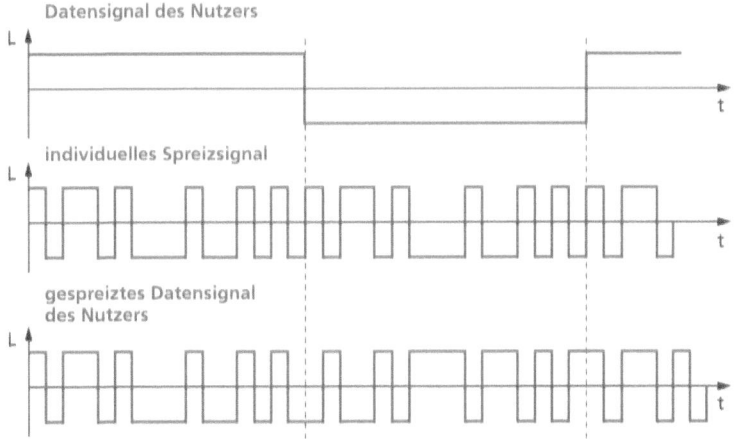

Bild 13.67 Auswirkung eines Spreizsignals

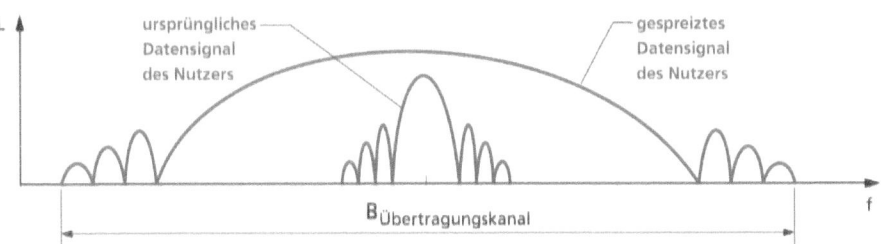

Bild 13.68 Spektrum des CDM-Signals

Ein wesentlicher Vorteil von CDM besteht darin, dass eine Synchronität zwischen sendender und empfangender Stelle nicht erforderlich ist.

Raummultiplex (SDM)

Wird bei einem mehradrigen Kabel für jedes zu übertragende Signal eine Doppelader (DA) verwendet, dann besteht für jedes Signal ein räumlich getrennter Weg. Dabei handelt es sich um ein Beispiel für Raummultiplex [space division multiplex

(SDM)]. Die Kapazität solcher Systeme hängt somit von bestimmten Kenndaten (z.B. Abmessungen) für die Übertragung der einzelnen Signale ab. Diese müssen solche Werte aufweisen, dass gegenseitige Störungen einen festgelegten Wert nicht überschreiten.

In der Funktechnik bedeutet Raummultiplex eine derartige räumliche Staffelung der Sendestellen, dass sich deren Strahlungsdiagramme nicht überschneiden. Auf diese Weise lassen sich mit einer Sendefrequenz mehrere Gebiete gleichzeitig versorgen, wobei unterschiedliche Informationen übertragen werden können (Bild 13.69). Bei richtiger Standortwahl für die Sender treten keine gegenseitigen Beeinflussungen auf.

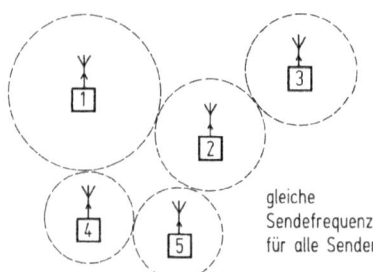

gleiche Sendefrequenz für alle Sender

Bild 13.69
Raummultiplex mit Funksendern

Polarisationsmultiplex (PDM)

Um die Frequenzressourcen optimal zu nutzen, bietet sich ihre Mehrfachnutzung [frequency reuse] an. Ein Ansatz stellt dabei auch die gleichzeitige Verwendung unterschiedlicher Polarisationen des hochfrequenten Sendesignals dar, was besonders bei Satellitenübertragung eine Rolle spielt. Man bezeichnet ein solches Konzept als Polarisationsmultiplex [polarisation division multiplex (PDM)].

Dabei sind folgende Varianten möglich:

- zirkulare Polarisation,
  - rechtsdrehende Polarisation,
  - linksdrehende Polarisation;
- lineare Polarisation
  - horizontale Polarisation,
  - vertikale Polarisation.

Zwischen diesen Polarisationen ist jeweils eine ausreichende Entkopplung gegeben, sodass keine gegenseitige Störbeeinflussung der Signale auftritt. Die Antennen auf der Sende- und Empfangsseite müssen bei PDM für die verwendeten unterschiedlichen Polarisationen ausgelegt sein. Zur Trennung der Polarisationen sind auf der Empfangsseite entsprechende Polarisationsweichen erforderlich.

13.5 Einzelzugriff/Vielfachzugriff

Einzelzugriff

Bei Datennetzen soll sichergestellt werden, dass der Datenstrom zielgerichtet von einer sendenden Station zur jeweils gewünschten empfangenden Station gelangt. Es bedarf also geeigneter Verfahren, wie dieses sichergestellt werden kann. Dabei ist Voraussetzung, dass unabhängig von der physikalischen Struktur des Datennetzes alle beteiligten Nutzerstationen in einem logischen Ring angeordnet sind. Diese Situation liegt vor, wenn jede Station ihren Nachfolger kennt. Es besteht nun die Möglichkeit, das ungestörte Senden einzelner Stationen mithilfe eines als **Token** (Zeichen, Merkmal) bezeichneten „elektronischen Staffelstabes" sicherzustellen.

Das Token stellt die Sendeberechtigung dar, realisiert durch ein spezielles Bitmuster, das von Station zu Station weitergereicht wird. Will eine Station Daten senden, dann nimmt sie das Token, versieht es mit einem Besetzt-Flag, hängt die zu übertragenden Daten sowie die Zieladresse an und sendet es zur nächsten Station. Diese prüft die Adresse und sendet die Daten unverändert weiter, wenn diese nicht für sie bestimmt sind. Treffen die Daten bei der Zielstation ein, dann stellt diese eine elektronische Empfangsquittung aus und sendet sie an die absendende Station.

Das dargestellte Konzept wird meist als **Token-Ring-Verfahren** bezeichnet und führt dazu, dass stets nur eine Station in einem logischen Ring ungestört Daten senden kann (Bild 13.70). Es handelt sich dabei um Separierung durch Reservierung. Da beim Token-Ring-Verfahren die nächsten Daten erst übertragen werden können, wenn die Empfangsquittung der vorherigen Daten bei der sendenden Station vorliegt, sind große Übertragungsgeschwindigkeiten nicht erreichbar.

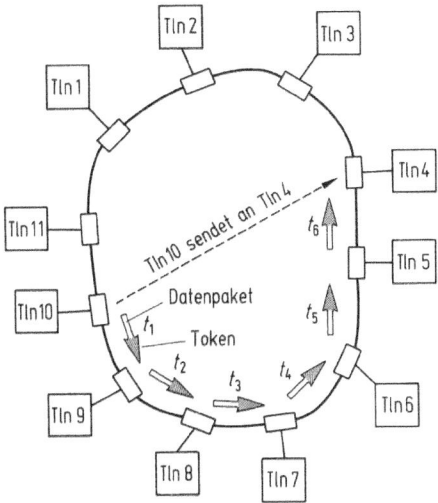

Bild 13.70
Token-Ring-Verfahren

Das Zugriffsverfahren **CSMA/CD** [carrier sense multiple access with collision detection] arbeitet nach dem Konzept der Überwachung und Erkennung von Kollisionen bei gleichzeitigem Zugriff mehrerer Nutzerstationen und ist besonders für Netze mit Busstruktur geeignet.

Bei CSMA/CD greifen die angeschlossenen Stationen immer dann auf den Bus als Übertragungsmedium zu, wenn Daten gesendet werden sollen. Bei zwei oder mehr gleichzeitigen Aussendungen treten zwangsläufig Kollisionen auf. Sie werden mithilfe einer Überwachungsschaltung entdeckt, was die „collision detection" bedeutet. Dies bewirkt den sofortigen Stopp aller Aussendungen. Mithilfe eines Zufallsgenerators wird dann festgelegt, welche Station senden darf. Danach beginnt wieder der Vielfachzugriff der Stationen auf den Bus. Es gilt somit folgender Funktionsablauf:

Gleichzeitige Aussendung durch mehrere Stationen

↓

Kollisionen

↓

Kollisionserkennung

↓

Stopp aller Aussendungen

↓

Bestimmung der vorrangigen Station durch Zufallsgenerator

Durch das aufgezeigte CSMA/CD-Verfahren ist die Abfolge der Kommunikation zwischen den an das Datennetz angeschlossenen Stationen nicht vorhersehbar. Es sind deshalb auch keine Prioritäten für die Übertragung möglich.

Vielfachzugriff

Jedes digitale Übertragungssystem soll Informationen nach vorgegebenen Kriterien unidirektional oder bidirektional übertragen. Dies kann leitungsgebunden oder funkgestützt erfolgen. Solche Systeme sind funktionsbedingt stets für mehrere Nutzer ausgelegt. Deshalb erfordert es Lösungsansätze, wie die Nutzer auf die digitalen Informationen zugreifen können. Das ist unproblematisch, wenn einem Nutzer die Information individuell, also einzeln und direkt zur Verfügung steht. In der Praxis handelt es sich jedoch meist um Multiplexsysteme oder strukturiert aufgebaute Datennetze. Dabei liegen die Informationen für alle Nutzer in gebündelter oder gestaffelter Form vor. Es bedarf deshalb entsprechender Betriebsverfahren, wie und unter welchen Bedingungen der einzelne Nutzer Zugriff auf das digitale Angebot hat.

Im Prinzip geht es dabei stets um die Frage, wie die Separierung der Inhalte aus dem Gesamtsignal für den einzelnen Nutzer erfolgt. Diese Kriterien sind maßgebend für den erforderlichen Aufwand und die Leistungsfähigkeit eines Systems. Die bei vielen Medienanwendungen typische Verwendung von Multiplexsignalen macht Vielfachzugriff (auch die Bezeichnung Mehrfachzugriff ist üblich) erforderlich. Dieser lässt sich wie folgt definieren: Dieser Zugriff kann bezogen auf die verschiedenen Parameter des übertragenen Multiplexsignals erfolgen.

Wird die Zeit als Zugriffskriterium verwendet, dann liegt Vielfachzugriff im Zeitmultiplex [time division multiple access (TDMA)] vor. Für jeden Nutzer stehen dabei für den Zugriff definierte Zeitschlitze [time slots] in einem festen Raster zur Verfügung (Bild 13.71). Die Menge der übertragbaren Information hängt von deren Länge ab. Sie können aus betrieblichen und technischen Gründen nicht beliebig klein gemacht werden, weshalb TDMA-Systeme eine maximale Kanalzahl nicht überschreiten können.

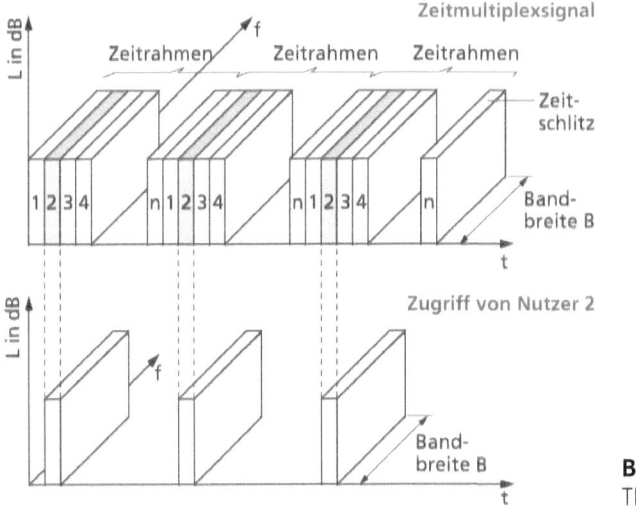

Bild 13.71
TDMA

Während beim TDMA bei jedem Zeitschlitz die volle Bandbreite zur Verfügung steht, erfolgt beim Vielfachzugriff im Frequenzmultiplex [frequency division multiple access (FDMA)] die Aufteilung in Teilbereiche, denen dann jeweils eine Trägerfrequenz zugeordnet ist (Bild 13.72). Für den Zugriff auf eine bestimmte Information muss deshalb die entsprechende Trägerfrequenz bekannt sein.

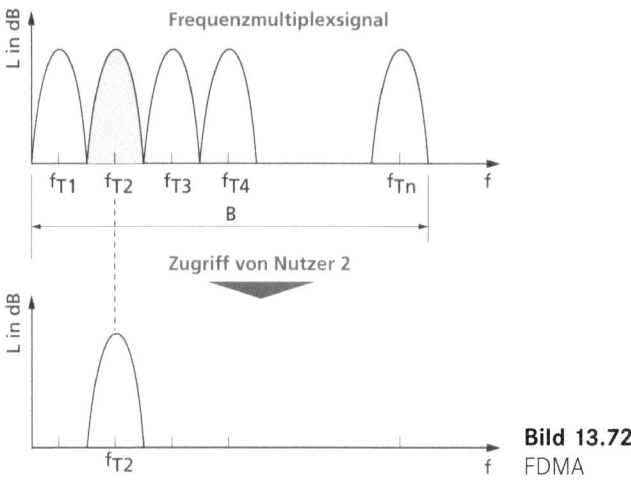

Bild 13.72 FDMA

Wird pro Träger ein Kanal übertragen, dann handelt es sich um Einzelkanalträger und es gilt die Bezeichnung SCPC [single channel per carrier]. Eine andere Lösung stellen die Mehrkanalträger dar. Dabei wird mit einem Träger auf mehrere Kanäle zugegriffen, was zu der Bezeichnung MCPC [multi channel per carrier] führt (Bild 13.73).

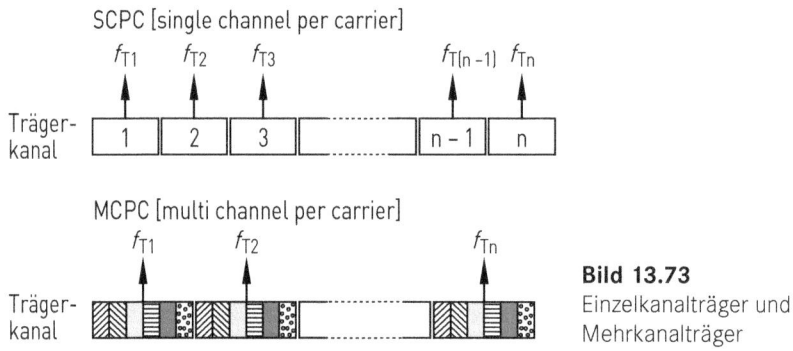

Bild 13.73 Einzelkanalträger und Mehrkanalträger

Der Vielfachzugriff im **Codemultiplex** [code division multiple access (CDMA)] erfordert den Einsatz der individuellen Spreizsignale, um jeweils den Zugriff auf das ursprüngliche Signal zu ermöglichen. CDMA gewährleistet eine hohe Übertragungssicherheit, erfordert jedoch auf der Sende- und Empfangsseite einen entsprechenden technischen Aufwand.

Eine weitere Möglichkeit für den gleichzeitigen Zugriff mehrerer Teilnehmer ist beim Vielfachzugriff im Raummultiplex gegeben. Er wird als **SDMA** [space division multiple access] bezeichnet und ermöglicht den gezielten Zugriff auf einzelne Kanäle. Für drahtgebundene Systeme ist dies mit einfachen Mitteln realisierbar, bei Funksystemen wird mit Antennen gearbeitet, die ausgeprägte Richtcharakteristik aufweisen.

Die doppelte Nutzung von Frequenzen bzw. Frequenzbereichen ist bekanntlich durch Einsatz unterschiedlicher Polarisationen möglich. Bei diesem **Polarisationsmultiplex** kann es sich um lineare Polarisation (horizontal/vertikal) oder zirkulare Polarisation (rechtsdrehend/linksdrehend) handeln. Für den Vielfachzugriff im Polarisationsmultiplex [polarisation division multiple access (PDMA)] sind für die jeweilige Polarisation geeignete Antennen erforderlich. Sie weisen zu der jeweils komplementären Polarisationsrichtung eine ausgeprägte Entkopplung auf.

13.6 Mehr-Antennen-Systeme

Bei jedem funkgestützten Übertragungssystem sind auf der Sende- und Empfangsseite Antennen erforderlich. Sendeantennen wandeln dabei die hochfrequente Ausgangsspannung des Senders in Feldstärke, während Empfangsantennen die verfügbare Feldstärke in die Eingangsspannung für den jeweiligen Empfänger umsetzen. Dieses Funktionskonzept gilt für alle verwendeten Übertragungsfrequenzen.

Die bisher typische Konstellation funkgestützter Übertragungssysteme umfasst in der Regel eine Antenne auf der Sendeseite und eine Antenne am jeweiligen Empfangsort. Bei digitaler Übertragung bietet es sich zur Verbesserung der Effizienz an, mehrere Sende- und Empfangsantennen zu verwenden. Dadurch ist es möglich, die spektrale Effizienz (= Bandbreitenausnutzung) zu verbessern und die Bitfehlerrate [bit error ratio (BER)] zu reduzieren, weil dann nicht nur die zeitliche, sondern auch die räumliche Dimension für die Informationsübertragung genutzt werden kann.

Als grundsätzliche Bezeichnung für vorstehendes Konzept gilt die Abkürzung **MIMO**. Sie steht für „multiple input, multiple output", was mit „mehrfacher Eingang, mehrfacher Ausgang" übersetzt werden kann. Die Bezeichnungen Eingang [input] und Ausgang [output] beziehen sich dabei auf den Übertragungskanal (= Funkkanal).

Beim Einsatz von MIMO sind folgende Aspekte zu berücksichtigen:

- Es ist die nachgeschaltete Signalverarbeitung von Bedeutung, damit die empfangenen Signale optimal aufbereitet werden.
- Mit mehreren Empfangsantennen lässt sich mehr Energie aus dem elektromagnetischen Feld auskoppeln als mit einer Einzelantenne. Das wird als Gruppengewinn bezeichnet.

- Bei der Übertragung auftretendes Fading macht sich nicht bei allen Empfangsantennen in gleicher Weise bemerkbar.
- Bei Einsatz mehrerer Antennen auf der Sendeseite und/oder Empfangsseite müssen diese von der Betriebsfrequenz abhängige Abstände zueinander aufweisen.
- Durch MIMO lässt sich über die verfügbare Bandbreite eine größere Bitrate übertragen.
- MIMO ermöglicht eine höhere Zuverlässigkeit der Übertragung.

Das MIMO-Konzept basiert auf mehreren Antennen auf der Sendeseite und Empfangsseite. Allgemein wird die Zahl der Sendeantennen mit n_S bezeichnet, während für die Zahl der Empfangsantennen n_E gilt. Da jede Empfangsantenne die Signale jeder Sendeantenne empfängt, ergeben sich $n_S \cdot n_E$ einzelne Kanäle, die auf derselben Frequenz arbeiten (Bild 13.74). Dadurch lässt sich über jeden dieser Kanäle ein separater Bitstrom übertragen. Dies setzt allerdings voraus, dass die Kanäle ausreichende Unterschiede aufweisen. Das ist wegen der räumlichen Separierung der Antennen in der Regel gegeben, weil es sich im Prinzip um Mehr-Wege-Empfang handelt.

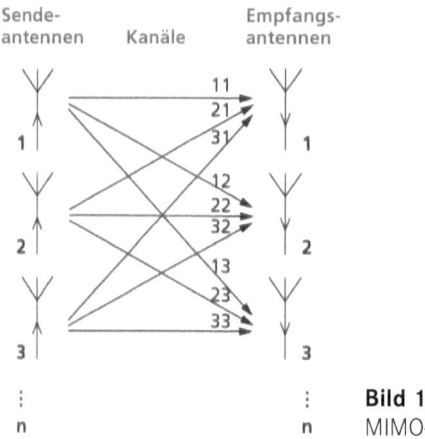

Bild 13.74
MIMO-Konzept

Mathematisch betrachtet, lässt sich der MIMO-Gesamtkanal durch eine Matrix darstellen, deren Komponenten die übertragungstechnischen Merkmale jedes einzelnen Kanals beschreiben. Die Zahl der Spalten und Zeilen dieser Matrix hängt unmittelbar von der Zahl der verwendeten Sende- und Empfangsantennen ab.

Der bei MIMO verwendete Einsatz mehrerer Sende- und Empfangsantennen wird auch als **Antennendiversität** [antenna diversity] bezeichnet. Der damit verbundene Aufwand an Antennen und Software für die Signalverarbeitung ist nicht bei allen Übertragungssystemen grundsätzlich erforderlich oder aus wirtschaftlichen

Gründen gewünscht. Es gibt deshalb folgende Abarten von MIMO, die ebenfalls das Prinzip der Antennendiversität nutzen:

- MISO [multiple input, single output]

  Konzept: mehrere Sendeantennen, aber nur eine Empfangsantenne.

- SIMO [single input, multiple output]

  Konzept: nur eine Sendeantenne, aber mehrere Empfangsantennen.

Bei MISO kommt die Antennendiversität also nur auf der Sendeseite zum Einsatz, während sie bei SIMO ausschließlich für die Empfangsseite gilt. Dabei kann in beiden Fällen zwischen Raum- und Polarisationsdiversität unterschieden werden. Im Falle der **Raumdiversität** sind gleiche Antennen in einem definierten Abstand zueinander angeordnet. Für maximalen Diversitätsgewinn sollte als Faustformel ein Mindestabstand der Antennen von zwei Wellenlängen der Betriebsfrequenz eingehalten werden.

Die **Polarisationsdiversität** nutzt die Entkopplung der Polarisationsrichtungen bei linearer und zirkularer Polarisation. Grundsätzlich ist es auch möglich, in einem Übertragungssystem gleichzeitig lineare und zirkulare Polarisation zu verwenden. Bei linearer Polarisation werden in der Regel um 90° versetzt montierte Dipolantennen verwendet, während es bei zirkularer Polarisation Wendelantennen mit entgegengesetzten Wendelrichtungen sind.

Für MISO gilt auch die Bezeichnung **Sendediversität**. Hier erfolgt die Abstrahlung stets so, dass es sich für den Empfänger um Mehr-Wege-Ausbreitung handelt. Bei gleichzeitiger Abstrahlung des Signals über die Sendeantennen wäre dies allerdings nicht gegeben. Deshalb wird bei nur einem Sendestandort entweder schnell zwischen den Sendeantennen umgeschaltet oder die Abstrahlung erfolgt für jede Sendeantenne mit einem definierten Zeitversatz im Milli- oder Mikrosekundenbereich. Eine Variante stellt in der Praxis auch die Verwendung mehrerer Senderstandorte dar, bei denen das Signal von allen Sendern gleichzeitig auf derselben Frequenz abgestrahlt wird. Für jeden Empfänger im versorgten Gebiet ergibt sich damit ausgeprägter Mehr-Wege-Empfang, weil die Entfernungen zu den Sendern und damit auch die Signallaufzeiten unterschiedliche Werte aufweisen. Eine solche Konstellation wird bekanntlich als **Gleichwellennetz** (oder Gleichfrequenznetz) [single frequency network (SFN)] bezeichnet.

Der MISO-Effekt ist auch erreichbar, wenn zwar über jede Sendeantenne dasselbe Signal abgestrahlt wird, jedoch jeweils mit einer unterschiedlichen Codierung. Es liegt dann **Diversitätscodierung** vor. Sie erfordert allerdings Empfänger mit geeigneter Signalverarbeitung für diese Codierung. SIMO wird auch als **Empfangsdiversität** bezeichnet. Sie ist durch verschiedene Konzepte realisierbar, bei denen sich Aufwand und Leistungsmerkmale unterscheiden.

Wird jeder Antenne ein eigener Empfänger nachgeschaltet, dann besteht die Möglichkeit, durch eine Auswerteschaltung zeitlich das jeweils beste Antennensignal festzustellen und dieses über einen elektronischen Schalter dem eigentlichen Hauptempfänger zuzuführen. Die Auswahlkriterien können dabei der Pegel, der Störabstand (z. B. SNR, CNR ...), die Bitfehlerrate (BER) oder das Modulationsfehlerverhältnis (MER), einzeln oder in festgelegter Kombination, sein.

Beim SIMO-Konzept mit einzelnen Empfängern ist keine Umschaltung zwischen den Empfangsantennen erforderlich, weil das Signal jeder Antenne separat bewertet wird. Dies bedeutet verständlicherweise einen großen technischen Aufwand. Dieser ist mit entsprechenden Kosten verbunden, die gerade bei mobilen Endgeräten häufig als nicht vertretbar erscheinen.

SIMO lässt sich auch mit nur einem Empfänger realisieren. Es werden dabei die Empfangsantennen über einen zyklischen Umschalter an den Empfängereingang geschaltet. Solange das jeweilige Antennensignal vorgegebene Qualitätsmerkmale erfüllt, bleibt es das Eingangssignal des Empfängers. Sobald es diese Vorgaben nicht mehr erfüllt, werden so lange die nächsten Antennen eingesetzt, bis die gewünschten Kriterien wieder erfüllt sind.

Die vorstehend angeführten Verfahren verwenden das Hochfrequenzsignal der Empfangsantennen. Es besteht aber auch die Möglichkeit, diese Signale in das Basisband umzusetzen und durch digitale Filterung und sonstige Maßnahmen weiterzuverarbeiten. Auf diese Weise lassen sich z. B. Nachbarkanalstörungen optimal unterdrücken.

Abschließend ist feststellbar, dass für die Übertragung digitaler Signale verschiedene Antennenkonzepte zum Einsatz kommen können. Diese unterscheiden sich im Aufwand für die Antennen und die Signalverarbeitung auf der Empfangs- und/oder Sendeseite, aber auch durch spezifische Leistungsmerkmale. Neben der Zielsetzung, das Quellensignal störungsfrei zu übertragen, wird auch stets eine möglichst große spektrale Effizienz angestrebt. Dafür gilt die Angabe der Bitrate pro Hertz Bandbreite in (Bit/s)/Hz. Je größer der Wert, desto besser ist die Bandbreitenausnutzung. Es sei auch angemerkt, dass die Wahl eines Antennenkonzeptes davon abhängt, ob das jeweilige Übertragungssystem für mobilen, portablen oder stationären Empfang ausgelegt sein soll.

13.7 Zugangsberechtigung

Sollen in Kommunikationsnetzen nur autorisierte Nutzer Zugang haben, dann sind entsprechende Maßnahmen erforderlich, um dies sicherzustellen. Bei Kommunikationssystemen mit Sternnetzen ist dies relativ einfach, weil hier die Kommunikation zwischen der zentralen Sendestelle im Sternpunkt und den Nutzern stets über Punkt-zu-Punkt-Verbindungen erfolgt. Dadurch ist die eindeutige Adressierung jedes Nutzers gegeben, und zwar bedingt durch die individuelle Leitungsverbindung. Der Zugang kann damit unmittelbar vom Sternpunkt für jeden Nutzer gesteuert werden.

Eine andere Situation liegt bei einem Verteilsystem nach dem Punkt-zu-Mehrpunkt-Konzept vor, wie es sich bei Baumnetzen darstellt. In diesem Fall erhalten alle angeschlossenen Nutzer gleichzeitig dieselben Inhalte. Um nun den autorisierten Zugang sicherzustellen, wird üblicherweise **Verschlüsselung** eingesetzt. Für diesen Begriff gelten in der Fachsprache die eigentlich richtigere Bezeichnung „Conditional Access" und die Abkürzung „CA". Das lässt sich mit „bedingter Zugang" oder „Zugang unter Bedingungen" übersetzen und bedeutet „Zugang nur für Berechtigte".

Bei dem Begriff Zugang stellt sich die Frage: Zugang zu was? Es lassen sich dafür folgende Bereiche unterscheiden:

- Inhalte [content]

  Dazu gehören Programme, audiovisuelle Angebote, Filme, Dokumentationen, Nachrichten, Spiele oder andere Angebote.

- Dienste [service]

  Dazu gehören kostenlose Dienste (z. B. Free-TV), Bezahldienste (z. B. Pay-TV), Abrufdienste (z. B. Video on Demand [VoD]), interaktive Dienste und andere Dienste.

- Netze [network]

  Dazu gehören Satellit, Breitbandkabel, Terrestrik, DSL, WLAN und andere Netze.

Conditional Access (CA) kann als Spezialfall der Codierung/Decodierung verstanden werden, weil die Nutzer individuelle Zugangsberechtigungen erhalten. Es handelt sich bei CA stets um nachfolgend aufgezeigte Schritte (Bild 13.75):

- 1. Schritt: Verwürfelung [scrambling]

  Zuerst erfolgt bei jedem CA-System die Verwürfelung des zu übertragenden Signals. Dies bedeutet die Änderung der ursprünglichen Reihenfolge im Bitstrom nach einem festgelegten Algorithmus. Dieser wird vertraulich behandelt, um Piraterie [piracy], also „Hacken" zu erschweren.

- 2. Schritt: Verschlüsselung [encryption]

  Die eigentliche Verschlüsselung bedeutet die Bereitstellung eines elektronischen Schlüssels, also eines spezifischen Codeworts [control word] als Schlüsselwort.

- 3. Schritt: Übertragung [transmission]

   Das Schlüsselwort wird mit dem Signal zum Nutzer übertragen, der sich mithilfe einer entsprechenden Smartcard authentifizieren muss.

- 4. Schritt: Entschlüsselung [decryption]

   Das Schlüsselwort wird in einer sogenannten Autorisierungseinheit aus dem Bitstrom wiedergewonnen, damit es in Verbindung mit den Informationen von der Smartcard den Entwürfeler in Funktion setzen kann. Es handelt sich dabei um die Entschlüsselung.

- 5. Schritt: Entwürfelung [descrambling]

   Durch den Entwürfeler wird danach das verwürfelte Signal wieder in seine ursprüngliche Form gebracht. Dabei handelt es sich um Entwürfelung.

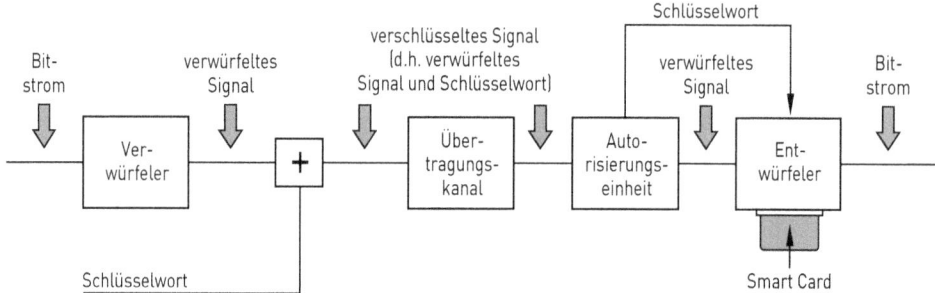

Bild 13.75 Verwürfelung und Verschlüsselung

Passen das Schlüsselwort und die Daten der Smartcard nicht zueinander, dann ist weder Entschlüsselung noch Entwürfelung möglich. Die Authentifizierung des Nutzers kann bei CA-Systemen auch mithilfe einer SIM-Card [subscriber interface module card] erfolgen und gegebenenfalls mit der Eingabe einer PIN [personal identification number] oder Passwortes verbunden sein. Es besteht grundsätzlich aber auch die Möglichkeit, ohne eine Karte zu arbeiten und ausschließlich nur eine PIN oder ein Passwort für den Nachweis der Zugangsberechtigung zu verwenden.

Ein CA-System umfasst auf der Sendeseite die Verwürfelung und die Verschlüsselung, während es sich auf der Empfangsseite um die Entschlüsselung und die Entwürfelung handelt. Im Bild 13.76 sind diese Zusammenhänge nochmals am Beispiel des digitalen Fernsehens DVB veranschaulicht.

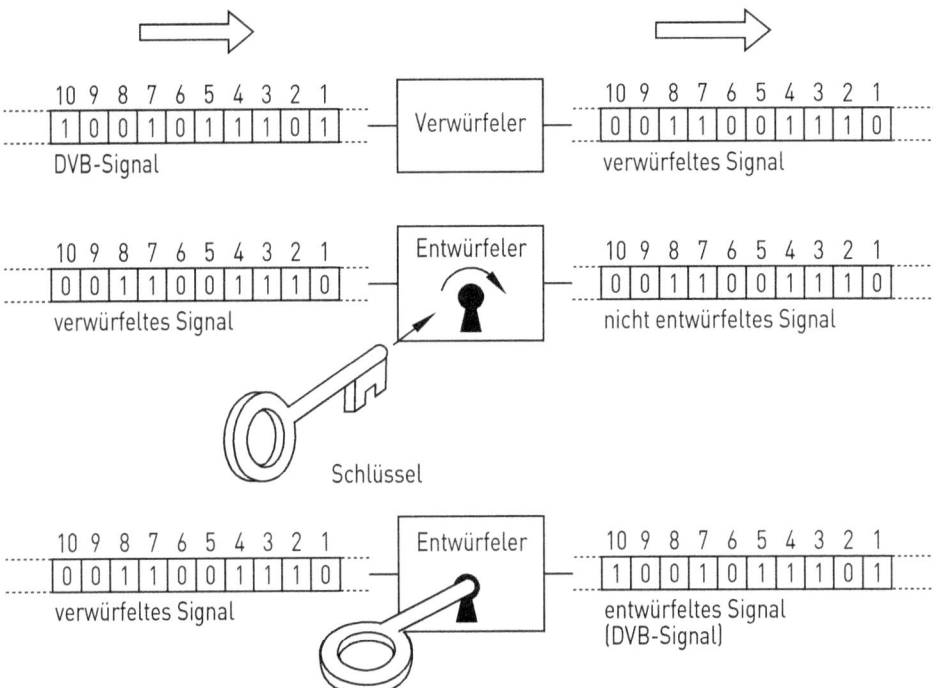

Bild 13.76 Conditional Access (Prinzip)

Damit ein CA-System möglichst große Sicherheit gegen Piraterie gewährleistet, wird mit einer Kombination folgender Signale gearbeitet (Bild 13.77):

- Control Word (CW),
- Entitlement Management Message (EMM),
- Entitlement Control Message (ECM).

Das CW ist das Schlüsselwort, welches für die Freigabe des Entwürfelers benötigt wird. Die EMM ist ein nutzerspezifisches Signal. Es autorisiert den einzelnen Nutzer für den Zugriff auf Inhalte. Die administrative Abwicklung erfolgt dabei über die Teilnehmerverwaltung, üblicherweise als Subscriber-Management-System (SMS) bezeichnet.

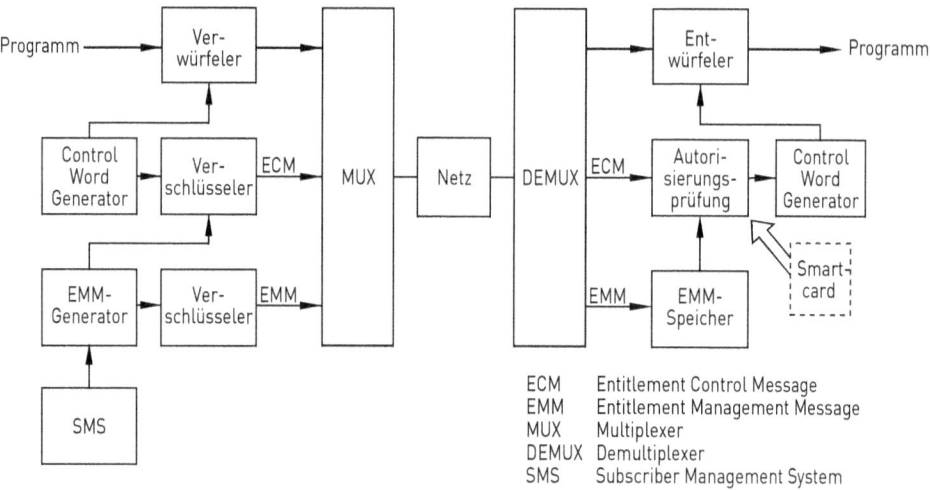

Bild 13.77 Arbeitsweise des CA-Systems

Die ECM ist dagegen ein inhaltespezifisches Signal und sichert den Zugriff auf den gewünschten Inhalt. Aus Gründen der Sicherheit werden die EMM und die ECM selbst auch verschlüsselt übertragen. Auf der Empfangsseite erfolgt die Autorisierungsprüfung mithilfe der EMMs und der ECMs. Außerdem ist eine Smartcard oder SIM-Card erforderlich, die der Nutzer individuell vom SMS bei Vertragsabschluss erhält. Die Auswertung des EMM und ECM ist nur in Verbindung mit der Smartcard bzw. SIM-Card möglich.

Für die Realisierung eines CA-Systems wird im Endgerät des Nutzers auf jeden Fall eine als CAM [conditional access module] bezeichnete technische Funktionseinheit benötigt. Sie kann entweder im Endgerät integriert sein, wofür die Bezeichnung „embedded CA" (= integriertes CA) gilt, oder über die standardisierte Schnittstelle CI [common interface] oder CI+ [common interface plus] als externes CA in das Endgerät eingesteckt werden. Im letzteren Fall ist für die CAM-Steckkarte auch die Bezeichnung CICAM [common interface conditional access module] üblich. Bei beiden CA-Varianten wird dem Modul an einem Anschluss das verschlüsselte Signal zugeführt, während an einem anderen Anschluss das unverschlüsselte, also ursprüngliche Signal zur Verfügung steht (Bild 13.78). Jedes CAM weist in der Regel auch einen Kartenleser [card reader] auf, um die Auswertung der Smartcard des Nutzers zu ermöglichen.

Da beim Common Interface die Datenströme unverschlüsselt aus dem CICAM in das Empfangsgerät gelangen, verzichteten viele Netz- und Plattformbetreiber sowie Inhalteanbieter wegen Sicherheitsbedenken auf die Unterstützung der CI-Schnittstelle. Aus diesem Grund haben sich 2008 einige große Hersteller zusammengefunden, um die Funktionalität dieser Schnittstelle dahingehend weiterzuentwickeln, dass die Interessen der Inhalteanbieter sowie Netz- und Plattformbetreiber ausreichend berücksichtigt werden. Dabei entstand die Spezifikation CI+.

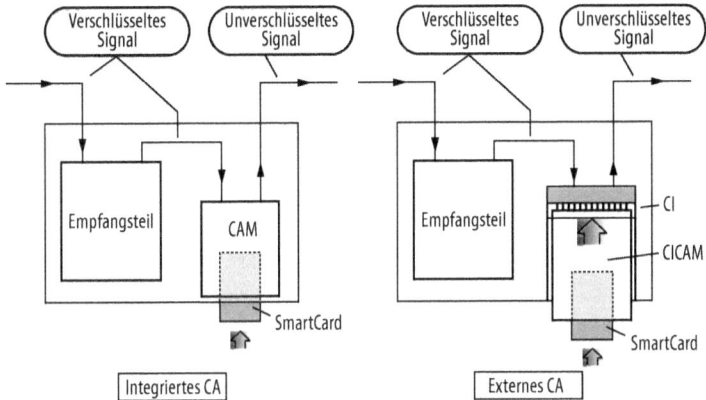

Bild 13.78 Integriertes und externes CA

Bei CI+ wird der im CICAM entschlüsselte Datenstrom wieder (lokal) verschlüsselt dem Empfangsgerät zugeführt und erst vor der Decodierung entschlüsselt. CI+ erlaubt es Programmanbietern im Fernsehsignal zusätzlich Nutzungsinformationen [usage rules information (URI)] zu übertragen. Diese Anweisungen ermöglichen es den Inhalteanbietern, die Nutzung ihrer durch CI+ geschützten Inhalte auf CI+-zertifizierte Endgeräte einzuschränken. Sie bestimmen damit, ob und wie die jeweiligen Inhalte nutzbar sind. So können sie zum Beispiel für jede Sendung:

- die Aufzeichnung verhindern oder auf maximal 90 Minuten beschränken,
- die Wiedergabe von Aufzeichnungen zeitlich begrenzen,
- Fernsehaufnahmen unter Einsatz eines Geräteschlüssels an das jeweilige Aufnahmegerät binden (CI+-geschützte Inhalte können dann nicht auf anderen Geräten wiedergegeben werden),
- festlegen, ob und in welcher Auflösung die Videoausgabe erfolgen soll und ob diese mit einem Kopierschutz versehen wird,
- eine Vorspulsperre aktivieren, für das Überspringen von Werbeblöcken (bei Digital-Video-Recordern) verhindert.

Die aktuelle im Markt befindliche Version von CI+ ist Version 1.4. Die Version 2.0 besitzt anstelle der PCMCIA-Schnittstelle eine USB-Schnittstelle mit der Unterstützung von USB 3.1.

Die meisten CA-Systeme verwenden zwar einen standardisierten Verwürfelungsalgorithmus, sind aber ansonsten proprietäre Systeme, die sich durch den Aufwand für die Schlüsselworte unterscheiden. Bei steigendem Aufwand für die Schlüsselworte nimmt auch der Signalschutz zu. Es ist deshalb in der Praxis stets ein Abwägen zwischen der gewünschten Schutzwirkung und der Wirtschaftlichkeit erforderlich.

14 Audiovision in der Medientechnik

Audiovision (AV) ist das kennzeichnende Merkmal der Medientechnik. Es handelt sich dabei um die Verbindung von Sinneseindrücken für die auditive und visuelle Wahrnehmung der Nutzer. Aus technischer Sicht gilt:

 Audiovision umfasst alle analogen und digitalen Medien, mit denen der Nutzer durch Ton und Bild erreicht werden kann.

Inzwischen geht es dabei um die Übertragung auf der Sendeseite produzierter digitaler Audiosignale (also Audiodaten) und digitaler Videosignale (also Videodaten) zu den Endgeräten der Nutzer auf der Empfangsseite. Dabei bedarf es stets der Betrachtung des gesamten Systems, also von der Quelle bis zur Senke.

Bei jedem audiovisuellen Übertragungssystem müssen zuerst die durch den Schalldruck repräsentierten akustischen Signale und die durch Helligkeit und Farbe gekennzeichneten optischen Signale in elektrische Signale gewandelt werden. Dafür kommen Mikrofone und Kameras zum Einsatz, die jeweils ein analoges Abbild der Eingangsgrößen liefern. Für die weitere Verarbeitung sind deshalb Analog-Digital-Umsetzer (ADU) [analog to digital converter (ADC)] erforderlich. Die dadurch entstehende digitale Struktur muss auf der Empfangsseite von den Endgeräten der Nutzer allerdings wieder rückgängig gemacht werden, weil das menschliche Ohr und Auge analoger Signale bedarf. Dafür werden zuerst die empfangenen Audio- und Videosignale mithilfe von Digital-Analog-Umsetzern (DAU) [digital to analog converter (DAC)] in analoge Signale gewandelt. Die Wiedergabe als akustische und optische Informationen für den Nutzer erfolgt dann durch Lautsprecher oder Ohrhörer bzw. Flachbildschirme oder Videoprojektoren. Jedes audiovisuelle System weist damit folgendes Minimalkonzept auf:

- Sendeseite: Mikrofon und Kamera → Analog-Digital-Umsetzer,
- Übertragungsmedium: beliebiges Netz,
- Empfangsseite: Digital-Analog-Umsetzer → Lautsprecher und Flachbildschirm.

Im Rahmen der erforderlichen Ende-zu-Ende-Betrachtung ist stets die Reihenschaltung von ADC und DAC zu berücksichtigen (Bild 14.1). Die von diesen Funktionseinheiten durch die Signalkonvertierung hervorgerufenen Fehler wirken sich nämlich unmittelbar auf die Qualität des gesamten Systems aus.

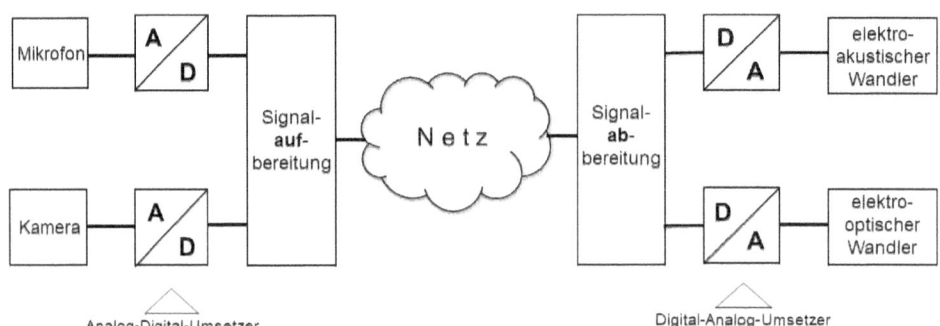

Bild 14.1 AV-Übertragung (Konzept)

Bei AV-Inhalten sind Audio- und Videodaten miteinander verzahnt. Sie bestehen aus audiovisuellen Sequenzen als Abfolge von Bildern und dem darauf abgestimmten Tonmaterial (Sprache, Musik, Geräusche).

Es lassen sich bei der Produktion von AV-Inhalten (z. B. Filme, TV-Beiträge ...) folgende Varianten unterscheiden:

- Übertragungsart:
    - Direktübertragung/lineare Übertragung/Liveübertragung,
    - Abrufübertragung/nicht-lineare Übertragung/zeitversetzte Übertragung.
- Produktionsort:
    - Studio-Produktion/Innenproduktion,
    - Ü-Wagen-Produktion/Außenproduktion.

In der Praxis gibt es eine Vielfalt von Kombinationen für die Produktion. Sie kann zum Beispiel an verschiedenen Standorten stattfinden, wobei der gleichzeitige Zugriff von diesen auf den Ablauf als Kollaboration bezeichnet wird. Dabei ist auch der Einsatz von Fernsteuerung [remote control] möglich.

Die Produktion von AV-Inhalten erfordert stets ein entsprechend ausgeprägtes **Kontributionsnetz** [contribution network], in dem alle Anteile bereitgestellt und zusammengefügt werden. Bisher erfolgte dies auf Basis der standardisierten SDI-Videosignale und AES-3-Audiosignale über proprietäre Leitungsnetze. Bei der in Einführung befindlichen nächsten Generation handelt es sich um All-IP-Produktion und den damit verbundenen Cloud-Nutzungen. Dabei lassen sich folgende Servicebereiche unterscheiden:

- **SaaS** [software as a service] → Software, Applikationen,
- **PaaS** [platform as a service] → Rechnerleistung, Programmierung,
- **IaaS** [infrastructure as a service] → Hardware, Speicher.

Für die IP-basierte Produktion ist die Standardfamilie SMPTE 2110 maßgebend (Bild 14.2). Es wird dabei mit definierten Rahmen [frame] für die Audio- und Videosignale gearbeitet, deren präzise Verarbeitung ein Time Code Generator sicherstellt.

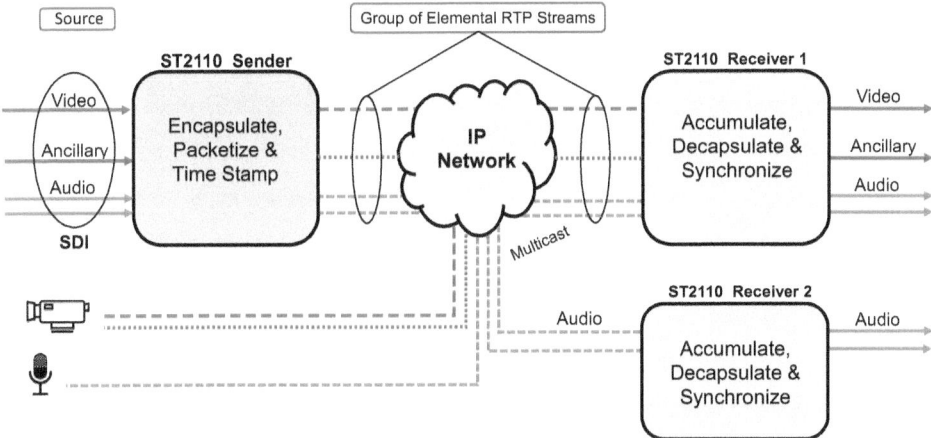

Bild 14.2 AV-System mit SMPTE 2110 [Quelle: SMPTE]

Für die Verbreitung produzierter AV-Inhalte an die Endgeräte der Nutzer sind **Distributionsnetze** [distribution network] erforderlich. Diese können unterschiedliche Technologien und Strukturen aufweisen. Bei Nutzung des Internet stehen für diese Funktion Content Delivery Networks (CDN) zur Verfügung. Dabei handelt es sich um geschützte Übertragungswege in gestaffelter Baumstruktur, um möglichst viele Anschlüsse [port] mit einer definierten Qualität nahe den Nutzern verfügbar machen zu können. Der unmittelbare Zugriff der Nutzer auf die AV-Inhalte erfolgt danach über Zugangsnetze [access network]. Es ist allerdings ein vertragliches Kundenverhältnis der Nutzer mit den Betreibern dieser Netze erforderlich.

Bei AV handelt es sich um das Zusammenwirken von Kontributionsnetzen und Distributionsnetzen (Bild 14.3). Das Angebot für die Nutzer kann folgende Formen aufweisen:

- **Bring-Dienste** [push service]

    Der AV-Anbieter liefert dabei die Inhalte in einer von ihm bestimmten Konfiguration zum Nutzer. Dieser kann lediglich den Zugriff einschalten oder ausschalten.

- **Hol-Dienste** [pull service]

    Der AV-Anbieter stellt dabei lediglich die Inhalte auf Abruf zur Verfügung. Über Zeitpunkt, Reihenfolge und Umfang des Zugriffs entscheidet der Nutzer nach individuellen Kriterien.

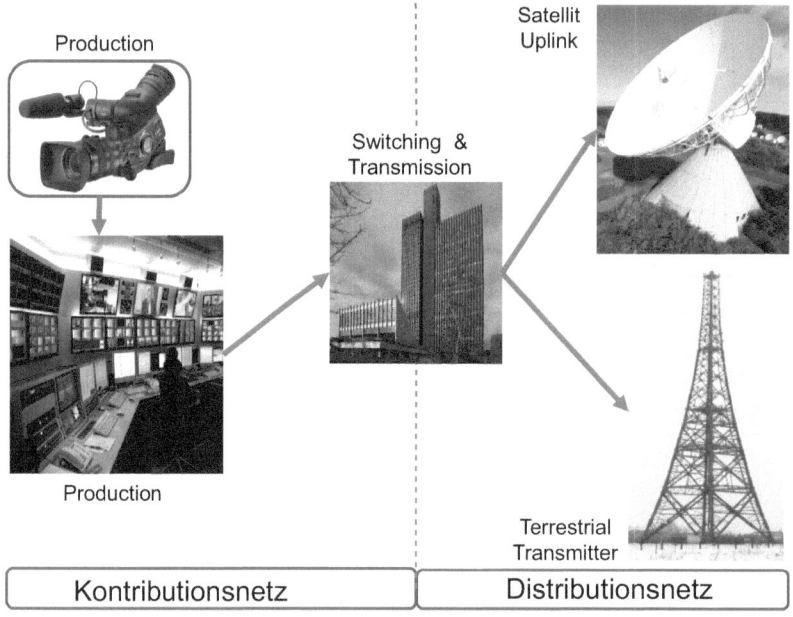

Bild 14.3 Kontribution und Distribution bei AV [Quelle: WDR]

Der Zugriff auf AV-Inhalte ist dem Nutzer nicht nur über Netze, sondern auch von portablen Speichern (wie CD, DVD, BD, USB-Stick …) möglich.

15 Daten in der Medientechnik

Audio und Video stellen in der Medientechnik die „Nutzsignale" dar. Dabei erfolgt in der Praxis stets der ergänzende Einsatz eigenständiger Daten. Deren Übertragung von der Sendeseite zum Endgerät des Nutzers erfolgt nach vorgegebenen Prozeduren (Standards, Protokolle, Bedienvorgänge ...) mithilfe digitaler Steuersignale, die von den Audio- und Videosignalen unabhängig sind. Diese Datensignale sind ein integrierter Bestandteil jedes AV-Systems und ermöglichen die gezielte Steuerung von Einstellungen, Aktivitäten, Anzeigen und sonstiger Maßnahmen. Diese basiert in der Regel auf dem **Master-Slave-Prinzip**, bei dem durch Sensoren definierte Wirkungen von Aktoren ausgelöst werden.

Viele Datenanwendungen in der Medientechnik werden automatisch im Hintergrund abgewickelt. Für den Nutzer sind dagegen folgende Aufgabenbereiche für Daten von besonderem Interesse:

- Gerätebedienung,
- Zusatzinformationen.

Erforderliche Einstellungen für den Betrieb können bei den Endgeräten auf verschiedene Weise erfolgen. Die technisch einfachste Lösung besteht in der Bedienung von Tasten oder Stellreglern am Endgerät, wobei die Quittierung einer Eingabe durch Leuchtmelder (z. B. Leuchtdioden) und/oder auf einem Bildschirm erfolgen kann. Eine weitere Form der direkten Eingabe stellt die Nutzung eines berührungssensitiven Bildschirms [touchscreen] dar, der sich auch für die Ausgabe der Bestätigung des Bedienvorgangs anbietet.

Die **Barrierefreiheit** kann in einem AV-System durch Sprachsteuerung oder Texteingabe via Tastatur unterstützt werden. Dabei erfolgt die Auslösung der gewünschten Aktion durch gesprochene Anweisungen (also Spracheingabe) oder Texteingaben. Als Rückmeldung bietet sich dabei verständlicherweise die Sprachausgabe bzw. Textausgabe auf dem Bildschirm an. Letztere Form kann mithilfe geeigneter Konverter auch in Sprache gewandelt werden.

Eine seit langer Zeit bewährte Methode der Gerätebedienung ist die **Fernsteuerung** [remote control]. Dabei werden die Einstellungen von einer meist als Fernbedienung (FB) bezeichneten Funktionseinheit bewirkt, die sich in einem definierten Entfernungsbereich zum Endgerät befinden kann (Bild 15.1). Als Medium für die Datenübertragung von der FB zum Endgerät kommt entweder Infrarotlicht oder Nahbereichsfunk (z. B. Bluetooth) zum Einsatz.

Das Konzept der Fernbedienung besteht darin, dass alle gewünschten Einstellungen per Tastendruck erfolgen. Dabei sind die Zifferntasten (0 bis 9), die auch als Cursortasten bezeichneten Richtungstasten (rechts, links, oben, unten) und die Farbtasten (rot, grün, gelb, blau) zu unterscheiden. Die Nutzung der Tasten bewirkt unterschiedlich codierte Signale, um die gewünschte Aktivitäten auszulösen.

Bild 15.1
Fernbedienung [Quelle: Technisat]

Durch den Umfang der Codierung und die Nutzung von Tastenkombinationen ist auch die Verwendung einer Fernbedienung für die gleichzeitige Steuerung mehrerer Endgeräte realisierbar. Für diesen Bedienkomfort gilt in der Regel die Bezeichnung Universal-Fernbedienung.

Die Funktion der Fernbedienung kann auch durch eine Applikation (App) auf dem Smartphone oder Tablet als Online-Anwendung wahrgenommen werden. Das ermöglicht eine große Flexibilität bei den Bedienvorgängen.

AV-Systeme sind in der Praxis dadurch gekennzeichnet, dass es eine Vielzahl von Zusatzinformationen gibt, die sich unmittelbar oder mittelbar auf die Audio- und Videosignale beziehen und mithilfe der Fernbedienung abgerufen werde können. Es handelt sich um multimediale Ergänzungen der AV-Inhalte als Texte, Grafiken, Standbilder, Bewegtbilder oder Mischformen aus den aufgezeigten Varianten.

Eine klassische Form der Zusatzinformationen sind die elektronischen Programmführer [electronic programme guide (EPG)]. Es handelt sich bei diesen im Prinzip um an die technologische Entwicklung angepasste Ausführungen der bisher als Printmedien verfügbaren Programmzeitschriften. EPGs bieten den Nutzern vielfältige Informationen über die angebotenen AV-Inhalte, die schnell und unkompliziert aktuell gehalten werden können. Elektronische Programmführer werden von den AV-Anbietern, Netzbetreibern oder Dritten zur Verfügung gestellt.

Seit vielen Jahren gibt es bei den meisten TV-Programmen den üblicherweise als Videotext bezeichneten Abrufdienst Teletext. In der analogen Welt bestand dieser aus einem standardisierten Datenvolumen, welches dem Nutzer den Zugriff auf kurze Textinformationen ermöglichte. In der digitalen Welt hat sich dieses Konzept zu einem umfangreichen Menü mit allen Audio- und Videovarianten entwickelt. Damit erhält der Nutzer umfassende Informationen über die verfügbaren Programme, was durchaus auch das Marketing des Geräteherstellers unterstützt.

Auch im Rahmen der Barrierefreiheit gibt es zweckmäßige Datenanwendungen. Ein typisches Beispiel sind die Untertitel (UT), bei denen der zum Bild gesprochene Ton in Kurzform als Text am unteren Bildrand erscheint. Dies kann in beliebiger Sprache erfolgen.

Für Nutzer mit Sehproblemen gibt es das bewährte Verfahren der Audiodeskription (AD). In diesem Fall wird der Bildinhalt in gesprochener Form beschrieben und stellt damit für die Betroffenen eine große Hilfe dar. Es muss allerdings für AD auf der Sendeseite ein großer Aufwand betrieben werden, weil es sich um eine Echtzeitanwendung handelt.

Bei Verwendung von Daten in AV-Systemen ist zu berücksichtigen, dass dafür eine entsprechende Übertragungskapazität verfügbar sein muss. Dies geht verständlicherweise zulasten der Audio- und Videosignale.

TEIL II
Anwendungen

16 Hörfunk (Radio)

16.1 Einführung

Beim Hörfunk [radio] handelt es sich um ein Rundfunksystem, das als unidirektionaler Verteildienst ausschließlich Audiosignale und ggf. verschiedene Zusatzinformationen als Text, Grafik oder Bild überträgt. Es kann sich dabei um analoge oder digitale Audiosignale handeln.

Am 29. Oktober 1923 begann in Deutschland der Regelbetrieb für den Hörfunk. Während es damals nur eine kleine Zahl von Rundfunkteilnehmern gab, ist der Hörfunk inzwischen längst ein Massenmedium, wobei stationärer, portabler und mobiler Empfang realisierbar ist.

 Hörfunk ist ein Massenkommunikationsmittel.

Für die Hörfunkübertragung kommen folgende Medien als funkgestützte und leitungsgebundene Verfahren zum Einsatz:

- Terrestrik,
- Kabel,
- Satellit,
- Internet.

Es handelt sich dabei inzwischen fast ausschließlich um digitalen Hörfunk. Die dafür geeigneten Empfänger weisen stets folgende Funktionseinheiten auf:

- Selektionseinheit

  Sie stellt die Auswahl des gewünschten Inhalts aus dem Empfangssignal sicher.

- Demodulator

  Er macht die auf der Sendeseite verwendete Modulation rückgängig und stellt am Ausgang das digitale Basisbandsignal zur Verfügung.

- Digital-Analog-Umsetzer

    Er wandelt das digitale Basisbandsignal in das ursprüngliche analoge Quellensignal.

Die verschiedenen Varianten der Hörfunksysteme unterscheiden sich in ihren Leistungsmerkmalen und dem erforderlichen technischen Aufwand.

■ 16.2 Analoger terrestrischer Hörfunk UKW

Die ersten Hörfunksender arbeiteten mit Amplitudenmodulation (AM) in folgenden Wellenbereichen:

- Langwellen: 148,5 kHz   bis   283,5 kHz,
- Mittelwellen: 526,5 kHz   bis   1606,5 kHz,
- Kurzwellen: 2,3 MHz   bis   26,1 MHz.

In Deutschland werden diese Frequenzen inzwischen nicht mehr genutzt. Die terrestrische Verbreitung des analogen Hörfunks erfolgt deshalb nur noch mit Frequenzmodulation (FM) über den, Ende der 1940er-Jahre eingeführten, Ultrakurzwellenbereich (**UKW**) von 87,5 MHz bis 108,0 MHz. Die aufgezeigten Frequenzbereiche sind in Kanäle gleicher Bandbreite aufgeteilt, was als Kanalraster bezeichnet wird.

Deren Zahl hängt von der größten zu übertragenden Frequenz des niederfrequenten Modulationssignals, also dem zu übertragenden Audiosignal ab. Bei AM-Hörfunk ist dies auf 4,5 kHz festgelegt worden, was eine Kanalbandbreite von 9 kHz bedeutet. Der FM-Hörfunk arbeitet dagegen mit 15 kHz als größte Frequenz des NF-Signals. Das führt zu einer Kanalbandbreite von 180 kHz, wenn von $M = 5$ als typischem Wert für den Modulationsindex ausgegangen wird.

LW, MW, KW → Amplitudenmodulation (AM)
* $f_{NF(max)} = 4{,}5\,\text{kHz}$
* $B_{AM} = 9\,\text{kHz}$

UKW → Frequenzmodulation
* $f_{NF(max)} = 15\,\text{kHz}$
* $B_{FM} = 180\,\text{kHz}$

Das **Kanalraster** erfordert eine Staffelung der Trägerfrequenzen, bei der sich die Kanäle nicht überlappen, weil sonst Störungen auftreten (Bild 16.1). Die Trägerfrequenzen dürfen deshalb nur im Abstand der Kanalbandbreite auftreten, um die Trennung zwischen den Kanälen sicherzustellen.

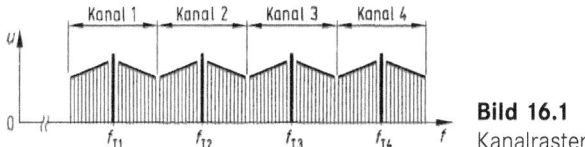

Bild 16.1 Kanalraster

Ein wesentliches Kriterium für jeden Empfänger ist die kleinste Eingangsspannung, welche für einen einwandfreien Empfang benötigt wird. Dieser Wert wird als Empfindlichkeit [sensitivity] bezeichnet und ist stets auf einen bestimmten Rauschabstand bezogen.

Empfindlichkeit [sensitivity] = Wert der Empfängereingangsspannung, die für ein Ausgangssignal mit vorgegebenem Rauschabstand mindestens erforderlich ist.

Beispiel

Die Angabe der Empfindlichkeit für einen Empfänger von 1,5 µV für 26 dB bedeutet, dass ein hochfrequentes Eingangssignal von mindestens 1,5 µV erforderlich ist, damit das Audiosignal nach dem Demodulator einen Rauschabstand von 26 dB aufweist.

Während bei einem AM-Signal der Rauschabstand über die gesamte Bandbreite konstant ist, reduziert sich dieser Wert bei einem FM-Signal mit steigender Modulationsfrequenz. Dies kann kompensiert werden, und zwar beim Sender durch Anhebung der Amplitude des Modulationssignals mit zunehmender Frequenz. Dieser Vorgang wird als **Preemphasis** bezeichnet (Bild 16.2). Er verbessert den Rauschabstand bei großen Modulationsfrequenzen.

Im Empfänger muss die Preemphasis rückgängig gemacht werden, damit das ursprüngliche Audiosignal wieder zur Verfügung steht. Dies geschieht mithilfe einer **Deemphasisschaltung,** die eine der Preemphasis spiegelbildliche Absenkung der Amplitude des Modulationssignals bewirkt, was zu einem quasi konstanten Rauschabstand über die gesamte Bandbreite des Modulationssignals führt (Bild 16.3).

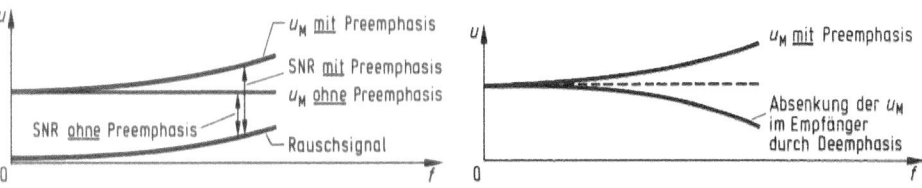

Bild 16.2 Preemphasis   **Bild 16.3** Deemphasis

Die klassische Hörfunkübertragung ist einkanalig. Auf diese Weise besteht allerdings keine Möglichkeit, die räumliche Lage der Schallquelle festzustellen, im Gegensatz zum direkten Hörvorgang. Bedingt durch die versetzte Lage der Ohren zueinander, treten für nämlich unterschiedlich lange Wege für den Schall auf, wenn sich die Schallquelle nicht genau in der Mitte vor dem Gesicht des Hörers befindet. Dadurch ergibt sich der räumliche Höreindruck (Bild 16.4).

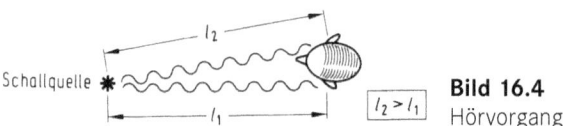

Bild 16.4 Hörvorgang

 Der **räumliche Höreindruck** ist bedingt durch die versetzte Lage der Ohren.

Soll dieser natürliche Effekt auch beim Hörfunk ermöglicht werden, dann muss von der einkanaligen Übertragung (Monofonie) auf zweikanalige Übertragung (Stereofonie) übergegangen werden. Dazu wird die zu übertragende Schallinformation mit zwei Mikrofonen aufgenommen, die mindestens im Abstand der Ohren angeordnet sind. Es ergeben sich zwei Audiosignale, die beide vom Sender übertragen werden. Für die Wiedergabe sind zwei elektroakustische Wandler erforderlich. Sie weisen ebenfalls einen entsprechenden Abstand zueinander auf, damit sich der gewünschte räumliche Höreindruck ergibt (Bild 16.5).

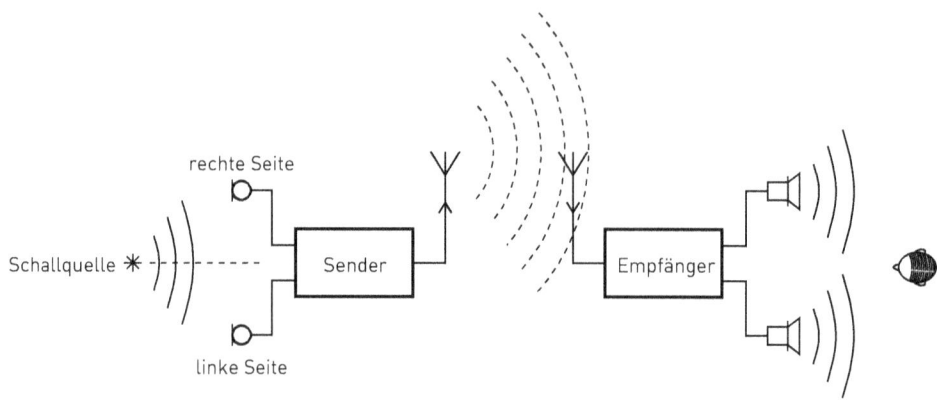

Bild 16.5 Stereofone Übertragung

 Monofonie (→ Mono) = einkanalige Übertragung für das Gesamtsignal
Stereofonie (→ Stereo) = zweikanalige Übertragung für rechte und linke Seite

Der Übergang von Mono(fonie) auf Stereo(fonie) stellt beim Hörfunk aber auch die Forderung nach der **Kompatibilität**. Dies bedeutet, dass Monoempfänger auch bei Stereoübertragung weiter verwendbar sind. Andererseits müssen aber auch Stereoempfänger bei Monoübertragung funktionieren, wobei dann identische Kanäle auftreten.

 Mono- und Stereoübertragungen sollen kompatibel sein.

Um eine ausreichende Qualität des Audiosignals zu gewährleisten, erfolgt die hochfrequente Stereoübertragung über FM-Sender im UKW-Bereich.

Um der Forderung nach Kompatibilität zu entsprechen, ist es nicht ausreichend, das Signal des linken Stereokanals L und des rechten Stereokanals R ohne gegenseitige Beeinflussung zu übertragen, weil dem Monoempfänger die gesamte Information (also die Summe aus beiden Kanälen) zur Verfügung stehen muss.

 L = Signal des linken Stereokanals
R = Signal des rechten Stereokanals

Die Problemlösung wird durch Verwendung von Frequenzmultiplex erreicht. Ausgangspunkt für das Stereo-Multiplexsignal ist die Bildung des Summensignals L + R und des Differenzsignals L − R.

 Summensignal: L + R
Differenzsignal: L − R

Während L + R in der natürlichen Lage verbleibt und damit den Monoempfang sicherstellt, wird das Differenzsignal durch Zweiseitenband-AM mit unterdrücktem Träger von 38 kHz oberhalb des Summensignals angeordnet. Dadurch ergibt sich für das Stereo-Multiplexsignal der Frequenzbereich 50 Hz bis 53 kHz. Das bei 19 kHz eingefügte Signal wird als **Pilot** bezeichnet und im Empfänger zur Rückgewinnung von L und R benötigt (Bild 16.6).

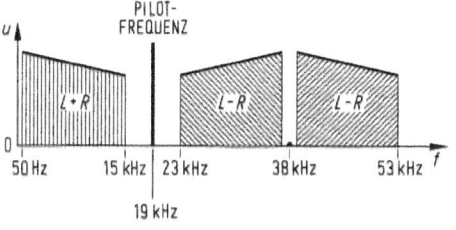

Bild 16.6
Stereo-Multiplexsignal

Das Stereo-Multiplexsignal ist also eine geschickte Verschachtelung von L und R. Die Aufbereitung erfolgt im **Stereo-Coder**, dessen Ausgangssignal als Modulationssignal für den FM-Sender dient (Bild 16.7).

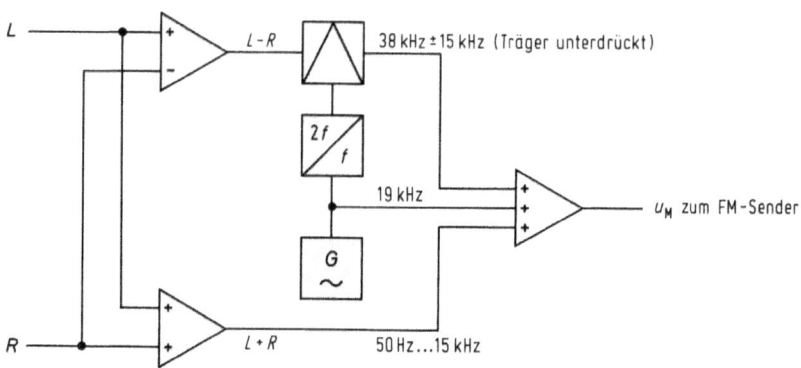

Bild 16.7 Stereo-Coder (Übersichtsplan)

Wird bei Stereoübertragung ein Monoempfänger verwendet, dann erfolgt keine Auswertung der über dem Summensignal liegenden Anteile des Multiplexsignals.

 Monoempfänger werten nur das Summensignal L + R aus.

Bei Stereoempfängern wird L und R im **Stereo-Decoder** zurückgewonnen. Er ist dem Demodulator unmittelbar nachgeschaltet. Es erfolgt hier zuerst mithilfe von Bandpässen und Tiefpässen die Aufteilung des Stereo-Multiplexsignals in seine ursprünglichen Anteile. Die Verdoppelung der Pilotfrequenz 19 kHz ergibt dann das Trägersignal 38 kHz für die Demodulation des Differenzsignals L − R, während das Summensignal L + R unmittelbar durch einen Tiefpass aus dem Gesamtsignal ausgekoppelt wird. Die Signale L und R lassen sich nachfolgend aus dem Summen- und Differenzsignal durch vorzeichenrichtige Zusammenfassung rekonstruieren (Bild 16.8).

Aus dem Übersichtsplan für den Stereo-Decoder ist ersichtlich, warum die Trägerunterdrückung bei der Zweiseitenband-AM und die Wahl der Pilotfrequenz sehr zweckmäßig sind. Da im Bereich 15 kHz bis 23 kHz des Stereo-Multiplexsignals keine Informationen enthalten sind, kann die Pilotfrequenz mit einem Bandpass ausgesiebt werden, der keine besondere Flankensteilheit benötigt. Bei Übertragung des Trägersignals 38 kHz wäre dagegen ein sehr steilflankiger Bandpass erforderlich, da die kleinste Modulationsfrequenz bei 50 Hz liegt.

16.2 Analoger terrestrischer Hörfunk UKW

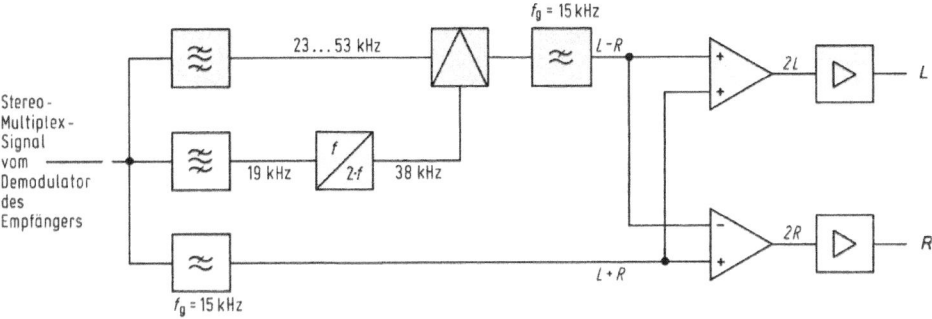

Bild 16.8 Stereo-Decoder (Übersichtsplan)

Ende der 1980er-Jahre wurde das Stereo-Multiplexsignal durch das Radio-Daten-System [radio data system (**RDS**)] ergänzt (Bild 16.9). Es dient zur Übertragung digitaler Zusatzinformationen, basiert auf dem Standard EN 62 106 und arbeitet mit einer Netto-Datenrate von 731 Kbit/s. Die Modulation erfolgt durch Phasenumtastung (PSK) eines Hilfsträgers von 1,1875 kHz. Da hier bei jedem Wechsel zwischen den Zuständen „0" und „1" ein Phasenwechsel von 180° auftritt, gilt auch die Bezeichnung Bi-Phasen-Codierung (Bild 16.10).

Bild 16.9 RDS-Logo

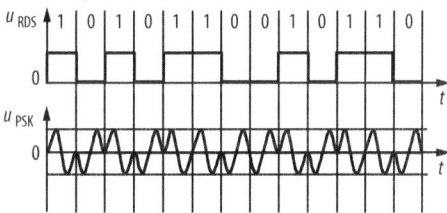

Bild 16.10 Bi-Phasen-Codierung

 Radio-Daten-System (RDS) = Übertragung digitaler Zusatzinformationen beim FM-Signal mit einer Netto-Datenrate von 731 Kbit/s.

Die zu übertragenden RDS-Daten bereitet der **RDS-Coder** auf der Sendeseite als RDS-Signal auf. Zuerst erfolgt dabei die Bildung des PSK-Signals. Dieses wird als Modulationssignal für Zweiseitenband-AM mit unterdrücktem Träger (57 kHz) verwendet. Das in dieser Art modulierte Signal wird dann dem bisherigen FM-Signal hinzugefügt (Bild 16.11).

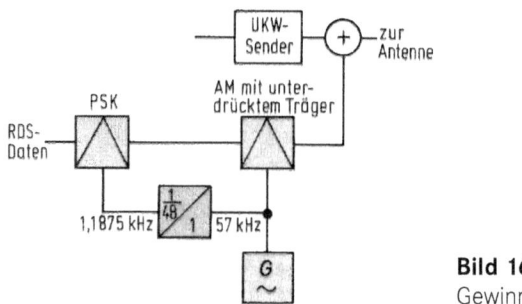

Bild 16.11
Gewinnung des RDS-Signals

Der **RDS-Decoder** im Empfänger macht die Signalaufbereitung für das RDS-Signal schrittweise wieder rückgängig. Am Ausgang stehen deshalb wieder die ursprünglichen RDS-Daten zur Verfügung.

Im RDS-Standard sind verschiedene Anwendungen festgelegt. Die Daten der damit verbundenen Informationen werden in 16 Gruppen aufgeteilt und zyklisch gestaffelt übertragen.

Die Häufigkeit der Übertragung einer Gruppe hängt von deren festgelegter Wichtigkeit ab. Jede Gruppe besteht aus vier Blöcken von 26 Bit. Davon bilden 16 Bit das Informationswort, während es sich bei den restlichen 10 Bit um das Kontrollwort (Prüfwort) handelt (Bild 16.12). Es ist zu erkennen, dass bei RDS ein aufwendiger Fehlerschutz durch Fehlererkennung und Fehlerkorrektur besteht.

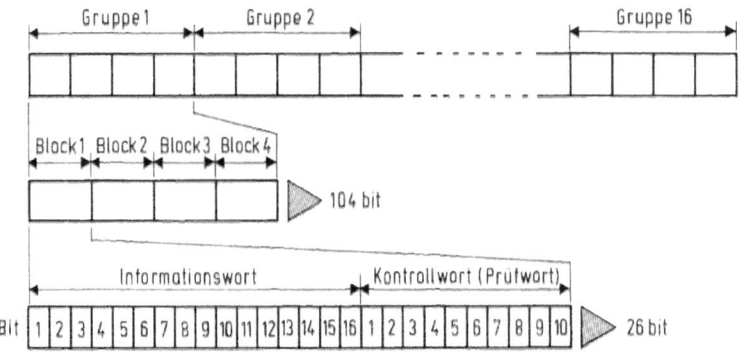

Bild 16.12 Struktur der RDS-Daten

Die wichtigsten RDS-Funktionen sind nachfolgend dargestellt.

 PI [programme identifier] = Code zur eindeutigen Kennzeichnung von Programmen

Der PI-Code ist vierstellig und besteht aus alphanumerischen Zeichen, also Buchstaben und Ziffern.

PS [programme service name] = Anzeige des Programmnamens mit bis zu 16 alphanumerischen Zeichen

Durch PS ist es möglich, den Programmnamen auf einer bis zu sechszehnstelligen Anzeige durch alphanumerische Zeichen darzustellen.

AF [alternative frequencies] = Liste der Frequenzen, auf denen das eingestellte Programm auch noch abgestrahlt wird und automatische Umschaltung auf die für den jeweiligen Empfangsort beste Frequenz.

Die Funktion AF bietet die Information, auf welcher Frequenz bzw. welchen Frequenzen dasselbe Programm auch noch gesendet wird. Es erfolgt damit die automatische Einstellung des Empfängers auf die für den Empfang des jeweiligen Programms beste Frequenz. Das ist ein großer Vorteil beim mobilen Empfang.

TP [traffic programme identification] → Sender strahlt Verkehrsfunk aus.
TA [traffic announcement identification] → Verkehrsfunkdurchsage läuft.

Durch TP wird angezeigt, dass ein Sender Verkehrsfunk ausstrahlt, während TA eine Verkehrsfunkdurchsage im laufenden Programm signalisiert.

TMC [traffic message channel] = Konzept für Verkehrsfunkmeldungen, bei dem einheitlich strukturierte Textteile im Empfänger gespeichert sind, die variablen Angaben als Daten übertragen werden und die Ausgabe mithilfe eines Sprachgenerators erfolgt.

TMC stellt eine optimale Weiterentwicklung des Verkehrsfunks dar, weil hier die Durchsagen unabhängig vom Programm zur Verfügung stehen.

Die Verkehrsfunkmeldungen weisen bei TMC eine einheitliche Struktur auf, bestehen also aus einer Menge von Standardtexten. Es brauchen nur noch die variablen Daten (wie Staulänge, Autobahnnummer, betroffene Anschlussstellen der Autobahn …) übertragen zu werden, um diese Textteile entsprechend aufzufüllen. Die Ausgabe der Meldung erfolgt mithilfe eines Sprachgenerators im Empfänger, der die Standardtexte aus einem Speicher entnimmt und mit den aktuell übertragenen Angaben entsprechend ergänzt.

Auf diese Weise ist es sogar möglich, die Ausgabe der Informationen in unterschiedlichen Sprachen durchzuführen. Außerdem ist auch der selektive Zugriff auf Verkehrsfunkmeldungen (z. B. für bestimmte Autobahnen) möglich.

In Verbindung mit einem Navigationsgerät ist es mithilfe von TMC auch möglich, bei Staus oder sonstigen Verkehrsbehinderungen Ausweichrouten als Umleitungen zu erfahren.

PTY [programme type] = Typ des gewählten Programms

Im Standard sind sechs Arten von Musikprogrammen und neun Arten von Wortprogrammen definiert.

RT [radio text] = Zusatzinformationen in Textform

Die Darstellung erfolgt zeilenweise mit maximal 64 Zeichen pro Zeile.

EON [enhanced other networks] = automatische Umschaltung auf ein anderes Programm der Kette für die Dauer einer Verkehrsfunkmeldung

Als eine weitere RDS-Anwendung sei noch EON [enhanced other networks] erwähnt. Durch diese wird automatisch auf ein anderes Programm der Kette umgeschaltet, sobald dort Verkehrsfunkmeldungen ausgestrahlt werden. Danach erfolgt wieder die Rückschaltung auf das ursprüngliche Programm.

Abhängig vom Empfänger kann EON unter Umständen auch für die automatische Umschaltung auf andere Anwendungen [application] konfiguriert werden.

■ 16.3 Digitaler terrestrischer Hörfunk DAB

Die Digitalisierung des terrestrischen Hörfunks begann Ende 1997 mit der Einführung des Hörfunksystems **DAB** [digital audio broadcast], das als EU-Projekt Eureka 147 mit folgenden Zielsetzungen entwickelt worden war:

- hohe Audioqualität,
- ökonomische Frequenznutzung,
- störungsfreier mobiler Empfang.

Die Standardisierung dieses für die Frequenzen von 30 MHz bis 3 GHz geeigneten Digitalradios erfolgte als EN 300401 mit dem Titel *„Radio Broadcasting System; Digital Audio Broadcasting (DAB) to mobile, portabel and fixed receivers"*.

Beim Übertragungssystem DAB handelt es sich um eine Kettenschaltung der in Bild 16.13 dargestellten Funktionseinheiten.

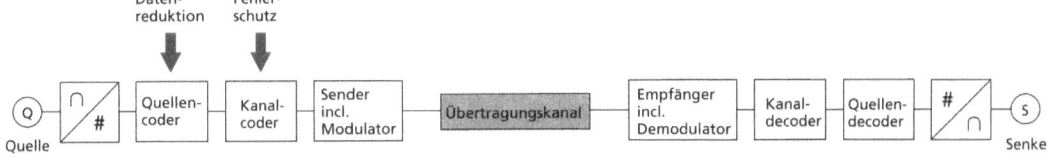

Bild 16.13 DAB-Übertragungsstruktur (Prinzip)

Das von der Quelle stammende analoge Audiosignal wird zuerst in ein digitales Signal gewandelt und dann durch die Quellencodierung von allen redundanten und irrelevanten Anteilen befreit, was zu einer signifikanten Datenreduktion führt. Die nachfolgende Kanalcodierung stellt sicher, dass sich Störeinflüsse im Übertragungskanal nicht auf das Audiosignal auswirken können. Das wird durch die gezielte Ergänzung von Bits als Redundanz erreicht, was als „elektronische Verpackung" des Nutzsignals zu verstehen ist (Bild 16.14). Dadurch können auf der Empfangsseite vom Kanaldecoder als fehlerhaft empfangene Bits nicht nur erkannt, sondern auch korrigiert werden. Dafür gilt:

Fehlerschutz = Fehlererkennung + Fehlerkorrektur

Dieses Konzept wird als Vorwärts-Fehlerkorrektur [forward error correction (FEC)] bezeichnet, das den kontinuierlichen Echtzeitempfang sicherstellt.

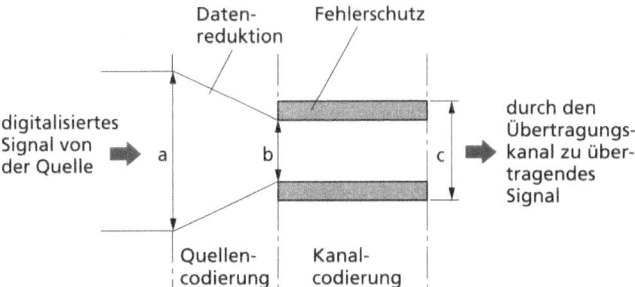

a Bitrate des digitalisierten Signals der Quelle
b Bitrate nach Datenreduktion
c Bitrate nach Kanalcodierung

Bild 16.14
Datenreduktion und Fehlerschutz

Die Übertragung von DAB erfolgt durch Multiplexsignale in 1,532 MHz breiten Frequenzblöcken. Es wird das Mehr-Träger-Verfahren COFDM verwendet, das in vier Modi mit 192, 384, 768 oder 1532 Trägersignalen arbeitet, wobei vierwertige Differenz-Phasenumtastung 4-DPSK [four state differential phase shift keying] als Modulation dient, bei der nur die Übertragung der Änderungen des Eingangssignals gegenüber den Werten des jeweils vorhergehenden Zeittaktes erfolgt. Das C in der Bezeichnung COFDM weist auf den Fehlerschutz FEC hin.

Die Audio(signal)codierung auf der Sendeseite erfolgte zuerst durch den internationalen Standard ISO/IEC 11172-3 (MPEG-1 Audio, Layer 2) und danach gemäß ISO/IEC 13813-3 (MPEG-2 Audio, Layer 2).

Die bei DAB verwendete Quellencodierung ist gemäß ISO/IEC 11172-3 „*Coding of moving pictures and associated audio for digital storage media up to 1,5 Mbit/s*" international als **MPEG-1, Layer 2** standardisiert und wird üblicherweise als **MUSICAM** [masking pattern adapted universal subband integrated coding and muliplexing] bezeichnet. Es handelt sich um ein Teilbandverfahren, bei dem das gesamte niederfrequente Modulationssignal in 32 Teilbändern mit jeweils 750 Hz Bandbreite aufgeteilt wird. Unter Berücksichtigung der Mithörschwelle und des Verdeckungseffektes findet dann für jedes Teilband die Berechnung eines repräsentativen Mittelwertes statt. Danach erfolgt unter Verwendung eines psychoakustischen Modells deren Codierung in einer Rahmenstruktur. Mit MUSICAM ergibt sich eine Datenreduktion über 80 %, was den großen Anteil von Redundanz und Irrelevanz im Signal kennzeichnet. Auf der Sendeseite ist ein MUSICAM-Coder erforderlich, auf der Empfangsseite bedarf es eines MUSICAM-Decoders (Bild 16.15). Dabei ergeben sich folgende Datenraten:

- Mono: 72 kbit/s,
- Stereo: 128 kbit/s,
- Surround: 144 kbit/s.

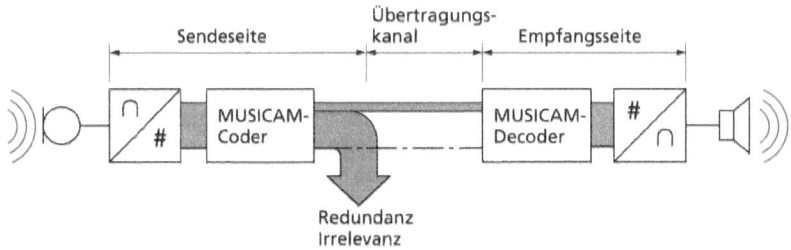

Bild 16.15 Quellencodierung mit MUSICAM

Das mit MUSICAM datenreduzierte Audiosignal ermöglicht trotz relativ geringer Datenrate eine der CD vergleichbare Qualität. Wegen der Teilbandcodierung ist eine Bitfehlerrate (BER) bis 10^{-3} ohne hörbare Störeffekte zulässig. Das Signal am Ausgang des MUSICAM-Coders steht nun als quellencodiertes Signal für die weitere Übertragung zur Verfügung.

Um die Kapazität der Übertragungskanäle optimal zu nutzen, wird auch bei DAB Multiplexbildung verwendet. In einem DAB-Multiplexsignal, für das auch die Bezeichnung Transport-Multiplex gilt, können gleichzeitig mehrere Hörfunkprogramme und eine variable Zahl sonstiger Dienste als Daten übertragen werden. Der Transport-Multiplex weist eine Brutto-Datenrate von 2,4 Mbit/s auf. Bedingt durch den üblicherweise bei DAB gewählten Fehlerschutz liegt die Netto-Datenrate bei 1,5 Mbit/s.

Transport-Multiplex
- Brutto-Datenrate: 2,4 Mbit/s
- Netto-Datenrate: 1,5 Mbit/s (bei typischem Fehlerschutz)

Bei den Datendiensten sind zwei Varianten zu unterscheiden. Die einen werden verkoppelt mit den Programmsignalen übertragen und deshalb als PAD [programme associated data] bezeichnet, während die anderen getrennt im Transport-Multiplex untergebracht sind und die Bezeichnung NPAD [non programme associated data] tragen. Es ergeben sich für die Programme und Dienste parallele Wege mit entsprechenden Bitraten, die durch den Multiplexer zum Transport-Multiplex zusammengefasst werden (Bild 16.16).

Bezüglich PAD gilt, dass der Zugriff nur über das dazugehörige Programmsignal möglich ist. Die Bitrate für PAD kann bis 64 Kbit/s betragen, sie geht jedoch stets zulasten der Bitrate für das Audiosignal, weil die Kapazität für das einzelne Programm als Gesamtheit von Audio und PAD festgelegt wird. Für NPAD sind im Rahmen der verfügbaren Kapazität beliebige Bitraten möglich.

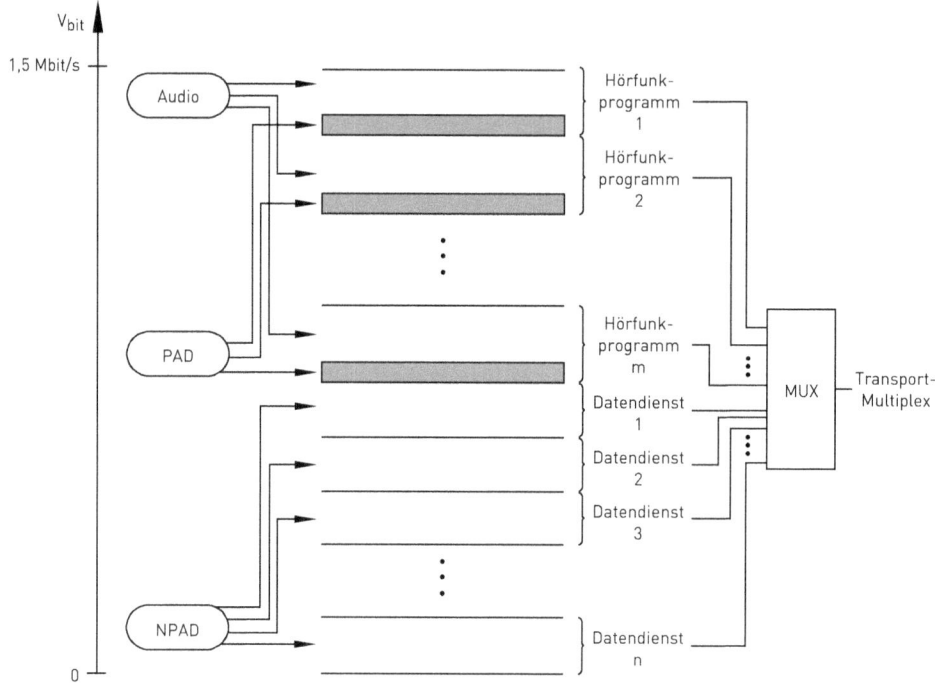

Bild 16.16 Zusammensetzung des Transport-Multiplex

  PAD [programme associated data]
werden verkoppelt mit den Programmsignalen übertragen.
Kapazität: max. 64 Kbit/s (geht zulasten des Audiosignals)

  NPAD [non programme associated data]
werden über separate Kapazitäten im Transport-Multiplex übertragen.
Kapazität: beliebig (im Rahmen der verfügbaren Bitrate)

Bei DAB wird mit einer Rahmenstruktur gearbeitet, wobei SC [synchronisation channel], FIC [fast information channel] und MSC [main service channel] zu unterscheiden sind. Der SC dient der Synchronisation zwischen Sender und Empfänger. Er besteht aus zwei Symbolen, wobei am Anfang stets ein Nullsymbol vorliegt, das zur Erkennung eines neuen Rahmens dient. Durch den FIC wird die Rückgewinnung der Signale für die einzelnen Programme und Dienste im Empfänger sichergestellt. Dafür stehen drei bis acht Symbole zur Verfügung. Es sind beim FIC die Gruppen MCI [multiplex configuration information] und SI [service information] unterscheidbar. Die MCI gibt dem Empfänger alle Informationen über die Zusammensetzung des MSC und alle erforderlichen Parameter, welche für die Decodierung der Dienste erforderlich sind. Bei den SI handelt es sich um Zusatzinformationen wie Programmname, Programmart, Sprache, Länderkennung, Startzeit, Dauer und andere. Sie dienen unmittelbar zur Selektion der Programme und Dienste im MSC. Dieser Kanal transportiert die eigentlichen Nutzdaten und umfasst 67 bis 72 Symbole (Bild 16.17).

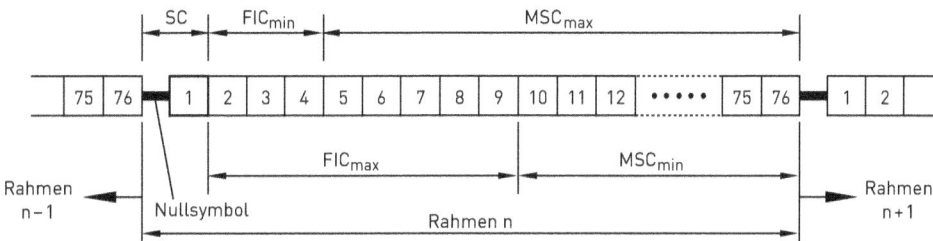

Bild 16.17 DAB-Rahmenstruktur

 DAB-Rahmenstruktur
- SC [synchronisation channel]
- FIC [fast information channel]
  - MCI [multiplex configuration information]
  - SI [service information]
- MSC [main service channel]

Die Struktur des Transport-Multiplexes ergibt sich durch die Zusammenfassung von SC, FIC und MSC im Transport-Multiplexer (Transport-MUX), wobei ein vorgeschalteter MSCMUX aus den verschiedenen Audiosignalen und Datendiensten den MSC aufbaut (Bild 16.18).

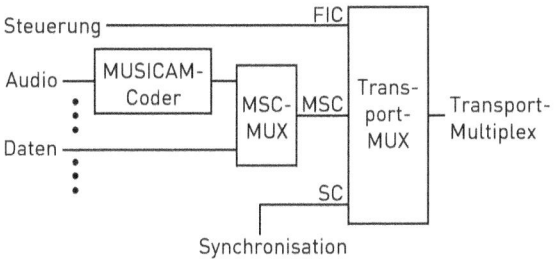

Bild 16.18 Aufbau des Transport-Multiplex

Der Transport-Multiplex ist das Basisbandsignal für die Modulation, das in den 1,536 MHz breiten DAB- Frequenzblöcken mit COFDM übertragen wird. Abhängig von dem verwendeten Frequenzbereich liegt die Zahl der OFDM-Träger zwischen 192 und 1526, wobei mit zunehmender Frequenz die Trägerzahl kleiner wird.

Bedingt durch COFDM sind bei DAB frequenzökonomische Gleichwellennetze realisierbar.

Kennzeichnende Merkmale von DAB
- COFDM
- 1,536 MHz breite Frequenzblöcke
- Trägerzahl: 192 – 1526
- Trägermodulation: 4-DPSK
- Gleichwellennetze

Das im Basisband erzeugte COFDM-Signal kann prinzipiell in jede hochfrequente Lage gebracht werden. In der Praxis erfolgt der Einsatz im Bereich 174 MHz bis 230 MHz, also dem VHF-Band III, welches die Kanäle 5 bis 12 umfasst. Wegen der Bandbreite dieser Kanäle von 7 MHz finden pro Kanal genau vier DAB-Frequenzblöcke Platz (Bild 16.19). Am Beispiel des Kanals 12 ist die Frequenzsituation im Vergleich zu dessen analoger Nutzung aus Bild 16.20 ersichtlich.

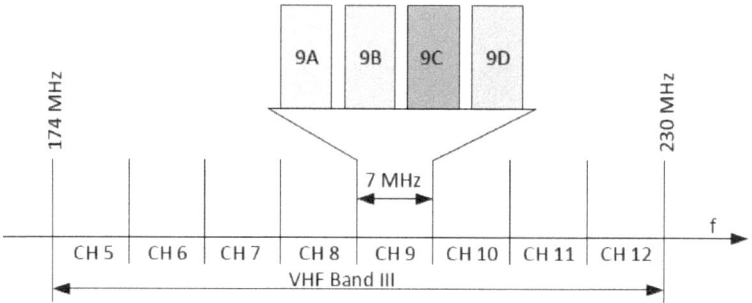

Bild 16.19 DAB-Kanäle

Vom Verbund der europäischen Post- und Fernmeldeverwaltungen wurden 1995 folgende Versorgungskriterien für DAB festgelegt:

„Bezogen auf eine Antennenhöhe von 1,5 m und 99 Prozent Orts- und Zeitwahrscheinlichkeit ist in jedem Versorgungsbereich eine Mindestnutzfeldstärke von 35 dB(µV/m) für 174 ... 230 MHz erforderlich."

Diese Spezifikation gewährleistet den mobilen Empfang und stellt damit auch den portablen und stationären Empfang sicher. Für den In-Haus-Empfang [indoor reception] sind allerdings die Wanddämpfungen entsprechend zu berücksichtigen.

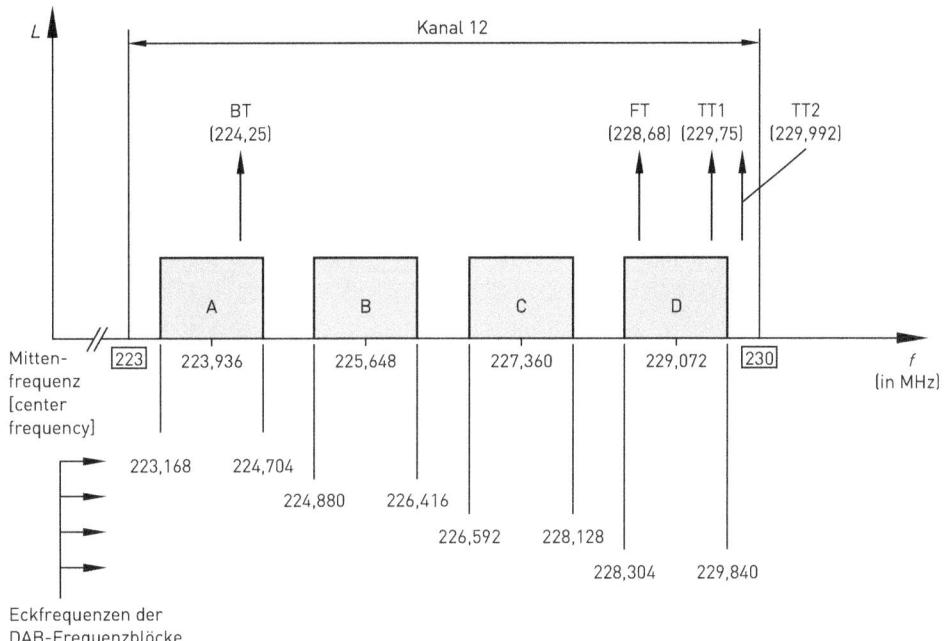

Eckfrequenzen der
DAB-Frequenzblöcke

Bild 16.20 DAB-Frequenzblöcke im Kanal 12

Wie bei jedem Übertragungssystem besteht die Aufgabe des Empfängers darin, dass ursprüngliche Modulationssignal wiederzugewinnen. Beim DAB-Empfang kann es sich um Audiosignale oder Daten handeln. An erster Stelle steht das Hochfrequenzteil, welches das empfangene Signal meistens über eine Zwischenfrequenz in die Basisbandlage umsetzt. Danach gewinnt der COFDM-Demodulator den Transport-Multiplex zurück und führt ihn dem Demultiplexer zu.

 Durch den COFDM-Demodulator wird der Transport-Multiplex wiedergewonnen.

Nach der Kanaldecodierung im Viterbi-Decoder, welcher die auf der Sendeseite verwendete Faltungscodierung rückgängig macht, erfolgt die Decodierung der übertragenen Signale. Bei Audiosignalen handelt es sich um den MUSICAM-Decoder, während bei Daten ein entsprechender Datendecoder erforderlich ist (Bild 16.21).

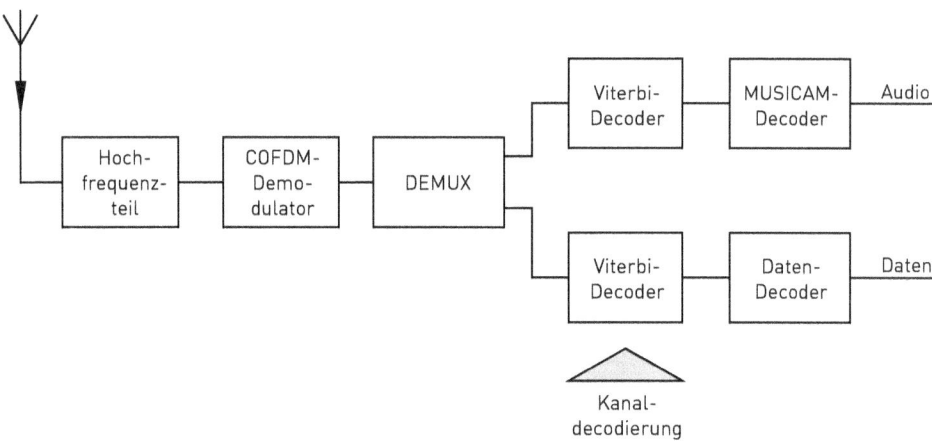

Bild 16.21 Funktionseinheiten des DAB-Empfängers

Mit der Quellencodierung für DAB lassen sich bis zu neun Stereoprogramme in einem Frequenzblock unterbringen. Die Zahl reduziert sich entsprechend, wenn Datendienste als PAD oder NPAD übertragen werden sollen. In Tabelle 16.1 sind einige für DAB spezifizierte **Datendienste** aufgelistet.

Tabelle 16.1 DAB-Datendienste

Bezeichnung	Bedeutungen	Erklärungen
TMC	traffic message channel	Von RDS übernommenes Verkehrsfunkkonzept mit gespeicherten Standardtexten, Ergänzung durch empfangene variable Daten und Ausgabe durch Sprachgenerator
DLS	dynamic label service	Übertragung programmbezogener Zusatzinformationen (z. B. Titel, Interpret …) als PAD
MOT	multimedia object transfer protocol	Übertragung beliebiger Dateien (Audio, Video, Daten) als multimediale Objekte als Push-Dienste
TPEG	transport protocol experts group	Übertragung multimedialer Verkehrs- und Reiseinformationen
IP over DAB	Internet Protocol over DAB	Übertragung von Inhalten auf IP-Basis (z. B. Videostreams)

Eine Verbesserung der Frequenzökonomie ist bekanntlich stets durch effizientere Verfahren der Quellencodierung erreichbar. Das bei DAB eingesetzte MUSICAM-Verfahren erfüllt aus heutiger Sicht diese Forderung nicht mehr. Es wurde deshalb die Audiocodierung auf **MPEG**-4 umgestellt, wobei auch die Bezeichnung **HE AAC+** [high efficiency advanced audio coding plus] üblich ist und zu folgenden Datenraten führt:

- Mono: 40 kbit/s,
- Stereo: 64 kbit/s,
- Surround: 68 kbit/s.

Bei gleichem Fehlerschutz verdoppelt sich damit die Übertragungskapazität im DAB-Frequenzblock gegenüber MUSICAM. Diese Form von Digitalradio wird als **DAB+** (DABplus) bezeichnet (Bild 16.22). DAB+ stellt somit eine konsequente Weiterentwicklung von DAB dar.

Bild 16.22
Logo DAB+

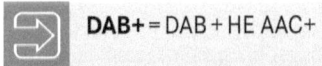

DAB+ = DAB + HE AAC+

Mit DAB+ stehen den Nutzern eine Vielzahl lokaler, regionaler, landesweiter und bundesweiter Hörfunkprogramme in optimaler Tonqualität zur Verfügung.

Es ist zu beachten, dass wegen der unterschiedlichen Quellencodierung bei DAB und DAB+ zwischen diesen Verfahren keine Kompatibilität besteht. DAB-Empfänger sind deshalb für DAB+ nicht verwendbar. Bei DAB+ handelt es sich um eine Art Upgrade von DAB, bei der eine bewährte Technik der Quellencodierung durch die Weiterentwicklung der Codierungstechnik optimiert wird.

16.4 Hörfunk im Kabel

Früher stand der Begriff Kabel für leitungsgebundene Netze in Koaxialtechnik, um Hörfunk- und Fernsehprogramme von einer zentralen Stelle an die Endgeräte bei den Nutzern zu verteilen. Dieses Konzept hat sich im Laufe des technologischen Fortschritts zu interaktiven digitalen Netzen weiterentwickelt, die für Rundfunk (also Radio und Fernsehen), Internet und Telefonie genutzt werden und damit die derzeit wichtigsten Mediennutzungen abdecken, gekennzeichnet durch den Begriff „Triple Play".

Bei diesen Netzen handelt es sich fast ausnahmslos um HFC [hybrid fiber coax]-Versionen, was eine gemischte Nutzung von Glasfaser [fiber] und Koax [coax] bedeutet. Von einem Netzknoten [network node] gelangen nämlich die zu übertragenden Inhalte per Glasfaser bis zu einem Verteiler, der sich möglichst nahe den zu versorgenden Endgeräten befindet. Für die „letzte Meile" in HFC-Netzen kommt dann Koax als zweckmäßige Verwertung der bisherigen Bestandsnetze zum Einsatz. Die grundsätzliche Entwicklung geht jedoch in Richtung **FTTH** [fiber to the home], also Glasfaser durchgängig bis zu den Anschlussdosen in den Wohnungen.

In der analogen Welt wurde traditionell der UKW-Hörfunk (87,5 MHz bis 108,0 MHz) in den Kabelnetzen verbreitet. Für den Empfang reichte deshalb ein handelsüblicher UKW-Empfänger. Durch den Übergang in die digitale Welt stellt nun DAB+ ein gegenüber UKW wesentlich leistungsfähigeres Hörfunksystem dar, weshalb aus ökonomischen Gründen die Einspeisung von UKW in Kabelnetze schrittweise eingestellt wird. Als „Ersatz" kann dafür DAB+ dienen, weil der dafür festgelegte Frequenzbereich 174 MHz bis 230 MHz grundsätzlich in allen Kabelnetzen verfügbar ist und deshalb mit handelsüblichen DAB+-Empfängern gearbeitet werden kann. Durch geschickte Multiplexbildung in der Kopfstelle des Kabelnetzes lässt sich im Rahmen der digitalen Signalaufbereitung der aufgezeigte Frequenzbereich durchaus reduzieren, ohne die Programmvielfalt einzuschränken. Die Entscheidung über eine solche Vorgehensweise obliegt den Kabelnetzbetreibern.

Ein wichtiger Aspekt für den Hörfunk im Kabel sind die bei fast allen TV-Programmen im Datenstrom mit eingebundenen digitalen Hörfunkprogramme. Dieses als **DVB-C-Radio** bezeichnete Konzept wird eingesetzt, um die Übertragungskapazität der 8 MHz breiten TV-Kanäle möglichst vollständig für Programminhalte zu nutzen. Das vielfältige Angebot kann der Nutzer mithilfe der Taste „Radio" auf der üblichen TV-Fernbedienung problemlos abrufen. Dabei lassen sich auch Favoritenlisten bilden, also die nach individuellen Gesichtspunkten des Nutzers festgelegte Reihenfolge der Programme.

Ein Empfang der aufgezeigten Hörfunkprogramme mit dem Fernsehgerät ist nicht besonders effizient, weil für diese Anwendung der Flachbildschirm nicht erforderlich ist, aber trotzdem dafür Energie verbraucht wird. Als Abhilfe bieten sich Kabelradios an, die ein Empfangsteil wie beim TV-Gerät aufweisen, jedoch keinen Flachbildschirm. Solche Geräte selektieren aus dem DVB-C-Signal ausschließlich die Hörfunkprogramme und bereiten sie für die Wiedergabe auf. Diese kann dann über eine vorhandene Audio-Anlage (Stereo, Surround, 3D) erfolgen.

Der technische Aufwand für Kabelradios ist mit dem bei DAB+-Empfängern vergleichbar.

16.5 Hörfunk über Satellit

Satelliten sind in etwa 36 000 km über dem Äquator auf definierten **Orbitpositionen** befindliche funkgestützte Sendeeinrichtungen zur Verbreitung von Rundfunk auf der Erdoberfläche. Es handelt sich im Prinzip um Relaisstationen, da ihnen die zu verteilenden Programme über eine gebündelte Funkverbindung von der Erde [uplink] zugeführt werden. Die Abstrahlung zur Erde [downlink] erfolgt dann auf Frequenzen im Bereich 10,7 GHz bis 12,75 GHz mit Strahlungskeulen, die definierte Öffnungswinkel aufweisen. Damit ergeben sich gegenüber terrestrischen Funksendern erheblich größere Versorgungsgebiete.

Die Satellitennutzung war ursprünglich nur für TV-Programme konzipiert, wobei die Übertragung aus technischen Gründen in Kanälen vergleichbaren **Transpondern** erfolgte. Deren Bandbreiten wiesen anfänglich Werte von 27 MHz auf, inzwischen gelten jedoch 36 MHz als Standardwert. Bezogen auf die digitale Welt steht dadurch eine definierte Datenrate für die Übertragung zur Verfügung. Diese Kapazität stellt der Satellitenbetreiber gegen Entgelt zur Verfügung, weshalb die Inhalteanbieter ein großes Interesse haben, diese vollständig zu nutzen. Aus diesem Grund umfasst der Datenstrom von Transpondern neben TV-Programmen fast immer auch Hörfunkprogramme.

Es handelt sich also um die vergleichbare Situation, wie bei DVB-C-Radio in Kabelnetzen. Deshalb wird die Bezeichnung **Satellitenradio** verwendet, wenn die aufgezeigte hybride Transpondernutzung gemeint ist. Gegenüber verschiedenen mehr oder weniger proprietären Ansätzen für die Hörfunkübertragung via Satellit handelt es sich jetzt um einen DVB [digital video broadcast]-konformen Ansatz, also ein auf der Übertragung digitaler TV-Programme via Satellit basierendes standardisiertes Verfahren.

Der Empfang des Satellitenradios ist mit jeder Set-Top-Box (STB) für DVB-S/S2 möglich. Wegen der großen Zahl der über Satellit empfangbaren TV-Programme sind auch entsprechend viele Hörfunkprogramme verfügbar. Deren Empfang ist in der Regel entgeltfrei, es besteht aber auch grundsätzlich die Möglichkeit von Bezahl-Radio, also kostenrelevantes Audio on Demand (AoD).

Ein besonderer Vorteil von Hörfunk über Satellit besteht darin, dass wegen der großen Transponder-Bandbreiten auch Datenraten für qualitativ höherwertige oder experimentelle Audio-Übertragungen verfügbar gemacht werden können. Dazu zählen unter anderem Mehrkanal-Systeme (5.1, 7.1, 9.1 ...), realer dreidimensionaler Raumklang und Lokalisierung objektbezogener Klangbilder. Dafür bedarf es allerdings der entsprechenden Hardware- und Softwareausstattung auf der Empfangsseite.

Es ist zu berücksichtigen, dass Satellitenradio für den stationären Empfang ausgelegt ist. Wird allerdings mit Sat>IP gearbeitet, also DVB via IP, dann kann die Programmverteilung zusätzlich auch über ein WLAN [wireless local area network] erfolgen, was dann die Ergänzung des portablen Betriebs bedeutet.

Für das Satellitenradio gibt es keine zentrale Programmliste. Es bedarf vielmehr der regelmäßigen Recherche im Internet sowie der Auswertung von Programminformationen aller Art.

■ 16.6 Internetradio

Neben Terrestrik, Kabel und Satellit ist das Internet inzwischen der vierte Weg für die elektronische Mediennutzung. Beim Hörfunk gilt dafür die Bezeichnung **Internetradio** oder **Webradio**.

Die über das Internet verbreiteten Hörfunkprogramme sind stets Punkt-zu-Punkt [point-to-point (P2P)]-Verbindungen im Streaming-Modus. Die Audiosignale weisen dabei von den Anbietern abhängige Datenraten auf, die zwischen 64 Kbit/s und 384 Kbit/s liegen und als Quellencodierung MP3 oder AAC verwenden. Es gibt auch Programme, die bei gleichem Inhalt mit unterschiedlichen Datenraten gesendet werden. Damit kann eine automatische Anpassung an den Internetanschluss beim Nutzer erfolgen.

Das Internet weist für die Mediennutzung folgende Besonderheiten auf:

- Es ist weltweiter Empfang möglich, wenn ein leitungsgebundener oder funkgestützter Internetanschluss verfügbar ist.
- Beim Internet ist keine definierte Übertragungsgüte [quality of service (QoS)] gewährleistet, weil jedes Datenpaket theoretisch auf einem anderen Weg zum Nutzer gelangen kann, was die Bildung des Gesamtsignals erheblich beeinflussen kann.

Beim Internetradio lassen sich folgende Varianten unterscheiden:

- Programme, die ausschließlich über das Internet verbreitet werden.
- Programme, die nicht nur über das Internet verbreitet werden, sondern auch andere Übertragungswege nutzen.

Die technische Reichweite jedes Hörfunk-Internetsenders ist unmittelbar davon abhängig, wie viele Ports bei den Servern auf der Sendeseite zur Verfügung stehen. Deren Zahl kann zwar im Bedarfsfall durch die Buchung zusätzlicher Server bei CDN [content distribution network]-Betreibern erhöht werden, jedoch ist das kostenrelevant.

Es gibt in der Praxis Tausende von Internetprogrammen in verschiedenen Sprachen und aus allen Regionen der Welt, auf die der Nutzer eigentlich immer frei zugreifen kann. Wegen dieser Menge gibt es auch keine abschließende Senderliste. Hier bietet allerdings das Internet optimale Recherchemöglichkeiten nach unterschiedlichen Sortierkriterien.

Beim Internetradio handelt es sich stets um Direktempfang als Livestreaming. Die Zulassung der Sender erfolgt jeweils nach den medienrechtlichen Vorgaben im Ursprungsland. Diese regeln auch die Möglichkeiten der Speicherung übertragener Inhalte durch den Nutzer, weil die Urheberrechte zu berücksichtigen sind.

16.7 Podcast

Podcast ist ein aus iPod (MP3-Audio-Player der Firma Apple) und Broadcasting (Rundfunk) gebildetes Kunstwort. Es geht dabei um Audiobeiträge, die im Internet auf Websites zur Verfügung stehen und vom Nutzer zu beliebigen Zeiten entgeltfrei abgerufen werden können, weil die Finanzierung durch Werbung oder den Rundfunkbeitrag erfolgt.

 Bei **Podcast** handelt es sich um einen internetbasierten Abrufdienst.

Podcasts können beliebige Strukturen aufweisen, wie individuelle Audioaufnahmen, gespeicherte Hörfunkbeiträge, Dokumentationen, Vorträge, Live-Auftritte, Interviews, Vorlesungen, Hörspiele und andere. Podcasts bestehen immer aus einer Serie von Mediendateien, die auch als Episoden bezeichnet werden und in der Regel das gleiche Format verwenden, damit sie für den Nutzer einheitlich erscheinen.

Die Bereitstellung von Podcasts im Internet erfolgt durch Rundfunkveranstalter, Betreibern von Websites, kommerziellen Medienhäusern, Privatpersonen und anderen. Diese Anbieter werden als Podcaster bezeichnet.

Podcasts kann der Nutzer einzeln abrufen und live wiedergeben, es ist aber auch Download und Speicherung möglich. Der Zugriff auf im Internet verfügbare Podcasts erfordert den Einsatz einer Podcatcher-Software, zum Beispiel das universelle Multimedia-Verwaltungsprogramm iTunes der Firma Apple. Damit werden folgende Aufgaben erfüllt:

- Ermittlung von Podcasts,
- regelmäßige Prüfung auf neue oder geänderte Podcasts,
- Bereitstellung der Informationen über die Podcasts für den Nutzer.

Letztere erfolgt auf speziellen Websites, wird als **RSS** [really simple syndication]-Feed bezeichnet und stellt quasi ein Podcast-Abonnement als Hol-Dienst [pull service] dar. RSS basiert auf einer XML-Datei, die das Endgerät beim Nutzer verarbeiten kann (Bild 16.23).

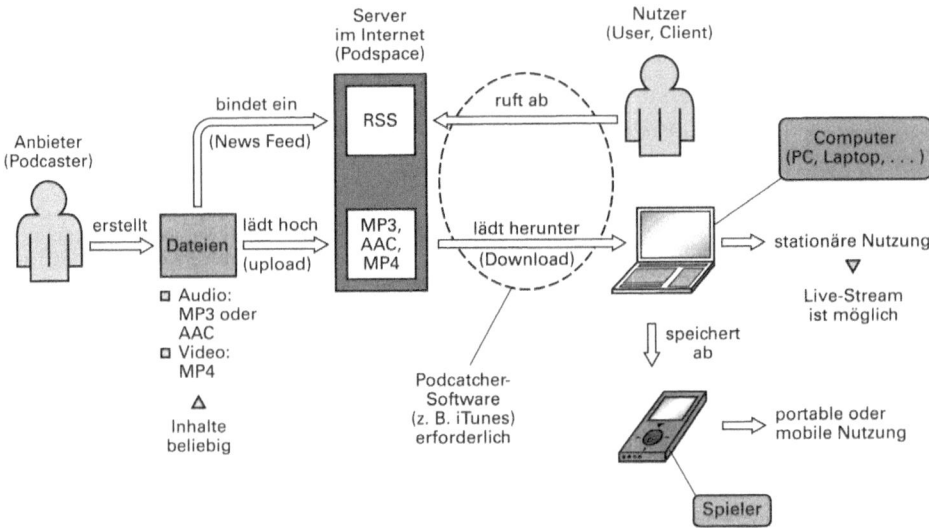

Bild 16.23 Funktionsprinzip des Podcasting

Das aufgezeigte Verfahren bietet einen komfortablen Zugriff auf Podcasts. Für diese lassen sich folgende kennzeichnende Merkmale formulieren:

- Nutzer wählt jeden Podcast durch Abruf aus.
- Nutzer trifft die Auswahl der Podcasts nach individuellen Gesichtspunkten.
- Nutzer kann auf jeden Podcast zu jeder Zeit und an jedem Ort zugreifen.

16.8 Audiotheken

Audiotheken sind Portale im Internet für den Zugriff auf Audio-Beiträge aller Art im Rahmen einer Cloud-Anwendung. Sie werden primär vom öffentlich-rechtlichen Rundfunk als „**Audio-on-Demand**" (z. B. WDR-Audiothek) angeboten. Grundsätzlich sind allerdings auch andere Organisationen als Betreiber möglich.

Inhalte von Audiotheken können beim stationären Empfang über Internetadressen (Webadressen) [unified ressource locator (URL)] abgerufen werden, für den mobilen Empfang stehen Applikationen (Apps) zur Verfügung. Neben der unmittelbaren Nutzung des **Livestreams** können bei Audiotheken auch der Download und die Speicherung erfolgen. Damit wird auch die Offline-Nutzung ermöglicht.

Der inhaltliche Umfang von Audiotheken ist von den medienrechtlichen und urheberrechtlichen Vorgaben abhängig. Das gilt auch für die Speicherdauer der Audio-Beiträge.

Die Sortierung der Beiträge in Audiotheken kann nach verschiedenen Kriterien erfolgen. Dazu gehören Genres (Dokumentation, Hörspiel, Sport, Wissen, Nachrichten …), Titel, Quellen, Stichworte und andere.

17 Fernsehen (TV)

17.1 Grundlagen digitaler Fernsehsysteme

Für die Übertragung von Einzelbildern oder Bewegtbild-Sequenzen ist auf der Sendeseite eine mehrdimensionale **Bildfeldzerlegung** notwendig (Bild 17.1). Die Intensität des Lichts einer aufzunehmenden Szene hängt von vier Variablen ab, nämlich Breite, Höhe, Tiefe und Zeit. Bei der Abbildung der Szene auf den Bildsensor in der Aufnahmekamera reduziert sich die Zahl der Variablen auf Breite, Höhe und Zeit. Die Intensitätsverteilung des Lichtes ist dabei immer noch kontinuierlich. Erst durch die CCD-Elemente auf dem Bildsensor erfolgt die **Diskretisierung** entlang der Achsen Breite, Höhe und Zeit. Zusätzlich findet auch eine Quantisierung der Amplituden statt.

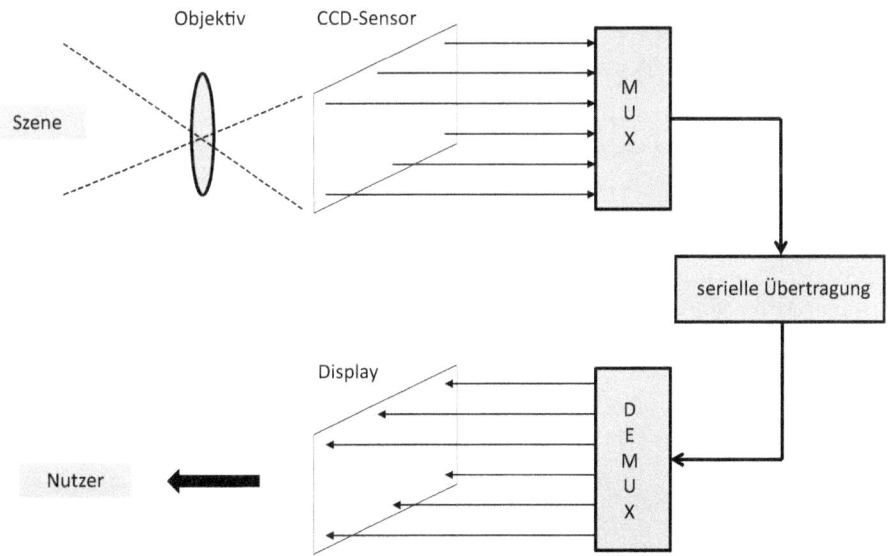

Bild 17.1 Prinzip der mehrdimensionalen Bildfeldzerlegung und Wiedergabe

Auf diese Weise entsteht eine endliche Anzahl von Bits pro Sekunde. Da bei diesem mehrdimensionalen Abtastprozess keine Vorfilterung (Anti-Alias-Filterung) stattfinden kann, müssen die Diskretisierungsabstände entlang der drei Variablen so gering gewählt werden, dass entstehender Alias subjektiv nicht in Erscheinung tritt (Überabtastung). In einem Multiplexierer wird daraus ein sequenzieller Datenstrom erzeugt, der erst bei der Bildwiedergabe mittels eines Demultiplexierers in eine dreidimensionale Darstellung der Intensitätsverteilung überführt wird. Zur Aufnahme von Farbbildern befindet sich an jeder Stelle einer CCD-Position ein Sensor für die Grundfarben Rot, Grün und Blau. Im Display sind ebenso an jeder Pixelposition Leuchtelemente für Rot, Grün und Blau positioniert.

Für ein detailliertes Verständnis der Farbverarbeitung in Fernsehsystemen müssen zunächst die Phänomene Farbe und Farbwahrnehmung näher betrachtet werden. Bild 17.2 zeigt das Spektrum der elektromagnetischen Strahlung. Die x-Achse ist mit Frequenz (f) und Wellenlänge (λ) doppelt skaliert. Es gilt:

$$\lambda = \frac{c}{f} \tag{17.1}$$

Im Bereich von 100 MHz (Wellenlänge 3 m) befindet sich der Frequenzbereich für UKW-Radio. Darüber folgen die Frequenzbereiche für DAB+ und terrestrisches Fernsehen. Im Bereich der Wellenlängen 700 nm bis 400 nm liegt die für den Menschen sichtbare **Strahlung**. Am langwelligen Ende befindet sich die Farbe Rot und am kurzwelligen Ende die Farbe Blau, dazwischen sind Gelb und Grün positioniert. Farben unterscheiden sich also durch ihre Frequenz bzw. Wellenlänge. Unterhalb einer Wellenlänge von 400 nm beginnt der Bereich der ionisierenden Strahlung, darüber liegt nicht-ionisierende Strahlung vor.

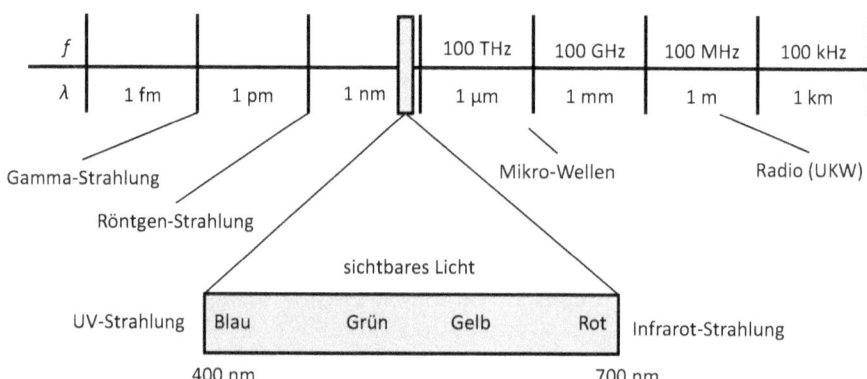

Bild 17.2 Spektrum der elektromagnetischen Strahlung

Zum Verständnis der Farbwahrnehmung ist ein Blick auf die Elemente des menschlichen Auges notwendig. Die optische Strahlung durchläuft auf dem Weg zur Netzhaut unter anderem die folgenden Funktionsbereiche:

- **Iris (Regenbogenhaut) und Pupille**

  Die Iris regelt die Größe der Pupille und damit die Menge des durch die Linse hindurchtretenden Lichts. Bei geringer Lichtmenge (Dunkelheit) wird die Pupille geweitet, bei großer Lichtmenge (Helligkeit) wird die Pupille verengt. Diese Anpassung nennt man Adaption.

- **Linse und Ringmuskel (Ziliarmuskel)**

  Die Linse stellt die wesentliche Abbildungseinheit des Auges dar. Sie sorgt dafür, dass auf der Netzhaut ein scharfes Bild entsteht. Der Ringmuskel ändert die Wölbung der Augenlinse. Dadurch kann man mit dem Auge ferne Gegenstände scharf sehen, wenn die Linse flachgezogen ist und nahe Gegenstände scharf sehen, wenn die Linse wieder runder geformt wird. Das automatische Verändern der Entfernungseinstellung durch Verändern der Linsenwölbung wird als akkommodieren (anpassen) bezeichnet.

- **Glaskörper**

  Der Glaskörper ist Bestandteil des Abbildungssystems und sorgt für konstanten Abstand zwischen Augenlinse und Netzhaut.

- **Netzhaut (Retina)**

  Die Netzhaut beinhaltet die Sehsinneszellen (Zäpfchen und Stäbchen), welche die optische Strahlung in elektrische Impulse umwandeln. Stäbchen und Zäpfchen besitzen unterschiedliche Verteilungsdichten auf der Netzhaut. Sehnerven leiten die Signale der Sehsinneszellen danach an das Gehirn weiter.

Die Stäbchen auf der Netzhaut sind nur schwarzweiß-empfindlich und deshalb für das Nachtsehen von Bedeutung. Sie tragen zur Farbwahrnehmung nicht bei. Aus diesem Grund besitzt der Mensch in der Dunkelheit eine stark verminderte, unter Umständen gar keine Farbwahrnehmung.

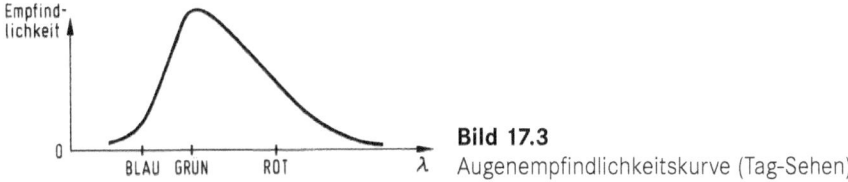

Bild 17.3 Augenempfindlichkeitskurve (Tag-Sehen)

Für die Wahrnehmung bei Tageslicht haben die Stäbchen keine Relevanz. Hier kommen die sogenannten Zäpfchen zum Einsatz, die sich in drei Arten, nämlich rot-empfindlich (Rotrezeptor), grün-empfindlich (Grünrezeptor) und blau-empfindlich (Blaurezeptor) unterteilen. Aus den elektrischen Signalen der drei Rezeptorarten ermittelt das Gehirn beim Tag-Sehen den Helligkeitseindruck (Bild 17.3). Das Maximum der Empfindlichkeit liegt im Farbbereich Gelb-Grün.

Die drei Rezeptorarten (Zäpfchen) besitzen ihre Empfindlichkeitsmaxima bei unterschiedlichen Wellenlängen (Bild 17.4). Trifft Licht mit einer bestimmten Wellenlänge auf die Sensorelemente, entsteht eine eindeutige Kombination aus den drei Signalamplituden der Sensoren an der entsprechenden Position auf der Netzhaut. Das Gehirn ermittelt daraus für diese Position auf der Netzhaut den Farbeindruck. Die Farbwahrnehmung findet also erst im Gehirn statt.

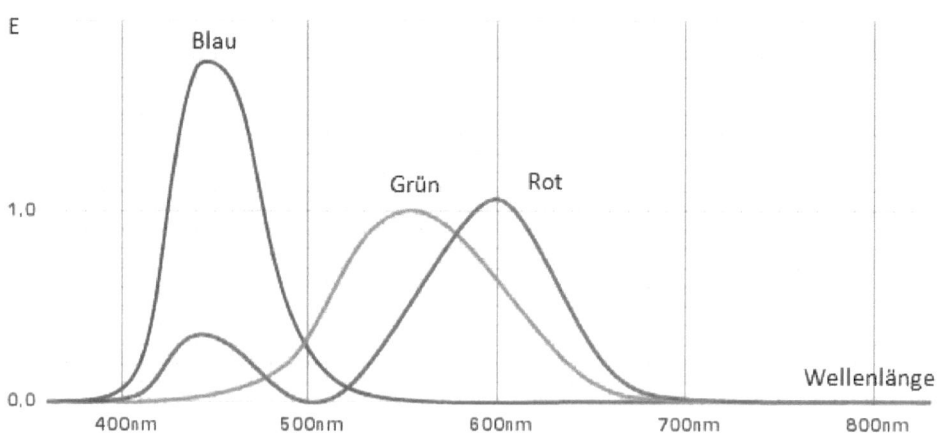

Bild 17.4 Empfindlichkeitskurven (Zäpfchen)

Da von den einzelnen Positionen auf der Netzhaut jeweils nur ein Signalwert für Rot, Grün und Blau zum Gehirn übermittelt wird, reicht es in Farbfernsehsystemen aus, an jeder Pixelposition einen Signalwert für Rot, Grün und Blau aufzunehmen (Kamera) und darzustellen (Display). Für das Farbfernsehen wurden die Grundfarben Rot (700 nm), Grün (546,1 nm) und Blau (435,8 nm) als Bezugsgrößen festgelegt, die auch als Primärvalenzen bezeichnet werden. Mit den drei Grundfarben lassen sich durch additive Farbmischung sämtliche wahrnehmbaren Farben darstellen.

Für die Signalübertragung vom Sender zum Empfänger wählt man jedoch aus Gründen der Übertragungseffizienz modifizierte Signale.

Für jedes Bildelement (Pixel) werden die Signalanteile für Rot, Grün und Blau wie folgt in ein Helligkeitssignal (Luminanz-Signal) gewandelt:

$$Y = 0{,}3 \cdot R + 0{,}59 \cdot G + 0{,}11 \cdot B \tag{17.2}$$

Dieses Signal stellt im Wesentlichen den Grün-Anteil dar und entspricht dem Helligkeitseindruck, der durch die drei Farbrezeptoren im Gehirn erzeugt wird (Bild 17.5). Aus diesem Signal gewinnt das Gehirn die Detailinformation. Daher muss das Luminanz-Signal mit der vollen Pixelzahl zum Empfänger übertragen werden.

Die beiden folgenden Signale bezeichnet man als **Farbdifferenzsignale**, da ihnen der Helligkeitsanteil entzogen ist:

$$C_R = R - Y$$
$$C_B = B - Y \tag{17.3}$$

C_R stellt die Rot/Grün-Kolorierung und C_B die Blau/Gelb-Kolorierung eines Bildes dar. In Matrixdarstellung ergibt sich das folgende Gleichungssystem:

$$\begin{pmatrix} Y \\ C_R \\ C_B \end{pmatrix} = \underline{M} \cdot \begin{pmatrix} R \\ G \\ B \end{pmatrix} \tag{17.4}$$

Die Matrizierung erfolgt mit den Koeffizienten:

$$\underline{M} = \begin{pmatrix} 0{,}3 & 0{,}59 & 0{,}11 \\ 0{,}7 & -0{,}59 & -0{,}11 \\ -0{,}3 & -0{,}59 & 0{,}89 \end{pmatrix} \tag{17.5}$$

Die Transformation der R-, G-, B-Signale (Primärvalenzen) in die Signale Y, C_R, und C_B (Komponentensignale) stellt eine lineare Operation dar, bei der zunächst kein Informationsverlust entsteht. Daher ist die korrekte Rücktransformation in R-, G-, B-Signale möglich:

$$\begin{pmatrix} R \\ G \\ B \end{pmatrix} = \underline{M}^{-1} \cdot \begin{pmatrix} Y \\ C_R \\ C_B \end{pmatrix} \tag{17.6}$$

Jede darstellbare Farbe kann entweder durch die R-, G-, B-Anteile oder durch die Komponentensignale Y, C_R und C_B definiert werden. In Tabelle 17.1 sind die entsprechenden Signalwerte für die Farben des sogenannten **Farbbalkens** aufgelistet, der in der Fernsehtechnik zu Mess- und Testzwecken Anwendung findet.

Tabelle 17.1 Prinzip der additiven Farbmischung

Farbe	R	G	B	Y	C_R	C_B
Weiß	1	1	1	1	0	0
Gelb	1	1	0	0,89	0,11	−0,89
Cyan	0	1	1	0,7	−0,7	0,3
Grün	0	1	0	0,59	−0,59	−0,59
Magenta	1	0	1	0,41	0,59	0,59
Rot	1	0	0	0,3	0,7	−0,3
Blau	0	0	1	0,11	−0,11	0,89
Schwarz	0	0	0	0	0	0

Wie bereits erwähnt repräsentiert das Y-Signal die Helligkeit des Bildes, während C_R und C_B die Kolorierung wiedergeben. Trägt man die Werte von C_R auf der x-Achse und C_B auf der y-Achse auf, entsteht eine Ebene, die die Farbart des Bildsignals repräsentiert. Die Farbart kann ihrerseits durch die Farbsättigung $F_\text{Sätt.}$ und den Farbton F_Ton dargestellt werden. Dieses ist dann eine Darstellung der Farbart in Polarkoordinaten. Es gilt der folgende Zusammenhang zwischen C_R, C_B, $F_\text{Sätt.}$, F_Ton:

$$F_\text{Sätt.} = \sqrt{C_R^2 + C_B^2}$$

$$F_\text{Ton} = \arctan\left[\frac{C_B}{C_R}\right] \tag{17.7}$$

Bei Schwarz, Weiß und alle Graustufen sind die Werte der Farbdifferenzsignale und damit auch der Farbsättigung gleich null (unbunte Bildsignale).

Bild 17.5 stellt die Signalverarbeitung an Sender und Empfänger dar. Die senderseitige Umwandlung in Komponentensignale mit der entsprechenden Rücktransformation auf der Empfangsseite würde ohne eine weitere Signalverarbeitung keinen Vorteil im Hinblick auf die Übertragungseffizienz bringen. Erst unter Einbeziehung der Effekte der Farbwahrnehmung entsteht ein Effizienzgewinn.

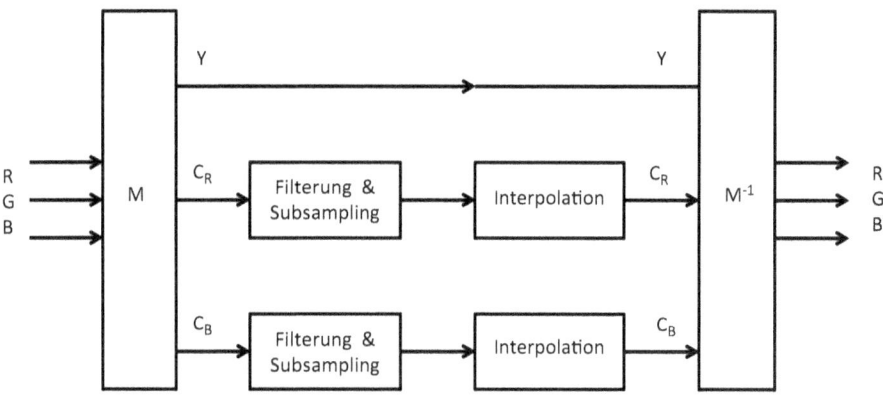

Bild 17.5 Signalverarbeitung in einem Farbfernsehsystem

Wie bereits aufgezeigt, kann im Luminanz-Signal keine Reduktion der Pixel-Zahl [sub sampling] stattfinden, da das Gehirn aus diesem Signal die Detailinformation extrahiert. In den Farbdifferenzsignalen ist jedoch eine Reduktion möglich, da sich auf der Netzhaut im Vergleich zu den Grünrezeptoren weniger Blau- und Rotrezeptoren befinden. Die Detailwahrnehmung in den Farbdifferenzsignalen ist dadurch herabgesetzt. Nach einer Tiefpassfilterung können die Farbdifferenzsignale daher am Sender unterabgetastet [sub sampling] werden (Faktor 2...8), wobei am Empfänger eine Interpolation stattfindet, damit die ursprüngliche Pixelzahl zurückgewonnen wird.

Die in Bild 17.5 dargestellte Signalverarbeitung stellt ein einfaches Konzept für Irrelevanzreduktion dar. Tabelle 17.2 zeigt die Nomenklatur für die gebräuchlichen Moden der **Unterabtastung von Farbdifferenzsignalen**.

Tabelle 17.2 Gebräuchliche Moden der Unterabtastung von Farbdifferenzsignalen

Mode	Kommentar
4:4:4	Keine Unterabtastung
4:2:2	Unterabtastung von C_R und C_B um den Faktor 2 in horizontaler Richtung
4:2:0	Unterabtastung von C_R und C_B um den Faktor 2 in horizontaler **und** vertikaler Richtung; alternierende Übertragung von C_R und C_B in vertikaler Richtung
4:1:1	Unterabtastung von C_R und C_B um den Faktor 4 in horizontaler Richtung

Die Zahl 4 dient als Referenz für den Fall ohne Unterabtastung.

Digitale Fernsehsysteme erlauben die Übertragung von Videoformaten mit unterschiedlichen Parametern. Diese können bezüglich ihrer örtlichen Auflösung in die folgenden drei Klassen unterteilt werden:

- Standard Definition Television (SDTV),
- High Definition Television (HDTV),
- Ultra High Definition Television (UHDTV).

UHDTV wird in Abschnitt 17.4 gesondert dargestellt. Bezüglich der Abtastraster in vertikal/zeitlicher Richtung lassen sich die Videoformate in

- progressive Standards,
- Interlace-Standards

einteilen (Bild 17.6).

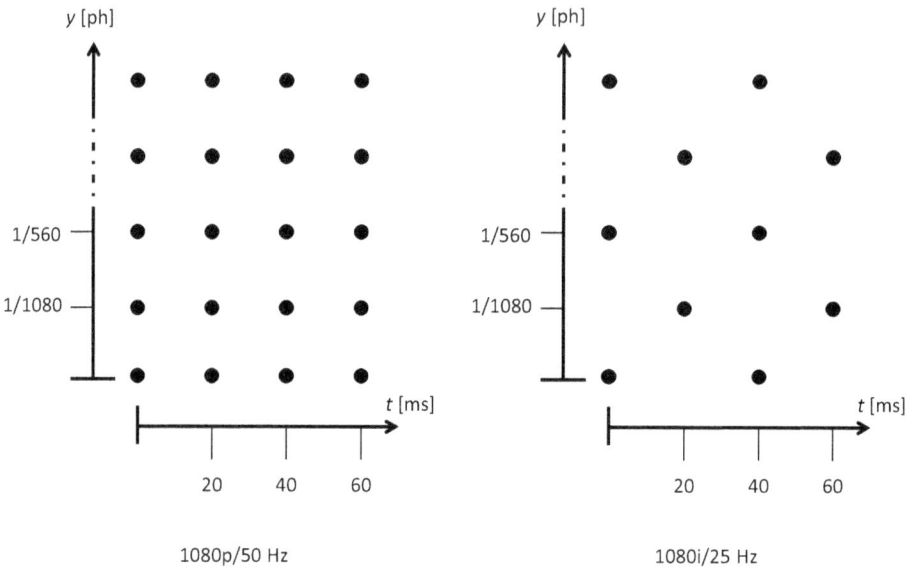

Bild 17.6 Progressive Abtastung und Interlace-Abtastung

Bei einem **progressiven Standard** werden in jedem Bild alle vertikalen Pixelpositionen abgetastet. Die zeitlich aufeinanderfolgenden Bilder besitzen daher ein identisches Abtastmuster. Da zu jeder zeitlichen Position stets die gesamte (volle) vertikale Pixelzahl vorhanden ist, spricht man beim progressiven Standard von Vollbildern [frames] (Bild 17.6, links). In der Nomenklatur der Videostandards wird dieses mit dem Kleinbuchstaben p gekennzeichnet.

Im Gegensatz dazu wird bei einem **Interlace-Standard** in jedem Bild nur jede zweite vertikale Pixelposition abgetastet (Bild 17.6, rechts). Man spricht deshalb von Teilbildern oder Halbbildern [fields]. Vertikale Positionen, die in einem Halbbild nicht abgetastet werden, erscheinen im darauffolgenden Halbbild. Es existieren dadurch jeweils ein erstes und ein zweites Halbbild. Diese bilden jeweils ein Vollbild und besitzen zusammen die Gesamtanzahl der vertikalen Pixelpositionen. Die ersten oder ungeraden Halbbilder befinden sich an den zeitlichen Positionen $t = 0, 40, 80$ ms, usw. Die Positionen der zweiten oder geraden Halbbilder liegen an den zeitlichen Positionen $t = 20, 60, 100$ ms, usw. Der Sinn des Interlace-Formats liegt in der relativ einfachen Datenreduktion um den Faktor 2. In der Nomenklatur der Videostandards wird das Interlace-Format mit dem Kleinbuchstaben i gekennzeichnet.

Tabelle 17.3 stellt die wichtigsten Parameter für **SDTV- und HDTV-Standards** zusammen. In der Spalte „Format" bedeutet die Zahl vor dem Kleinbuchstaben die Anzahl der Pixel in vertikaler Richtung pro Vollbild. Die Frequenzangabe nach dem Schrägstrich definiert die Anzahl der Vollbilder pro Sekunde. Das Format

540p/50 Hz wurde für die Ausstrahlung von DVB-T2-Signalen in Deutschland definiert. Der Standard 576i/25 Hz ist aus dem 625-Zeilen-Standard (Gerber-Norm) des analogen Fernsehens abgeleitet worden, weil dort 576 Zeilen auf dem Bildschirm dargestellt wurden. Als einziger Standard unterstützt er die Bildseitenverhältnisse 4:3 und 16:9. Für alle anderen Formate ist nur noch das Bildseitenverhältnis 16:9 spezifiziert.

Das Format 720p/50 Hz fand in der frühen Phase der HDTV-Ausstrahlungen Anwendung, als HDTV-Displays in vertikaler Richtung deutlich weniger als 1000 Pixel besaßen. Inzwischen wird 1080i/25 Hz und zunehmend auch 1080p/50 Hz für die Verbreitung von HDTV-Inhalten genutzt.

Der Standard 1080p/24 Hz wurde für die Produktion von Filmformaten definiert. Die Speicherung auf Offline-Medien erfolgt dabei mit 24 Bildern pro Sekunde, also entsprechend dem Produktionsstandard von Filmen. Um überflüssige 50/60 Hz-Bildratenkonversionen zu vermeiden, findet erst im Wiedergabegerät die Konversion auf die entsprechende Bildrate statt.

Tabelle 17.3 Parameter der SDTV- und HDTV-Videoformate

Format	Kategorie	Pixel hor.	Pixel vert. (pro Vollbild)	Vollbilder/s	Anwendung
540p/50 Hz	SDTV	720	540	50	Ausstrahlung
576i/25 Hz	SDTV	720	576	25	Ausstrahlung
720p/50 Hz	HDTV	1280	720	50	Ausstrahlung
1080i/25 Hz	HDTV (Full HDTV)	1920	1080	25	Produktion/ Ausstrahlung
1080p/50 Hz	HDTV (Full HDTV)	1920	1080	50	Produktion/ Ausstrahlung
1080p/24 Hz	HDTV (Full HDTV)	1920	1080	50	DVD/BD-Player

Bei der Übertragung von Bewegtbildern im Interlace-Format muss vor der Wiedergabe auf einem Flachbildschirm eine Konversion in ein progressives Signalformat erfolgen, um die Interlace-Artefakte (25 Hz-Flackern an vertikalen Übergängen) zu vermeiden und das Display optimal im Sinne der Bildhelligkeit anzusteuern. Diese Aufgabe übernimmt ein **De-Interlacer** im Empfangsgerät. Diese Signalverarbeitung ist bewegungsadaptiv ausgeführt und findet nach der Quellendecodierung statt (Bild 17.7).

In Bildbereichen mit geringer oder gar keiner Bewegung können zwei zueinander gehörende Halbbilder zu einem Vollbild zusammengefasst und zweimal genutzt werden [field insertion]. Dabei wird die Vertikalauflösung des Vollbildes erreicht, also der Auflösung, die der entsprechende progressive Standard liefern würde. In

Bildbereichen mit höheren Bewegungsgeschwindigkeiten würde die einfache Zusammenfassung der Halbbilder zu einer Verschmierung von bewegten Objekten (Bewegungsverschleifung [motion blur]) führen, da beide Halbbilder eine unterschiedliche Position eines bewegten Objektes darstellen.

Mithilfe der Bewegungsschätzung [motion estimation] und Bewegungskompensation [motion compensation] lässt sich bei „Field Insertion" diese Bewegungsverschleifung jedoch bis zu moderaten Bewegungsgeschwindigkeiten eliminieren. Auf diese Weise kann der Mode „Field Insertion", mit seiner vollen Vertikalauflösung, für einen Großteil der Bildbereiche angewendet werden.

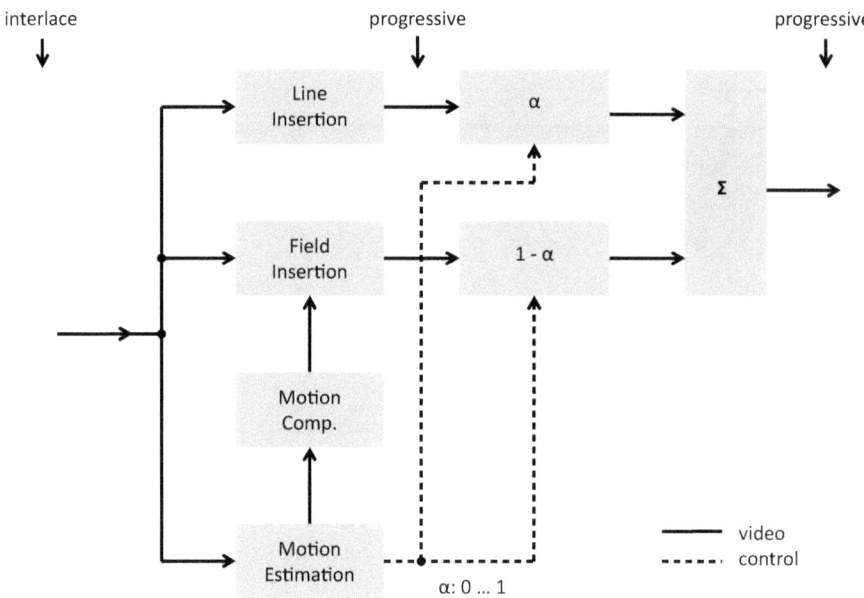

Bild 17.7 Blockschaltbild eines De-Interlacers

In Bildbereichen mit hohen Bewegungsgeschwindigkeiten ist zur Vermeidung von Bewegungsverschleifung eine halbbildweise Aufwärtskonversion erforderlich. In jedem Halbbild werden die fehlenden vertikalen Pixel mittels Interpolation aus den darüber und darunter liegenden Pixeln des entsprechenden Halbbildes ermittelt [line insertion]. Eine Bewegungsverschleifung tritt auf diese Weise nicht auf, dafür wird aber im Gegensatz zum vorstehend beschriebenen Mode „Field Insertion" nur die Vertikalauflösung des Halbbildes erreicht.

Da das Interlace-Abtastraster in zeitlicher Richtung eine Periodizität von 40 ms aufweist, verbleiben beim Interpolationsmode „Line Insertion" an vertikalen Bildübergängen 25 Hz-Flackerstörungen. Aus diesem Grund ist es vorteilhaft, den Mode „Field Insertion" so weit wie möglich anzuwenden. Mithilfe der Bewegungsschätzung wird in Abhängigkeit von den Bildbereichen zwischen „Field Insertion" und „Line Insertion" weich umgesteuert.

Neben den diversen Videoformaten müssen auch Inhalte mit unterschiedlichen **Bildseitenverhältnis**sen [aspect ratio] übertragen und dargestellt werden. Bild 17.8 zeigt dazu die gängigen Bildseitenverhältnisse bei Produktion und Bildwiedergabe. Bei der Einführung des Fernsehens im letzten Jahrhundert hatte man das Bildseitenverhältnis von 4:3 gewählt, weil die damals notwendigen Bildröhren mit diesem Seitenverhältnis mechanisch stabil und zu vertretbaren Kosten produziert werden konnten. Daher existiert ein großer Archivbestand mit 4:3-Produktionen. Seit Anfang der neunziger Jahre wurde die TV-Produktion schrittweise auf 16:9 umgestellt. Kinofilme wurden und werden zumeist im Format 2,21:1 (Super Cinema Scope) produziert. Das gängige Bildformat für TV-Displays ist seit einigen Jahren 16:9. Einige Displays besitzen ein Bildseitenverhältnis von 2,21:1, also Super Cinema Scope. Diese Bildwiedergabeeinheiten werden vorzugsweise in Verbindung mit Blu-Ray-Spielern genutzt.

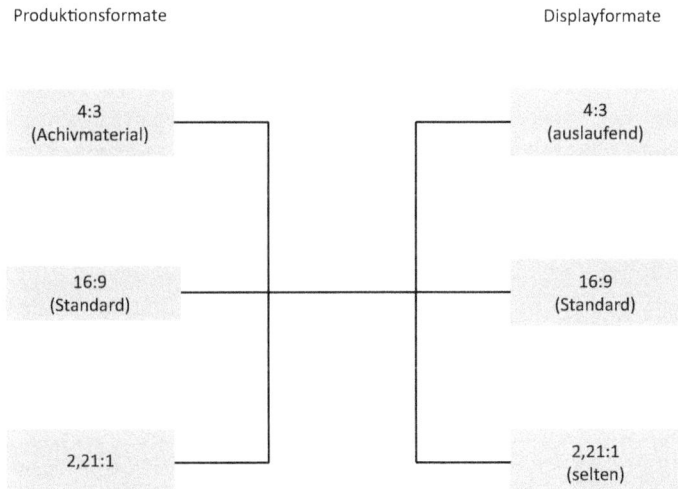

Bild 17.8 Bildseitenverhältnisse bei Produktion und Bildwiedergabe

Der Hauptanwendungsfall ist daher die Produktion in 16:9 und die Bildwiedergabe in 16:9. Bei diesem Anwendungsfall ist keine Konvertierung des Bildseitenverhältnisses notwendig. Von den in Tabelle 17.3 aufgelisteten Videoformaten unterstützt 576i/25 Hz die Bildseitenverhältnisse von 4:3 und 16:9. Alle anderen Formate (auch UHDTV) unterstützen ausschließlich das Bildseitenverhältnis von 16:9.

Im Folgenden soll für ein 16:9-Display erläutert werden, in welcher Weise kleinere und größere Bildseitenverhältnisse wiedergegeben werden können.

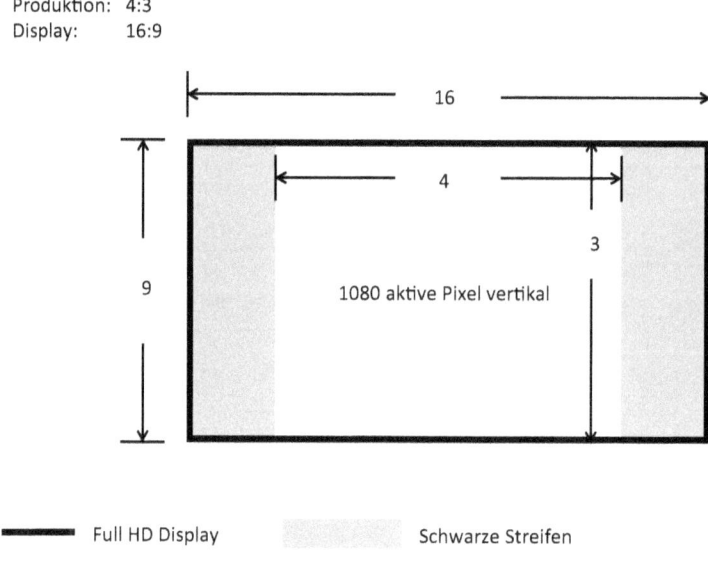

Bild 17.9 Side-Panel-Verfahren

Bild 17.9 zeigt die Wiedergabe eines 4:3-Bildes (Archivmaterial) auf einem 16:9-Display mit schwarzen Streifen am linken und rechten Bildrand (**Side-Panel-Verfahren**). Die Darstellung des 4:3-Bildinhaltes erfolgt auf diese Weise ohne Geometrieverzerrungen. Falls einem Nutzer die schwarzen Streifen stören und er eine Format-füllende Darstellung bevorzugt, hat er zwei Möglichkeiten, dieses im Einstellungsmenü seines TV-Gerätes zu ändern.

Die erste Möglichkeit besteht darin, dass Bild horizontal und vertikal zu dehnen (Zoom-Mode), sodass die schwarzen Streifen am linken und rechten Bildrand verschwinden. Die Bilddarstellung ist dann immer noch ohne Geometrieverzerrungen, aber es fehlen dann Bildinformationen am oberen und unteren Bildrand.

Einen akzeptablen Kompromiss stellt der sogenannte **Panorama-View-Mode** dar, bei dem nur der linke und rechte Bildrand gedehnt wird (Bild 17.10). Die schwarzen Streifen treten ebenfalls nicht mehr in Erscheinung und die Bildmitte weist keine Geometrieverzerrungen auf, sondern nur die Bildränder.

Produktion: 4:3
Display: 16:9

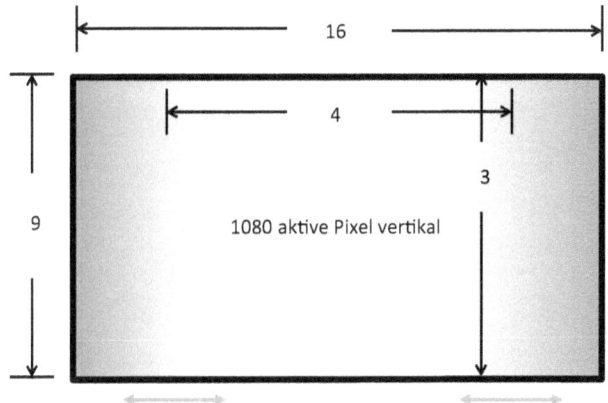

Full HD Display

Bild 17.10 Panorama-View

Besitzt das Bildseitenverhältnis bei der Produktion einen größeren Wert als bei der Bildwiedergabe, wird das sogenannte **Letter-Box-Verfahren** genutzt. Dabei entstehen am oberen und unteren Bildrand schwarze Streifen. Der gesamte Bildinhalt wird vollumfänglich und ohne Geometrieverzerrungen dargestellt (Bild 17.11).

Produktion: 2,21:1
Display: 16:9

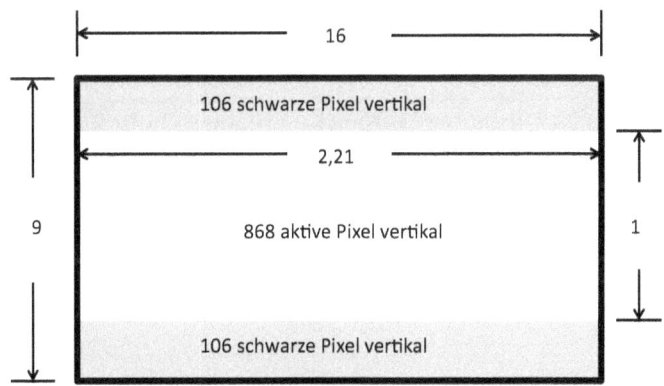

Full HD Display   Schwarze Streifen

Bild 17.11 Letter-Box-Verfahren

Der prinzipielle Aufbau eines **Transportstroms** (TS) wurde bereits in Kapitel 13 dargestellt. Bei der Struktur handelt es sich um ein flexibles Container-Konzept. Es können auf diese Weise Video, Audio und sonstige Daten in beliebiger Kombination datenreduziert übertragen werden. Ein Transportstrom besteht aus einem Multiplex mehrerer Programmsignale, die ihrerseits mithilfe von Programm-Multiplexern aus den jeweiligen Video-, Audio- und Datensignalen gebildet werden. Auf diese Weise ist große Flexibilität gegeben (Bild 17.12).

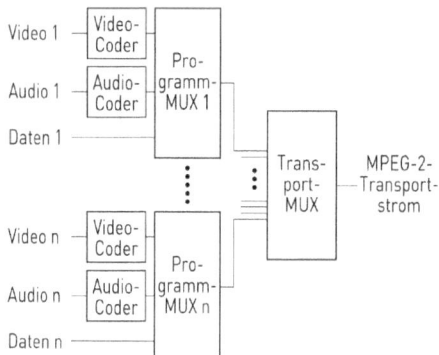

Bild 17.12
Bildung eines Transportstroms

Neben den Fernsehprogrammen mit ihren Audio- und Videosignalen sind bei DVB auch Hörfunkprogramme und beliebige Datendienste möglich, besonders natürlich solche, die für ihre Funktion einen Bildschirm erfordern. Solche Dienste werden üblicherweise als Applikationen (Anwendungen) bezeichnet und sind durch entsprechende Datenraten gekennzeichnet, die dann einen Bestandteil des Transportstroms (TS) bilden. Diese Daten werden entweder einem Programm-Multiplexer oder direkt dem Transport-Multiplexer zugeführt. Auf der Empfangsseite muss allerdings für jede Applikation die entsprechende Software für deren Verarbeitung zur Verfügung stehen.

Eine Besonderheit von DVB stellen die **Serviceinformationen (SI)** dar, die als Teil des DVB-Transportstroms standardisiert sind. Es handelt sich um technische, betriebliche und inhaltliche Parameter, die in Form definierter Tabellen übertragen werden. Deren grundsätzliche Struktur ist aus Bild 17.13 ersichtlich.

17.1 Grundlagen digitaler Fernsehsysteme

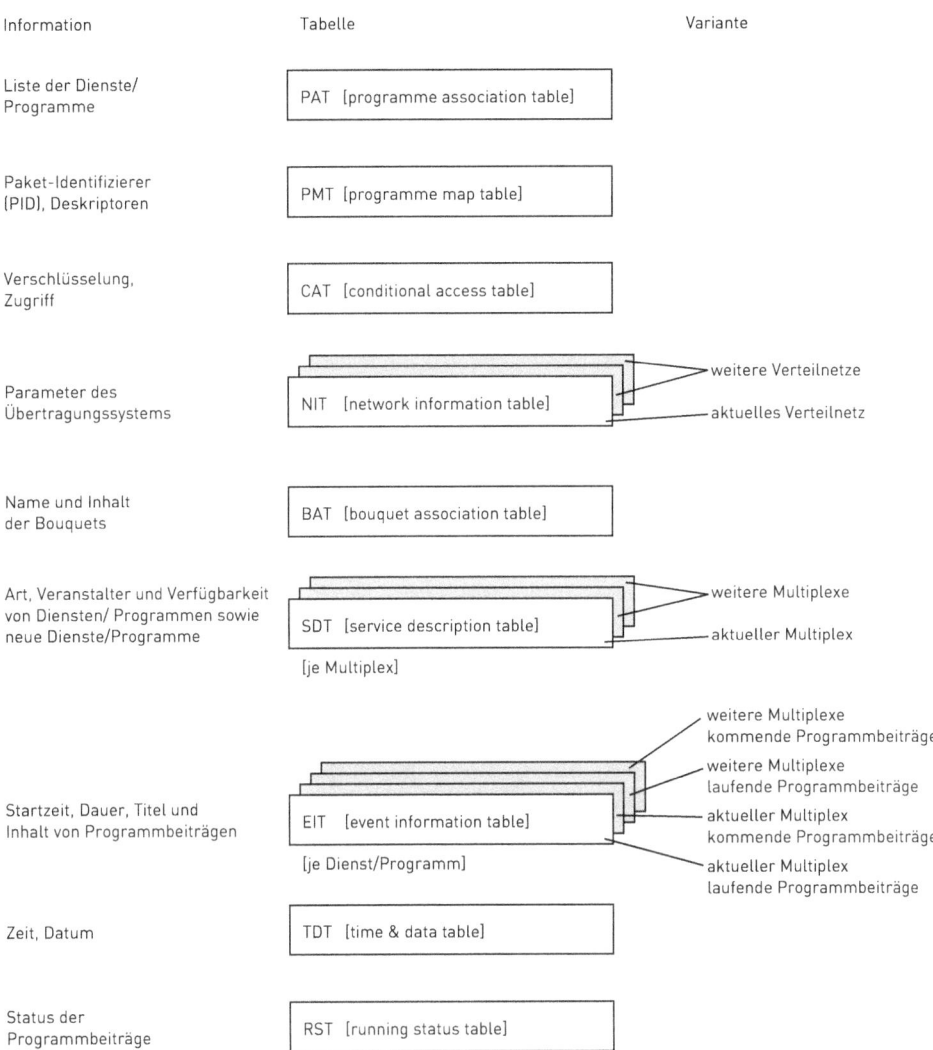

Bild 17.13 Tabellen der Serviceinformationen (SI)

Die Serviceinformationen unterstützen folgende Funktionen auf der Empfangsseite:

- automatische Konfiguration des Empfangsgerätes entsprechend Programmwahl/Dienstewahl,
- Realisierung einer komfortablen Nutzerführung durch einen elektronischen Programmführer.

Der elektronische Programmführer [electronic program guide (EPG)] ermöglicht die strukturierte Darstellung der großen Zahl empfangbarer Programme und Dienste, die dem Nutzer eine schnelle Auswahl und einen komfortablen Zugriff ermöglichen.

Bild 17.14 zeigt die Architektur eines **DVB-Empfangsgerätes** [DVB-frontend], das aus einem Tuner für die Kanalselektion, dem entsprechenden Demodulator und der Kanaldecodierung besteht. Moderne Empfänger sind inzwischen mit sogenannten „Triple Tunern" ausgestattet, also für den Empfang über Satellit, Kabel und Terrestrik geeignet. Die Realisierung dieser Tuner ist voll digital. Die DVB-Übertragungskonzepte werden in Abschnitt 17.2 detailliert dargestellt. Ein WLAN/LAN-Modem für den Empfang von IPTV gehört dabei zur optionalen Ausstattung.

Der **Demultiplexer** separiert die empfangenen Datenpakete nach Audio, Video und Daten und leitet diese entsprechend an den nächsten Block der Signalverarbeitung. Ein CA-System, entweder eingebettet oder als CICAM gehört zur optionalen Ausstattung. Für das Separieren der Datenpakete des ausgewählten Programms wird der Demultiplexer durch die CPU gesteuert. Beim initialen Sendersuchlauf selektiert die CPU aus den Serviceinformationen (Bild 17.15) unter anderem die Daten der PAT-Dateien [programm assossiation table] und der PMT-Dateien [program map table]. Man erhält auf diese Weise die Informationen über Art und Programmzugehörigkeit der Datenpakete, die im Header durch die PID [packet identyfier] gekennzeichnet werden. Die PIDs generiert die CPU aus den PATs und PMTs.

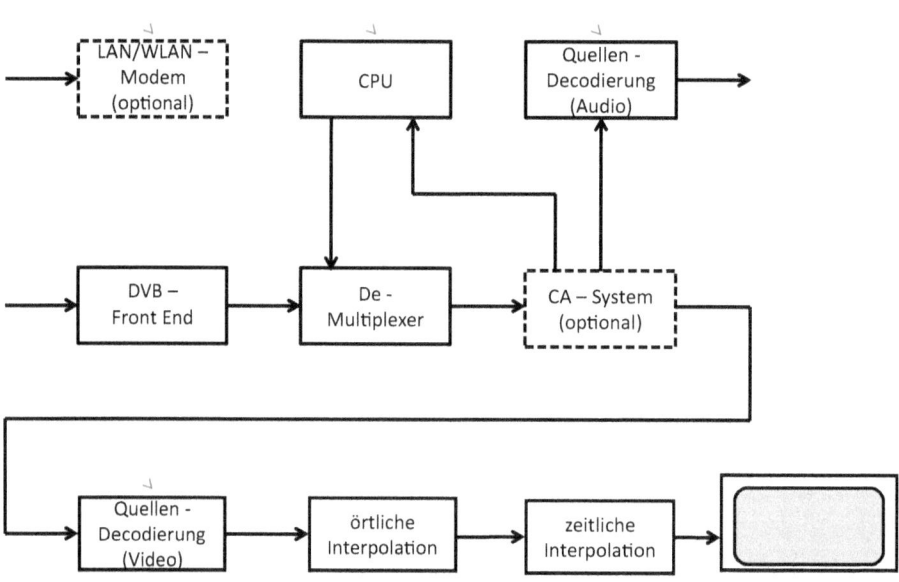

Bild 17.14 Architektur eines DVB-Empfängers

Abhängig von der Ausstattung des Empfangsgerätes sind mehrere Quellendecoder für Audio und Video implementiert. Ein UHDTV-fähiges Endgerät besitzt zum Beispiel die parallele Implementierung der Video-Quellendecoder MPEG2, MPEG4 und HEVC [high efficient video coding]. Die örtliche Interpolation dient zur Anpassung der Pixelzahlen zwischen Decoder-Ausgang und Display.

Obwohl in Fernsehsystemen 50 Bilder/s (60 Bilder/s in den USA und Japan) übertragen werden, gibt das Flach-Display eine höhere Bildfolge (mindestens 100 Bilder/s) wieder. Dazu dient die zeitliche Interpolation im Endgerät. Anhand von Bild 17.15 soll der Sinn dieser Interpolation auf eine höhere Bildfolge erläutert werden. Um bei Flach-Displays optimale Helligkeits- und Kontrastverhältnisse zu erzielen, wird der Helligkeitswert eines Bildes bis zum nächsten gehalten und erst dann aktualisiert. Dieses entspricht im Zeitbereich einem Sample & Hold-Prozess, der im Frequenzbereich mit einer si-Funktion korrespondiert.

Bei der Darstellung von 50 Bildern pro Sekunde würde ein Helligkeitswert für 20 ms gehalten. Dieses führt im Frequenzbereich auf eine si-Funktion mit der ersten Nullstelle bei $f = 50$ Hz (Bild 17.15), was eine sichtbare Verschleifung von bewegten Strukturen, selbst bei geringen Geschwindigkeiten, zur Folge hätte.

Nach einer Aufwärtsinterpolation auf zum Beispiel 200 Bilder pro Sekunde entsteht eine si-Funktion mit der ersten Nullstelle bei $f = 200$ Hz. Die Tiefpassfilterung durch den Sample & Hold-Prozess findet dann in einem Bereich statt, wo sie subjektiv nicht mehr wahrgenommen wird. Bewegte Objekte erscheinen dann ohne Bewegungsverschleifung [motion blur] in der vollen Auflösung.

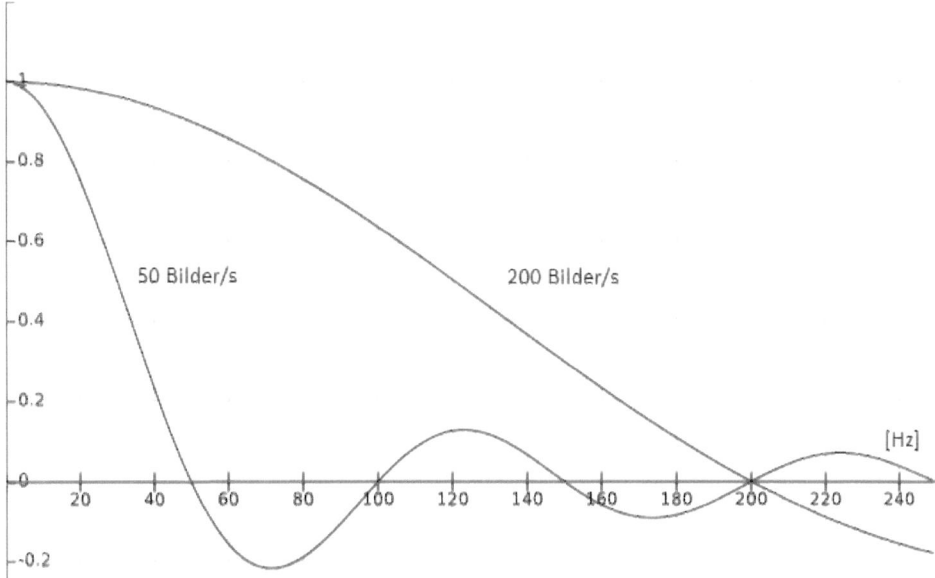

Bild 17.15 Übertragungsfunktion bei unterschiedlicher Bildrate

17.2 DVB-Übertragungsstandard für Satellit, Kabel und Terrestrik

Im Folgenden werden die Übertragungsstandards für Satelliten-, Kabel- und terrestrische Kanäle in ihrem Aufbau und den dazugehörenden Parametern erläutert. Tabelle 17.4 zeigt dazu die wichtigsten Eigenschaften der entsprechenden Übertragungskanäle. Ein Satellitenkanal zeichnet sich durch eine starke Nicht-Linearität der Sendeendstufe und ein geringes C/N aus, dafür ist der Amplituden-Frequenzgang jedoch konstant. Als Modulation kommt nur eine I/Q-Modulation infrage, bei der die Trägeramplitude konstant ist.

Terrestrische Kanäle weisen aufgrund des Mehrwegeempfangs (Echos) einen stark welligen Amplituden-Frequenzgang auf, wogegen die Linearität gut ist. Als Modulationsart kommt daher nur eine echo-resistente Version in Betracht. Der einzige Nachteil bei Kabelkanälen ist die geringe Bandbreite. Zur Steigerung der Datenrate muss deshalb ein höherwertigeres Modulationsverfahren gewählt werden, um den Nachteil der geringen Bandbreite auszugleichen.

Tabelle 17.4 Eigenschaften von Übertragungskanälen

Parameter	Bandbreite	C/N [dB]	Linearität	Kanalfrequenzgang	Mögliche Modulationsarten
Satellit	ca. 37 MHz	12–14	schlecht	konstant	nur I/Q
Kabel	6/7/8 MHz	32–40	gut	konstant	I/Q oder OFDM
Terrestrik	6/7/8 MHz	11–26	gut	nicht konstant	nur OFDM

Bild 17.16 stellt die prinzipielle Signalverarbeitung für die Übertragung dar. Wegen der Punkt-zu-Multipunktübertragung (Rundfunkverbreitung) kommt für die Korrektur von Übertragungsfehlern nur das Konzept der „Forward Error Correction (FEC)" in Betracht. Das bedeutet, dass den Nutzdaten vor der Modulation und Übertragung ausreichend Redundanz hinzugefügt werden muss. Dieses geschieht innerhalb der Kanalcodierung. Die Modulationsart ist abhängig von den Eigenschaften des Übertragungswegs.

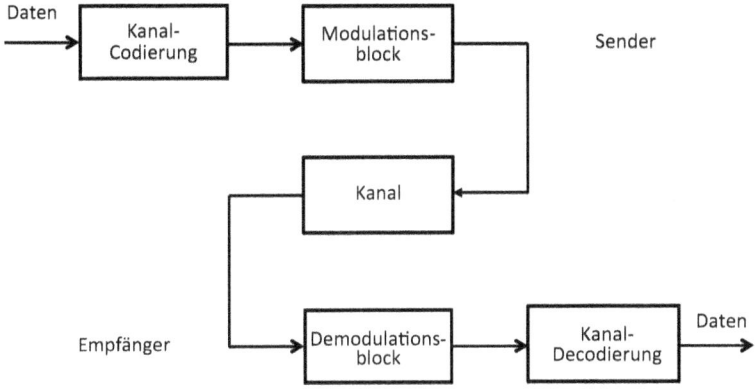

Bild 17.16 Prinzipielle Signalverarbeitung für die Übertragung

DVB-S

DVB-S war der erste Standard, der im Jahr 2003 vom DVB-Konsortium fertiggestellt wurde. Er ist in erster Linie für die Verbreitung von SDTV-Inhalten konzipiert worden und entspricht dem damaligen Stand der Technik. In Tabelle 17.5 sind die wichtigsten Eigenschaften von DVB-S aufgelistet.

Tabelle 17.5 Systemüberblick DVB-S

Standard	EN 300 421
Kanalbandbreite	37 MHz (typisch)
Modulation	I/Q
Modulationskonstellation	QPSK
Kanalcodierungen	RS (204, 188); Faltungscode
Coderaten (Faltungscoder)	1/2–7/8
Roll-off-Faktor	0,35
Träger-Rausch-Abstand	4,1 – 8,5 dB
Netto-Datenraten	26,1 – 45,6 Mbit/s

Als Modulation wurde die I/Q-Modulation mit QPSK gewählt (Bild 17.17). Die vier Symbole repräsentieren jeweils 2 Bit und sind Grey-codiert. Das führt dazu, dass sich bei einem Symbolwechsel mit kleinem euklidischen Abstand (entlang des Kreises) nur ein Bit ändert. Dadurch wird die Fehlerrate bei der Übertragung auf einfache Weise reduziert.

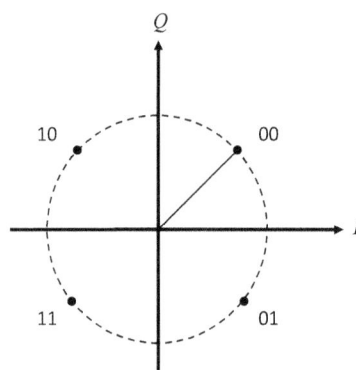

Bild 17.17
Modulationskonstellation bei DVB-S

Die Kanalcodierung und Kanaldecodierung sind in Bild 17.18 dargestellt. Die Energieverwischung auf der Senderseite und die inverse Signalverarbeitung am Empfänger entsprechen dem Konzept, das in Kapitel 13 dargestellt wurde. Durch die Energieverwischung am Sender wird die Sendeleistung gleichmäßig auf die gesamte Bandbreite des Übertragungskanals verteilt, was zur Minimierung von Intermodulation, verursacht durch Nicht-Linearitäten, führt. Diese Technik ist bei allen noch folgenden Übertragungskonzepten implementiert.

Im unteren Teil von Bild 17.18 sind die Schritte der Kanaldecodierung mit den entsprechenden Bitfehlerraten (BER) dargestellt. Am Ausgang des I/Q-Demodulators entsteht eine BER von ca. 10^{-3}. Diese muss durch den Faltungsdecoder zunächst auf einen Wert von ca. 10^{-4} reduziert werden, damit der nachgeschaltete Reed-Solomon-Decoder [outer decoder] einwandfrei arbeiten kann. Dieser erzeugt dann einen quasi-fehlerfreien (QEF) Datenstrom mit einer BER von 10^{-12}.

Da der Faltungsdecoder auch Burstfehler erzeugen kann, befindet sich der De-Interleaver erst hinter dem Faltungsdecoder. Aus der Anordnung der Kanaldecodierung ergibt sich die Reihenfolge der Kanalcodierung, wie im oberen Teil von Bild 17.18 dargestellt. Die Coderate im Faltungscoder kann durch Punktierung von 1/2 bis 7/8 variiert werden. Auf diese Weise lässt sich die notwendige Redundanz an das C/N des Übertragungskanals anpassen und so eine maximale Nutzdatenrate erzielen.

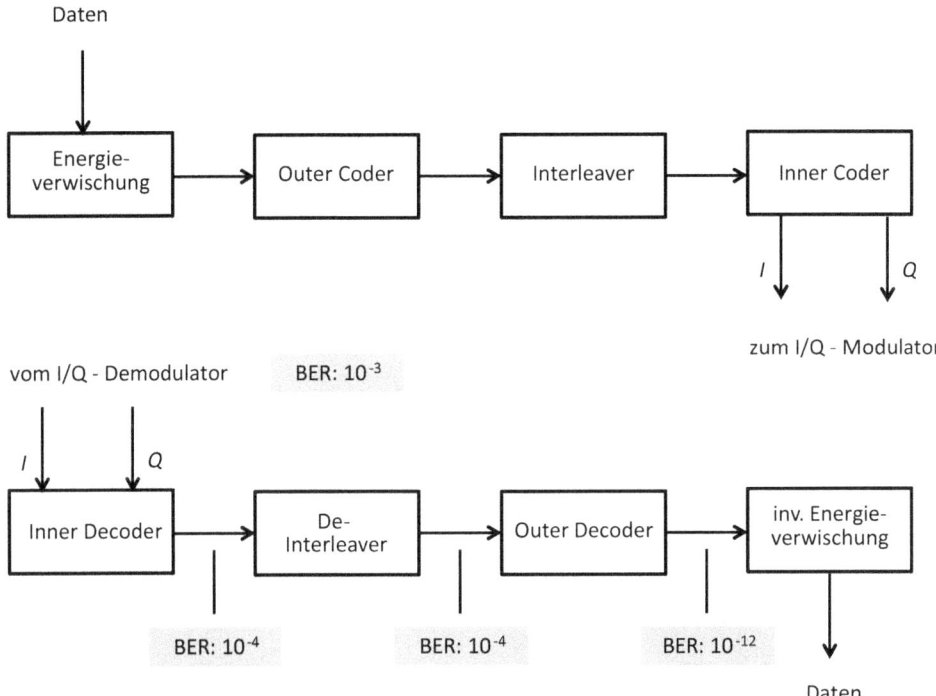

Bild 17.18 Kanalcodierung und Kanaldecodierung bei DVB-S

DVB-S2

DVB-S2 wurde im Jahre 2003 bereitgestellt, um einen Übertragungsstandard mit gesteigerter Effizienz zur Verfügung zu haben. Die Forderung nach höheren Datenraten kam hauptsächlich mit der Einführung von HDTV auf. Tabelle 17.6 stellt die wichtigsten Parameter von DVB-S2 zusammen.

Tabelle 17.6 Systemüberblick DVB-S2

Standard	EN 302 307
Kanalbandbreite	37 MHz (typisch)
Modulation	I/Q
Modulationskonstellationen	QPSK; 8-PSK; 16-APSK; 32-APSK
Kanalcodierungen	BCH-Code; LDPC
Coderate	½–9/10
Roll-off-Faktoren	0,35; 0,25; 0,2
Träger-Rausch-Abstand	−2 – 16 dB
Netto-Datenraten	bis 60 Mbit/s

Zur Erhöhung der spektralen Effizienz und damit auch der Datenrate wurden bezogen auf DVB-S folgende Änderungen und Ergänzungen vorgenommen:

- Fehlerkorrektur mit BCH-Code und LDPC anstelle von Reed-Solomon-Code und Faltungscode,
- höherwertige Modulationsverfahren,
- optionale Verringerung des roll offs auf 0,25 bzw. 0,2.

Ferner wurde die Möglichkeit geschaffen, mehrere Transportströme zu übertragen. DVB-S2 erlaubt die Nutzung der folgenden Modulationsverfahren:

- QPSK (rückwärtskompatibler Mode),
- 8-PSK (für die Übertragung Satellit → Nutzer),
- 16-APSK (Zubringerstrecken),
- 32-APSK (Zubringerstrecken).

Der QPSK-Mode war als rückwärtskompatible Variante konzipiert, findet jedoch im realen Betrieb keine Anwendung. Die Konstellation 8-PSK (Bild 17.19 links) stellt den Anwendungsfall für die Übertragung zum Nutzer dar. Bei diesem Mode werden 3 Bit/Symbol mit Grey-Codierung übertragen. Gegenüber dem QPSK-Mode ist hier der euklidische Abstand (entlang des Kreises) der Konstellationssymbole kleiner, was einen höheren Träger-Rausch-Abstand oder eine verbesserte Fehlerkorrektur erfordert.

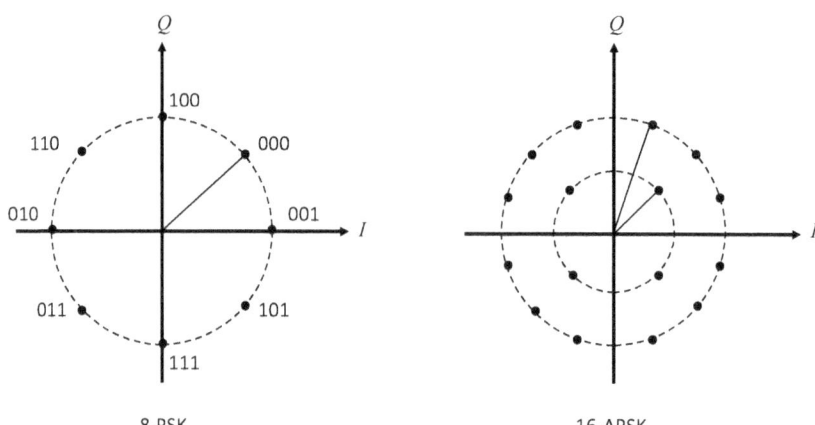

Bild 17.19 8-PSK und 16-APSK

Die beiden Moden 16-APSK (Bild 17.19 rechts) und 32-APSK sind professionellen Anwendungen vorbehalten, wie zum Beispiel der Zuspielung von Beiträgen in die Sendezentrale des Programmveranstalters. Bei beiden Moden befindet sich jetzt auch eine Information in der Amplitude. Dieses kann aber nur bei verminderter

Sendeleistung stattfinden, wenn der lineare Teil der Kennlinie der Sendeendstufe genutzt wird. Die dadurch entstehende Verschlechterung des Träger-Rausch-Abstands wird durch größere Parabolspiegel kompensiert.

Der obere Teil von Bild 17.20 stellt die Kanalcodierung im Sender dar. Die Kanaldecodierung im Empfänger erfolgt in umgekehrter Reihenfolge. Das Einfügen von Redundanz durch den BCH-Coder und den LDCP-Coder erfolgt in der Weise, dass Datenpakete mit einer fest definierten Länge entstehen. Es handelt sich dabei um eine blockweise Codierung. Es können sogenannte „short frames" mit einer Länge von 16,2 Kbit oder „long frames" mit einer Länge von 64,8 Kbit erzeugt werden. Die Menge der zu übertragenden Nutzdaten muss der gewählten Frame-Länge entsprechend angepasst werden.

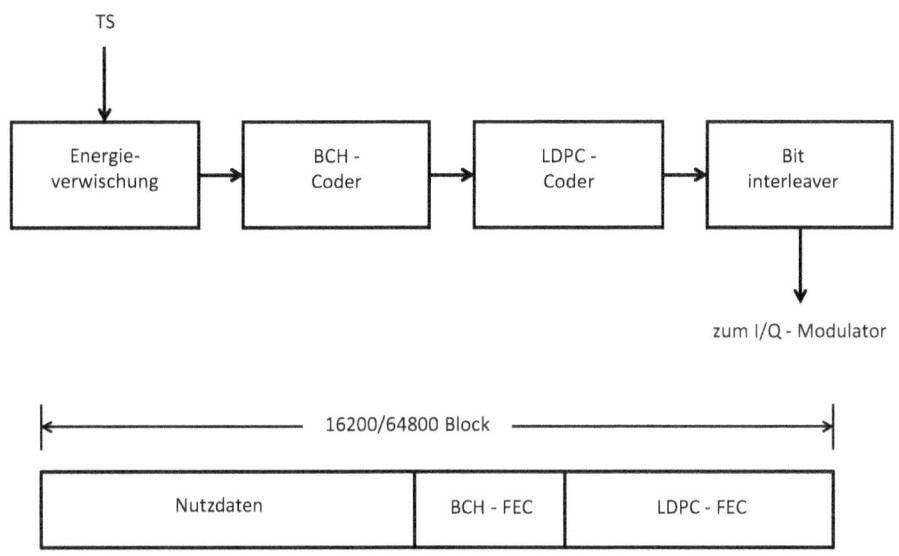

BCH: Bose-Chaudhuri-Hocquenghem
LDPC: Low Density Parity Check

Bild 17.20 Kanalcodierung bei DVB-S2

DVB-S2X

Der Standard DVB-S2X stellt eine Weiterentwicklung von DVB-S2 dar. Unter anderem wurde die Modulationskonstellation 256-APSK in die Spezifikation aufgenommen. Sie erlaubt bei linearen Kanälen mit einem sehr guten Träger-Rausch-Abstand die Datenübertragung mit hoher spektraler Effizienz. Ferner wurde auch die Auswahl der Coderaten erweitert, um eine optimale Anpassung an die Qualität der Übertragungskanäle zu ermöglichen. Jeder DVB-S2X-Empfänger ist abwärtskompatibel zu DVB-S2. Eine Kompatibilität in umgekehrter Richtung besteht nicht.

DVB-C

Im Gegensatz zu Satellitenkanälen zeichnen sich Übertragungskanäle in Breitbandkabelnetzen durch eine gute Linearität und einen guten Träger-Rausch-Abstand aus. Der einzige Nachteil ist die relativ geringe Bandbreite von 6 MHz bis 8 MHz. Zur Übertragung der gleichen Nutzdatenrate wie in einem typischen Satellitenkanal muss daher eine höhere Modulationskonstellation gewählt werden (bis zur 256-QAM). Dieses ist im Gegensatz zur Satellitenübertragung im Kabel möglich, da Linearität und Träger-Rausch-Abstand entsprechend besser sind. Tabelle 17.7 stellt die wichtigsten Parameter von DVB-C zusammen.

Tabelle 17.7 Systemüberblick DVB-C

Standard	EN 300 429
Kanalbandbreiten	6/7/8 MHz
Modulation	I/Q
Modulationskonstellationen	16-QAM; 32-QAM; 64-QAM; 128-QAM; 256-QAM
Kanalcodierung	RS (204, 188)
Roll-off-Faktor	0,15
Träger-Rausch-Abstand	18 – 29,5 dB
Netto-Datenraten	25,7 – 51,3 Mbit/s

Kanalcodierung und Kanaldecodierung weisen bei DVB-C (Bild 17.21) gegenüber DVB-S die folgenden Unterschiede auf:

- aufgrund des guten C/N im Kabel entfallen Faltungscoder und Faltungsdecoder,
- der roll off wurde auf 0,15 reduziert,
- der Mapper konfiguriert den Datenstrom in den I- und Q-Signalzweigen.

Der Rest der Kanalcodierung/Kanaldecodierung entspricht der Architektur wie bei DVB-S (Bild 17.20).

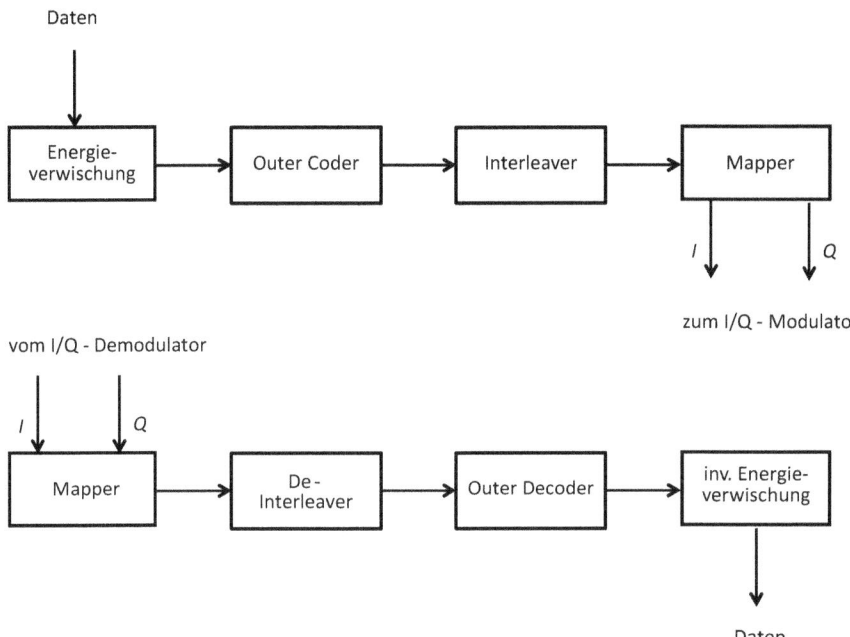

Bild 17.21 Kanalcodierung und Kanaldecodierung bei DVB-C

DVB-C2

In Anlehnung an den Satellitenübertragungsstandard der zweiten Generation hat man auch einen Folgestandard der zweiten Generation für Breitbandkabelnetze spezifiziert (DVB-C2). Dieser basiert auf OFDM-Modulation. In Tabelle 17.8 sind die wichtigsten Systemparameter zusammengestellt.

Tabelle 17.8 Systemüberblick DVB-C2

Standard	EN 302 769
Kanalbandbreiten	6/7/8 MHz
Modulation	OFDM-Modulation
Modulationskonstellationen	bis 4096-QAM
Kanalcodierungen	BCH-Code; LDPC

Dieser Standard ist bisher nicht eingeführt worden und eine Einführung nach so langer Zeit der Fertigstellung erscheint im Zuge der fortschreitenden IP-basierten Übertragung unwahrscheinlich. DVB-C2 wird daher nicht detaillierter betrachtet.

DVB-T

Die terrestrische Übertragung ist durch einen unvermeidbaren Mehrwegeempfang mit den daraus entstehenden Echos am Empfangsort charakterisiert. Daher wird eine OFDM-Modulation mit Schutzintervall [guard interval] genutzt, die eine entsprechende Resistenz gegenüber Echos aufweist, wenn die Länge des Schutzintervalls hinreichend groß ist. Die systemtheoretischen Grundlagen dazu wurden in Kapitel 13 behandelt. Tabelle 17.9 stellt die wichtigsten Systemparameter von DVB-T zusammen.

Tabelle 17.9 Systemüberblick DVB-T

Standard	EN 300 774
Kanalbandbreiten	6/7/8 MHz
Modulation	OFDM
Modulationskonstellationen	QPSK; 16-QAM; 64-QAM
FFT-Längen	2k; 8k
Kanalcodierungen	RS (204, 188); Faltungscode
Coderate (Faltungscoder)	1/2 – 7/8
Schutzintervalle	1/4 – 1/32 (bezogen auf T_U)
Träger-Rausch-Abstand	3,1 – 27,9 dB
Netto-Datenraten	5 – 31,7 Mbit/s

Die generelle Systemarchitektur von DVB-T zeigt Bild 17.21. Die Kanalcodierung und Kanaldecodierung sind exakt identisch mit denen bei DVB-S (Bild 17.18).

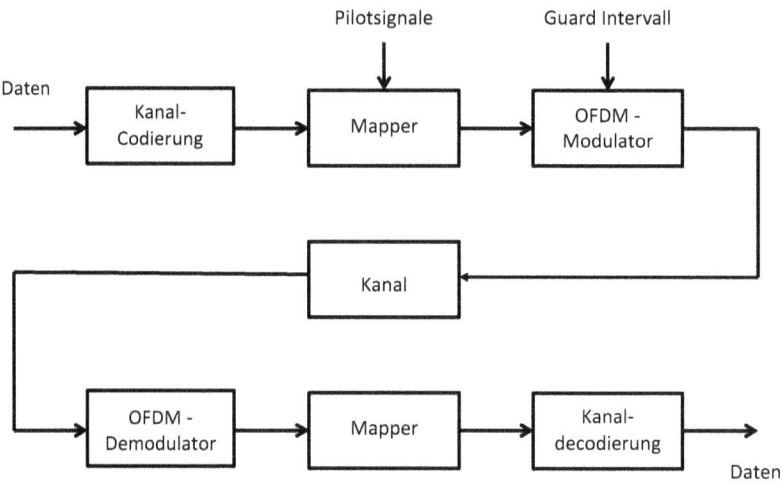

Bild 17.22 Generelle Architektur von DVB-T

Als FFT-Längen sind 2k (2^{11} = 2048 Unterträger) und 8k (2^{13} = 8192 Unterträger) spezifiziert worden. Die Anzahl der Unterträger mit 2^n ist eine Anforderung zur Durchführung von FFT (Demodulation) und IFFT (Modulation). Tatsächlich genutzt werden aber nur 1705 bzw. 6817 Unterträger, wobei die restlichen Unterträger zu Null gesetzt werden. Der Großteil der zur Verfügung stehenden Unterträger wird für die Übertragung der Nutzdaten (inklusive Fehlerschutz) verwendet, ein kleinerer Teil wird für Pilotsignale genutzt, mit deren Hilfe am Empfänger eine Kanalschätzung und Kanalentzerrung durchgeführt wird (Bild 17.23). Ferner dienen die Pilotsignale zur Synchronisation der Demodulation. Darüber hinaus trägt ein sehr geringer Anteil der Unterträger sogenannte TPS-Signale [transmission parameter signalling], die Informationen bezüglich Modulation und Codierung tragen. Tabelle 17.10 stellt die vorstehend genannten Daten zusammenfassend dar.

Tabelle 17.10 Bandbreiten-unabhängige Parameter der OFDM bei DVB-T

FFT-Länge	Unterträger (gesamt)	Unterträger (Nutzdaten)	Unterträger (feste Pilotsignale)	Unterträger (wandernde Pilotsignale)	Unterträger TPS
2k	1705	1512	45	131	17
8K	6817	6048	177	524	68

Da die Anzahl der zu übertragenden Unterträger unabhängig von der Kanalbandbreite ist, hängen die Unterträgerabstände von der verfügbaren Bandbreite ab. Wegen der Orthogonalitätsbedingung kann T_U nicht unabhängig von Δf gewählt werden. Aus Tabelle 17.11 sind diese Werte für die bei DVB-T spezifizierten Kanalbandbreiten ersichtlich.

Tabelle 17.11 Bandbreiten-abhängige Parameter der OFDM bei DVB-T

Kanalbandbreite [MHz]	FFT-Mode	T_U [ms]	Δf [kHz]
6	2k	298,66	3,348
6	8k	1194,66	0,837
7	2k	256	3,906
7	8k	1024	0,976
8	2k	224	4,464
8	8k	896	1,116

Bild 17.23 zeigt einen Vergleich zwischen dem 2k-Mode und dem 8k-Mode für einen 8 MHz-Kanal. Bei beiden Moden wurden die Parameter für das Schutzintervall so gewählt, dass sich der gleiche Absolutwert von 56 μs ergibt. Damit werden für beide Moden die gleichen Eigenschaften bezüglich der Robustheit gegenüber Echos erzielt.

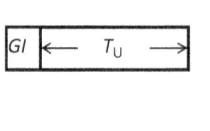

2k – Mode; T_U = 224 µs; GI = 1/4 = 56 µs

Overhead: 20 %

8k – Mode; T_U = 896 µs; GI = 1/16 = 56 µs

Overhead: 5,88 %

Bild 17.23 2k-Mode versus 8k-Mode

Da beim 2k-Mode T_U entsprechend kleiner ist als beim 8k-Mode entsteht ein größerer Overhead, was zu einer kleineren Datenübertragungsrate führt. Große FFT-Längen gestatten also bei der Realisierung eines vorgegebenen Schutzintervalls eine effizientere Datenübertragung. Aus diesem Grund wurden bei DVB-T2 zusätzlich die Modi 16k und 32k implementiert. Bei kurzen FFT-Längen ist der Unterträgerabstand entsprechend größer, wodurch beim mobilen Empfang eine höhere Robustheit gegenüber Frequenzverschiebungen aufgrund des Doppler-Effektes entsteht.

Bild 17.24 zeigt die Anordnung der Pilotsignale in Abhängigkeit von Frequenz und Zeit. Die festen Pilotsignale [continual pilots] treten in jedem Symbol (permanent) bei fest definierten Unterträgern auf. Damit kann relativ schnell eine grobe Kanalschätzung und Kanalentzerrung durchgeführt werden. Zwischen den festen Pilotsignalen treten zu unterschiedlichen Zeiten und bei unterschiedlichen Unterträgern die wandernden Pilotsignale [scattered pilots] auf, mit denen dann nach Ablauf einer entsprechenden Zeit (nach mehreren Symbolen) eine präzisere Kanalschätzung und Kanalentzerrung möglich ist.

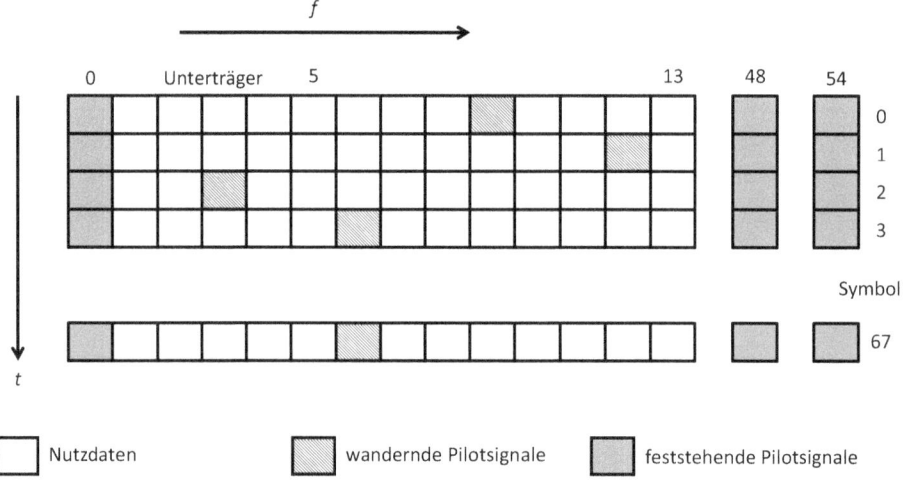

Bild 17.24 Struktur der Pilotsignale bei DVB-T

DVB-T2

In Anlehnung an die Entwicklung von Übertragungsstandards der zweiten Generation für Satellit und Kabel wurde auch DVB-T, zwecks Steigerung der Übertragungseffizienz, weiterentwickelt und mündete in die Spezifikation DVB-T2, deren wichtigste Parameter in Tabelle 17.12 aufgezeigt sind.

Tabelle 17.12 Systemüberblick DVB-T2

Standard	EN 302 755
Kanalbandbreiten	1,7 – 10 MHz
Modulation	OFDM
Modulationskonstellationen	QPSK; 16-QAM; 64-QAM; 256-QAM
FFT-Längen	1 k–32 k
Kanalcodierungen	BCH-Code; LDPC
Coderaten	1/2–5/6
Schutzintervalle	1/4–1/128 (bezogen auf T_U)
Träger-Rausch-Abstand	14,4 – 39,6 dB
Netto-Datenraten	7,5 – 50,3 Mbit/s

Die generelle Systemarchitektur von DVB-T2 entspricht der von DVB-T (Bild 17.22) mit den folgenden Modifikationen bzw. Ergänzungen zur Steigerung der Leistungsfähigkeit:

- Reed-Solomon-Coder und Faltungscoder wurden wie bei DVB-S durch BCH-Coder und LDPC-Coder ersetzt. Dadurch konnte die Übertragungseffizienz signifikant gesteigert werden.
- Zusätzlich ist die Modulationskonstellation 256-QAM mit in die Spezifikation aufgenommen worden. Diese gestattet bei guten C/N-Werten (Dachempfang) die Übertragung einer entsprechend hohen Datenrate.
- Bei den FFT- Längen sind 1k, 4k, 16k und 32k hinzugekommen. Die Modi 1k und 4k sind für den mobilen Empfang gedacht, während die Modi 16k und 32k für eine hohe Übertragungseffizienz bei stationärem Empfang verwendet werden.
- Der Parametersatz der wählbaren Schutzintervalle wurde erweitert und reicht jetzt hinunter bis zu 1/128, wodurch die Optimierung auf eine hohe Datenübertragungsrate möglich wird.
- Der Anteil der Continual Pilots und Scattered Pilots kann bei Bedarf reduziert werden, um eine Steigerung der Nutzdatenrate zu erzielen. Dieses ist zum Beispiel für den Empfang mit Dachantenne relevant, wo aufgrund der guten Empfangsverhältnisse keine komplexe Kanalschätzung und Kanalentzerrung notwendig ist.

- DVB-T2 bietet die Möglichkeit Datenströme mit unterschiedlichen Parametern bezüglich Modulation und Fehlerschutz zu übertragen. So kann ein Programm, das für den stationären Empfang gedacht ist mit einer hohen Nutzdatenrate und einem geringen Fehlerschutz übertragen werden, während ein Dienst für den mobilen Empfang entsprechend robust codiert wird [physical layer pipes (PLP)].
- Der Variationsbereich der wählbaren Kanalbandbreiten ist vergrößert worden, um der Übertragung von Mobildiensten Rechnung zu tragen.
- Durch eine Sende-Diversität (MISO) kann die Robustheit des Signals am Empfangsort erhöht werden.
- Durch Kanalfilter mit steilen Filterflanken im Sender können zusätzliche Unterträger zur Steigerung der Nutzdatenrate eingefügt werden [extended mode].

Die dargestellten Freiheitsgrade bei der Wahl der Betriebsparameter lässt Optimierungen nach den folgenden Aspekten zu:

- Realisierung von großflächigen (landesweiten) Gleichwellennetzen,
- große Bedeckungen mit wenigen Sendern,
- Optimierung bezüglich der Nutzdatenrate,
- Optimierung des mobilen Empfangs.

Bild 17.25 stellt das für den terrestrischen Rundfunk in Deutschland verfügbare Frequenzspektrum dar. Der ursprüngliche Bereich bis 862 MHz wurde durch die Nutzungsumwidmung an den Mobilfunk auf die obere Grenze von 694 MHz reduziert. Wegen des jetzt geringeren Spektrums für den Rundfunk wurde in Deutschland mit dem Umstieg auf DVB-T2 die Quellencodierung HEVC (anstelle von MPEG4) gewählt, um die Reduktion des verfügbaren Spektrums durch eine effizientere Quellencodierung zu kompensieren.

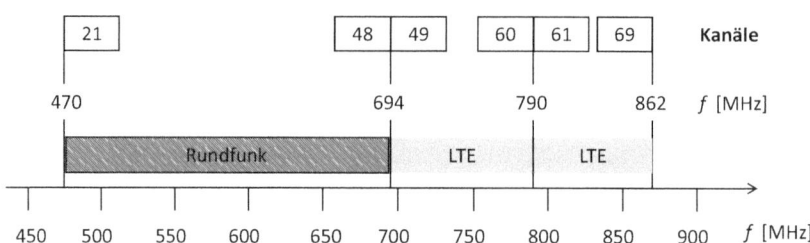

Bild 17.25 Verfügbares Spektrum für den terrestrischen Rundfunk in Deutschland

17.3 IPTV

Mit **Internet Protocol Television (IPTV)** wird die Übertragung von Fernsehprogrammen und Filmen mithilfe des Internet-Protokolls bezeichnet. Im Unterschied dazu stehen die breitbandigen DVB-Übertragungsverfahren für die Verbreitung über Satellit, Kabel und Terrestrik. IPTV ist ein Gattungsbegriff, der in sehr vielen unterschiedlichen Ausprägungen anzutreffen ist. Die unterschiedlichen Ausprägungen reichen vom einfachen IPTV über Computer oder Handy bis hin zu speziellen Endgeräten, bei denen der Benutzer gar nicht bemerkt, dass er das Internet dazu nutzt. Der Begriff IPTV wird nicht einheitlich verwendet. Nachfolgend die bekanntesten Definitionen:

- Die Internationale Fernmeldeunion (ITU) definiert IPTV sehr weit als „Multimediadienste", wie Fernsehen, Video, Audio, Texte, Bilder und Daten, die über IP-basierende Netze übertragen werden und das benötigte Maß an Qualität (QoS/QoE), Sicherheit, Interaktivität und Zuverlässigkeit bereitstellen.

- Der Deutsche IPTV-Verband definiert in seiner Satzung IPTV als die Übertragung von Bewegtbildern mithilfe des Internet-Protokolls unter Verwendung beliebiger Endgeräte (mobil, stationär etc.) und aller Formen IP-fähiger Netze (offene und geschlossene Netze). Der Betrieb von IPTV in geschlossenen Netzen wird Secure IPTV genannt. Wird hingegen das offene (weltweite) Internet als Übertragungsnetz verwendet, spricht man von Internetfernsehen oder Webfernsehen/Web-TV. Mobiles IPTV wiederum erlaubt eine ortsunabhängige IPTV-Nutzung durch die Verwendung einer Funkverbindung zu einem IP-basierten Netz.

- Die Deutsche TV-Plattform definiert IPTV als „eine neue Verbreitungsform auf der Basis des ‚Internet Protocol' (IP)", und grenzte diese dabei auch gegen das Internetfernsehen wie folgt ab:
    - Beim IPTV wird von einem Telekommunikationsanbieter einem bestimmten Nutzerkreis (den Abonnenten) ein festes Programmbouquet mit definierter Qualität in seinem Breitbandnetz zur Verfügung gestellt.
    - Im Unterschied dazu können beim Internet-Fernsehen („TV over Internet") beliebige Inhalte und Programme, die frei verfügbar im Netz zugänglich sind, zu jeder Zeit und überall von jedermann heruntergeladen werden.

Als wichtige Merkmale von IPTV werden die Unterstützung des Next Generation Network, bidirektionale Netze, Echtzeitdienste und Nicht-Echtzeitdienste angegeben. Der DVB-Standard für IPTV nennt sich DVB-IPTV. IPTV wird bei der Verbreitung über einen Telekommunikationsdienstleister mittels eines geschlossenen Datennetzes angeboten. Dank hocheffizienter Quellencodierungsverfahren und Breitband-Internetzugang ist es möglich, Fernsehen oder Videos auch über das offene Internet anzubieten. Diese Form wird zum Teil auch Internetfernsehen genannt. Im Gegensatz zu IPTV über geschlossene Netze und herkömmlichem Fernsehen ist für frei verfügbares Internetfernsehen keine Funktionsgewähr gegeben, da kein Internet-Provider eine Mindestbandbreite garantiert. Es ist außerdem technisch möglich, dass ein Internetzugangsanbieter die Bandbreite konkurrierender Dienste reglementiert.

Bei einer **Server-to-Client-Verbindung** werden die Inhalte von netzbasierten Video-Servern an die Clients übertragen. Die im Netz dadurch verursachte Last wird durch die räumliche Verteilung der Video-Server im Netz bestimmt. Bei Konzentration der Video-Server an einer Lokalität kann es durch die sternförmige Verteilung zu Überlastungen des Netzes kommen.

Bei einer **Peer-to-Peer-Verbindung** hingegen werden die Videodaten nicht von einem zentralen Server übertragen, sondern der Empfänger sammelt die Videodaten eines Beitrages von vielen verteilten Servern (meist von anderen Nutzern) auf. Durch diesen dezentralen Algorithmus können die Videodaten in einzelnen Netzabschnitten auch mehrfach oder in beide Richtungen gleichzeitig übertragen werden.

Bei der Datenübertragung vom Streaming-Server des Senders zum IPTV-Empfangssystem gibt es zwei Verfahren:

- Beim **Unicast-Verfahren** steht jedem Zuschauer ein individueller Datenstrom zur Verfügung. Dadurch kann der Zuschauer den Startpunkt einer Sendung oder eines Videobeitrages individuell bestimmen (Video-on-Demand-Dienst). Dieses führt parallel zu einer erhöhten Netzbelastung, da jeder Stream Bandbreite benötigt.
- Beim **Multicast-Verfahren** erhalten gleichzeitig alle Empfänger dieselben Daten vom Sender. Dadurch ist zunächst nur lineares Broadcasting möglich. Das entspricht im Wesentlichen dem Prinzip des Rundfunks. Gegenüber Unicast hat Multicast den Vorteil, dass die Netzlast für den Sender nicht mit der Anzahl der Teilnehmer steigt. Ein Video-on-Demand-Dienst ist nicht möglich. Als Kompromiss besteht die Möglichkeit, einen Near-Video-on-Demand-Dienst anzubieten, bei dem das Video wiederholt zeitversetzt ausgestrahlt wird. Die maximale Wartezeit auf ein Video ist dann das Zeitintervall der Wiederholungen.

Die notwendige Datenrate, um Bewegtbilder vom Sender zum Empfänger zu übertragen, ist von der verwendeten Codierung abhängig. Üblich verwendete Codierungsverfahren sind VC1 und H.264. Für eine SDTV-Qualität wird eine Datenrate von durchschnittlich 2 – 6 Mbit/s benötigt. Für HDTV ist eine Datenrate von durchschnittlich 6 – 16 Mbit/s notwendig. Dazu ist ein Breitbandanschluss zum Teilnehmer notwendig.

IPTV über geschlossene Netze benötigt aus technischen Gründen ein vom IPTV-Anbieter freigegebenes Gerät (zum Beispiel eine Set-Top-Box) für den Empfang auf dem TV-Gerät. Für den Empfang auf dem PC muss der Nutzer die Multicast-Adressen des für ihn relevanten Streams kennen, um die Programme mit entsprechender Software (beispielsweise VLC-Player) empfangen zu können. Ein Programmangebot kann aus urheberrechtlichen Gründen auf eine bestimmte Art einer Ausgabe (PC oder Set-Top-Box, Fernseher u. a.) beschränkt sein. Diese Grenzen verschwimmen jedoch dadurch, dass PCs an den Fernseher angeschlossen werden oder TV-Signale auf dem PC abgespielt werden können. Das Endgerät empfängt beim IPTV Datenströme über eine Internetanbindung, teilt diese in Unterströme auf (Audio, Video, Daten etc.), decodiert und liefert ein Bild- und Audiosignal an die Video-Audio-Ausgabeeinheit. Aus lizenzrechtlichen Gründen erfolgt durch die Set-Top-Box auch häufig eine Entschlüsselung der Videosignale. Dieses ist der hauptsächliche Grund für die Anbieter nur bestimmte Boxen zuzulassen.

IPTV bietet mehr Funktionalität als das klassische Broadcasting. Durch den integralen Rückkanal eröffnet sich nämlich eine Vielzahl von Funktionen für den Nutzer, die teilweise auch aus dem interaktiven Fernsehen, von DVD-Spielern oder Videorekordern bekannt sind:

- Suche nach und Empfehlung von Videobeiträgen oder Fernsehsendern. Die Suche geschieht durch Angabe von Klartextanfragen oder mithilfe des Zuschauer-Profils, das die Vorlieben des Nutzers kennt. Diese Angaben werden mit Metainformationen (Tags), Ergebnissen von Bilderkennungssystemen und Algorithmen des semantischen Netzes verglichen und adäquate Vorschläge generiert.
- Video-on-Demand ermöglicht das Abspielen eines beliebigen Videobeitrags zu einer beliebigen Zeit.
- Near-Video-on-Demand ermöglicht das Abspielen eines beliebigen Videobeitrags zu fest vorgegebenen Anfangszeiten.
- Timeshift-Fernsehen ist ein eingeschränkter Video-On-Demand-Dienst, bei dem der Zuschauer nur auf Inhalte zugreifen kann, die er vorher auf einem Speichermedium (meist Festplatte) im Endgerät (PVR-Videorecorder) oder serverseitig (nPVR-network(based)-Personal-Video-Recorder) aufgezeichnet hat.
- Zugriff auf elektronische Programmzeitschriften.
- Kauftransaktionen und T-Commerce.
- Funktionen des Web 2.0:
  - Der Nutzer kann Empfehlungen auf, Kommentare über und Stichwörter für Videobeiträge und IPTV-Sender abgeben und dadurch die Qualität der Services verbessern.
  - Der Nutzer kann individuelle Playlisten (Zusammenstellungen von Videobeiträgen) erstellen und sie anderen Zuschauern zur Verfügung stellen. Die Redaktion (Auswahl und Reihenfolge) wird zum Zuschauer verlagert.
  - Das Hochladen von Videobeiträgen.

Mit der Möglichkeit, IPTV zu betreiben, treten Internetdienstanbieter in direkte Konkurrenz zu TV-Anbietern. Insbesondere Satelliten- und Kabelnetzbetreiber versuchen mit zusätzlichen interaktiven Angeboten, diesen Trend aufzuhalten. Einige Internetdienstanbieter erwerben Rechte zur Ausstrahlung von Fernsehinhalten und greifen somit direkt in den Markt der Fernsehsender ein. Internetdienstanbieter (häufig im Verbund mit einer Telefongesellschaft) können dem Nutzer nun die wichtigsten elektronischen Kommunikationsmedien in einem Paket anbieten (Telefonie, Internetzugang, Fernsehen [triple play] und zusätzlich Mobiltelefonie [quadruple play].

17.4 Ultra-HDTV (UHD)

Die rasante Entwicklung von flachen Displays mit immer größeren Bildschirmdiagonalen, verbunden mit verbesserten Wiedergabeeigenschaften, haben Rundfunkveranstalter und die Hersteller von TV-Geräten dazu motiviert, einen Videostandard zu entwickeln, der über die Leistungsfähigkeit von „Full HDTV" hinausgeht. Dieses mündete in die Evolution von **Ultra HDTV**, dessen Entwicklungsschritte aus Tabelle 17.13 ersichtlich sind.

UHD-1 (Phase 1) sieht dabei eine Verdoppelung der Pixelzahl in horizontaler und vertikaler Richtung um jeweils den Faktor 2 gegenüber Full HDTV vor. Dieses wird umgangssprachlich auch mit „4k" bezeichnet. Weitere Neuerungen wurden nicht eingeführt. UHD-1 (Phase 2) sieht neben der Vervierfachung der Pixelzahl Weiterentwicklungen in Richtung einer verbesserten Kontrast- und Farbdarstellung [high dynamic range (HDR)], einer verbesserten Bewegtbildauflösung [high frame rate (HFR)] und neuen Codierverfahren zur Audio-Übertragung vor.

Ultra HDTV ist ein rein progressiver Standard und unterstützt nur das Bildseitenverhältnis von 16:9, wie bereits die Videostandards für HDTV. Bei UHD-2 wird die Anzahl der Pixel nochmals um den Faktor 4 erhöht. Es liegt dann „8k" vor.

Tabelle 17.13 Evolutionsschritte von Ultra HDTV

Parameter	UHD-1 (Phase 1)	UHD-1 (Phase 2)	UHD-2
Auflösung (hor. × vert.)	3840 × 2160		7680 × 4320
Bildfrequenz	50/60 Hz	100/120 Hz	
Dynamikumfang	SDR (256 Abstufungen)	HDR (1024 Abstufungen)	
Audio	Surround Sound	Next Generation Audio (NGA)	

High Dynamic Range (HDR) bietet dem Betrachter einen höheren Kontrastbereich als bei den bisher definierten Videostandards mit Standard Dynamic Range (SDR) (Bild 17.26).

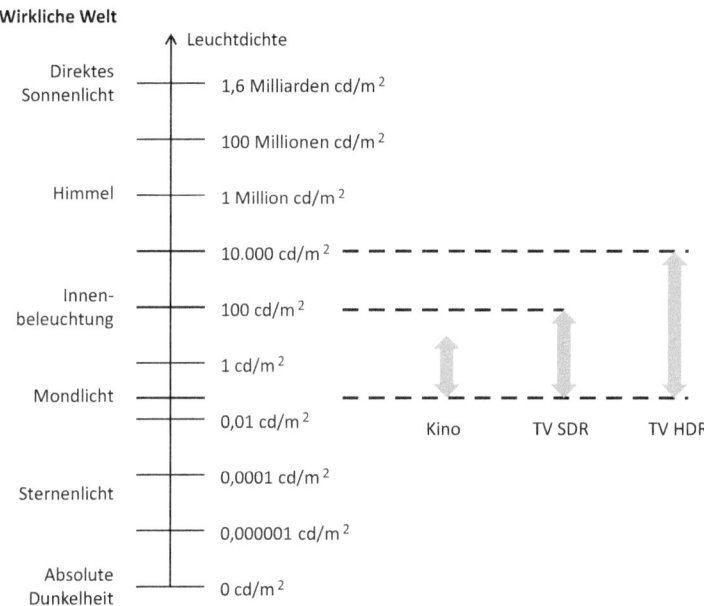

Bild 17.26 Kontrastumfänge

Um den in Bild 17.26 gezeigten erweiterten Kontrastumfang auf einem Display darstellen zu können, muss der Variationsbereich des emittierten Lichts auf die zur Verfügung stehenden Signalpegel abgebildet werden. Hierzu existieren die Konzepte:

- Hybrid-Log-Gamma [HLG (BBC & NHK)],
- Perceptual Quantizer [PQ (Dolby)].

Bild 17.27 stellt die Unterschiede von Standard Dynamic Range (SDR) und High Dynamic Range (HDR) stellvertretend für das Konzept von **Hybrid-Log-Gamma** dar. Auf der x-Achse ist die Intensität des vom Display emittierten Lichts in normiertem Maßstab aufgetragen. Die y-Achse zeigt dazu die normierten Signalwerte (Amplitudenstufen). Der Verlauf bei SDR entspricht im Wesentlichen der von Bildröhren her bekannten Gamma-Kurve. Die Kennlinie bei Hybrid-Log-Gamma verflacht sich im Bereich größerer Signalpegel. Auf diese Weise kann der erweiterte Kontrastumfang auf dem Display dargestellt werden.

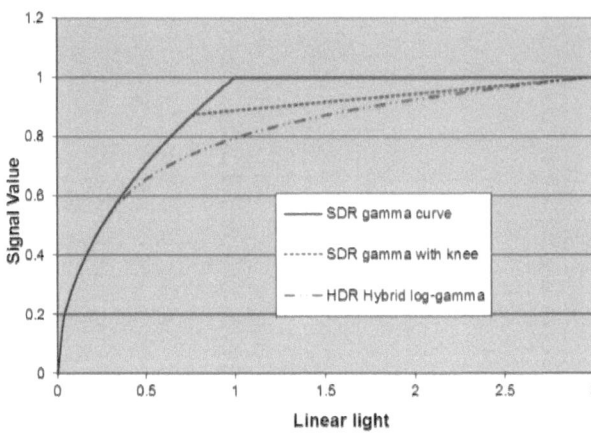

Bild 17.27
Kennlinien SDR und HDR
(Quelle: Videomaker)

Inzwischen existieren diverse Systemkonzepte für die Realisierung von HDR (Tabelle 17.14), die entweder die HLG-Kennlinie oder eine PQ-Kennlinie [perceptible quantization] zur Grundlage haben. Das HLG-Konzept zeichnet sich dadurch aus, dass auch die Darstellung auf UHD-Displays mit Standard Dynamic Range problemlos möglich ist. Ferner müssen am Empfänger auch keine Metadaten zur korrekten Bilddarstellung ausgewertet werden.

Tabelle 17.14 Übersicht HDR-Konzepte

Parameter	HDR10	HDR10+	HLG	Dolby Vision
Kennlinie	PQ	PQ	Hybrid-Log-Gamma	PQ
Farbtiefe	10 bit	10 bit	10 bit	12 bit
Metadaten	statisch	dynamisch	keine	dynamisch

Verbunden mit dem verbesserten Kontrastumfang bei HDR wird auch eine Erweiterung des darstellbaren Farbraumes realisiert [weighted color gamut (WCG)]. Bis zu den Videostandards von UHD-1 (Phase 1) wird eine Farbdarstellung nach ITU-R BT.709-5 realisiert. In Verbindung mit den bereits beschriebenen HDR-Konzepten kann eine Farbraumdarstellung nach ITU-R BT 2020 erreicht werden. Dieses bedeutet eine signifikante Erweiterung des Farbraumes in Richtung von gesättigtem Grün (Bild 17.28).

Neben der Erhöhung der örtlichen Auflösung und der Verbesserung von Kontrastumfang und Farbraum ist es für manche Bildinhalte wichtig, auch die Bewegungsauflösung zu erhöhen. Das ist der Grund für die Einführung der High Frame Rate ab UHD-1 (Phase 2). Sie ist vor allem bei Live- und Sport-Produktionen mit schnellen Bewegungen und Kameraschwenks von großer Bedeutung, um Bildruckeln und Nachzieheffekte zu minimieren.

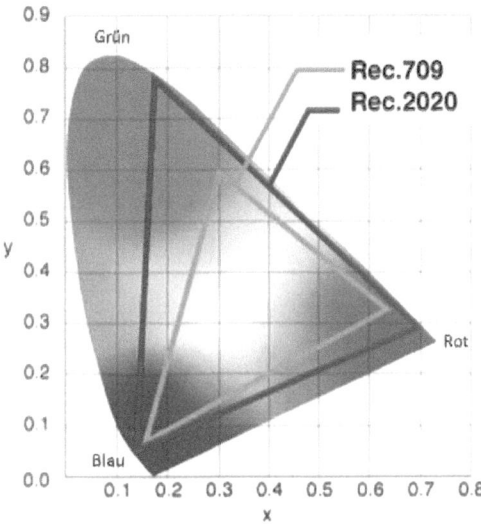

Bild 17.28
Erweiterter Farbraum in Verbindung mit HDR [Quelle: eizo.at]

Ein immersives TV-Erlebnis lebt nicht alleine von den besseren Bildern. Neben diesen ist der gute Ton bei Filmen, Serien und Live-Events genauso wichtig. Bei TV-Übertragung der nächsten Generation soll dem Nutzer ein ähnliches Surround-Erlebnis geboten werden, wie es teilweise bereits mit der Ultra HD Blu-ray möglich ist. Neue Konzepte für ein besseres Audioerlebnis werden im Ultra HD-Standard unter dem Begriff **Next Generation Audio (NGA)** geführt. Das DVB-Konsortium hat sich im Oktober 2016 im Rahmen der Verabschiedung der technischen Spezifikation für UHD-1 Phase 2 für die Unterstützung von zwei Systemen entschieden: Dolby AC-4 von den Dolby Laboratories und MPEG-H Audio von der Moving Picture Experts Group (MPEG).

Dolby AC-4 bietet eine komplette „End-to-End"-Lösung, bei der sich die Audiodaten gegenüber anderen Standards bis zu 50 % effektiver komprimieren lassen. Es werden klassischer kanalbasierter Surround-Sound sowie objektbasierte Soundformate unterstützt. Der Decoder sorgt für die Anpassung der Inhalte an das jeweilige Ausgabemedium.

Von Bedeutung und bandbreiteneffizient ist die durch Dolby AC-4 mögliche Unterstützung für multilinguale Audio-Übertragungen. Dem Hauptstream (z.B. ein 5.1-Kanalsound) lassen sich nämlich mehrere 1.0-Substreams in den jeweiligen Sprachen beifügen und in einem eigenen Sub-Kanal übertragen. Die gewünschte Sprache wird erst im Empfänger in den Haupt-Sound eingemischt. Dadurch lassen sich intelligente Lautstärkeregelung und/oder manuelle Anpassung der Dialoglautstärke realisieren. Bei Analyse der Dialoganteile auf der Coderseite steht dieser Vorteil auch für heutige Inhalte mit bereits senderseitig gemischtem Dialog zur Verfügung.

Diese Möglichkeiten sind bei Live-Sportübertragungen sowie bei Serien und Filmen einsetzbar. Der Nutzer könnte aber auch zwischen verschiedenen Kommentatoren bei Fußballübertragungen wählen. AC-4 sorgt nicht nur für mehr Auswahl beim Nutzer, sondern benötigt zudem auch weniger Bandbreite als konventionelle Übertragungsmethoden. Bei einem multilingualen Soundstream mit drei Sprachen lassen sich etwa 50 % an Bandbreite sparen.

MPEG-H Audio kann ebenfalls auf verschiedenen Verbreitungswegen zum Einsatz kommen, also nicht nur beim Fernsehen, sondern auch beim Streaming im Internet oder auf mobile Endgeräte. Wie Dolby AC-4 setzt MPEG-H Audio auf ein Multikanal-System, das zusätzlich zum Basis-Sound die Übertragung weiterer Soundkanäle ermöglicht.

Bei Filmen und Live-Übertragungen kann der Nutzer so zwischen verschiedenen Dialogen oder Kommentatoren wählen. MPEG-H unterstützt verschiedene Soundformate wie Stereo, 5.1, 7.1 oder objektbasierte Soundwiedergabe (max. 7.1.4). Dabei zielt man auf eine effektive Datenkomprimierung, damit Sender und Video-on-Demand-Anbieter ihre Inhalte möglichst kostengünstig verbreiten können.

■ 17.5 HbbTV [hybrid broadcast broadband television]

In der Vergangenheit waren Satellit, Kabel und Terrestrik die relevanten Übertragungswege für die Verbreitung von Rundfunkinhalten. Mittlerweile hat sich das Internet als vierter Übertragungsweg für die Verteilung von audiovisuellen Inhalten (IPTV) etabliert. Daraus entstand der Wunsch, ein TV-Gerät oder eine Set-Top-Box zusätzlich mit der Anbindung an das Internet auszustatten. Man spricht dabei von einem hybriden Empfangsgerät, wobei hybrid (lat.) „von zweierlei Herkunft" bedeutet. Damit werden die folgenden Funktionalitäten in einem Endgerät möglich:

- programmunabhängige Anwendungen [unbounded applications]

    Es handelt sich um alle Internetseiten, die keinen Bezug zu einem der empfangbaren Fernsehprogramme haben.

- programmbezogene Anwendungen [bounded applications]

    In diesem Fall haben die Internetseiten einen unmittelbaren Bezug zum laufenden Fernsehprogramm.

Bei dem als **Hybrid-TV**, Smart-TV oder Connected-TV bezeichneten hybriden Fernsehen erfolgt die Bedienung oder Steuerung durch die TV-Fernbedienung, um neben dem klassischen Fernsehprogramm auch Internetanwendungen auf den Bildschirm zu bringen. Schon in einer frühen Phase der Entwicklung kam der Wunsch nach einem offenen Standard für das hybride Fernsehen auf und mündete in HbbTV.

HbbTV [hybrid broadcast broadband television] ist ein offener internationaler Standard für die Signalisierung, Übertragung und Ausführung von interaktiven Applikationen für Empfangsgeräte, die sowohl über einen Decoder für digitales Fernsehen [broadcast] als auch über einen Zugang zum Internet [broadband] verfügen. Zu den typischen Angeboten von HbbTV-Applikationen gehören:

- Video-on-Demand (z. B. Mediatheken oder Catch-up-Dienste),
- elektronischer Programmführer (EPG),
- Teletext,
- interaktives Fernsehen.

Ursprünglich handelte es sich bei HbbTV um eine paneuropäische Initiative des deutsch-österreichisch-schweizerischen Instituts für Rundfunktechnik (IRT), des Satellitenbetreibers SES Astra, des Elektronikkonzerns Philips und des englischen Softwareunternehmens ANT. Diese Initiative nahm Ende 2008 die gemeinsame Arbeit auf. Ziel war die Definition einer Variante des kurz vor dem Abschluss stehenden Standards des Open IPTV Forums. Die Variante sollte weniger komplex sein, aber den Schwerpunkt auf Hybrid-TV setzen. Dementsprechend waren die ersten Tätigkeiten:

- Profilierung der vom Open IPTV Forum definierten deklarativen Applikationsumgebung,
- Spezifikation eines DVB-Standards zur Signalisierung und Übertragung von Applikationen über den Rundfunkkanal (publiziert als ETSI TS 102 809),
- Definition eines Application Frameworks und Entwicklung rudimentärer Bedienkonzepte für an Fernsehprogramme gebundene Applikationen [broadcast-related applications].

In der Folgezeit schlossen sich die französischen Rundfunksender Canal+, France Television und TF1, der Gerätehersteller Samsung sowie die Softwareunternehmen OpenTV und Opera der Arbeitsgruppe an. Die Version 1.0 der HbbTV-Spezifikation wurde Ende 2009 beim ETSI eingereicht und am 11. Juni 2010 als ETSI TS 102 796 1.1.1 publiziert. Parallel dazu erfolgte die Gründung des HbbTV-Konsortiums.

Insbesondere auf Drängen französischer Unternehmen wurde 2012 HbbTV 1.5 verabschiedet und unter der ETSI-Versionsnummer 1.2.1 publiziert. Wichtigste Neuerung war die Unterstützung des Streamingformats MPEG-DASH.

Im Jahr 2015 erfolgte die Verabschiedung und Veröffentlichung von HbbTV 2.0 unter der ETSI-Versionsnummer 1.3.1. Mit dieser Version wurden umfangreiche Änderungen und Leistungsmerkmale eingeführt. Dazu gehören:

- HTML5,
- Kommunikation des HbbTV-Geräts mit mobilen Geräten,
- Synchronisation von Video- und Audioströmen von verschiedenen Quellen auf dem gleichen oder auf unterschiedlichen Geräten,
- Unterstützung eines Übertragungsverfahrens für Push-VoD.

Marktspezifische Anforderungen aus dem Vereinigten Königreich und aus Italien führten 2016 zur Publizierung von HbbTV 2.0.1 unter der ETSI-Versionsnummer 1.4.1, was die Version 2.0 obsolet machte. Die Entwicklung von HbbTV 2.0.2 lief bereits seit Oktober 2017, die Veröffentlichung erfolgte Ende Februar 2018. Die Versionsnummer ersetzt 2.0.1 und bietet neben Fehlerbehebungen, die in der Entwicklung für neue Apps, Fernseher und Set-Top-Boxen in Testszenarien aufgetreten sind, auch die Integration von High Dynamic Range (HDR) über PQ10 und Hybrid-Log Gamma (HLG), High Frame Rate (HFR) und Next Generation Audio (NGA).

HbbTV 2.0.3 ist die aktuelle Version (Stand 2021), bei der einige Funktionalitäten entfernt und andere hinzugefügt wurden:

- Der CI+-Host-Player-Modus und die Unterstützung für Videotext-Untertitel bei Over-the-Top-Inhalten (OTT) sind entfernt worden.
- Die W3C-Media-Source-Erweiterungen werden nun unterstützt. Außerdem wurde die MPEG-DASH-Funktionalität um CMAF [common media application format] erweitert. Darüber hinaus kann HbbTV nun mit TLS 1.3 umgehen.

HbbTV definiert eine Reihe von Interaktionsereignissen, die von jedem zu HbbTV kompatiblen Empfangsgerät bereitgestellt werden müssen und die von den Applikationen für ihr individuelles Bedienkonzept auswertbar sind. Häufig ist jedem Interaktionsereignis genau eine Taste auf einer klassischen Fernbedienung zugeordnet. Sie können aber auch durch andere Methoden (z. B. Bildschirmdialog oder Sprachsteuerung) generiert werden. Zu den Interaktionsereignissen gehören insbesondere 6 Navigationsereignisse, 10 Ziffern und 4 Farbereignisse (z. B. „red button"-Funktion).

HbbTV unterstützt die offene Kommunikation zwischen HbbTV-Applikationen und Applikationen auf mobilen Geräten. Das Interaktionskonzept ist dabei durch den Applikationsanbieter definierbar.

Jedem Fernsehkanal kann vom Anbieter des Kanals eine Autostart-Applikation zugeordnet werden. Diese wird automatisch gestartet, sobald der Nutzer den jeweiligen Kanal ausgewählt hat. In Deutschland folgen zahlreiche Applikationsanbieter dem vom Standard vorgeschlagenen Konzept, zunächst nur eine kleine und temporäre informative Einblendung über den Fernsehkanal zu legen. Der Nutzer kann dann durch Drücken der roten Taste die eigentliche Applikation im Vollbild aufrufen. Für dieses Konzept hat sich der Begriff „Red-Button-Applikation" eingebürgert. Eine Abweichung von diesem Konzept (z. B. für Werbung, für interaktives Fernsehen oder für Applikationen auf Radiokanälen) ist jedoch möglich.

Jedem Fernsehkanal kann der Anbieter des Kanals eine spezielle Applikation als „Digitaler Teletext" zuordnen, für deren Start das Drücken einer spezifischen Taste der Fernbedienung (z. B. Taste „TXT") erforderlich ist.

Eine laufende Applikation kann eine andere Applikation starten. In diesem Fall wird die aufrufende Applikation beendet. HbbTV unterstützt das Starten von HbbTV-Applikationen durch Applikationen auf mobilen Geräten. Viele Empfangsgeräte bieten ein zusätzliches Menü zum Aufruf von HbbTV-Applikationen an. Häufig werden hier nur Applikationen ohne Bezug zu einem Fernsehkanal angezeigt.

Zur Signalisierung von an das Fernsehprogramm gebundenen HbbTV-Applikationen wird eine zusätzliche Tabelle [application information table (AIT)] in den über das DVB-Netzwerk verbreiteten MPEG-Transportstrom eingefügt. Diese Tabelle wird vom Empfangsgerät ausgelesen und enthält die Namen und Adressen aller an den jeweiligen Fernsehkanal gebundenen Applikationen. Optional können Applikationen als Autostart-Applikation oder als digitaler Teletext ausgezeichnet werden.

HbbTV-Applikationen können sowohl über den Rundfunkkanal als auch über das Internet übertragen werden. Im Rundfunkkanal werden Applikationen zyklisch ausgestrahlt. Das verwendete Protokoll ist das DSMCC-Object-Carousel. Diese Form der Übertragung ist sinnvoll für Regionen und Haushalte, die über keinen oder nur einen schmalbandigen Internetzugang verfügen. Über das Internet werden HbbTV-Applikationen mittels des HTTP-Protokolls übertragen. Dies hat sich in Deutschland als hauptsächliche Methode etabliert.

Zur Darstellung und Ausführung von HbbTV-Applikationen müssen die Empfangsgeräte einen HTML/JavaScript-Browser aufweisen. Bis zur HbbTV-Version 1.5 basiert dieser Browser auf CE-HTML, einer für Unterhaltungselektronik entwickelten Variante von HTML. Bei der HbbTV-Version 2 kommt ein Profil von HTML5 zum Einsatz. Die HTML-Umgebung ermöglicht dabei folgende neue Funktionalitäten:

- Integration eines verkleinerten Fernsehbilds in die Applikation,
- Umschalten auf ein anderes Fernsehprogramm,
- mit dem Fernsehprogramm synchronisierte Einblendungen.

Für das Verfahren ist es notwendig, dass der Fernseher Kontakt mit dem Informationsanbieter aufnimmt. Während der Nutzer beim gewöhnlichen Fernsehen anonym bleibt, ist er jetzt identifizierbar. Das Problem besteht ebenso bei Smart TV-fähigen Fernsehern. Jede rückkanalfähige Netzwerkverbindung bietet die Möglichkeit zur Übermittlung personenbezogener oder sonstiger Daten an den Hersteller oder andere Parteien, meist Inhalteanbieter.

Alle Verfahren zur Ablösung des als veraltet geltenden Videotexts setzen auf eine Verbindung mit dem Internet. Internetdienste, Portale von Geräteherstellern, welche als Plattform-im-Fernseher als HbbTV-Konkurrenz auftreten, sind u. a.:

- Apple TV als Standalone-Lösung oder via Airplay von Mediatheken-Apps,
- Google Chromecast Adapter für iOS und Android Smartphones und Tablets,
- Smart-TV/Smart-Hub von Samsung mit Samsung SDK,
- NetTV von Philips (mit freiem Webzugang),
- Viera Connect von Panasonic,
- Widget-Lösungen wie AQUOS NET+ von Sharp: Das laufende TV-Programm kann mit Anwendungen aus dem Internet überlagert werden.
- Applicast von Sony,
- SmartTV bei einigen LG-Fernsehgeräten.

Bild 17.29
HbbTV-Logo

■ 17.6 DVB-I (Digital Video Broadcasting-Internet)

Das Systemkonzept von DVB-I sieht vor, dass dem Nutzer audiovisuelle Inhalte, die parallel auch über die klassischen Verbreitungswege des Rundfunks (Satellit, Kabel, Terrestrik) übertragen werden, und die Broadband-Angebote aus dem Internet mit dem gleichen Look & Feel auf dem Endgerät erscheinen. Für den Nutzer sollen die Quellen nicht mehr unterscheidbar sein.

Bei DVB-I erfolgt die lineare Übertragung von Inhalten ausschließlich auf IP-Basis, also im Streaming-Mode. Das gilt für das offene Internet, aber auch für „managed networks", also für jedes Breitbandnetz. DVB-I ermöglicht neben OTT und IPTV auch die Nutzung von DVB-Angeboten in der bisherigen Form.

DVB-Netze stehen deshalb ohne Änderungen auch weiterhin für die bisherige Broadcast-Übertragung zur Verfügung. Die klassischen DVB-Übertragungswege garantieren stets die notwendige Übertragungsqualität [quality of service (QoS)]. Für die Verbreitung über das Internet kann dieses nicht in jedem Fall garantiert werden.

Die linearen TV-Angebote werden bei DVB-I standardisiert signalisiert, weshalb im Gegensatz zum bisherigen Livestreaming keine anbieterspezifischen Applikationen in den Endgeräten benötigt werden. Die Zielsetzung von DVB-I ist, alle verfügbaren linearen Broadband- und Broadcast-Angebote als Inhalte [content] einheitlich im Streaming-Mode zu übertragen. Damit wird empfangsseitig der stationäre und mobile Zugriff auf die Inhalte mit allen Endgeräten möglich, die

- einen DVB-I- Client besitzen,
- über einen Internetzugang verfügen,
- sowie einen geeigneten Media Player aufweisen.

DVB-I ist ein Standard, der als Software auf jedem internetfähigen Endgerät vom Hersteller implementiert werden kann. Die Arbeitsweise basiert auf dem **Server-Client-Konzept**. Die Bereitstellung der Inhalte erfolgt dabei auf der Sendeseite durch die Funktionseinheit Server als Lieferant. Nach der Übertragung kann der als Client bezeichnete Kunde mit jedem geeigneten Endgerät wahlfrei auf die angebotenen Inhalte zugreifen (Bild 17.30).

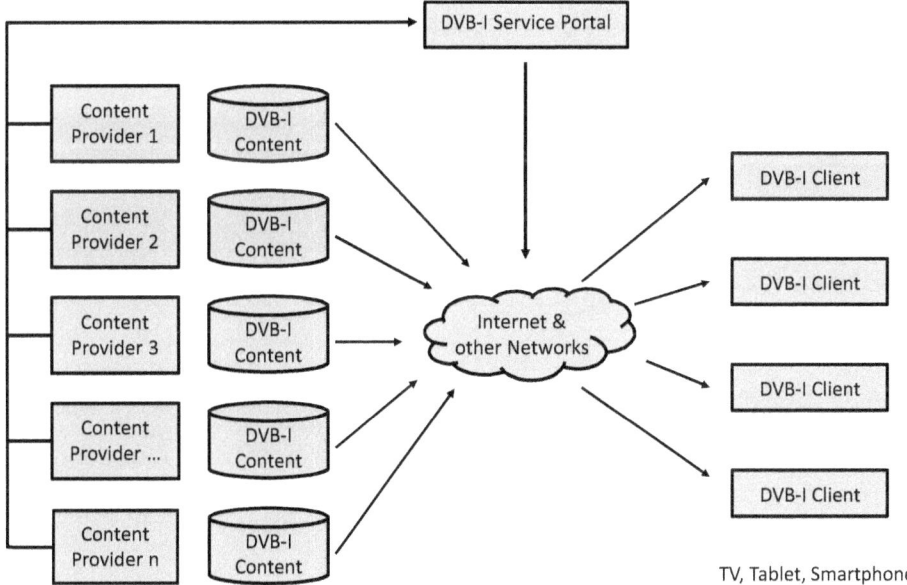

Bild 17.30 Prinzip von DVB-I

Bekanntlich ist die Qualität jeder IP-Übertragung von verschiedenen Faktoren auf dem Übertragungsweg abhängig. Deshalb wird bei DVB-I für das Streaming der Standard DASH [dynamic adaptive streaming over HTTP] verwendet, wobei HTTP für „hypertext transfer protocol" steht. Die grundsätzliche Funktion des adaptiven Bitraten-Streamingverfahrens DASH besteht darin, dass die übertragenen Inhalte in verschiedenen Datenraten bereitgestellt werden. Der DVB-I-Client kann deshalb die Datenrate auswählen, bei der die Bildwiedergabe nicht stockt.

Ein wesentliches Kriterium bei DVB-I ist die Bereitstellung von Informationen über die angebotenen Programme und Dienste für den Nutzer. Sie erfolgt durch Servicelisten [service list (SL)], die im Endgerät Bedieneroberflächen aufweisen, wie sie von denen bei DVB verwendeten elektronischen Programmführern [electronic program guide (EPG)] bekannt sind. Jede von einem Inhalteanbieter [content provider] erstellte Serviceliste basiert auf Metadaten der einzelnen Programmbeiträge. Die Servicelisten stellen also das zentrale Element (Rückgrat) von DVB-I dar.

Nur auf diese Weise ist die Verarbeitung im DVB-I-Client möglich. Da bei jedem DVB-I-System von mehreren Servicelisten ausgegangen werden sollte, ist im Standard ein **Servicelisten-Register** [service list registry (SLR)] vorgegeben, bei dem alle Servicelisten gemeldet sein müssen (Bild 17.31).

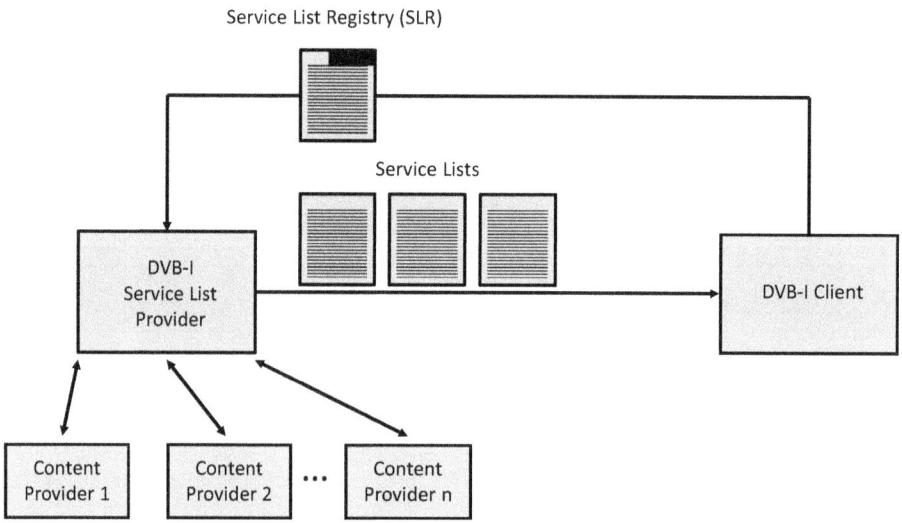

Bild 17.31 Verwaltung von DVB-I-Inhalten

18 Mobilfunk

Leitungsgebundene Netze werden als Festnetze bezeichnet, weil sie ausschließlich stationären Betrieb ermöglichen. Portable und mobile Kommunikation lässt sich nur mit funkgestützten Netzen realisieren. Es liegt dann Mobilfunk [mobile radio] vor, bei dem im Prinzip die Teilnehmer-Anschlussleitung (TAL) von der Vermittlungsstelle zum Endgerät jedes Nutzers (z. B. Smartphone) durch eine Funkverbindung ersetzt wird. Für jeden Anschluss sind allerdings eine Sendefrequenz und eine Empfangsfrequenz erforderlich, weil Mobilfunk im Vollduplex-Betrieb arbeitet.

Alle Mobilfunknetze sind zellulare Netze, bestehen also aus **Funkzellen** für die Versorgung definierter Flächen (Bild 18.1).

Jede Funkzelle weist eine zentral angeordnete **Basisstation** [base station] (BS) auf, die als Funkfeststation für die Kommunikation mit den auch als **Mobilstationen** (MS) bezeichneten Endgeräten der Nutzer zuständig ist (Bild 18.2).

Mobilfunk arbeitet mit Funkzellen, bei denen jeweils eine Basisstation (BS) die Kommunikation mit den Mobilstationen (MS) gewährleistet.

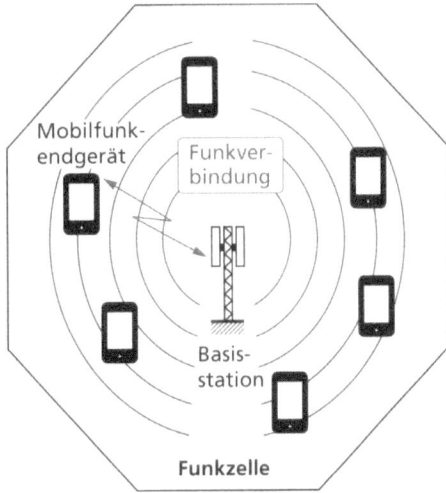

Bild 18.1 Funkzelle beim Mobilfunk

Bild 18.2 Basisstation

Um gegenseitige Störungen zu vermeiden, müssen in jeder benachbarten Funkzelle andere Betriebsfrequenzen verwendet werden. Diese Anordnung wird als **Cluster** bezeichnet. Außerhalb dieses Bereichs sind die Frequenzen unter Berücksichtigung entsprechender Schutzabstände wieder verwendbar. Ein Mobilfunknetz lässt sich deshalb als wabenförmige Struktur verdeutlichen, aus der auch die flächendeckende Versorgung erkennbar ist. Um die Kommunikation zwischen allen Nutzern eines Mobilfunknetzes, aber auch mit denen anderer Netze gewährleisten zu können, sind die Basisstationen über leistungsfähige Leitungsnetze, Vermittlungseinrichtungen und Verarbeitungseinheiten miteinander verkoppelt.

Grundsätzlich kann die Vermittlung und/oder Signalübertragung beim Mobilfunk analog oder digital erfolgen. Aus folgenden Gründen kommen inzwischen nur noch digitale Verfahren zum Einsatz: In den Anfängen des Mobilfunks handelte es sich ausschließlich um mobiles Telefonieren, also die von örtlicher Bindung unabhängige Sprachkommunikation. Ein entscheidender Schritt war dann der Übergang in die digitale Welt und die damit verbundene Möglichkeit der Internetnutzung. Das führte in Abhängigkeit von der technologischen Entwicklung zu aufeinander folgenden Mobilfunkgenerationen. Diese sind primär durch die maximal übertragbare **Datenrate** gekennzeichnet, also die in kbit/s, Mbit/s oder Gbit/s quantifizierbare **Datenübertragungsgeschwindigkeit**.

Tabelle 18.1 Entwicklung des Mobilfunks

Mobilfunk-generationen	1G	2G (GSM)	3G (UMTS)	4G (LTE)	5G
Telefonie (inkl. SMS)	X (analog)	X (digital)	X (digital)	X (digital)	X (digital)
Daten-übertragung (pro Funkzelle)	keine	bis 384 kbit/s	bis 14,6 Mbit/s	bis 250 Mbit/s	min. 1 Gbit/s
Bewegtbild-übertragung (Fernsehen)	keine	keine	Unicast (Punkt-zu-Punkt)	Unicast und Broadcast (3GPP-Release 14)	Broadcast (3GPP-Release 16)
Internet	nein	nein	wenig leistungsfähig	leistungsfähig	sehr leistungsfähig

Da der Bedarf an Datenrate für Internetanwendungen stetig zunimmt, ist aus Tabelle 18.1 schnell ersichtlich, dass nur die Mobilfunksysteme LTE [long term evolution] und 5G den heutigen Leistungsanforderungen der mobilen Breitbandkommunikation entsprechen und deshalb in der Praxis von Bedeutung sind. Der wesentliche Vorteil beider Systeme besteht darin, dass sie IP-basiert arbeiten, also die für das Internet verbindlich vereinbarten Übertragungsstrukturen von Datenpaketen (= Datenrahmen) verwenden. Für die Sprachkommunikation ergab sich allerdings der Bedarf für den ergänzenden Einsatz von Umsetzern [converter], weil bei der Sprache systembedingt analoge Signale vorliegen. Es handelt sich um Analog-Digital-Umsetzer (ADU) [analog-to-digital converter (ADC)] nach dem Mikrofon auf der Sendeseite und Digital-Analog-Umsetzer (DAU) [digital-to-analog converter (DAC)] vor dem Hörer auf der Empfangsseite (Bild 18.3).

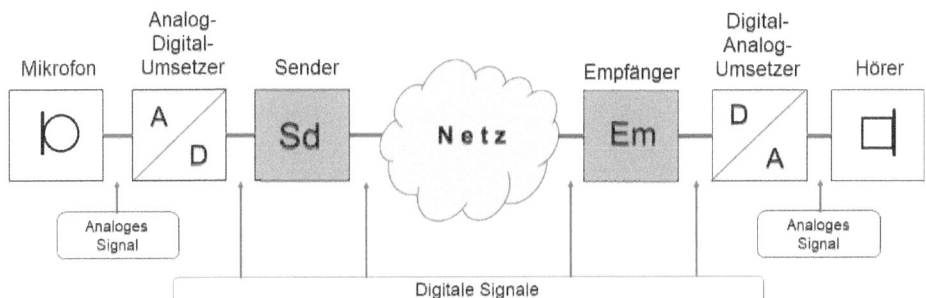

Bild 18.3 Digitale Sprachübertragung

Die Sprachkommunikation erfolgt bei LTE und 5G als schmalbandige Internetanwendung und wird üblicherweise als Voice over LTE (VoLTE) bzw. Voice over 5G (Vo5G) bezeichnet. Damit lassen sich auch höhere Audioqualitäten realisieren.

Die Festlegung der technischen und betrieblichen Spezifikationen für LTE und 5G erfolgt durch das 3rd Generation Partnership Project (3GPP) *(www.3gpp.org)*. Es handelt sich um die Kooperation folgender Standardisierungsorganisationen, um die Mobilfunk-Standardisierung auf eine internationale Ebene zu bringen:

- ARIB (Association of Radio Industries and Businesses, Japan),
- ATIS (Alliance for Telecommunicatios Industry Solutions, USA),
- CCSA (China Communications Standards Association),
- ETSI (European Telecommunication Standards Institute),
- TTA (Telecommunications Technology Association, Korea),
- TTC (Telecommunications Technology Committee, Japan).

Über diese „Organisational Partners" ist weltweit ein Großteil der für Mobilfunk relevanten Netzbetreiber, Netzausstatter, Endgerätehersteller und Regulierungsbehörden im 3GPP organisiert.

3GPP ist durch eine systematisch strukturierte Arbeitsweise gekennzeichnet. Die Erarbeitung von 3GPP-Standards erfolgt nämlich stets nach vorher festgelegten Plänen. Bei diesen handelt es sich um Arbeitspapiere, in denen die einzelnen Ziele aufgelistet sind. Sie werden als Release bezeichnet, was als „Freigabe" übersetzt werden kann. Auf diese Weise ist das Regelwerk der Standardisierung stets transparent und kann im Bedarfsfall um weitere Anforderungen ergänzt werden.

Die Entwicklung des Mobilfunks zeigt, dass es sich bei LTE um die vierte Mobilfunkgeneration handelt, während es bei 5G die fünfte Mobilfunkgeneration ist. Beide haben wegen ihrer IP-basierten Arbeitsweise keinen unmittelbaren Bezug zu den Vorgängern. Es sind deshalb nur die Leistungsmerkmale von LTE und 5G relevant. Dabei ist zu berücksichtigen, dass die Mobilfunkversorgung derzeit primär über die fast flächendeckende 4G-Infrastruktur erfolgt. Parallel dazu werden allerdings schrittweise auch Übergänge von 4G auf 5G sowie eigenständige 5G-Netze aufgebaut, weil 5G das Mobilfunksystem LTE mittelfristig ablösen soll. Dieser Umstellungsprozess ist abhängig von den Geschäftsmodellen der Netzbetreiber und der Nachfrage durch die Marktteilnehmer. Bei allen Betrachtungen spielt die Wirtschaftlichkeit eine ausschlaggebende Rolle.

Für den Betrieb von LTE stehen Frequenzbereiche zwischen 700 MHz und 2,6 GHz zur Verfügung, wobei im Downlink und Uplink Bandbreiten von 1,4 MHz bis 20 MHz mit Frequenzduplex [frequency division duplex (FDD)] und Zeitduplex [time division duplex (TDD)] verarbeitet werden können.

LTE nutzt für den Downlink orthogonalen Frequenzmultiplex [orthogonal frequency division multiplex (OFDM)]. Die verfügbare Kanalbandbreite wird dabei in Unterträger [subcarrier] mit 15 kHz Abstand und 0,5 ms Dauer aufgeteilt. Für diese ist auch die Bezeichnung OFDM-Träger üblich. Daraus ergeben sich aus $12 \times 7 = 84$ Elementen bestehende Ressource-Blöcke, deren einzelne Elemente mit QPSK, 16-QAM oder 64-QAM moduliert werden können (Bild 18.4). Das Verhältnis der durch die Unterträger bewirkten Kanäle zueinander wird als orthogonal bezeichnet, weil die Amplituden jedes Kanals auf der Mittenfrequenz seines Nachbarkanals exakt Null betragen. Damit ist sichergestellt, dass sich benachbarte Kanäle nicht gegenseitig beeinflussen können. Beim Uplink kommt bei LTE nicht OFDM zum Einsatz, sondern das weniger rechenintensive Verfahren SC-FDMA [single channel–frequency division multiple access].

In LTE-Netzen sind bis zu 250 Mbit/s pro Funkzelle verfügbar, was problemlos mobile Internetanwendungen ermöglicht. Es ist allerdings zu berücksichtigen, dass es sich bei den Funkzellen um ein „shared medium" handelt, weil sich alle Nutzer die Übertragungskapazität teilen müssen. Bei vielen gleichzeitigen Zugriffen sinkt deshalb die für den einzelnen Nutzer verfügbare Datenrate entsprechend.

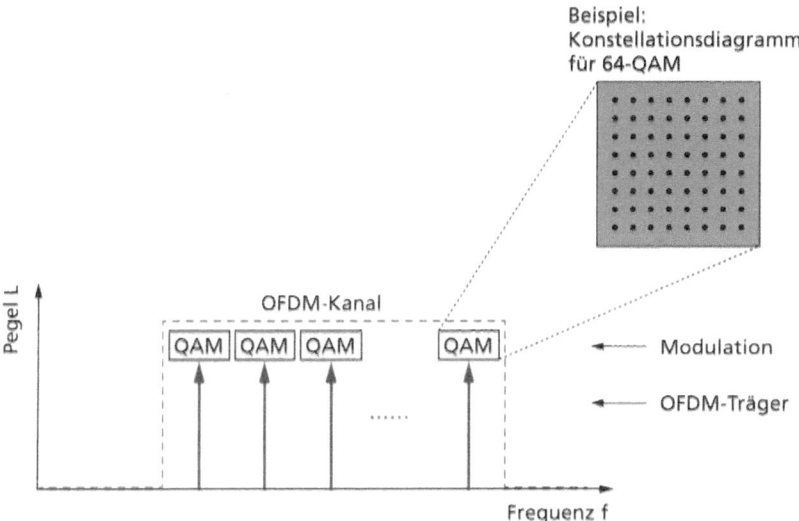

Bild 18.4 OFDM (Konzept)

Die ständig steigenden Anforderungen an den Mobilfunk löste die Weiterentwicklung von LTE zur fünften Generation des Mobilfunks aus, die schlicht als 5G bezeichnet wird (Bild 18.5). Diese Evolution ist durch folgende Merkmale gekennzeichnet:

- mehr Träger im OFDM-Kanal,
- höherwertige Modulation der Träger,
- leistungsfähigere Codierung der zu übertragenden Daten,
- Flexibilität bei der Konfiguration des Übertragungskanals.

Bild 18.5
5G-Logo [Quelle: 3GPP]

Daraus resultieren wesentlich größere Datenraten, aber ebenso sehr geringe Latenzzeiten, was schnelle Reaktionen des Internets auf Aktivitäten des Nutzers bei zeitkritischen Anwendungen bedeutet.

Beim Mobilfunksystem 5G liegt ein Schwerpunkt auf der Orchestrierung großer Datendurchsätze und damit bei der gleichzeitigen Verfügbarkeit möglichst großer Datenraten für jeden Nutzer. Dabei steht die Internetnutzung eindeutig im Vordergrund, während die Telefonie nachrangig ist.

Die Leistungsfähigkeit von 5G wird durch den Einsatz von 256-QAM bei OFDM und die Verwendung von **Schutzintervallen** [guard interval] beim Empfang erreicht (Bild 18.6). Sie werden auch als Cyclic Prefix (CP) bezeichnet und verhindern Störbeeinflussungen durch den Mehr-Wege-Empfang reflektierter Empfangssignale. Außerdem kann die Übertragungskapazität des Systems durch die Bündelung von OFDM-Kanälen [channel bonding] den jeweiligen Anforderungen angepasst werden.

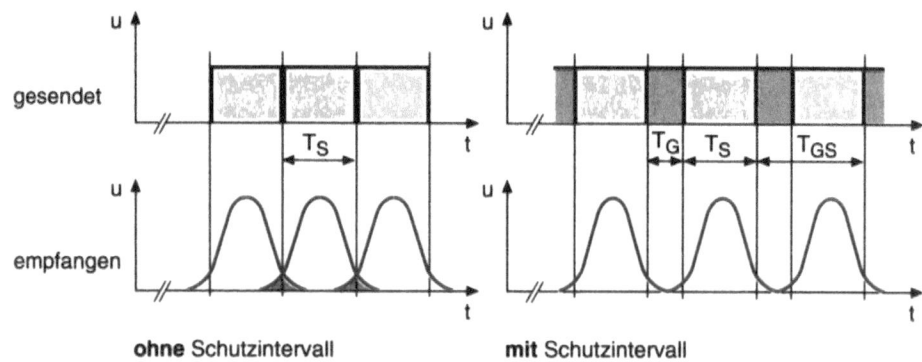

Bild 18.6 Schutzintervall

Bei 5G sind die Frequenzbereiche [frequency range] FR1 und FR2 zu unterscheiden. Der FR1 umfasst die Frequenzen von 600 MHz bis 24 GHz. Bei niedrigen Frequenzen sind dabei wegen der besseren Ausbreitungseigenschaften große Reichweiten möglich. Höhere Frequenzen führen dagegen zu kleinen Versorgungsbereichen, weshalb dann für die unterbrechungsfreie Flächendeckung entsprechend viele Funkzellen erforderlich sind. Kleine Funkzellen lassen sich mit WLANs vergleichen, sie bieten jedoch den Vorteil der Einbindung in das Mobilfunknetz. Bei FR2 handelt es sich um alle Frequenzen oberhalb 24 GHz. Bei diesen ist quasioptische Ausbreitung der elektromagnetischen Wellen gegeben, weshalb auch Reflektionen auftreten können. Aus physikalischen Gründen sind bei diesen Frequenzen nur sehr kleine Funkzellen realisierbar, die allerdings große Bandbreiten ermöglichen.

Wegen der Entwicklung des Mobilfunks durch 3GPPP ist die 5G-Technologie zu 4G (LTE) rückwärtskompatibel. Das hat für die Einführung von 5G folgende Auswirkungen: Im ersten Schritt werden die 5G-Basisstationen das Kernnetz [core network] von 4G (LTE) nutzen. Dieser Ansatz wird als „non stand alone"-Architektur bezeichnet (Bild 18.7). Das Ziel sind allerdings eigenständige 5G-Kernnetze mit „stand alone"-Basisstationen (Bild 18.8). Dafür sind die schrittweise Umrüstung der bestehenden Netze und die Erweiterung der Infrastruktur für 5G erforderlich.

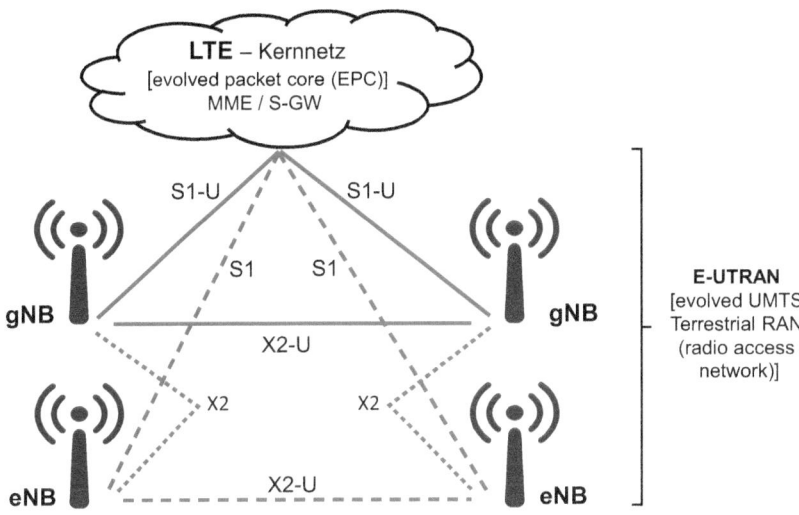

gNB 5G-Basisstation / eNB LTE-Basisstation

Bild 18.7 5G-Non-Stand-Alone-Architektur

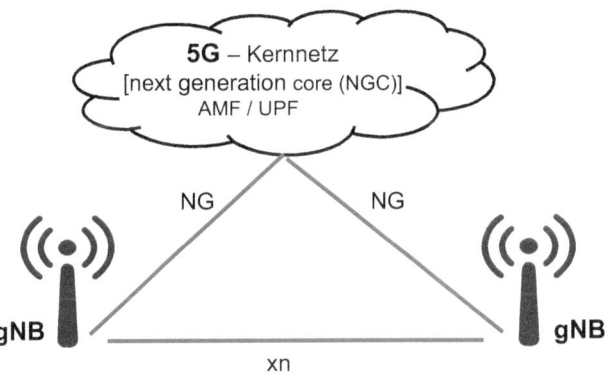

gNB 5G-Basisstation

Bild 18.8 5G-Stand-Alone-Architektur

Wie bei jeder Funkanwendung spielen auch beim Mobilfunk die Antennen eine wichtige Rolle. Im Falle von 5G wird nicht mehr mit Einzelantennen auf der Sende- und Empfangsseite gearbeitet, sondern das von WLANs bereits bekannte Konzept **MIMO** [multiple input, multiple output] verwendet. Dabei kommen bei den Basisstationen und den mobilen Endgeräten als Array bezeichnete Anordnungen mehrerer Antennen zum Einsatz, sodass sich gleichzeitig mehrere hochfrequente Übertragungswege ergeben (Bild 18.9). Im Prinzip handelt es sich um die Parallelschaltung gleichwertiger Funkstrecken zwischen beiden Seiten.

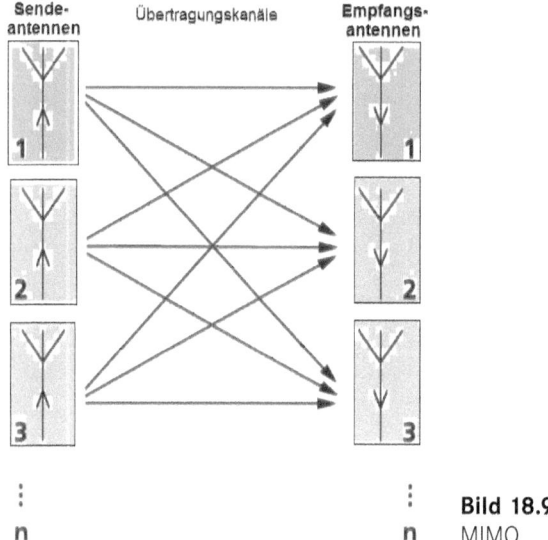

Bild 18.9 MIMO

Der Einsatz von Antennen-Arrays ermöglicht einerseits die Steigerung der Datenrate, aber auch die als **Beamforming** bezeichnete Bündelung der abgestrahlten elektromagnetischen Wellen, bewirkt durch die phasengerechte Zusammenschaltung mehrerer Antennen des Arrays. Durch die keulenförmige Ausrichtung des Sendesignals kann ein gewünschtes mobiles Endgerät unmittelbar erreicht werden. Auf diese Weise lassen sich unterschiedliche **Strahlungskeulen** realisieren und damit die gleichzeitige Verbindung zu mehreren mobilen Endgeräten sicherstellen (Bild 18.10).

Während bei WLANs die Antennen-Arrays für MIMO aus zwei, vier oder acht Antennen bestehen, sind bei 5G bis zu 256 Einzelantennen vorgesehen. Dies lässt sich wegen der durch die hohen Betriebsfrequenzen gegebenen kurzen Wellenlängen mit vertretbarem Aufwand realisieren und wird als Massiv-MIMO bezeichnet.

Für jede 5G-Anwendung müssen die damit verbundenen Anforderungen vom Netz abgedeckt werden, um die Erfüllung der vorgesehenen Aufgaben optimal zu gewährleisten. In diesem Zusammenhang sind folgende technologische Schwerpunkte zu berücksichtigen:

- Datendurchsatz,
- Latenz,
- Connectivity,
- Verfügbarkeit.

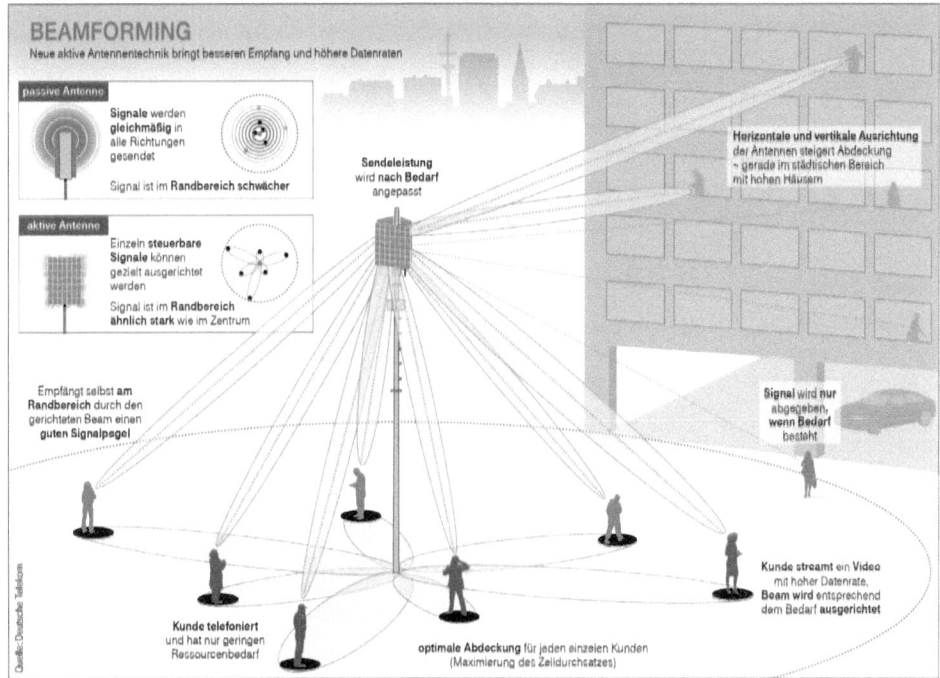

Bild 18.10 Beamforming [Quelle: Deutsche Telekom AG]

Es lassen sich bei 5G folgende Nutzungen unterscheiden, die unterschiedliche kennzeichnende Merkmale aufweisen (Bild 18.11):

- **eMBB** [enhanced mobile broadband]

  Ziel: schnelles mobiles Internet,

  Aspekt: Vernetzung von Menschen.

- **mMTC** [massive machine type communications]

  Ziel: Kommunikation zwischen Maschinen und/oder Applikationen,

  Aspekt: Vernetzung von Maschinen.

- **URLLC** [ultra reliable low latency communications]

  Ziel: Netze mit sehr hoher Verfügbarkeit und sehr kurzen Latenzzeiten,

  Aspekt: sicherheitsrelevante Vernetzung.

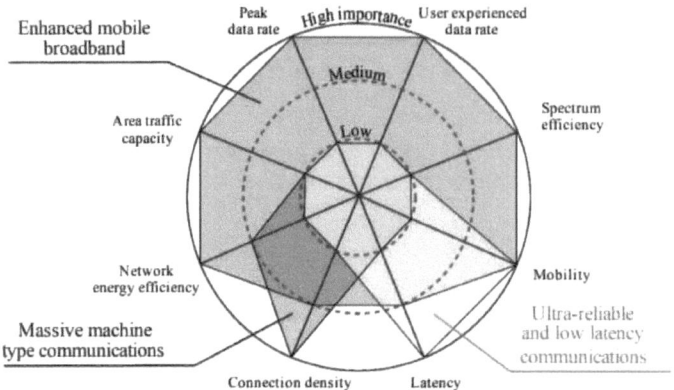

Bild 18.11 Spezifische 5G-Nutzungsmerkmale [Quelle: ITU]

Die 5G-Nutzungsvariante **eMBB** umfasst alle klassischen Internet- und Cloudnutzungen. Dazu gehören neben Recherchen, elektronischer Kommunikation und beliebigen Downloads auch der Zugriff auf Mediatheken, Videotheken und sonstige Streaming-Angebote. Da die aufgezeigten Anwendungen in den letzten Jahren stark zugenommen haben und eine jährliche Steigerung von 50 % prognostiziert wird, bietet die bei 5G mögliche Datenrate von bis 10 Gbit/s pro Funkzelle einen optimalen Lösungsansatz.

Bei eMBB handelt es sich um bidirektionale Datenkommunikation, die als Breitband [broadband] bezeichnet wird. Es kann allerdings die Reduzierung auf eine Verteilfunktion erfolgen und damit Rundfunk [broadcast] bewirken, also Hörfunk (Radio) und Fernsehen (TV). Das bedeutet den Übergang von den individuellen Punkt-zu-Punkt-Verbindungen zum Verteilkonzept „Einer an Alle". Dafür gibt es in der Version [release] 14 der 5G-Spezifikationen den **FeMBMS** [further evolved multimedia broadcast multicast service]-Modus. Dieser steht für die unverschlüsselte Übertragung und den wahlfreien Zugriff ohne Anmeldung und Authentifizierung auf die übertragenen audiovisuellen (AV) Inhalte von allen Endgeräten, die sich im Versorgungsbereich der jeweiligen Basisstation befinden.

Der FeMBMS-Modus bietet den realistischen Ansatz, um Broadband und Broadcast gleichzeitig und ohne gegenseitige Beeinflussung über 5G-Netze abzuwickeln, wobei es sich im Falle von Broadcast primär um Fernsehen (TV) handelt. Diese Nutzung ist mit ein und demselben Endgerät möglich.

Weil die zellular strukturierten 5G-Netze funktionsbedingt nur kleine Funkzellen aufweisen, ist der Einsatz von FeMBMS aus wirtschaftlichen Gründen nur bedingt vertretbar. Es wird nämlich in den Funkzellen unter der Bezeichnung LPLT [low power, low tower] mit geringen Strahlungsleistungen und Antennenhöhen gearbeitet. Die bei Broadcast stets angestrebten großen Versorgungsbereiche lassen sich allerdings nur realisieren, wenn entsprechend längere Schutzintervalle und kürzere OFDM-Symbole zum Einsatz kommen. Die dafür erforderliche Anpassung des 3GPP-Standards ist vorgesehen. Es handelt sich dann um HPHT [high power, high tower], also höhere Strahlungsleistungen und größere Antennenhöhen. Die Verarbeitung von LPLT und HPHT kann im selben 5G-Endgerät erfolgen, wenn dieses dafür ausgelegt ist (Bild 18.12).

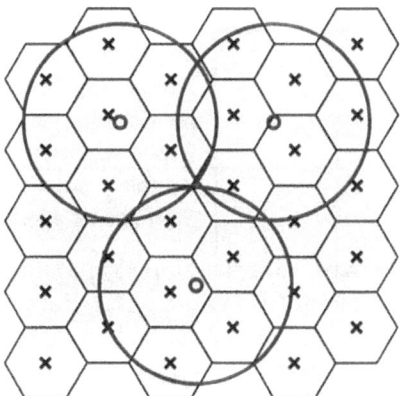

○ HPHT-Funkzelle

⊗ LPLT-Funkzelle

Bild 18.12
Netzstrukturen für LPLT und HPHT

Die 5G-Nutzungsvariante **mMTC** ermöglicht die Vielfalt der Vernetzung von Sensoren und Aktoren bei Produktionsabläufen, Industrieanwendungen, Smart-Home-Steuerung, Einsatz von Wearables und vergleichbaren Aktivitäten. Es haben sich für dieses Einsatzfeld von 5G die Begriffe Internet der Dinge [internet of things (IoT)], Industrie 4.0 und M2M [machine to machine] etabliert.

In der Praxis sind bei mMTC eine Vielzahl einzelner Vorgänge zu berücksichtigen, die jeweils allerdings nur kleine Datenvolumen aufweisen. Bei IoT ist somit ein Mengenproblem gegeben, während die Datenrate und die Latenz meist eine untergeordnete Rolle spielen.

Eine Besonderheit stellen bei IoT die Campus-Netze dar. Es handelt sich dabei um flächenmäßig begrenzte private Kommunikationsnetze, die von Unternehmen, Einrichtungen und Institutionen für 5G-mMTC bei der Bundesnetzagentur (BNetzA) beantragt und selber betrieben werden können. Es stehen für eine Zuweisung die Frequenzen von 3,7 GHz bis 3,8 GHz und Bandbreiten von 10 MHz bis 100 MHz zur Verfügung. Campus-Netze ermöglichen die optimale und störungsfreie Umsetzung individueller Aufgabenstellungen.

Die 5G-Nutzungsvariante **URLLC** ist bei allen Applikationen relevant, die maximale Fehlerfreiheit, kurze Reaktionszeiten und geringe Latenzzeiten erfordern.

Das bedeutet eine schnelle und zuverlässige Übertragung der Daten in Quasi-Echtzeit. Dieser Bedarf besteht zum Beispiel bei allen Stufen des autonomen Fahrens, gilt aber generell für alle schnell ablaufende Prozesse. Als ein wichtiges Anwendungsgebiet gelten auch medizinische und industrielle bildgebende Verfahren, die eine Fernsteuerung von Vorgängen über definierte Distanzen betreffen. Als Beispiel seien Operationen im Rahmen der Telemedizin angeführt.

Damit 5G-Netze die bisher aufgezeigten Nutzungsvarianten abdecken können, müssen sie flexibel konfigurierbar sein. Nur damit lassen sich vom Netzbetreiber die individuellen Bedarfe an die Datenrate, Latenz und Zuverlässigkeit für die jeweiligen Anwendungen erfüllen und die erforderliche Dienstleistungsgüte [quality of service (QoS)] sicherstellen. Als Problemlösung bietet es sich an, dass physikalisch reale 5G-Netz in virtuelle Subnetze zu unterteilen, die bezüglich der Leistungsmerkmale den jeweiligen Anwendungsfällen angepasst sind. Dieses Konzept wird als **Network Slicing** bezeichnet, was die Bildung von „Netzscheiben" bedeutet. Mit ihrer Hilfe lassen sich über ein 5G-Netz gleichzeitig unterschiedliche Funktionen ohne gegenseitige Beeinflussung zur Verfügung stellen (Bild 18.13).

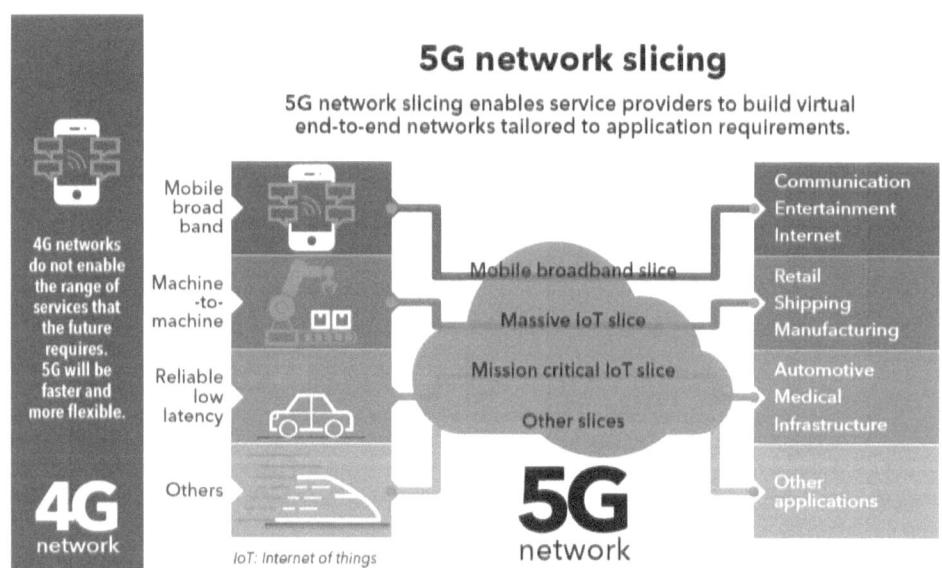

Bild 18.13 Network Slicing [Quelle: ITU]

Nach dem vollständigen Übergang auf 5G steht das derzeit leistungsfähigste Mobilfunksystem zur Verfügung. Es gibt allerdings auch bereits erste Ansätze für die Weiterentwicklung zur sechsten Mobilfunkgeneration (6G).

19 Internet

Die Bezeichnung Internet ist die Kurzform von „interconnected networks" und bedeutet die wahlfreie Verbindung zwischen unabhängigen Computernetzen. Es handelt sich dabei im Prinzip um das Zusammenwirken einer sehr großen Zahl von Computern und Servern in einem weltumspannenden Netz, das dem Austausch von Informationen und der Kommunikation dient. Jeder Computer eines Netzes kann dabei grundsätzlich mit jedem Computer desselben Netzes oder eines anderen Netzes über definierte Protokolle interaktiv kommunizieren.

Das wesentliche Merkmal des Internets ist die Verwendung des Transportprotokolls **IP** [internet protocol] in Verbindung mit einer einheitlich strukturierten Adressierung (**IP-Adresse**) jedes angeschlossenen Gerätes. Das Internet kann als funktionierender Wildwuchs aus Computern, Servern und lokalen Datennetzen (LAN) verstanden werden. Es gibt kein zentrales Netzmanagement, sondern lediglich die gezielte Übertragung von Datenpaketen auf Basis der im Kopfteil [header] angegebenen Adresse.

Der Weg von Datenpaketen ist im Internet nicht vorbestimmbar, sie werden von Router zu Router weitergereicht und gelangen nicht unbedingt auf direktem Weg zum Zielcomputer, sondern stets auf dem Weg, für den Übertragungskapazität zu dem Zeitpunkt verfügbar ist. Abhängig vom Verkehrsaufkommen im Netz kann theoretisch jedes Datenpaket auf einem anderen Weg zum Ziel gelangen. Die Festlegung des Übertragungsweges im Internet wird als **Routing** bezeichnet (Bild 19.1).

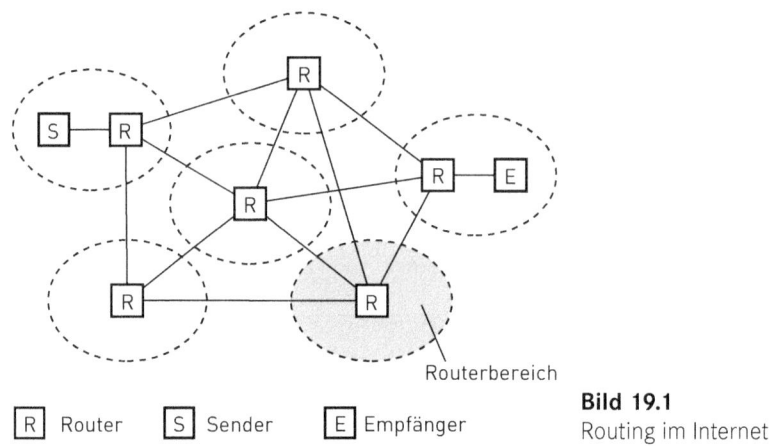

R Router   S Sender   E Empfänger

Bild 19.1
Routing im Internet

Der große Erfolg des Internets erklärt sich aus den zahlreichen Diensten und Anwendungen, die jedoch alle eine einheitliche Protokollarchitektur für die Übertragung verwenden. Das verwendete Schichtenmodell entspricht zwar dem **OSI-Referenzmodell** nicht in allen Details, es besteht jedoch eine gute Vergleichbarkeit (Bild 19.2).

OSI	Protokolle	Internet
Anwendung	SMTP FTP	
Darstellung	HTTP	Anwendung
Sitzung	RTP/RTCP	
Transport	TCP UDP	Transport
Netzwerk	IP	Internet
Sicherung		Netzwerk
Bitübertragung		

Bild 19.2
Schichten und Protokolle beim Internet

Die Basis für jede Übertragung stellt das bereits aufgezeigte Transportprotokoll IP dar. Es ist für die verbindungslose Datenübermittlung vom Sender zum Empfänger zuständig, wobei dies auch über mehrere Netze erfolgen kann. Eine Abhängigkeit vom verwendeten Übertragungsmedium ist nicht gegeben. Folgende Informationen werden vom Internet-Protokoll erstellt oder ausgelesen:

- Quell-IP-Adresse

  Identifiziert den Sender über seine IP-Adresse.

- Ziel-IP-Adresse

  Identifiziert den Empfänger, also das Ziel.

- Protokoll

  Informiert das Ziel, ob die Datenpakete an TCP oder UDP weitergegeben werden sollen.

- Prüfsumme

  Prüfvorgang, ob die Datenpakete unbeschädigt beim Ziel angekommen sind.

- „Lebenszeit" [time to live (TTL)] von IP-Datenpaketen

  Angabe der Existenz eines IP-Datenpakets in Sekunden. Um Endlosläufe von Datenpaketen zu verhindern, wird die TTL reduziert, wenn es in einem Router aufgehalten wird.

Das IP ist für folgende wichtige Aktivitäten zuständig:

- Es bietet der darüber liegenden Schicht (TCP, UDP) einen ungesicherten verbindungslosen Dienst an.
- Es adressiert Computer.
- Es fragmentiert Informationspakete.
- Es führt das Routing durch, also den zielgerichteten Transport.

Die Bestätigung empfangener Datenpakete erfolgt in einer höheren Schicht des Internet-Kommunikationsmodells. Über das IP können Computer im Internet oder auch in anderen Netzen miteinander kommunizieren. Dies wird durch eine spezielle Adressierung ermöglicht. Jedes Gerät benötigt eine individuelle **IP-Adresse**, um entsprechend genutzt werden zu können. Nur auf diese Weise kann nämlich die übertragene Information eindeutig einer Quelle und einem Ziel zugeordnet werden. Die IP-Adresse stellt so eine Art Anschrift für jedes Gerät dar.

Die IP-Adresse besteht in der bisher noch überwiegend verwendeten Version 4 (IPv4) aus vier Zahlen, die durch Punkt voneinander getrennt sind. Die Zahlen müssen im Bereich 0-255 liegen und können deshalb jeweils durch ein 8-Bit-Wort ausgedrückt werden. Eine IPv4-Adresse umfasst somit 32 Bit.

Inzwischen erfolgt der Übergang auf die Version 6 der IP-Adressierung. Jede **IPv6-Adresse** umfasst 128 Bit und verfügt deshalb im Vergleich zu IPv4 über einen wesentlich größeren Adressvorrat. Sie ist für Multimedia besser geeignet und zu IPv4 abwärtskompatibel (Bild 19.3).

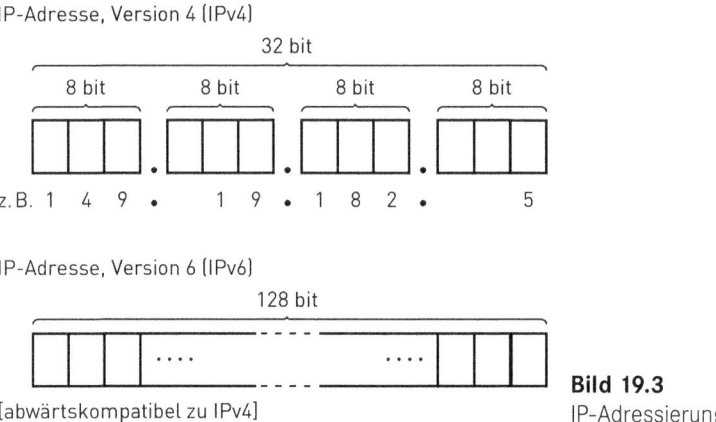

Bild 19.3
IP-Adressierung

Die Darstellung von IPv6-Adressen erfolgt in hexadezimaler Schreibweise. Sie besteht aus acht Gruppen mit jeweils vier Zeichen, die durch Doppelpunkte getrennt werden. Dies sei an folgendem Beispiel verdeutlicht:

4 A 3 F : A F 6 7 : F 2 4 0 : 5 6 C 4 : 3 4 0 9 : A E 5 2 : 4 4 0 F : 1 4 0 6

Die Vergabe von IP-Adressen erfolgt durch die nationalen Organisationen des Internet Network Information Center (INIC). Sie trägt in Deutschland die Bezeichnung DENIC. Damit wird sichergestellt, dass sich jede IP-Adresse eindeutig von jeder anderen unterscheidet.

Neben den aus Zahlen bestehenden IP-Adressen ist es auch möglich, leichter merkbare Begriffe zu verwenden. Es handelt sich dann um symbolische Adressen, die üblicherweise als Internetadresse bezeichnet werden. Kennzeichen dafür ist das Zeichen @ (gesprochen: ät), welches den Empfängernamen mit dem Namen des Providers, der Firma oder der Organisation verbindet. Ergänzend folgt nach einem Punkt (dot) der Länderkenner oder eine Netzkennung wie „com", „org", „gov", „eu" oder ähnlich. Der vom IP angebotene Dienst wird entweder vom Anwendungsprotokoll TCP oder UDP genutzt.

Das **Transmission Control Protocol (TCP)** ermöglicht eine sichere verbindungsorientierte Punkt-zu-Punkt-Datenübertragung, soweit diese nicht in Echtzeit erfolgen soll, was bei der klassischen Daten- und Textkommunikation stets vorliegt. Die Sicherheit des TCP ist in der Möglichkeit begründet, Fehler bei der Übertragung erkennen und korrigieren zu können. So werden die korrekte Reihenfolge der Datenpakete überprüft, doppelte Pakete gelöscht und verloren gegangene Pakete erneut gesendet. TCP stellt den bidirektionalen Austausch von Daten sicher, wobei es einen virtuellen Kanal zwischen den beiden Endpunkten der Verbindung aufbaut.

Das **User Datagram Protocol (UDP)** ist speziell für Übertragungen in Echtzeit ausgelegt. Dazu gehören IP-Telefonie [voice over internet protocol (VoIP)], Audio-Streaming, Video-Streaming und vergleichbare Anwendungen. Die Datenpakete werden beim UDP direkt zum Empfänger gesendet, ohne dabei auf eine wie beim Handshake-Verfahren systembedingte Quittierung zu warten. Dadurch kann allerdings weder ein eventueller Datenverlust erkannt werden, noch ist die richtige Reihenfolge der empfangenen Datenpakete prüfbar. Es lässt sich lediglich die Vollständigkeit der Pakete mit der Prüfsumme überwachen. Die beim UDP fehlende Datensicherung muss bei Bedarf von einem anderen Protokoll gewährleistet werden.

Die beim Internet oberhalb von TCP und UDP angeordneten Anwendungsprotokolle haben folgende Aufgaben bzw. Funktionen:

- RTP [realtime transfer protocol]

  Dieses Protokoll setzt auf IP und UDP auf. Es sichert Echtzeitübertragungen, da es fehlende, doppelte oder in falscher Reihenfolge empfangene Datenpakete erkennt und entsprechende Korrekturmaßnahmen veranlasst.

- RTCP [realtime control protocol]

  Dieses Protokoll steuert den Datentransport in Verbindung mit der Funktionalität des RTP. Es überträgt außerdem Statusinformationen über die vom Sender verwendeten Daten- und Codierungsformate.

- HTTP [hypertext transfer protocol]

  Dieses Protokoll ist objektorientiert, stellt die Kommunikation zwischen Browsern und Servern im Internet sicher und ermöglicht Multimediakommunikation mit Sprüngen zu verschiedenen Datenquellen. Die Daten werden dabei in der „Markierungssprache" HTML [hypertext markup language] übertragen.

- HTTPS [hypertext transfer protocol secure]

  Weiterentwicklung von HTTP; hier erfolgt die Übertragung verschlüsselt.

- FTP [file transfer protocol]

  Dieses Protokoll ermöglicht den bidirektionalen Datenaustausch unmittelbar zwischen zwei Computern und/oder Servern.

- SMTP [simple mail transfer protocol]

  Dieses Protokoll ist TCP/IP-basiert und ermöglicht die Übermittlung von E-Mails. Es besteht aus Kopfteil [header] und Rumpfteil [body] für die Nutzlast [payload]. Der Zusatz MIME [multipurpose internet mail extension] gestattet mehrere Kopfteile und mehrere Rumpfteile. Das ermöglicht den Versand verschiedenartiger Dokumente (z. B. Text, Grafik, Audio, Videosequenzen) per E-Mail.

Obwohl das Internet häufig als völlig unkontrolliertes Netz gesehen wird, gibt es dennoch zahlreiche Grundsätze und Regelungen, aber auch organisatorische Strukturen. Beispiele sind verbindliche Vereinbarungen über die Kommunikationsprotokolle, das Verfahren für den Aufbau und die Vergabe von Adressen sowie Regularien für die Weiterentwicklung des Internets. Dabei erfolgt die Diskussion der Themen öffentlich im Internet in sogenannten **Requests for Comments (RFC)**. In einem mehrstufigen Abstimmungsprozess werden Festlegungen getroffen, die zu einem Internetstandard führen können. Dabei gilt dann die Bezeichnung RFC mit einer Folgenummer.

Zu den Grundstrukturen des Internets gehört die Autonomie der einzelnen **Netzknoten**. Die Erreichbarkeit der Knoten wird durch ein entsprechendes Protokoll definiert. Damit sind bei Unterbrechungen, Protokollfehlern oder Ausfällen Änderungen der Netztopologie möglich. Jeder Netzknoten hat durch entsprechende Kommunikation Kenntnis über den Zustand der benachbarten Knoten, Computer und Server. Die Verkehrslenkung im Netz führt jeder Knoten selbsttätig gemäß definierter **Routing-Prozeduren** durch.

Auch wenn das Internet ohne zentrales Management arbeitet, so gibt es doch einige international besetzte Gremien, die Empfehlungen und Regeln erarbeiten, deren Einhaltung nicht erzwungen werden kann, sondern freiwillig aus Überzeugung der Zweckmäßigkeit erfolgt. Dazu gehören:

- ISOC [Internet Society],
- IAB [Internet Architecture Board],
- IETF [Internet Engineering Task Force],
- IESG [Internet Engineering Steering Group],
- IANA [Internet Assigned Number Authority],
- INIC [Internet Network Information Center].

Die ISOC ist zuständig für die Strategie des Internets, während sich das IAB um die Gesamtarchitektur kümmert. Das IETF hat die Technik- und Protokollentwicklung als Aufgabenfeld, bei der IESG sind es die Standardisierungsprozesse. Die IANA trägt Verantwortung für die Adressierungsverfahren, während die INIC die Vergabe der IP-Adressen managt.

Das Internet bietet eine Vielzahl von Anwendungen und Diensten. Davon soll nachfolgend eine Auswahl näher betrachtet werden. Bei der auch als elektronische Post bezeichneten E-Mail erfolgt der Versand elektronisch erstellter Briefe. Dafür wird mit einem Editor gearbeitet, der üblicherweise nur ASCII-Zeichen zur Verfügung stellt. Bei solchen Briefen sind allerdings beliebige Anhänge [attachments] möglich. Der Austausch von E-Mails erfolgt über Mailboxen, die als Server die Zwischenspeicherung der E-Mails sicherstellen. Es ist deshalb keine unmittelbare Verbindung zwischen Sender und Empfänger erforderlich. Der Abruf der E-Mails von der Mailbox durch den Empfänger kann zu jeder beliebigen Zeit erfolgen. In der Regel ist der Zugriff auf die Mailbox durch ein Passwort oder eine andere Form der Authentifizierung gesichert. Bei der E-Mail gilt somit nachstehend aufgezeigte Abfolge:

Nutzer (Sender)

verfasst elektronischen Brief und ggf. Anhänge.

↓

Aussendung

↓

Zwischenspeicherung in der Mailbox

↓

Nutzer (Empfänger)

ruft E-Mail zu beliebiger Zeit von der Mailbox ab. In der Regel ist dafür ein Passwort erforderlich.

Durch das **World Wide Web (WWW)**, häufig auch nur als Web bezeichnet, ist der einfache Zugriff auf multimediale Informationen in WWW-Servern möglich, ohne an bestimmte Dateistrukturen gebunden zu sein. Diese Datenbanken können sich weltweit an beliebigen Standorten befinden. Für den Abruf und die Behandlung von WWW-Informationen ist als Bedienoberfläche ein Browser erforderlich. Typische Beispiele dafür sind Chrome, Explorer, Firefox und andere, die als Front-End-Software den Zugriff auf die multimedialen Informationen (Text, Grafik, Audio, Standbild, Bewegtbilder) durch einfache Bedienvorgänge ermöglichen.

Soll auf Informationen eines WWW-Servers zugegriffen werden, dann muss die als **URL** [universal resource locator] bezeichnete Fundstelle bekannt sein. Sie hat die vergleichbare Funktion wie eine Internetadresse und beginnt üblicherweise mit dem Kürzel http. Dies steht für „hypertext transfer protocol" und ist die Bezeichnung für das Kommunikationsprotokoll, welches den Zugriff auf das WWW ermöglicht. Zur Erstellung der Multimediadokumente im World Wide Web wird die speziell dafür entwickelte Programmiersprache HTML [hypertext markup language] verwendet.

Bei Wahl einer URL gelangt der Internetnutzer im Regelfall zuerst auf eine üblicherweise als Homepage bezeichnete Startseite. Durch Anklicken entsprechender Felder sind dann die darunterliegenden Seiten erreichbar, aber auch an anderen Stellen gespeicherte Informationen. Wegen dieser Navigationsmöglichkeit wird bei dem vorstehend aufgezeigten Zugang auch von einem Portal gesprochen. Die Verbindungen zwischen den Informationen im WWW werden als **Hyperlinks** bezeichnet.

Für den Austausch von Dateien beliebigen Inhalts gibt es das bereits angeführte Übertragungsprotokoll FTP [file transfer protocol]. Es ermöglicht dem Internetnutzer, Dateien von den zahlreichen FTP-Servern in seinem System zu speichern, was üblicherweise als Download bezeichnet wird. Die Daten sind auf den Servern häufig in komprimierten Formaten (z. B. zip) abgespeichert, um die Übertragungszeiten zum Nutzer möglichst kurz zu halten.

Eine besondere Kommunikationsform im Internet sind **Foren**, bei denen die Nutzer unmittelbar miteinander in Kontakt stehen, und zwar durch den wechselseitigen Austausch von Textnachrichten. Es handelt sich dabei um Halbduplex-Betrieb und wird auch als „Chatten" bezeichnet. Es gibt allerdings auch Foren, die als multilaterale Diskussionsrunden ausgelegt sind und häufig als **Newsgroup** bezeichnet werden. Hier werden zu vorgegebenen Themen Argumente, Meinungen und Stellungnahmen gespeichert und stehen wie an einem Schwarzen Brett weltweit jedem Nutzer zur Verfügung.

Neben der bisher betrachteten Datenübertragung wird das Internet inzwischen auch für Telefonie und Rundfunk, also Radio und Fernsehen, genutzt. Da es sich in beiden Fällen um Echtzeitübertragung handelt, im Internet jedoch paketweise Übertragung über beliebige Wege erfolgt, müssen entsprechende Vorkehrungen getroffen werden, um die ungestörte Wiedergabe beim Empfänger sicherzustellen. Es kommt deshalb ein als **Streaming** bezeichnetes Verfahren zum Einsatz, durch das Kontinuität und richtige Reihenfolge der Datenpakete sichergestellt wird.

Telefonie über das Internet wird als **VoIP** [voice over internet protocol] bezeichnet. Es ist dafür eine geeignete Software erforderlich. Mit VoIP lassen sich weltweit kostenlose oder zumindest kostengünstige Telefongespräche realisieren.

Werden Programmbeiträge von Servern im Internet heruntergeladen und vor der Wiedergabe zwischengespeichert, dann liegt **Podcasting** vor. Es handelt sich also nicht um Echtzeit-Direktwiedergabe, weshalb die Datenrate des Internetanschlusses unkritisch ist.

Die mit dem Internet realisierbaren Anwendungen und Dienste haben dazu geführt, dass diese auch in privaten Datennetzen (LANs und/oder WLANs) möglich sein sollen, und zwar auf derselben technisch-betrieblichen Basis wie beim Internet. Für solche Konzepte mit netzinternen Varianten von E-Mail, WWW (mit Browser), FTP, Foren sowie Audio- und Videoübertragung gilt die Bezeichnung **Intranet**, da sie nur einer geschlossenen Benutzergruppe zur Verfügung stehen.

Intranets sind bei vielen Firmen und Organisationen bereits ein Teil ihrer organisatorischen Struktur. Dabei kann sich ein Intranet auch an mehreren Standorten befinden, die über entsprechende Technologie miteinander verbunden sind. Im Grenzfall kann ein Intranet auch weltweit verteilt sein. Da von Intranets auch auf das Internet zugegriffen werden soll, werden solche Übergänge jeweils mit einer **Firewall** geschützt (Bild 19.4). Auf diese Weise ergibt sich eine ausreichende Sicherheit für die verschiedenen Informationswege bei optimaler Zugriffsmöglichkeit auf die Daten.

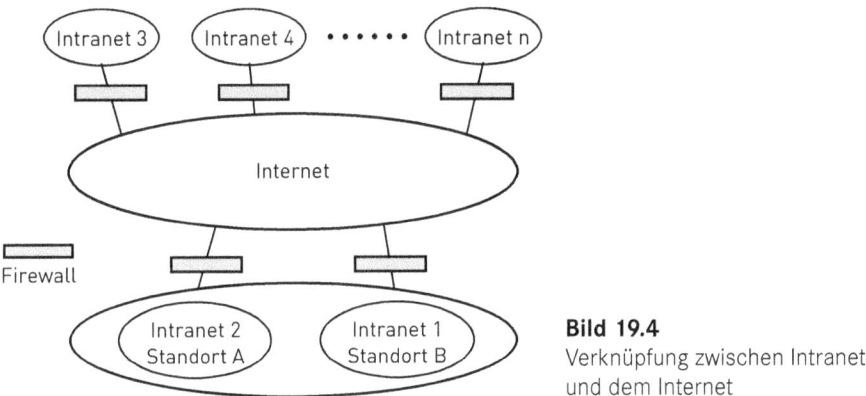

Bild 19.4
Verknüpfung zwischen Intranets und dem Internet

Das Internet besteht aus einem Zusammenschluss unterschiedlicher unabhängiger **Netzsegmente**. Dazu zählen hauptsächlich diese von Internetanbietern, Unternehmen, Universitäten/Hochschulen und Forschungseinrichtungen. Sie werden im Hintergrund durch Glasfaseranordnungen mit hoher Datenrate, dem sog. **Backbone** (Rückgrat), miteinander verknüpft (Bild 19.5). Durch Backbones wird die Verbindung zwischen verschiedenen Netzknoten sichergestellt. Auf ein Backbone kann nicht direkt zugegriffen werden, da es nur die Übergangspunkte zu den Netzsegmenten betrifft. Auch Kabelnetzbetreiber bieten Internetzugang an, weshalb auch deren Backbones zu berücksichtigen sind.

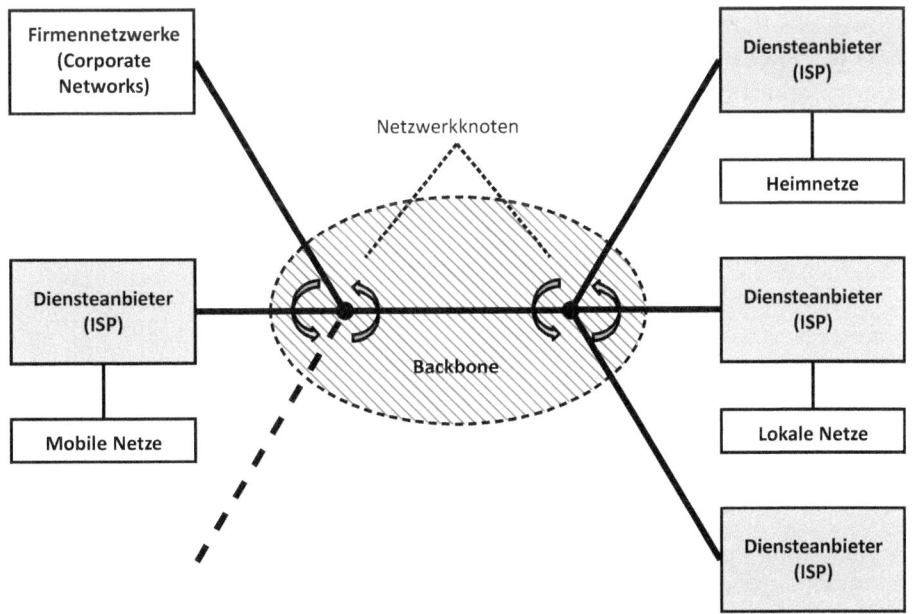

ISP: Internet Service Provider

Bild 19.5 Das Internet und seine Komponenten

Die Netzwerkknoten des Internets (**Internetknoten**) dienen als Datenaustauschpunkte. An einem Knoten sind meist mehrere Internetdienstanbieter [internet service provider (ISP)] angeschlossen, die auf diese Weise Daten zwischen ihren unabhängigen Netzwerken austauschen. Internetknoten werden allgemein als „Internet Exchange Point" kurz IXP bezeichnet. Handelt es sich bei diesen um Internetknotenpunkte kommerzieller Internetdienstanbietern, dann gilt auch die Bezeichnung Commercial Internet Exchange (CIX). Weltweit gibt es ca. 340 IXPs (davon etwa 165 in Europa und etwa 80 in Nordamerika). Der weltweit größte CIX ist der DE-CIX in Deutschland in Frankfurt am Main, an dem mehr als 100 autonome Netzwerke angeschlossen sind.

Die meisten großen Internetknoten bestehen aus mehreren Gebäuden, in denen die gesamte Netzwerkinfrastruktur untergebracht ist. Kleinere Internetknoten wiederum dienen nur der Verbindung zu den größeren Internetknoten. Der Datenaustausch zwischen den Internetknoten wird meistens durch das sog. **Peering** geregelt, bei dem beide Teilnehmer Daten kostenlos in das Netz des anderen weiterleiten dürfen.

Andere Internetdienstanbieter, welche die Infrastruktur lediglich nutzen wollen, müssen für die Nutzung Entgelte bezahlen. Telekommunikationsnetzbetreiber, wie z. B. die Telekom in Deutschland, sind Unternehmen die Telekommunikationsnetze betreiben und diesen anderen Teilnehmern entgeltpflichtig zur Verfügung stellen. Bieten die Telekommunikationsnetzbetreiber selber Dienste an, dann sind sie auch Internetdienstanbieter.

Die Struktur des Internets zeichnet sich dadurch aus, dass keine zentrale Stelle existiert, die den Datenfluss steuert. Das Gesamtsystem bietet bezogen auf die Datenübertragung eine hohe Redundanz, wodurch eine hohe Ausfallsicherheit erzielt wird.

Für die sogenannte „letzte Meile", also dem Transport der Datenpakete zum Nutzer finden die folgenden Übertragungssysteme Anwendung:

- DSL

    Mit Vectoring lassen sich Datenraten bis zu 150 Mbit/s zum Nutzer übertragen.

- Breitbandkabel

    Mit DOCSIS 3.0/3.1 können dem Nutzer inzwischen Datenrate über 400 Mbit/s angeboten werden.

- Mobilfunk (LTE, 5G)

    5G erlaubt dem Nutzer im Down Link eine Datenrate bis zu 1 Gbit/s. Dieses bezieht sich jedoch auf den Endausbau der 5G-Infrastruktur.

- Glasfaser

    Mit FTTH [fibre to the home] können dem Nutzer Datenraten im Bereich von 1 Gbit/s angeboten werden. Der Ausbau der Glasfasernetze auf der letzten Meile ist derzeit jedoch noch nicht abgeschlossen.

- Satellit

    Die Satellitenverbindung zum Endteilnehmer ist nur in Gebieten relevant, die über keine leitungsgebundene Infrastruktur verfügen.

Das Internet besteht aus unterschiedlichen Netzwerktypen, die sich in ihrer Ausdehnung unterscheiden (Tabelle 19.1).

Tabelle 19.1 Geografische Klassifizierung der Netzwerktypen

Distanz der Endsysteme	Lokalisiert in	Netzwerktyp
10 m	Raum	Lokale Netze
100 m	Gebäude	Local Area Networks (LAN)
1 km	Gelände	Local Area Networks (LAN)
10 km	Stadt	Metropolitan Area Networks (MAN)
100 km	Land	Fernnetze
1000 km	Kontinent	Wide Area Networks (WAN)

Der Nutzer kann über zwei unterschiedliche Kommunikationskonzepte im Internet agieren. Diese Konzepte basieren auf dem:

- Client-Server-Konzept,
- Peer-to-Peer-Konzept.

Das **Client-Server-Konzept** (Bild 19.6) ist der Standard für die Verteilung von Aufgaben innerhalb eines Netzwerks. Diese werden mittels Server auf verschiedene Rechner verteilt und können bei Bedarf von mehreren Clients zur Lösung ihrer eigenen Aufgaben oder Teilen davon angefordert werden. Bei den Aufgaben kann es sich um Standardaufgaben (E-Mail-Versand, E-Mail-Empfang, Web-Zugriff etc.) oder um spezifische Aufgaben einer Software oder eines Programms handeln. Eine Aufgabe wird beim Client-Server-Modell als Dienst bezeichnet.

Ein Server ist ein Programm, das einen Dienst (Service) anbietet. Im Rahmen des Client-Server-Konzepts kann der Client diesen nutzen. Bei der Kommunikation zwischen Client und Server bestimmt der Dienst, welche Daten zwischen beiden ausgetauscht werden. Der Server ist stets in Bereitschaft, um jederzeit auf die Kontaktaufnahme eines Clients reagieren zu können. Im Unterschied zum Client, der aktiv einen Dienst anfordert, verhält sich der Server passiv und wartet auf Anforderungen. Die Regeln der Kommunikation für einen Dienst (Format, Aufruf des Servers, Bedeutung der zwischen Server und Client ausgetauschten Daten), werden durch ein für den jeweiligen Dienst spezifisches Protokoll festgelegt.

Clients und Server können als Programme auf verschiedenen Rechnern oder auf demselben Rechner ablaufen. Allgemein kann das Konzept zu einer Gruppe von Servern ausgebaut werden, die eine Gruppe von Diensten anbietet. Beispiele sind Mail-Server, (erweiterter) Web-Server, Anwendungsserver, Datenbank-Server und andere.

Da in der Praxis diese Serverprogramme häufig gleichzeitig auf definierten Rechnern laufen, hat es sich eingebürgert, diese Rechner selbst als Server zu bezeichnen.

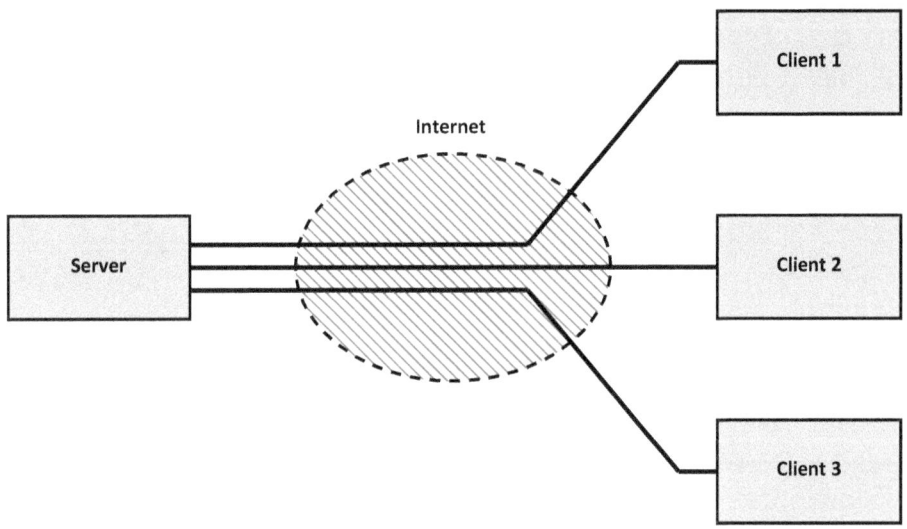

Bild 19.6 Client-Server-Prinzip

In einem reinen Peer-to-Peer-Netz sind alle Computer gleichberechtigt und können sowohl Dienste in Anspruch nehmen als auch zur Verfügung stellen (Bild 19.7). In modernen P2P-Netzwerken werden die Netzteilnehmer häufig abhängig von ihrer Qualifikation in verschiedene Gruppen eingeteilt, die spezifische Aufgaben übernehmen. Kernkomponente aller modernen **Peer-to-Peer-Architekturen**, die meist bereits als Overlay-Netz auf dem Internet realisiert werden, ist daher ein zweites internes Overlay-Netz, welches normalerweise aus den besten Computern des Netzwerks besteht und die Organisation der anderen Computer sowie die Bereitstellung der Such-Funktion übernimmt.

Mit der Suchfunktion („lookup") können Peers im Netzwerk diejenigen Peers identifizieren, die für eine bestimmte Objektkennung [object ID] zuständig sind. In diesem Fall ist die Verantwortlichkeit für jedes einzelne Objekt mindestens einem Peer fest zugeteilt, was als strukturierte Overlays bezeichnet wird. Mittels der Such-Operation können die Peers nach Objekten im Netzwerk suchen, die gewisse

Kriterien erfüllen (z.B. Datei- oder Buddynamen-Übereinstimmung). In diesem Fall gibt es für die Objekte im P2P-System keine Zuordnungsstruktur. Es liegt dann unstrukturiertes Overlay vor.

Sobald Peers für gesuchte Objekte im P2P-System identifiziert wurden, erfolgt die direkte Übertragung der betroffenen Datei(n) (über Dateitauschbörsen) von Peer zu Peer. Es existieren dabei unterschiedliche Verteilungsstrategien, welche Teile der Datei(n) von welchem Peer heruntergeladen werden.

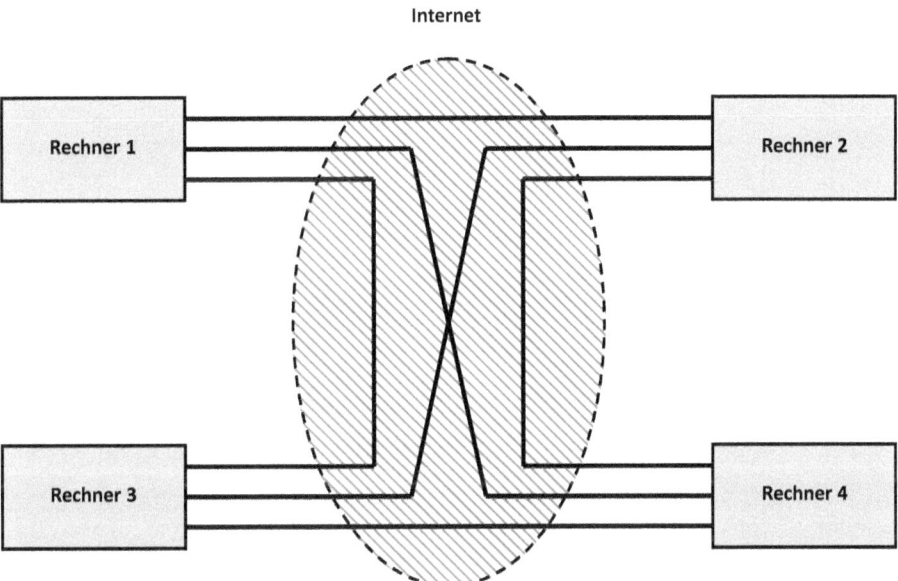

Bild 19.7 Peer-to-Peer-Prinzip

20 Lokale Datenkommunikation

■ 20.1 Leitungsgebundene Netze

Bei der leitungsgebundenen **Datenkommunikation** handelt es sich funktionsbedingt um Maschine-Maschine-Kommunikation. Für solche Übertragungssysteme sind Datenquelle, Datensender, Übertragungskanal, Datenempfänger und Datensenke erforderlich. Die Datenquellen und Datensenken werden als Datenendeinrichtungen (DEE) [data terminal equipment (DTE)] bezeichnet, für die Datensender und Datenempfänger gilt der Begriff Datenübertragungseinrichtung (DÜE) [data circuit terminating equipment (DCE)] (Bild 20.1). Die Übertragung zwischen den Datenendeinrichtungen auf der Sende- und Empfangsseite erfolgt leitungsgebunden oder funkgestützt über das Datennetz. Es ist dabei synchroner oder asynchroner Betrieb möglich.

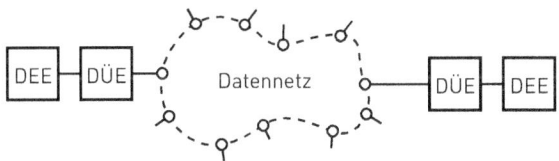

DEE = Datenendeinrichtung
DÜE = Datenübertragungseinrichtung

Bild 20.1
Datenkommunikation (Konzept)

Prinzipiell kann die Übertragung der Datenworte parallel oder seriell erfolgen. Da im Falle des Parallelbetriebs für jedes Bit eines Datenwortes gleichzeitig eine Verbindung erforderlich ist, wird diese Lösung aus wirtschaftlichen Gründen für Datennetze nur in Ausnahmefällen verwendet. Die Übertragung der Daten erfolgt deshalb in der Regel seriell in Paketen [packet], die auch als Rahmen [frame] bezeichnet werden. Dabei hat jedes Datenpaket eine definierte Bitmenge als Kopfteil [header], das als Adresse für die im Paket enthaltenen Informationen dient. Dieses Konzept ermöglicht eine gezielte Übertragung mit möglichst kleiner Fehlerquote.

Bei **Datennetzen** werden nach dem räumlichen Wirkungsbereich spezifische Arten unterschieden. Die kleinsten Datennetze sind nur im nahen Umfeld des Nutzers (z. B. Wohnung, Büro) einsetzbar. Man bezeichnet sie deshalb als:

- Nahbereichsdatennetz [personal area network (PAN)],
- lokales Datennetz [local area network (LAN],

  Datennetze für ein begrenztes Gebiet in der nahen Umgebung (z. B. Gebäude, Grundstück, Firmengelände),
- städtisches/regionales Datennetz [metropolitan area network (MAN],

  großräumige Datennetze in Ballungsgebieten,
- Weitbereichsdatennetz [wide area network (WAN)],

  bezogen auf die nationale oder internationale Ebene.

Bei jedem Datennetz sind technische und betriebliche Kriterien zu berücksichtigen. Deshalb spielen folgende Spezifikationen eine wichtige Rolle:

- Netztopologie,
- Übertragungsmedium,
- Kommunikationsart,
- Übertragungskapazität,
- Betriebsverfahren,
- Übertragungsprotokoll,
- Zugriffsverfahren.

Lokale Datennetze (**LAN**) haben die Aufgabe, in einem lokal begrenzten Bereich Datenübertragung zu ermöglichen. Diese kann zwischen den an das Netz angeschlossenen und häufig als Stationen bezeichneten Datenendeinrichtungen untereinander erfolgen, aber auch zwischen ihnen und Servern als Funktionseinheiten, die Dienste erbringen. Bei allen Konstellationen handelt es sich allerdings um verbindungslose Kommunikation. Es gibt also weder einen Verbindungsaufbau noch einen Verbindungsabbau, sondern lediglich den Austausch von Datenpaketen. Es steht dafür jeweils die volle Bitrate des Netzes zur Verfügung. Die Stationen und die Server in einem LAN haben spezifische Adressen, sodass jedes Datenpaket richtig adressierbar ist (Bild 20.2).

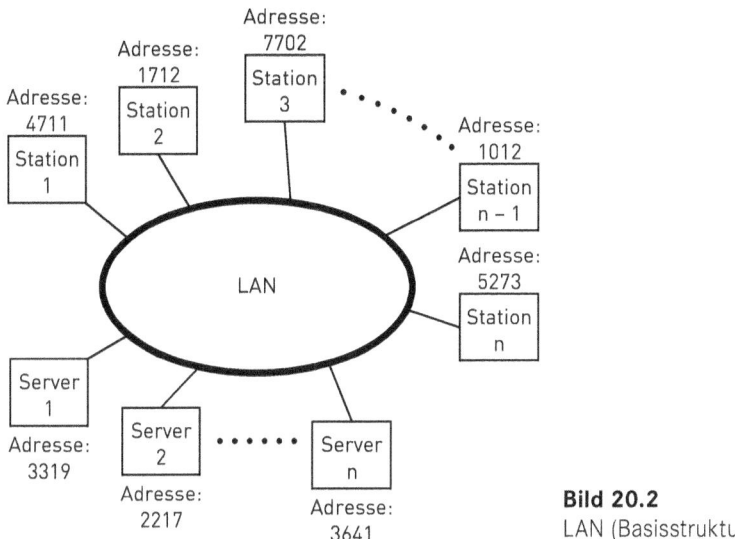

Bild 20.2
LAN (Basisstruktur)

 Das **LAN** arbeitet verbindungslos, es erfolgt lediglich die adressierte Übertragung von Datenpaketen.

Da es beim LAN keine zentrale Steuerung gibt, kommt für den Zugriff auf das Übertragungsmedium hauptsächlich CSMA/CD [carrier sense multiple access with collision detection] zum Einsatz, was signalabhängiger Vielfachzugriff mit Kollisionserkennung bedeutet. Dieses Konzept wird als **Ethernet** (gesprochen: Isernät) bezeichnet, ist gemäß IEEE 802.3 und Ergänzungen spezifiziert und arbeitet mit Datenpaketen (Rahmen), die mindestens 72 Byte und maximal 1526 Byte umfassen.

CSMA/CD ist für alle lokale Datennetze geeignet, die Busstruktur aufweisen. Es greifen die angeschlossenen Stationen immer dann auf den Bus als Übertragungsmedium zu, wenn auszusendende Daten vorliegen. Bei zwei oder mehr gleichzeitigen Aussendungen treten zwangsläufig Kollisionen auf. Sie werden mithilfe einer Überwachungsschaltung entdeckt, was die „collision detection" bedeutet. Dies bewirkt den sofortigen Stopp aller Aussendungen. Durch einen Zufallsgenerator wird dann festgelegt, welche Station senden darf. Danach beginnt wieder der Vielfachzugriff der Stationen auf den Bus.

Durch das aufgezeigte CSMA/CD-Verfahren ist die Abfolge der Kommunikationen zwischen den am LAN angeschlossenen Stationen und Servern nicht vorhersehbar. Es sind deshalb auch keine Prioritäten möglich.

Bei lokalen Datennetzen wird in der Regel CSMA/CD als Zugriffsverfahren eingesetzt.

Die wesentlichen Unterscheidungskriterien bei Ethernet sind die übertragbare Datenrate, also die Übertragungsgeschwindigkeit, und das verwendete Übertragungsmedium. Daraus ergeben sich wegen der zulässigen Leitungslängen auch die realisierbaren Netzgrößen. Bezogen auf die Übertragungskapazität gelten folgende Bezeichnungen:

- Ethernet bis 10 Mbit/s,
- Fast-Ethernet bis 100 Mbit/s,
- Gigabit-Ethernet bis 1 Gbit/s,
- 10-Gigabit-Ethernet bis 10 Gbit/s,
- 100-Gigabit-Ethernet bis 100 Gbit/s.

Es kommen bei Ethernet folgende Übertragungsmedien zum Einsatz:
- verdrillte Zweidrahtleitungen [twisted pair (TP)],
- koaxiale Leitungen,
- Lichtwellenleiter (LWL).

Bei TP sind verschiedene Kategorien (Cat. 3 bis Cat. 7) der Datenkabel zu unterscheiden, außerdem werden häufig auch mehrere Doppeladern parallel geschaltet, um größere Datenraten zu erreichen. Dieser Effekt ergibt sich aus der Parallelschaltung koaxialer Leitungen. Dafür werden Twinaxkabel verwendet, bei denen zwei koaxiale Leitungen in einem Mantel untergebracht sind. Bei LWL kann es sich um Glasfasern (GF) oder Polymerfasern (POF) handeln, die sich bekanntlich wesentlich durch ihre Dämpfungswerte unterscheiden.

In Tabelle 20.1 ist eine Auswahl verschiedener Ethernet-Versionen zusammengestellt. Dabei steht die Bezeichnung „Base" für die Basisbandlage der Datensignale der jeweiligen Station. Dies bedeutet, dass stets jeweils nur eine der an das Netz angeschlossenen Datenstationen das Übertragungsmedium nutzen kann.

Tabelle 20.1 Ethernet-Versionen

Ethernet-Typ	Standard	Maximale Bitrate	Übertragungsmedium	Realisierbare Netzgröße
10 Base5	IEEE 802.3	10 Mbit/s	Koaxialkabel	500 m
10 Base-T	IEEE 802.3	10 Mbit/s	TP Cat. 3, 2 DA	100 m
10 Base-F	IEEE 802.3	10 Mbit/s	LWL, λ = 850 nm, Multimode	2 km
100 Base-T4	IEEE 802.3a	100 Mbit/s	TP Cat. 3, 4 DA	100 m

Ethernet-Typ	Standard	Maximale Bitrate	Übertragungsmedium	Realisierbare Netzgröße
100 Base-T8	IEEE 802.3a	100 Mbit/s	TP Cat 5, 2 DA	100 m
1000 Base-FX	IEEE 802.3a	100 Mbit/s	LWL, λ = 850 nm, Multimode	2 km
1000 Base-LX	IEEE 802.3z	1 Gbit/s	LWL, λ = 1.310 nm	3 km
1000 Base-SX	IEEE 802.3z	1 Gbit/s	Monomode	500 m
1000 Base-CX	IEEE 802.3z	1 Gbit/s	LWL, λ = 850 nm, Multimode	25 m
10 GBase-L	IEEE 802.3ac	10 Gbit/s	Twinaxkabel	10 km
10 GBase-E	IEEE 802.3ac	10 Gbit/s	LWL, λ = 1310 nm	30 km
10 GBase-CX	IEEE 802.3ak	10 Gbit/s	Monomode	15 m
CX			LWL, λ = 1550 nm, Monomode, Twinaxkabel (4 x parallel)	

Für die Bewertung eines LAN sind die Bitrate und das Übertragungsmedium maßgebend.

Beim Aufbau lokaler leitungsgebundener Datennetze wird stets eine als Architektur bezeichnete Aufbaustruktur verwendet. Hier muss zwischen Bürogebäuden und dem Heimbereich in Haus und Wohnung unterschieden werden. In Bürogebäuden ist die auch als strukturierte Verkabelung bezeichnete **anwendungsneutrale Verkabelung** typisch. Dabei sind die Stationen auf einer Ebene (z. B. Etage) über elektrische oder optische Leitungen sternförmig an einen als Hub bezeichneten Verteiler angeschlossen. Die Verbindung der Hubs untereinander erfolgt im Regelfall mit Glasfaser. Über diesen Weg erfolgt auch der Anschluss der Server sowie der Übergang zu anderen Netzen (Bild 20.3). Die strukturierte Verkabelung ist eine zukunftsorientierte und leistungsfähige Lösung für die Datenkommunikation im LAN, weil sie dem heutigen Bedarf Rechnung trägt, aber auch Reserve für Erweiterungen aufweist.

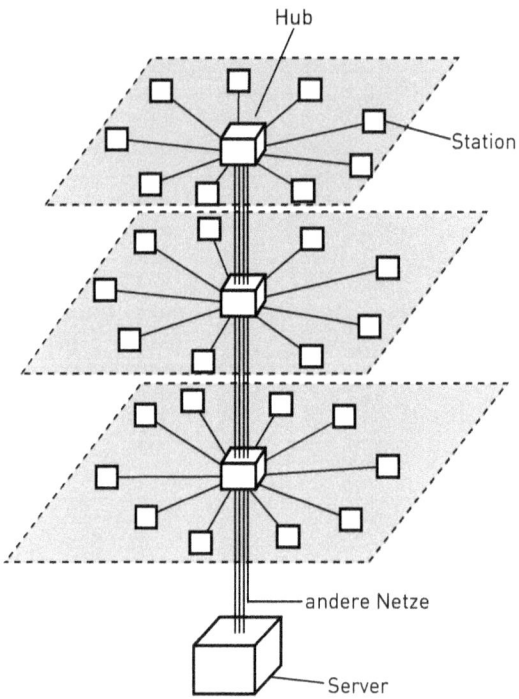

Bild 20.3
Strukturierte Verkabelung

Im Heimbereich wird entweder Busstruktur oder Sternstruktur verwendet. Bei Letzterer sind die verschiedenen Stationen beim Nutzer über einen Router angeschlossen, was der strukturierten Verkabelung auf den Ebenen entspricht.

 Für den Aufbau lokaler leitungsgebundener Datennetze bietet sich die strukturierte Verkabelung an.

Lokale Datennetze (LAN) können auf vielfältige Weise miteinander verbunden werden. Dabei sind bei Bezug auf das OSI-Referenzmodell mit seinen sieben Schichten folgende Unterschiede zu beachten:

- Die LAN-Kopplung durch **Repeater** ermöglicht die Verkopplung verschiedener Übertragungsmedien oder bei gleichem Übertragungsmedium die Verstärkung der Signale.
- Bei der LAN-Kopplung durch **Bridges** gelangen nur solche Datenpakete zum anderen LAN, die auch für dieses Netz bestimmt sind.
- Bei der LAN-Kopplung durch **Router** besteht der Vorteil, dass für die Datenpakete stets der optimale Weg genutzt wird.
- Bei der LAN-Kopplung durch **Gateways** können völlig unterschiedlich strukturierte lokale Datennetze miteinander verbunden werden.

20.2 Funkgestützte Netze

Wird das lokale Datennetz nicht leitungsgebunden aufgebaut, sondern durch Funkverbindungen realisiert, dann liegt ein **WLAN** [wireless local area network] vor. Die grundsätzliche Funktionalität des lokalen Datennetzes bleibt dabei unverändert, es ist allerdings ergänzend mehr Flexibilität für die Positionierung der Endgeräte (z. B. Tablet) gegeben. Sie können nämlich überall eingesetzt werden, wo die funkmäßige Versorgung sichergestellt ist.

Mit einem WLAN soll in einem definierten räumlichen Bereich der mobile Zugang zum Internet ermöglicht werden, damit der Nutzer in diesem auf alle am Festnetzanschluss verfügbaren Inhalte interaktiv und wahlfrei zugreifen kann. Nach dem Netzanschluss wird zuerst ein Modem (Modulator/Demodulator) benötigt. Es stellt die Datenkommunikation zwischen dem Zugangsnetz [access network] des Anbieters und dem Endgerät des Nutzers sicher, weil es die unterschiedlichen Daten-Übertragungsformate anpasst.

Die funkbasierte Verbindung nach dem Modem zu den Endgeräten wird bei WLANs durch eine als Access Point (AP) bezeichnete Sende-/Empfangseinrichtung bewirkt. In der Praxis sind das Modem und der Access Point meist in einem Gerät integriert, welches üblicherweise als (WLAN-)Router bezeichnet wird (Bild 20.4).

Bild 20.4
WLAN-Router [Quelle: AVM]

Beim WLAN handelt es sich um ein typisches Server-Client-Konzept, bei dem der WLAN-Router den Server (= Anbieter) darstellt, während es sich bei den WLAN-Endgeräten um die Clients (= Nutzer) handelt (Bild 20.5).

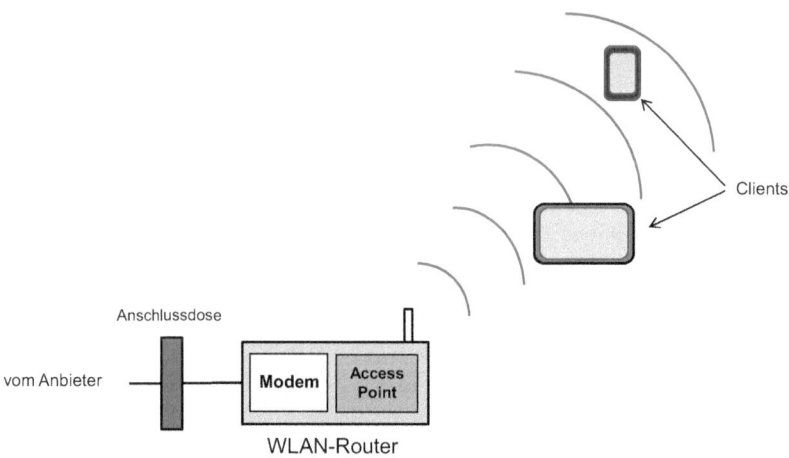

Bild 20.5 WLAN (Konzept)

WLANs bauen auf den LAN-Spezifikationen auf, die sich jedoch in der physikalischen Schicht [physical layer] des OSI-Schichtenmodells unterscheiden. Es handelt sich um ein als **IEEE 802.11** standardisiertes Verfahren, wobei die jeweilige Version durch Kleinbuchstaben nach der Standardbezeichnung ersichtlich ist.

Da es sich bei WLANs um funkgestützte Übertragungssysteme handelt, sind für deren bestimmungsgemäße Funktion Frequenzen erforderlich. Diesem wird durch Allgemeinzuteilungen der Bundesnetzagentur (BNetzA) Rechnung getragen. Für WLANs stehen folgende Frequenzen zur Verfügung:

- 2,400 GHz bis 2,4835 GHz   2,4-GHz-Bereich,
- 5,150 GHz bis 5,350 GHz   unterer 5-GHz-Bereich,
- 5,470 GHz bis 5,725 GHz   oberer 5-GHz-Bereich,
- 5,945 GHz bis 6,425 GHz   6-GHz-Bereich,
- 57,44 GHz bis 65,68 GHz   60-GHz-Bereich.

Die Frequenzzuteilungen sind mit Festlegungen der maximalen Strahlungsleistung verknüpft, sodass stets eine Begrenzung der technischen Reichweite gegeben ist.

Als Zielsetzung gelten bei WLANs stets möglichst große Werte für die Datenrate, aber ebenso die durch Fehlerschutz bewirkte sichere Übertragung der Daten. Dabei ist zwischen der maximal übertragbaren Datenrate als Brutto-Datenrate und der für die Informationsübertragung real nutzbaren Datenrate zu unterscheiden. Letztere wird als Netto-Datenrate bezeichnet. Es gilt die Faustregel, dass die Netto-Datenrate etwa 50 % der Brutto-Datenrate beträgt.

Für die Modulation der Träger werden entweder zwei- oder vierwertige Phasenumtastung [phase shift keying (PSK)] oder die leistungsfähigere Quadratur-Amplitudenmodulation [quadrature amplitude modulation (QAM)] in den Varianten 64-QAM, 256-QAM, 1024-QAM oder 4096-QAM verwendet. Das bedeutet: Bei OFDM steigt die übertragbare Datenrate (= Brutto-Datenrate) mit zunehmender Wertigkeit der Modulation.

Die derzeit wichtigsten IEEE 802.11-Versionen sind n, ac, ax und be, bei denen OFDM-Kanäle von 20 MHz bis 320 MHz Breite verwendet werden (Tabelle 20.2). Einen Sonderfall stellt der im 60-GHz-Bereich arbeitende IEEE 802.11ad-Standard dar, bei dem vier 1,76 GHz breite Kanäle verfügbar sind, was Brutto-Datenraten bis 7 Gbit/s ermöglicht, wegen der hohen Frequenzen sind allerdings nur geringe Reichweiten realisierbar.

Tabelle 20.2 Vergleich der relevanten IEEE 802.11-Standards

	802.11n	802.11ac	802.11ax	802.11be
Kanalbandbreite (MHz)	20, 40	20, 40, 80, 80+80, 160	20, 40, 80, 80+80, 160	20, 40, 80, 80+80, 240, 160+160, 320
Unterträgerabstand (kHz)	312,5	312,5	78,125	78,125
Symboldauer (µs)	3,2	3,2	12,8	12,8
Cyclic Prefix (µs)	0,8	0,8, 0,4	0,8, 1,6, 3,2	0,8, 1,6, 3,2
MU-MIMO	nein	im Downlink	im Up- und Downlink	im Up- und Downlink
Modulation	OFDM	OFDM	OFDM, OFDMA	OFDM, OFDMA
Modulation der Datenunterträger	BPSK, QPSK, 16QAM, 64QAM	BPSK, QPSK, 16QAM, 64QAM, 256QAM	BPSK, QPSK, 16QAM, 64QAM, 256QAM, 1024QAM	BPSK, QPSK, 16QAM, 64QAM, 256QAM, 1024QAM, 4096QAM
Codierung	BCC (verpflichtend) LDPC (optional)	BCC (verpflichtend) LDPC (optional)	BCC (verpflichtend) LDPC (verpflichtend)	BCC (verpflichtend) LDPC (verpflichtend)

Um bei der inzwischen großen Zahl der IEEE 802.11-Versionen die Unterscheidung zwischen den verschiedenen Generationen der IEEE 802.11-Familie transparent zu machen, wurden im Oktober 2018 folgende Umbenennungen der Standards festgelegt.

Tabelle 20.3 Neue Bezeichnungen der IEEE 802.11-Standards

Bisherige Bezeichnung	Neue Bezeichnung	Jahr der Standardisierung
802.11be	Wi-Fi 7	2022
802.11ax	Wi-Fi 6	2019
802.11ac	Wi-Fi 5	2013
802.11n	Wi-Fi 4	2009
802.11 g	Wi-Fi 3	2003
802.11a	Wi-Fi 2	1999
802.11b	Wi-Fi 1	1999

Die übertragbare Datenrate von WLANs lässt sich durch den Einsatz mehrerer Antennen beim WLAN-Router und den Endgeräten wirksam erhöhen. Dieses Konzept wird als **MIMO** [multiple input, multiple output] bezeichnet, wobei sich Input (= Eingang) und Output (= Ausgang) jeweils auf den hochfrequenten Übertragungskanal zwischen WLAN-Router und Endgerät beziehen. Jede Antenne beim WLAN-Router bewirkt dabei einen Übertragungsweg zu jeder Antenne beim Endgerät des Nutzers. Damit liegen gleichzeitig mehrere räumlich getrennte Übertragungswege vor, was eine Art „hochfrequenter Parallelschaltung" bedeutet. Bei MIMO wird die aufgezeigte räumliche Komponente der Antennenanordnung durch die Codierung STC [space time coding] berücksichtigt. Bei zunehmender Zahl der Antennen ergeben sich größere Werte für die Datenrate.

Bei MIMO ist zwischen der Einzel-Nutzer-Lösung [single user MIMO (SU-MIMO)] und der Mehr-Nutzer-Lösung [multi user MIMO (MU-MIMO)] zu unterscheiden. Bei SU-MIMO können die separaten Datenströme [spatial stream] nur an denselben Client geschickt werden. Gibt es mehrere Clients, dann werden diese zeitlich gestaffelt (also sequenziell) bedient. Im Gegensatz dazu erfolgt bei der MU-MIMO die Versorgung aller Clients mit Datenströmen gleichzeitig.

Die technische Reichweite von WLAN-Routern ist neben den maximal zulässigen Strahlungsleistungen primär durch die von den Wänden und Decken hervorgerufene Dämpfung des hochfrequenten Signals begrenzt. Reicht in der Praxis die funktechnische WLAN-Versorgung mit einem WLAN-Router nicht aus, dann lässt sich mit WLAN-Repeatern Abhilfe schaffen. Diese fungieren nämlich als Relaisstellen (Wiederholer), werden in einer geeigneten Entfernung zum WLAN-Router positioniert und verbreiten das Signal des WLAN-Routers auf demselben oder einem anderen Kanal weiter. Dabei ist auch eine gezielte Anpassung der Antennendiagramme möglich, um die Versorgungsreichweite zu optimieren.

Die Anbindung von WLAN-Repeatern an den WLAN-Router kann funkgestützt oder leitungsgebunden erfolgen. Im ersten Fall empfängt der WLAN-Repeater das Signal des WLAN-Routers unmittelbar über eine Antenne, während die leitungsgebundene Speisung des WLAN-Repeaters über Datenkabel realisierbar ist (Bild 20.6).

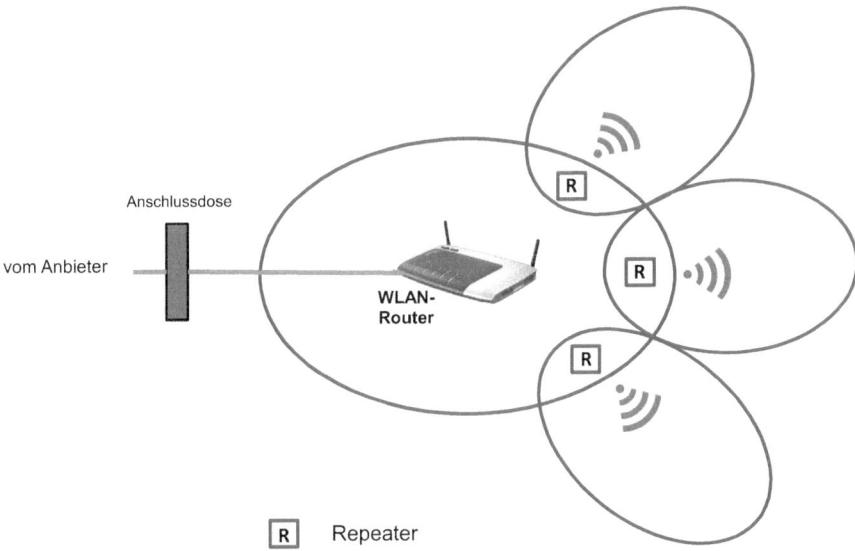

Bild 20.6 Einsatz funkgestützter Repeater

WLANs mit einem Router und mehreren Repeatern sind wegen des damit verbundenen Einsatzes mehrerer Access Points als aus unabhängigen WLANs mit unterschiedlichen Netzwerknamen (**SSID** [service set identifier]) bestehende Sternnetze zu verstehen, die gegenüber WLANs mit nur einem Access Point größere Flächen abdecken. Das gesamte WLAN besteht in diesem Fall aus separaten Teilnetzen (Bild 20.7). Mit mobilen Endgeräten ist dabei ein nahtloser [seamless] Betrieb nicht gewährleistet, wenn es den Übergang von einem AP-Bereich in einen anderen betrifft, weil jedes mobile Endgerät nämlich so lange in dem durch die jeweilige SSID gekennzeichneten Netz bleibt, bis die Verbindung wegen unzureichender Feldstärke abbricht. Erst danach kann es sich in ein Netz mit einer anderen SSID einloggen.

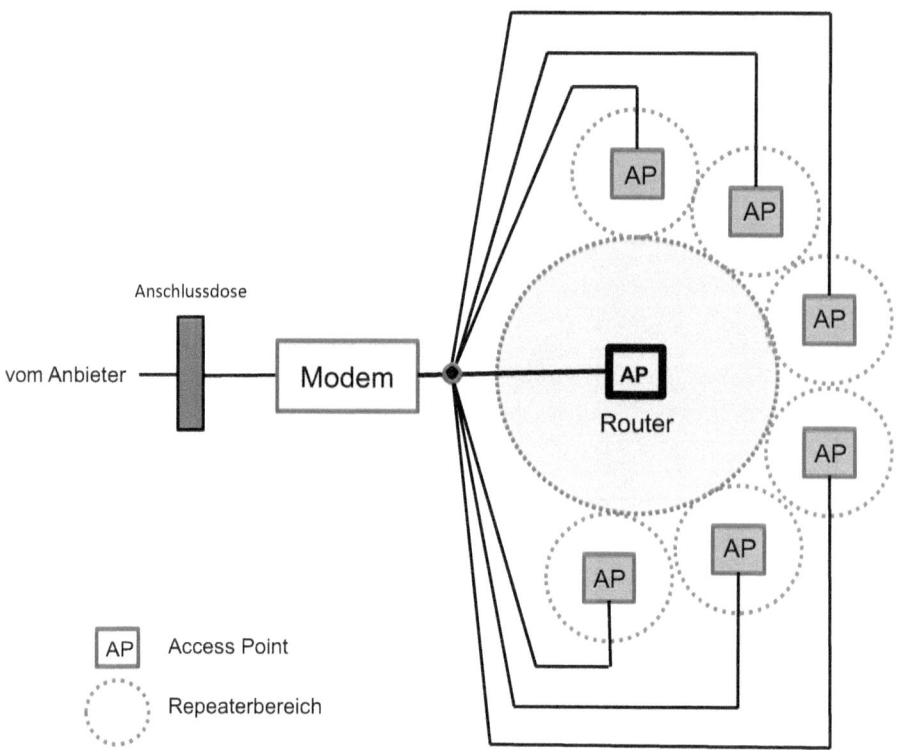

Bild 20.7 Einsatz leitungsgebundener Repeater

Die vorstehend aufgezeigte Problematik der quasi singulären WLANs ist durch das Konzept **Mesh-WLAN** lösbar. Bei diesem werden die räumlich verteilten APs mit ihren Versorgungsbereichen zu einem intelligenten WLAN zusammengefasst, und zwar durch Verknüpfung aller Access Points. Durch deren interaktive Kommunikation wird die Gesamtleistung des Netzes optimiert.

Mesh-WLANs sind somit Netze, die wegen der Vermaschung der aktiven WLAN-Komponenten (wie Router und Repeater) für die im Versorgungsbereich befindlichen Endgeräte einen flächendeckenden und unterbrechungsfreien Betrieb mit konstanter Datenrate ermöglichen. Bei Mesh-WLANs gibt es einen als Hauptgerät bezeichneten Access Point, der über das Modem mit dem Internet verbunden ist. Alle anderen Access Points weisen zu diesem und untereinander funkgestützte oder leitungsgebundene Verbindungen auf. Durch den Übergang vom Sternnetz auf ein Maschennetz passen sich Mesh-WLANs mit ihren Access Points vollautomatisch und dynamisch an die übertragungstechnischen Bedingungen an (Bild 20.8). Dafür müssen allerdings alle im Netz eingesetzten Geräte für die Mesh-Technologie ausgelegt sein.

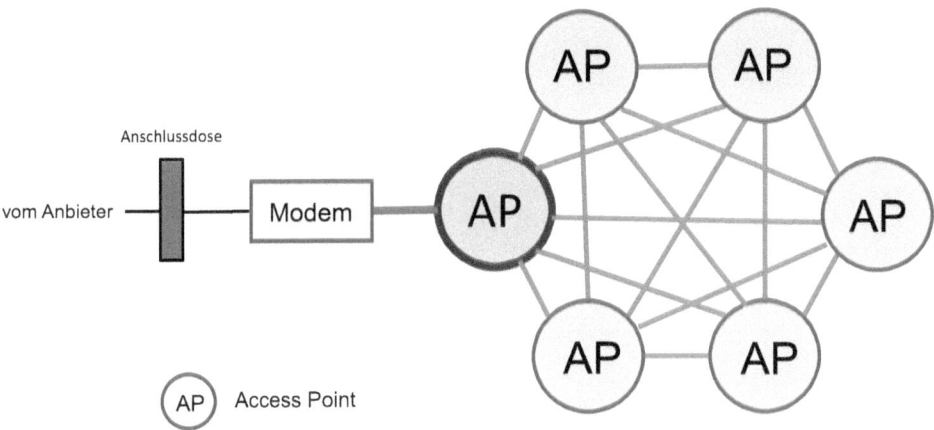

Bild 20.8 Maschenstruktur beim Mesh-WLAN

Mesh-WLANs weisen folgende kennzeichnende Merkmale auf:
- Sie haben nur einen Netzwerknamen (SSID).
- Es wird nur ein Passwort benötigt.
- Alle aktiven Komponenten sind miteinander vermascht.
- Die Einstellungen aller aktiven Komponenten werden synchronisiert.
- Es ist stets der nahtlose Übergang zwischen den Access Points gewährleistet.
- Das Netz entscheidet selbsttätig, welcher Access Point für ein Endgerät gerade die beste Leistung bietet.
- Es wird jedem Endgerät automatisch der leistungsfähigste Kanal in einem der drei Frequenzbänder zugewiesen.
- Das intelligente Netzmanagement verhindert Abbrüche bestehender Verbindungen.

Mesh-WLANs stellen eine konsequente Weiterentwicklung der bisher in Sternstruktur konzipierten WLANs dar und weisen diesen gegenüber eine höhere Leistungsfähigkeit auf. Dafür ist allerdings ein kostenrelevanter größerer technischer Aufwand erforderlich.

21 Triple Play

Fernsehen, Internet und Telefonie stellen in der Praxis die wichtigsten Mediennutzungen dar. Für den Nutzer soll deshalb der Zugang zu diesen Anwendungen mit möglichst geringem Aufwand erfolgen. Hier liegt nun der Ansatz für Triple Play (TP), was mit „drei Dienste aus einer Hand" übersetzt werden kann. Es sollen nämlich Fernsehen, Internet und Telefonie über nur einen Netzanschluss gleichzeitig und ohne gegenseitige Beeinflussung verfügbar sein. Für Triple Play sind in der Praxis Breitbandkabelnetze, das Telefonnetz und inzwischen auch Satelliten von Bedeutung.

■ 21.1 Triple Play über das Breitbandkabelnetz

Die Umrüstung eines Kabelanschlusses auf die drei Nutzungen erfordert bisherige Verteilsysteme für Rundfunkprogramme durch interaktive Datenübertragung (Internet und Telefonie) zu ergänzen. Auf der Nutzerseite wird dafür die bisherige Teilnehmer-Anschlussdose (TAD) gegen eine Multimediaversion ausgetauscht. Diese weist einen zusätzlichen F-Stecker-Anschluss auf, an den das Kabelmodem angeschlossen wird. Die Anschlüsse für TV und Radio bleiben unverändert. Der Computer und das Telefon lassen sich unmittelbar an das Kabelmodem anschließen (Bild 21.1).

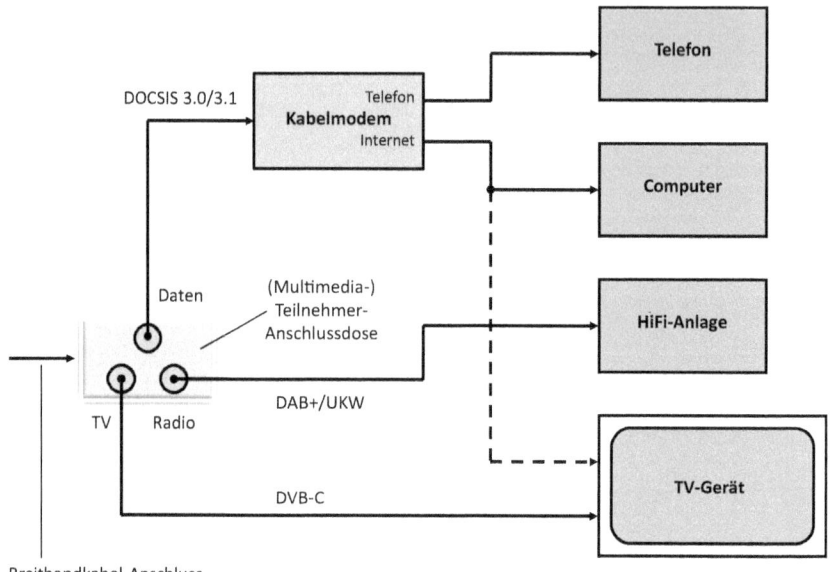

Bild 21.1 Nutzerseitige Ausstattung für Triple Play über Breitbandkabelnetze

Für die einwandfreie Funktion des Kabelmodems, also die interaktive Datenübertragung zwischen der Anwender- und Anbieterseite, ist es allerdings erforderlich, dass die als Netzebene 4 bezeichnete Hausverteilanlage bis 862 MHz ausgelegt und rückkanalfähig ist. Das Gegenstück zum Kabelmodem ist auf der Anbieterseite die Funktionseinheit **CMTS** [cable modem termination system]. Sie befindet sich meist in der Kopfstelle des Kabelnetzes und stellt die bidirektionale Datenkommunikation über Hin- und Rückkanal sicher (Bild 21.2).

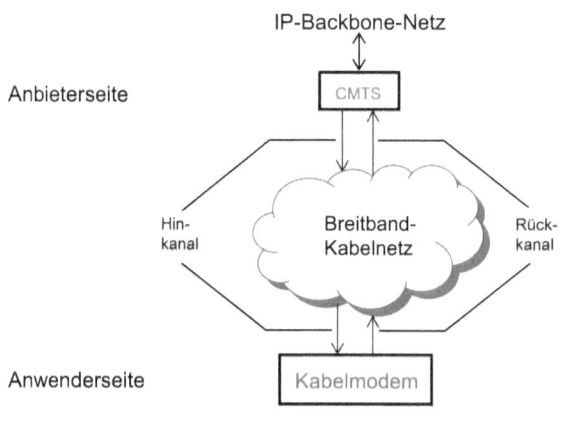

CMTS   Cable Modem Termination System

Bild 21.2 Struktur der interaktiven Datenübertragung über Breitbandkabelnetze

An jede CMTS kann stets nur eine begrenzte Zahl von Nutzern (z. B. 5000 oder 10 000) angeschlossen werden. Bei großen Breitbandkabelnetzen ist deshalb die Bildung von als **Cluster** bezeichnete Teilnetze erforderlich (Bild 21.3).

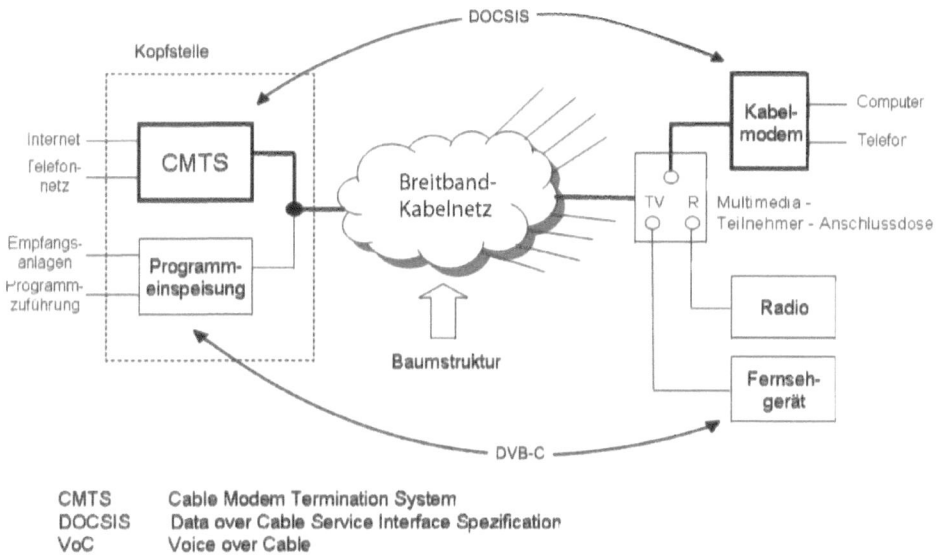

Bild 21.3 Triple Play über Breitbandkabelnetze

Für das Zusammenwirken von Kabelmodem und CMTS kommt der **DOCSIS-Standard** [data over cable service interface specification] zum Einsatz. In ihm sind die Anforderungen für Datenübertragung in Breitbandkabelnetzen festgelegt, deshalb ist mit DOCSIS Kabelinternet und Kabeltelefonie realisierbar. Bei der Version DOCSIS 3.0 können im Hinkanal Bitraten bis 200 Mbit/s und im Rückkanal 120 Mbit/s erreicht werden. Hinzu kommt die Kompatibilität zu IPv6-Netzen. Die Nachfolgeversion DOCSIS 3.1 erlaubt theoretisch im Hinkanal eine Datenrate bis zu 10 Gbit/s und im Rückkanal bis zu 1 Gbit/s.

21.2 Triple Play über das Telefonnetz

Beim Telefonfestnetz werden verdrillte Kupfer-Adern als Leitungsverbindungen vom Teilnehmeranschluss zur Vermittlungsstelle (Netzknoten) verwendet, die im Regelfall nicht abgeschirmt sind. Diese leitungsgebundene Infrastruktur war zunächst nur für die analoge Telefonie (Frequenzen bis 3,4 kHz) und nicht für eine Übertragung hoher Datenraten ausgelegt. Die für Fernsehen und Internet erforderlichen Datenraten lassen sich bekanntlich durch **DSL** [digital subscriber line] realisieren. Dafür wird die Frequenzlage oberhalb des Telefoniebereichs genutzt.

Mit DSL können bis zu 50 Mbit/s im Hinkanal über die bisher verwendeten Teilnehmer-Anschlussleitungen (TAL) übertragen werden. Mit dem Einsatz von Vectoring kann die Datenrate auf bis zu 150 Mbit/s gesteigert werden. Für den geregelten Datenverkehr über Hin- und Rückkanal ist ein DSL-Modem erforderlich. Sein Gegenstück auf der Anbieterseite ist der DSLAM [digital subscriber line access multiplexer] (Bild 21.4).

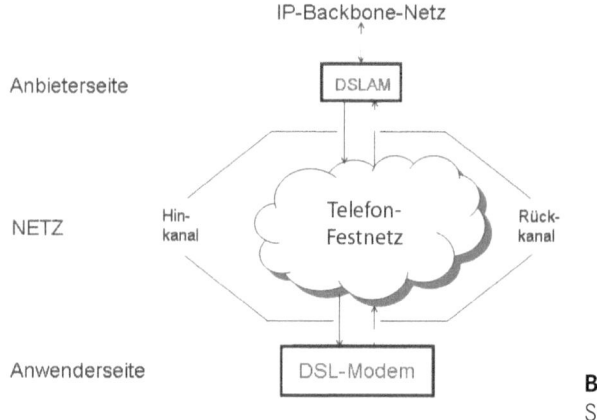

Bild 21.4
Struktur der interaktiven Datenübertragung über das Telefonnetz

DSLAM   Digital Subscriber Line Access Multiplexer

Bei Triple Play über das Telefonfestnetz bleibt im Gegensatz zum Kabelnetz die Anschlussdose beim Teilnehmer unverändert. Für die Trennung zwischen Telefon und DSL ist eine als DSL-Splitter bezeichnete Funktionseinheit erforderlich. Außerdem wird nach diesem ein DSL-Router mit mindestens zwei Ausgängen benötigt, da sich der Computer und das Fernsehgerät die Datenrate teilen müssen.

Fernsehprogramme werden bei Triple Play über das Telefonfestnetz nicht per DVB, sondern als IPTV übertragen. Der Teilnehmer benötigt deshalb ein IPTV-fähiges Fernsehgerät bzw. eine IPTV-fähige Set-Top-Box. Für die Telefonie ist am entsprechenden Ausgang des DSL-Splitters ein Netzabschluss [network termination (NT)] erforderlich. An diesen wird dann das bisherige Telefon angeschlossen (Bild 21.5).

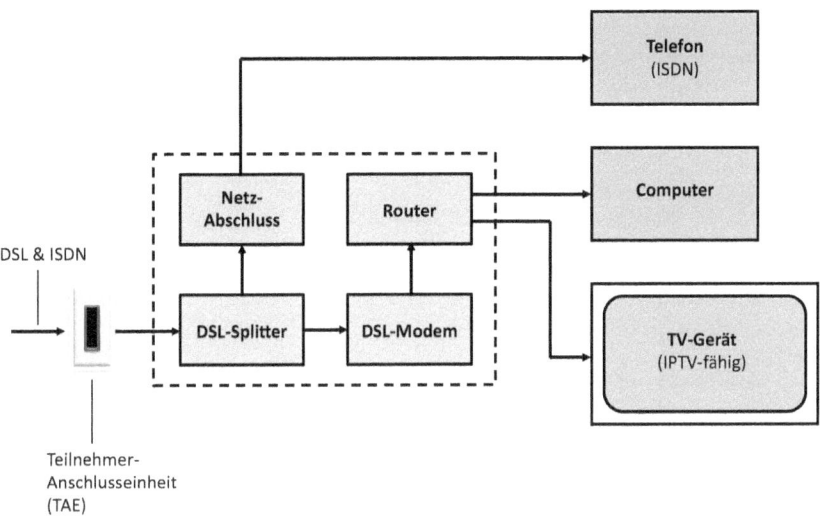

Bild 21.5 Nutzerseitige Ausstattung für Triple Play über das Telefonnetz (1)

Das in Bild 21.5 dargestellte Konzept sieht eine getrennte Übertragung der Telefonsignale und der Datensignale vor, wobei die Übertragung im Frequenzmultiplex erfolgt. Die Telefonsignale können entweder analog oder via ISDN zum Nutzer gelangen. Der Splitter sorgt dann für die entsprechende Signalaufteilung. Bei der in Bild 21.6 dargestellten Variante erfolgt die Übertragung der Telefonsignale IP-basiert im DSL-Signal eingebettet. Ein Splitter ist daher nicht mehr erforderlich.

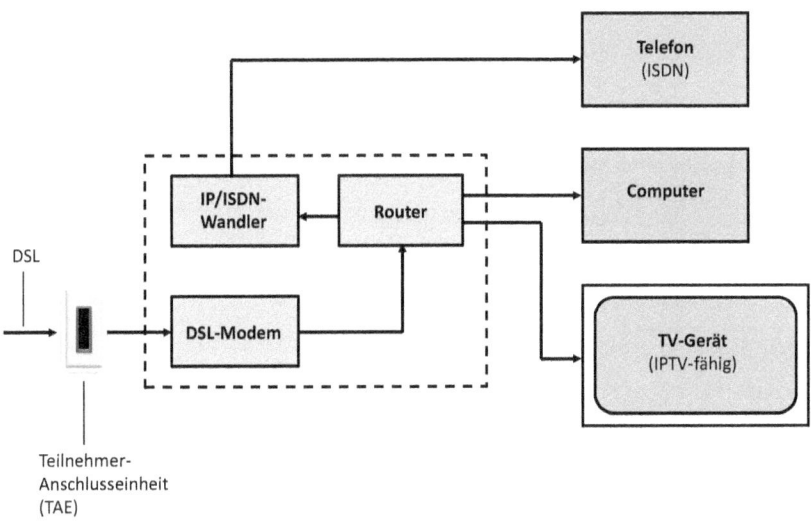

Bild 21.6 Nutzerseitige Ausstattung für Triple Play über das Telefonnetz (2)

An dieser Stelle sei darauf hingewiesen, dass DSL-Splitter, DSL-Modem, DSL-Router und Netzabschluss häufig in einer Baugruppe integriert sind. Das vereinfacht die Anschlussarbeiten erheblich.

Die bei DSL tatsächlich erreichbare Datenrate hängt unter anderem von folgenden Faktoren ab:

- Leitungslänge zwischen DSL-Modem und DSLAM,
- frequenzabhängige Leitungsdämpfung,
- genutzte Bandbreite,
- Leitungscode,
- Fehlerschutz.

Die Datenübertragung zwischen DSL-Modem und DSLAM funktioniert nur bestimmungsgemäß, wenn bestimmte Pegelwerte nicht unterschritten werden. Deshalb sollten stets möglichst kurze Leitungsverbindungen zwischen den beiden Funktionseinheiten angestrebt werden. Bei **ADSL** kann der DSLAM meist noch im Netzknoten untergebracht werden, weil die üblichen Leitungslängen zu den Teilnehmeranschlüssen keine unzulässigen Dämpfungen bewirken. Im Falle von **VDSL** ist wegen der großen Datenrate und der damit auch größeren genutzten Bandbreite eine andere Lösung erforderlich. Die DSLAM-Installation erfolgt hier im letzten Kabelverzweiger (KVz) vor dem Teilnehmeranschluss. Bis zum KVz wird dann das Signal über Glasfaserleitungen zugeführt, bei denen die Dämpfungsprobleme elektrischer Leitungen nicht gegeben sind. Die ab dem KVz verbleibende Teilnehmer-Anschlussleitung ist damit für große Datenraten kurz genug. Es gilt somit folgende Struktur:

Netzknoten → Glasfaserleitung → Kabelverzweiger mit DSLAM → verdrillte Kupfer-Doppelader → DSL-Modem

Da Telefonnetze für Sprachkommunikation konzipiert wurden, ist die Erweiterung auf Fernsehen und Internet technisch entsprechend aufwendig (Bild 21.7).

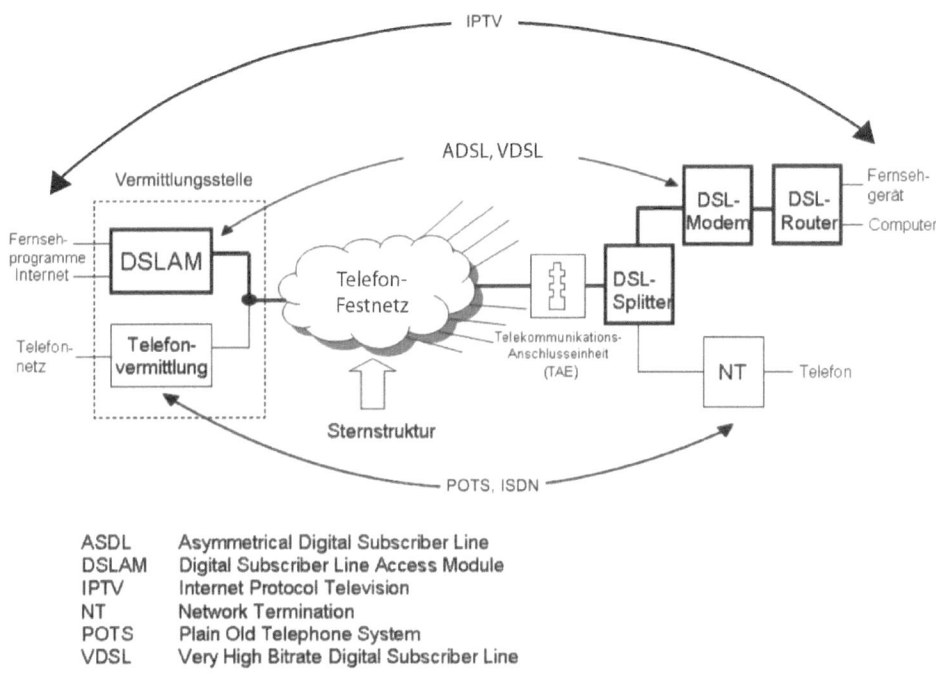

ASDL Asymmetrical Digital Subscriber Line
DSLAM Digital Subscriber Line Access Module
IPTV Internet Protocol Television
NT Network Termination
POTS Plain Old Telephone System
VDSL Very High Bitrate Digital Subscriber Line

Bild 21.7 Triple Play über das Telefonfestnetz

■ 21.3 Triple Play über Satellit

Der Empfang von Rundfunkprogrammen via Satellit ist ein seit vielen Jahren bewährtes Verfahren. Über Satellit ist aber auch Datenkommunikation möglich, wobei sich beim Downlink als Hinkanal Datenraten im Mbit/s-Bereich realisieren lassen. Bei den ersten Ansätzen wurde als Rückkanal stets eine Telefonleitung benötigt. Dieses Konzept stellte sich allerdings als wenig komfortabel heraus und erlangte keine Akzeptanz im Markt. Beim „richtigen" Triple Play über Satellit wird ein **interaktiver LNB** [interactive low noise block converter] für die Satellitenantenne verwendet. Damit kann nicht nur vom Satelliten empfangen, sondern auch zum Satelliten gesendet werden (Bild 21.8).

Bild 21.8
Satellitenantenne mit interaktivem LNB

Auf diese Weise ist die angestrebte bidirektionale Datenkommunikation für Internet und Telefonie realisierbar. Für den Anschluss des Computers und des Telefons benötigt der Nutzer ein **Satellitenmodem** (Sat-Modem). Bei den im Markt verfügbaren Systemen stehen beim Downlink bis 30 Mbit/s und beim Uplink bis 10 Mbit/s zur Verfügung.

Für den Empfang der Fernseh- und Hörfunkprogramme wird ein DVB-S/S2-fähiges Endgerät benötigt. Wenn Internet und Telefonie nicht über denselben Satelliten abgewickelt werden wie die Programmzuführung, dann ist die Verbindung zu zwei Satelliten erforderlich (Bild 21.9). Es kann dabei in der Regel eine Satellitenantenne mit Mehrfachspeisung [multifeed] zum Einsatz kommen.

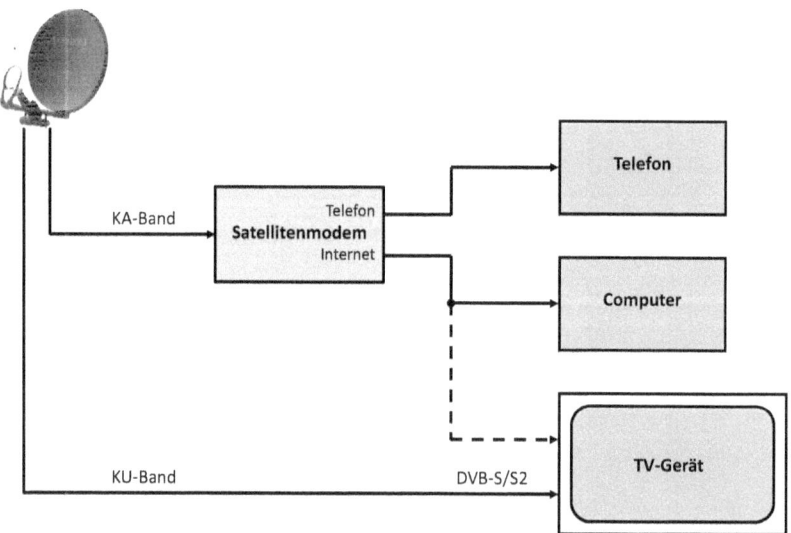

Bild 21.9 Nutzerseitige Ausstattung für Triple Play über Satellit

Der Vorteil von Triple Play über Satellit besteht darin, dass es keine Abhängigkeit von einer leitungsgebundenen Infrastruktur gibt. Dieses konvergente Angebot ist somit überall nutzbar, wo ungestörte Sichtverbindung zu dem bzw. den Satelliten besteht. Es gilt bei Triple Play über Satellit allerdings zu berücksichtigen, dass wegen der systembedingten langen Übertragungswege jede Übertragung eine Verzögerung erfährt, was bei bestimmten Echtzeitanwendungen problematisch sein kann.

■ 21.4 Auswahlkriterien

Die vorstehend aufgezeigten Möglichkeiten für Triple Play über verschiedene Netze unterscheiden sich durch ihre Leistungsmerkmale. Diese hängen von der genutzten Technik und dem jeweiligen Anbieter ab. Für den Nutzer sind dabei primär folgende Kriterien von Bedeutung:

- Zahl der empfangbaren Fernsehprogramme,
- Zahl der empfangbaren Hörfunkprogramme,
- Bitrate (Datenrate) der Abwärtsstrecke (Downlink),
- Bitrate (Datenrate) der Aufwärtsstrecke (Uplink),
- Höhe der monatlichen Nutzungsentgelte (Flatrate),
- Vertragslaufzeit und Kündigungsfrist.

Es gilt deshalb für den Nutzer, die für ihn verfügbaren Angebote sorgfältig zu prüfen und die Entscheidung nach seinen individuellen Wünschen zu treffen.

■ 21.5 Quadruple Play

Als Quadruple Play wird die Erweiterung von Triple Play durch Mobilfunk-Komponenten bezeichnet. Der Begriff beschreibt das Zusammenwachsen von Festnetz, Fernsehen, Breitband und Mobilfunk auf Basis der IP-Technik. Hinter dem Begriff steckt nicht nur, dass alle vier Dienste von einem Netzbetreiber angeboten werden, sondern auch die Erweiterung von Triple Play um den mobilen Aspekt erfolgt. Die damit realisierbaren Szenarien können dann vom Provider oder auch Drittanbietern als neue Dienste vermarktet werden. Ein Beispiel sind der TV-Empfang der Zugriff auf Video on Demand (VoD)-Inhalte mit mobilen Endgeräten.

22 Telefonie

22.1 Festnetz-Telefonie

Neben Fernsehen und Internet stellt das meist als Telefonie bezeichnete Fernsprechen die wichtigste Mediennutzung dar. Es handelt sich dabei in der Regel um bidirektionale Individualkommunikation für Sprache, also Vollduplex-Betrieb, über das Telefonfestnetz (Fernmeldenetz). Jeder an dieses Netz angeschlossene Teilnehmer (Tln) als Nutzer der Telefonie soll dabei mit seinem Telefon wahlfrei jeden anderen Teilnehmer erreichen können.

Es bedarf deshalb der Vermittlung im Netz, um die erforderlichen Punkt-zu-Punkt-Verbindungen aufbauen zu können. Das erfolgt durch die als **Netzknoten** (NK) [network nod] bezeichneten Vermittlungsstellen (VSt). Diese weisen untereinander Verbindungsleitungen auf. Die Verbindung zwischen einem Netzknoten und dem Anschluss bei einem Teilnehmer wird als **Teilnehmer-Anschlussleitung (TAL)** [subscriber line] bezeichnet (Bild 22.1).

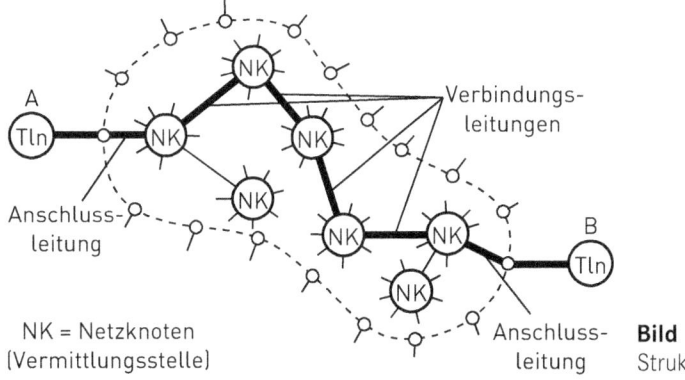

Bild 22.1 Struktur des Festnetzes

Für die Steuerung der Verbindungen in einem Netzknoten ist eine Signalisierung vom Teilnehmer erforderlich, damit die gewünschten Verknüpfungen erfolgen können. Diese werden durch das **Koppelfeld**, den Kern jeder Vermittlungsstelle realisiert. Am Eingang und Ausgang befinden sich **Anschalteeinheiten**, die einerseits die Anpassung an die ankommenden bzw. abgehenden Leitungen bewirken, andererseits aber auch die Verarbeitung der Signalisierung zur Steuerung des Koppelfeldes sicherstellen (Bild 22.2). Bei Netzknoten können ankommende bzw. abgehende Leitungen auch Teilnehmer-Anschlussleitungen sein. Es handelt sich dann um Teilnehmer-Vermittlungsstellen.

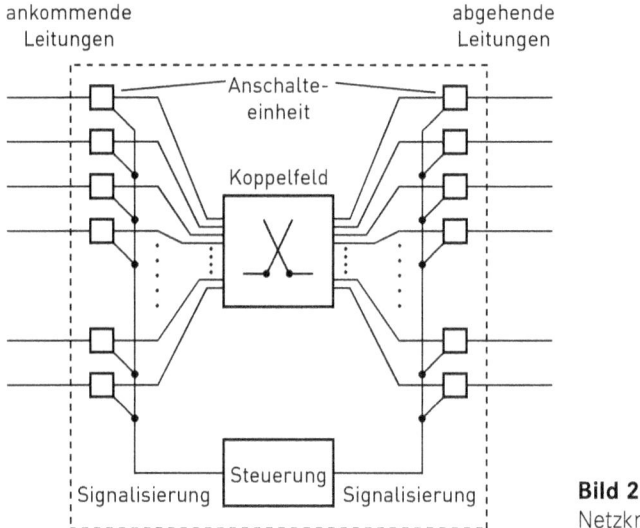

Bild 22.2
Netzknoten (Konzept)

Die Durchführung der Kommunikation, also Vermittlung und Übertragung, erfolgt im heutigen Festnetz ausschließlich digital. Es lassen sich folgende Ebenen unterscheiden:

- Übertragungsebene,
- Vermittlungsebene,
- Diensteebene.

Für ihre Funktion benötigt jede Ebene die Zuarbeit der darunterliegenden Ebene(n) (Bild 22.3).

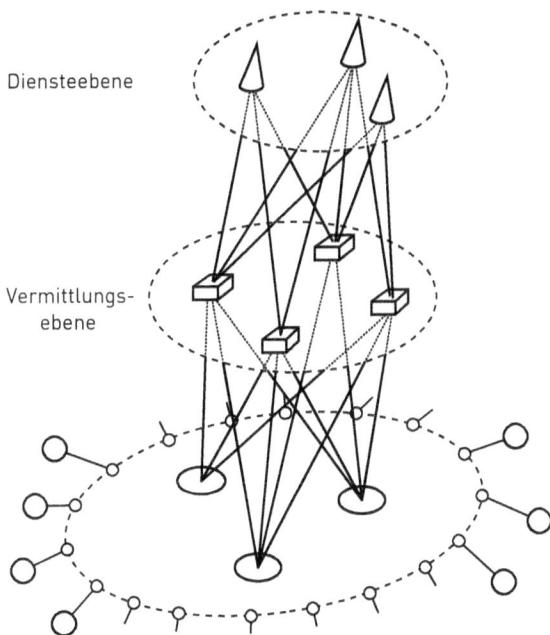

Bild 22.3
Ebenen beim Festnetz

Die Übertragungsebene bildet die Basis jedes Netzes und umfasst alle für die Übertragung erforderlichen Verbindungstechniken. Dabei kann es sich um elektrische Leitungen (Kupferkabel), optische Leitungen (Lichtwellenleiter) oder Funkstrecken handeln. Dazu gehören aber auch alle Modulations-, Multiplex- und Zugriffsverfahren, weil diese die effiziente Nutzung der Übertragungskanäle ermöglichen.

Die Vermittlungsebene wird durch die verschiedenen Netzknoten gebildet. Diese sind durch Abstützung auf die Übertragungsebene miteinander vernetzt und bilden die Drehscheibe für die Kommunikation, da nur mit ihrer Hilfe eine gezielte (individuelle) Verbindung zwischen zwei Netzzugangspunkten mit den angeschlossenen Endgeräten der Teilnehmer realisierbar ist. Das kann verbindungsorientiert oder verbindungslos erfolgen. Im Falle des Telefonnetzes handelt es sich um eine verbindungsorientierte Variante, bei der für die Dauer der Übertragung eine Verbindung zwischen den Endgeräten der Teilnehmer besteht. Dabei lassen sich festgelegte drei Phasen unterscheiden, nämlich der Verbindungsaufbau, die Übertragung und der Verbindungsabbau.

Während Übertragungs- und Vermittlungsebene zur Infrastruktur gehören, beziehen sich die **Dienstebenen** auf die Nutzung. Es lassen sich folgende Arten unterscheiden:

- Dienste-dedizierte Netze

  Bei diesen Netzen ist nur ein spezifischer Dienst möglich.

- Dienste-integrierende Netze

  Bei diesen Netzen können gleichzeitig und ohne gegenseitige Beeinflussung mehrere unterschiedliche Dienste abgewickelt werden. Dies bedeutet, dass für zwei oder mehr unterschiedliche Dienste nur eine Verbindung erforderlich ist.

Beim Telefonnetz (Fernmeldenetz) waren ursprünglich nur Sprachdienste vorgesehen, im Rahmen der Digitalisierung ist aber inzwischen der Übergang zum diensteintegrierenden Netz erfolgt.

Die Struktur des öffentlichen Fernmeldenetzes weist zwei Ebenen auf, die **Ortsnetzebene** und die **Fernnetzebene**. Die Netzknoten in der Ortsnetzebene werden als digitale Ortsvermittlungsstellen (DIVO) bezeichnet und lassen sich in Teilnehmer-Vermittlungsstellen (TVSt) und Durchgangs-Vermittlungsstellen (DVSt) einteilen. An einer TVSt sind die Endgeräte der Teilnehmer angeschlossen, weshalb für diese Verbindungen die Bezeichnung Teilnehmer-Anschlussleitung (TAL) gilt. Die Durchgangs-Vermittlungsstellen sind dagegen für Verbindungen zu anderen Netzknoten (Vermittlungsstellen) in der Fernnetzebene oder Ortsnetzebene zuständig.

Während es sich in der Ortsnetzebene um Sternnetze handelt, weist die Fernnetzebene eine ausgeprägte Maschenstruktur auf. Die dort eingesetzten Netzknoten werden als digitale Fernvermittlungsstellen (DIVF) bezeichnet. Es handelt sich dabei um Regional-Vermittlungsstellen (RVSt), welche die Verbindung zwischen Ortsnetzebene und Fernnetzebene sicherstellen und Weitverkehrs-Vermittlungsstellen (WVSt), die ein robustes Netzkonzept und hohe Netzverfügbarkeit gewährleisten (Bild 22.4). Außerdem stellen sie den Übergang in das internationale Fernsprechnetz sicher.

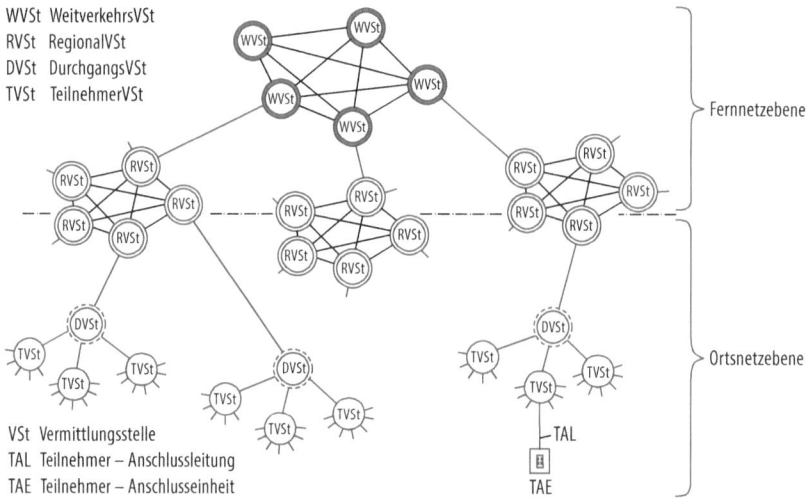

Bild 22.4 Vermittlungsstellen im digitalen Festnetz

Telefonie ist für die Teilnehmer als Endkunden derzeit über drei Technologien möglich:

- analoge Telefonie (auslaufend),
- Telefonie über ISDN (auslaufend),
- Telefonie über DSL (IP-basiert; wird ausgebaut).

Für die Telefonie über DSL benötigt der Nutzer ein entsprechendes DSL-Modem in seinem Bereich. Ferner muss vom Netzbetreiber der entsprechende DSL-Datenstrom geliefert werden, der in der Regel dann auch Internet und IPTV beinhaltet (Triple Play). Über die entsprechenden Schnittstellen am DSL-Modem kann die Verbindung zur konventionellen Telefontechnik im Heimbereich realisiert werden:

- analoges Telefon,
- ISDN-Telefon,
- DECT-Telefon (schnurloses Telefon [cordless telephone]).

Telefonie findet in der Regel zwischen zwei Teilnehmern als Individualkommunikation im Voll-Duplex-Verfahren statt. Netzbetreiber bieten aber auch die Zusammenschaltung von endlich vielen Teilnehmern für Telefonkonferenzen an.

22.2 Mobilfunk-Telefonie

Mobilfunk-Telefonie ist seit Ende der 1950er-Jahre in Deutschland verfügbar. Die damaligen analogen Systeme (A-Netz, B-Netz, C-Netz) sind inzwischen nicht mehr in Betrieb. Mobilfunk findet heute ausschließlich über digitale Systeme statt.

Das erste digitale Mobilfunksystem beruht auf dem **GSM-Standard** [global system mobile] und wurde Anfang der 1990er-Jahre mit dem Schwerpunkt der Übertragung von Telefonie eingeführt. Jedem Nutzer wurde ein Voll-Duplex-Kanal zugeordnet. Für die Datenübertragung standen bei GSM nur etwa 10 kbit/s zur Verfügung, sodass diese Anwendung eine untergeordnete Rolle spielte.

Beim **UMTS-Standard** [universal mobile telecommunication system] wurde der Schwerpunkt auf die Datenübertragung multimedialer Anwendungen gelegt. Die Übertragung von Telefoniesignalen arbeitet dabei mit der effizienteren Paketvermittlung.

Die Datenübertragung bei **LTE** und **5G** ist rein IP-basiert. Das gilt auch für die Übertragung von Telefoniesignalen. Die Hauptanwendung liegt bei LTE und 5G in der Übertragung von multimedialen Diensten aller Art.

Tabelle 22.1 zeigt die wichtigsten Eigenschaften der Übertragung von Telefoniesignalen über digitale Mobilfunknetze auf.

Tabelle 22.1 Sprachübertragung bei digitalen Mobilfunkstandards

Standard	Nutzung	Sprachübertragung	Bemerkungen
GSM	auslaufend	kontinuierlicher Datenstrom[1]	separate Kanäle für Sprache und Daten
UMTS	auslaufend	paket-orientiert	./.
LTE	in Betrieb	IP-basiert	./.
5G	im Aufbau	IP-basiert	./.

1 RELP-komprimiert [residual excited linear prediction]

■ 22.3 Kabel-Telefonie

Breitbandkabelnetze wurden in Deutschland Anfang der 1980er-Jahre in den Ballungszentren installiert. Ihr Zweck war damals die Verbreitung von analogem Fernsehen und analogem Hörrundfunk. Inzwischen sind diese voll digitalisiert. Mit der Einführung von DOCSIS 3.0/3.1 wurde die Übertragung von schnellem Internet möglich. Damit ergaben sich neue Möglichkeiten von Angeboten für Triple Play (Fernsehen/Hörrundfunk, Internet und Telefonie).

Um das Angebot von Triple Play zu nutzen, benötigt der Teilnehmer ein Kabelmodem. Das Kabelmodem besitzt für die Telefonie folgende Ausgänge:

- analoge Telefone,
- ISDN-Telefone,
- DECT-Telefone (schnurloses Telefon).

Damit kann der Nutzer seine bisherige Infrastruktur für Telefonie weiterhin nutzen.

■ 22.4 Satelliten-Telefonie

Ein Satellitentelefon stellt eine Verbindung für Sprache oder Daten für die Satellitenkommunikation in beide Richtungen bereit. Die Verbindung zum Endgerät erfolgt dabei über direkte Funkstrecken zu einem Satelliten. So können theoretisch überall auf der Welt und sogar in Gebieten ohne terrestrische Mobilfunkversorgung Verbindungen aufgebaut werden. Der Satellit leitet jeden ankommenden Ruf an eine Erdfunkstelle weiter, die eine Verbindung in das öffentliche Telefonnetz bewirkt. Befinden sich zwei Teilnehmer im Versorgungsbereich des gleichen Satelliten kann die Verbindung direkt und ohne eine terrestrische Infrastruktur aufgebaut werden.

Satellitentelefone ermöglichen die Sprachtelefonie auch in Regionen ohne Mobilfunkempfang. Sie bieten in der Regel keinen weltweiten Empfang. Vor dem Einsatz eines Satellitentelefons sollte abgeklärt werden, ob mit dem verfügbaren Satellitentelefon überhaupt Empfang vorhanden ist und der Betreiber des Satellitennetzes diese Region abdeckt. Dafür sollte die Orbitposition des Satelliten ermittelt werden, was mit einer Smartphone-App zum Satellitentracking einfach erfolgen kann.

Für eine zuverlässige Satellitenkommunikation muss Sichtverbindung von der Antenne des Satellitentelefons zum Satelliten bestehen und die erste Fresnelzone frei von jeglichen Hindernissen sein. Bei den üblicherweise verwendeten Frequenzen im L-Band (1,5-GHz-Bereich) ist das zum Beispiel in Waldgebieten mit hohen Bäumen nicht immer gegeben. In solchen Fällen bietet sich der Einsatz niedrigerer Frequenzen im UHF-Bereich (etwa 300 MHz) an, weil dann die Funksignale langwelliger sind.

Tabelle 22.2 Systeme für Satelliten-Telefonie

Anbieter	Abdeckung	Art der Satelliten
Iridium	weltweit	Low Earth Orbit (LEO)
Thuraya	mittlerer Osten, Asien (ohne NE-Sibirien), Australien, Ozeanien	geosynchron[1]
Globalstar	weltweit, ohne Polarregionen und hohe See	LEO
Inmarsat	weltweit, ohne Polarregionen	geostationär[2]

1 geosynchron: Der Satellit besitzt eine Erdumlaufzeit von exakt 24 Stunden, wobei sich die Orbitposition verändern kann.
2 geostationär: Der Satellit besitzt eine Erdumlaufzeit von exakt 24 Stunden, wobei die Orbitposition fest ist.

In Gebieten mit terrestrischem Funkempfang im UKW- oder UHF-Frequenzband sollte vorrangig immer Mobilfunk verwendet werden, weil diese Verbindungsart wegen der portablen Endgeräte zuverlässiger als die Satellitenkommunikation ist. Der Mobilfunk weist nämlich in den Funkzellen deutlich größere Verbindungsreserven [link margin] auf als die Satellitenkommunikation. Die Funkverbindung ist deshalb bei großen Werten für die Verbindungsreserve in der Regel auch durch Geländestruktur (Berge, Hügel, Wald …) und/oder Bebauung (Häuser, Türme …) bedingte Unterbrechungen der direkten Sichtverbindung zwischen Sende- und Empfangsantenne gewährleistet.

23 Smart Home

■ 23.1 Aufgabenstellung von Smart Home

In jedem **Heimbereich** [home area] gibt es eine Vielzahl technischer Geräte und Systeme, deren Funktion auf Elektrik und/oder Elektronik basiert. Dabei sind folgende Funktionsbereiche zu unterscheiden:

- Nachrichtentechnik

  Aufbereitung, Übertragung und Speicherung von Informationen.

- Energietechnik

  Nutzung des Leistungsvermögens der Elektrizität, was in der Regel die Wandlung in andere Energieformen (Licht, Wärme, Bewegung …) bedeutet.

Die **Nachrichtentechnik** umfasst folgende Einsatzfelder:

- Unterhaltung [entertainment],
- Information [information],
- Kommunikation [communication],
- Sicherheit [security],
- Gesundheit [health],
- Dienstleistungen [services].

Die **Energietechnik** deckt folgende Einsatzfelder ab:

- Haushaltsgeräte,
- Heizung, Lüftung, Klima,
- Beleuchtung,
- Antriebe,
- Energieverbrauch,
- Photovoltaik,
- E-Mobilität.

Die meisten Geräte und Systeme sind an verschiedenen Stellen im Heimbereich positioniert, wo sie eigenständig [stand alone] arbeiten. Für jeden Bedienvorgang muss sich dabei der Nutzer zum jeweiligen Gerät oder System begeben, was zeitaufwendig und bei zunehmender Zahl der Geräte und Systeme wenig komfortabel ist. Eine signifikante Verbesserung dieser Situation lässt sich durch Fernsteuerung [remote control] aller Geräte und Systeme von einer zentralen Stelle aus erreichen, bei der auch die Rückmeldungen auflaufen. Für diesen Ansatz hat sich der Begriff **Smart Home** etabliert. Wikipedia gibt dafür folgende Definition:

> *„Smart Home dient als Oberbegriff für technische Verfahren und Systeme in Wohnräumen, in deren Mittelpunkt eine Erhöhung von Wohn- und Lebensqualität, Sicherheit und effizienter Energienutzung auf Basis vernetzter und fernsteuerbarer Geräte und Installationen sowie automatisierbarer Abläufe steht."*

Bei Smart Home greift das Konzept der **Heimvernetzung** [home networking], um alle Geräte und Systeme im Heimbereich so miteinander zu verbinden, dass ihre Steuerung und Überwachung von einer Zentraleinheit [master unit] erfolgen kann. Es bieten sich dafür Funktionseinheiten mit berührungsempfindlichen Bildschirmen [touchscreen] an, die ergänzend auch eine Tastatur aufweisen, Sprachsteuerung ermöglichen und/oder für digitale Sprachassistenten ausgelegt sein können (Bild 23.1).

Bei der Zentraleinheit lassen sich folgende Betriebsvarianten unterscheiden:

- Sie ist im Heimbereich fest installiert und ermöglicht deshalb nur stationären Betrieb.
- Sie ist an jeder Stelle im Heimbereich einsetzbar, weil die Vernetzung funkgestützt über ein WLAN erfolgt. Das ermöglicht mobilen Betrieb mithilfe eines Tablets als Zentraleinheit (Bild 23.2).

Bild 23.1 Bedienfeld für Zentraleinheit   **Bild 23.2** Tablet als Zentraleinheit

Eine besondere Form der Vernetzung ist gegeben, wenn auf alle Anwendungen von überall zugegriffen werden kann. Eine solche im Prinzip weltweite Verfügbarkeit lässt sich nur über das Internet realisieren. Das macht allerdings im Heimbereich ein Gateway erforderlich, das dem vorhandenen leitungsgeführten oder funkgestützten Heimnetz den Übergang zum Internet ermöglicht.

Bei der Internetlösung handelt es sich um eine Cloud-Anwendung, weil dabei die Daten auf Servern im Internet zur Verfügung stehen, auf die der Nutzer jederzeit und von überall zugreifen kann, wenn ein entsprechender Internet-Zugang vorhanden ist.

Um bei Ausfall der Internetverbindung die Steuerung und Überwachung am Standort sicherzustellen, sollte im Heimbereich stets eine Zentraleinheit als Rückfallposition [back-up] zur Verfügung stehen.

Bei jeder Nutzung des Internets spielen auch die Datensicherheit und der Datenschutz eine wichtige Rolle, weil es grundsätzlich möglich ist, dass durch Piraterie Daten von Dritten (also Hackern) erfasst, verändert, gelöscht und/oder für sonstige Zwecke illegal verwendet werden. Als vorbeugende Maßnahme ist deshalb stets eine ausreichende Verschlüsselung von größter Wichtigkeit, weil sonst die Gefahr besteht, dass Anwendungen durch nicht autorisierte Dritte beliebig manipuliert werden und auf diese Weise Schäden entstehen.

■ 23.2 Infrastruktur der Heimnetze

Heimvernetzung ermöglicht die Steuerung und Überwachung von Geräten und Systemen im Heimbereich über eine **Zentraleinheit** (Bild 23.3). Das setzt jedoch voraus, dass die betroffenen Geräte und Systeme überhaupt für die konzipierte Fernsteuerung und Fernüberwachung geeignet sind, also entsprechende Hardware- und Software-Schnittstellen aufweisen, um mit der Zentraleinheit kommunizieren zu können. Diese Voraussetzung ist vorrangig bei herstellerspezifischen und damit proprietären Lösungsansätzen gegeben, die keine ausgeprägte Interoperabilität ermöglichen.

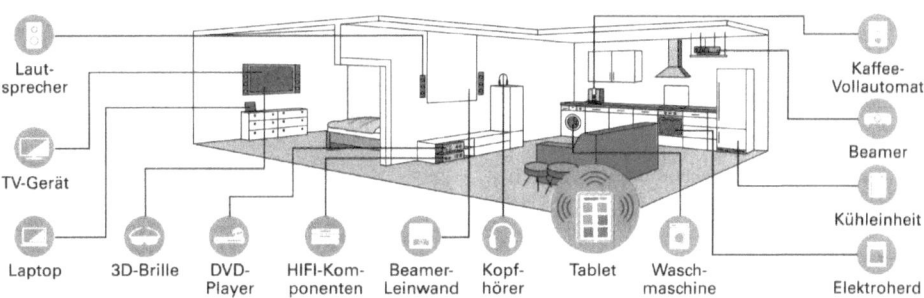

Bild 23.3 Anwendungen im Heimbereich

Im Bereich der Unterhaltungselektronik gibt es dagegen einen universellen Ansatz. Dabei spielt die Digital Living Network Alliance (**DLNA**) eine vorrangige Rolle. Es handelt sich um den Zusammenschluss von Unterhaltungselektronik-, Mobilfunk- und Computer-Herstellern auf internationaler Ebene. Von der DLNA zertifizierte Geräte brauchen lediglich miteinander verbunden zu werden, wobei dann die dadurch entstandene Konstellation ohne weitere Maßnahmen betriebsfähig ist (Bild 23.4). Dieser Effekt wird als „Universal Plug and Play" bezeichnet, wobei als Kurzform UPnP gilt.

Bild 23.4 Logo für DLNA-Zertifizierung

Für Smart Home gibt es noch keinen einheitlichen Standard, der übergreifend alle Einsatzfelder und Anwendungen abdeckt. Bei Erarbeitung eines solchen Regelwerks bedarf es allerdings der Abklärung, wie und ob bereits vorhandene proprietäre Smart-Home-Anwendungen berücksichtigt werden können. Dafür wäre folgender Lösungsansatz realistisch: Verbindung der existierenden Smart-Home-Anwendungen im Heimbereich an die Zentraleinheit über Software-Adapter, die sich durch den Einsatz Künstlicher Intelligenz (KI) [artificial intelligence (AI)] automatisch anpassen. Damit könnten theoretisch alle Smart-Home-Anwendungen abgedeckt werden.

Für die Vernetzung im Heimbereich stehen folgende Technologien zur Verfügung:

- leitungsgeführte Vernetzung,
- funkgestützte Vernetzung,
- Mischformen.

Die Gesamtheit einer realisierten Vernetzung wird als **Heimnetz** [home network] bezeichnet. Die Auswahl der Technologie hängt in der Regel von der im Heimbereich bereits vorhandenen Infrastruktur und den für eine teilweise oder komplette Neuinstallation erforderlichen Kosten ab.

Bei leitungsgebundenen Heimnetzen lassen sich folgende technische Varianten unterscheiden:

- koaxiale Leitungen [coaxial cable] → Koaxialkabel,
- ungeschirmte verdrillte Zweidrahtleitungen [unshielded twisted pair (UTP)] → Telefonkabel,
- geschirmte verdrillte Zweidrahtleitungen [shielded twisted pair (STP)] → Datenkabel,
- nicht verdrillte Zweidrahtleitungen [untwisted pair (UP)] → Energiekabel,
- Lichtwellenleiter [fibre] → Glasfaserkabel oder Polymerfaserkabel.

Als funkgestützte Heimnetze werden im Regelfall drahtlose lokale Datennetze [wireless local area network (**WLAN**)] eingesetzt. Sie basieren stets auf der vom Institute of Electrical and Electronics Engineers (IEEE) entwickelten Standard-Familie IEEE 802.11 und bieten sehr gute Leistungsmerkmale sowie hohe Flexibilität. Im internationalen Sprachgebrauch wird für WLAN die Bezeichnung Wi-Fi [wireless fidelity] verwendet.

Abhängig von der Größe des Heimbereichs und den Anforderungen an die Steuerungsaufgaben kann ein Heimnetz auch die Mischform aus leitungsgebundenen und funkgestützten Abschnitten aufweisen.

23.3 Leistungsmerkmale von Heimnetzen

Die digitalen Signale in Heimnetzen können deshalb mit jeder verfügbaren Technologie auf Basis von Transportprotokollen übertragen werden, und zwar unabhängig von vorgesehenen Anwendungen [application]. Es müssen allerdings die erforderlichen Datenraten zur Verfügung stehen.

Während die Netzinfrastruktur für den Transport der Datenströme benötigt wird, gibt es für die mit dem Heimnetz verbundenen Geräte und Systeme folgende Anforderungen:

- Schnittstellen [interface],
- Anwendungsprotokolle [application protocol].

Die **Schnittstellen** dienen der funktionalen Anpassung der Geräte und Systeme an das Heimnetz. Sie umfassen neben mechanischen und elektrischen Spezifikationen auch Anforderungen an die Software. Deshalb bedarf bei Software-Schnittstellen jede angeschlossene Hardware einer entsprechenden Konfiguration. Die **Anwendungsprotokolle** stellen dagegen sicher, dass unterschiedliche Anwendungen gleichzeitig und ohne gegenseitige Beeinflussung über das Heimnetz übertragen werden können und deshalb simultan nutzbar sind (Bild 23.5).

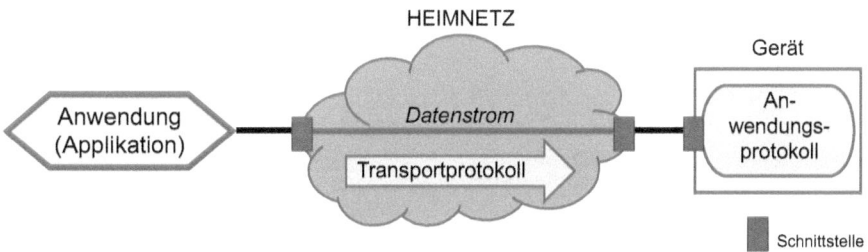

Bild 23.5 Protokolle beim Heimnetz

Bei leitungsgebundenen Heimnetzen handelt es sich bei den Schnittstellen zwischen den Leitungen und den beteiligten Geräten und Systemen üblicherweise um standardisierte steckbare Verbindungen. Dabei ist zu berücksichtigen, dass bei Standards auch Versionen auftreten können, für die dann unterschiedliche Spezifikationen gelten. Weisen Buchse und Stecker einer Steckverbindung nicht denselben Standard oder dieselbe Version eines Standards auf, dann ist zu prüfen, ob sich durch Adapter eine Anpassung realisieren lässt.

Mithilfe eines Heimnetzes lassen sich grundsätzlich folgende Maßnahmen bewirken:

- Ferneinstellung technischer Parameter und Rückmeldung des Ergebnisses,
- automatischer Ablauf einzelner Prozesse und Fernüberwachung durch Rückmeldung der Ergebnisse,
- intelligente automatische Ablaufsteuerung von Prozessen und Fernüberwachung durch Rückmeldung des jeweiligen Zustands der Abwicklung.

Im ersten Fall handelt es sich um Fernsteuerung und Fernüberwachung. Ein typisches Beispiel dafür ist das Ein- und Ausschalten der Beleuchtung in einem Raum über das Heimnetz, also aus einer definierten Entfernung.

Der automatische Ablauf einzelner Prozesse basiert stets auf dem Zusammenspiel von Sensoren und Aktoren. Ein Sensor ist in der Regel eine passive Komponente, die physikalische Größen (z. B. Temperatur) erfasst und bei Erreichen eines vorgegebenen Grenzwertes ein Steuersignal für den Aktor generiert. Dieser bewirkt dann als aktive Komponente eine gewünschte Aktion (z. B. Lüfter ein- oder ausschalten).

Grundsätzlich gelten folgende Definitionen:

- **Sensor**

  Eine auch als Fühler, Detektor oder Aufnehmer bezeichnete Komponente, die physikalische und chemische Eigenschaften an einer vorgegebenen Stelle erfasst und als proportionales Signal ausgibt.

- **Aktor**

  Eine auch als Aktuator bezeichnete Komponente, welche die Umsetzung elektrischer Signale in andere physikalische Größen (wie Bewegung, Temperatur, Druck …) bewirkt.

Sollen unterschiedliche Prozesse in einer vorgegebenen Verknüpfung automatisch ablaufen, dann sind folgende Varianten möglich:

- Die Prozesse laufen zeitlich nacheinander ab.
- Die Prozesse laufen gleichzeitig ab.
- Die Prozesse laufen in einer festgelegten Abhängigkeit voneinander ab, was auch definierte Verzögerungen einschließt. Dabei wird die Steuerung des Ablaufs durch entsprechende Software in der Zentraleinheit sichergestellt.

Bei den vorstehend beschriebenen Arten der Ablaufsteuerung kommt stets das „wenn, dann" [if this, than that (IFTTT)]-Konzept zur Anwendung. Dafür gilt auch die Bezeichnung „logische Verknüpfung". Es wird nämlich nur dann ein weiterer Prozess gestartet, wenn der vorhergehende Prozess abgeschlossen ist. Durch entsprechende Signalisierung sind Anfang und Ende jeden Prozesses eindeutig erkennbar. Das ermöglicht auch die Abwicklung komplexer Abläufe.

Bei funkgestützter Vernetzung wird für jeden Sensor und Aktor eine Sendeeinrichtung und eine Empfangseinrichtung benötigt. Für deren Funktion ist dabei jeweils eine geeignete Stromversorgung erforderlich.

Die bisher aufgezeigte Steuerung des Ablaufes von Prozessen über das Heimnetz kann mithilfe im Internet verfügbarer spezifischer Applikationen (Apps) noch verbessert werden. Dazu gehört zum Beispiel der Zugriff auf Alarmzentralen, Telemedizin, Informationsportale, Dienstleister, externe Betreuung und andere.

■ 23.4 Realisierung von Smart Home

Unter dem Begriff „Smart Home" sind vorrangig alle Abläufe subsummiert, bei denen die intelligente (= clevere) Steuerung voneinander abhängiger Prozesse erfolgt. Es sollen vorrangig folgende Ziele erreicht werden:

- Verbesserung der Wohn- und Lebensqualität,
- Steigerung des persönlichen Komforts,
- Erhöhung der Sicherheit im Heimbereich,
- intelligente Steuerung voneinander abhängiger Vorgänge,
- selbstbestimmte Lebensführung im Alter,
- effizientere Energienutzung,
- Erschließung neuer Dienstleistungen.

Smart Home bietet aus technisch-betrieblicher Sicht die Möglichkeit, den Ablauf vieler Prozesse im Heimbereich komfortabel und damit nutzerfreundlich, aber auch wirtschaftlich zu gestalten, allerdings verbunden mit einem kostenrelevanten technischen Aufwand.

Bei der Planung einer Vernetzung im Heimbereich muss zuerst festgelegt werden, welche Geräte, Systeme, Sensoren, Aktoren und andere technische Einrichtungen einbezogen werden sollen (Bild 23.6). Dabei kann auch mit einer Minimalversion begonnen werden und dann die schrittweise Erweiterung erfolgen. Es ist ebenso möglich, für einzelne Einsatzfelder zuerst einmal separate Netze aufzubauen (Bild 23.7) und diese später miteinander zu verknüpfen.

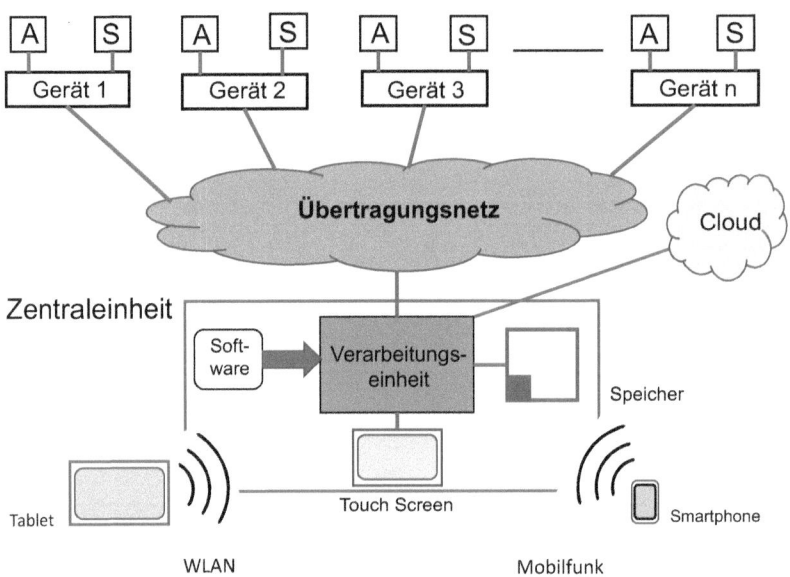

Bild 23.6 Smart Home (Gesamtkonzept)

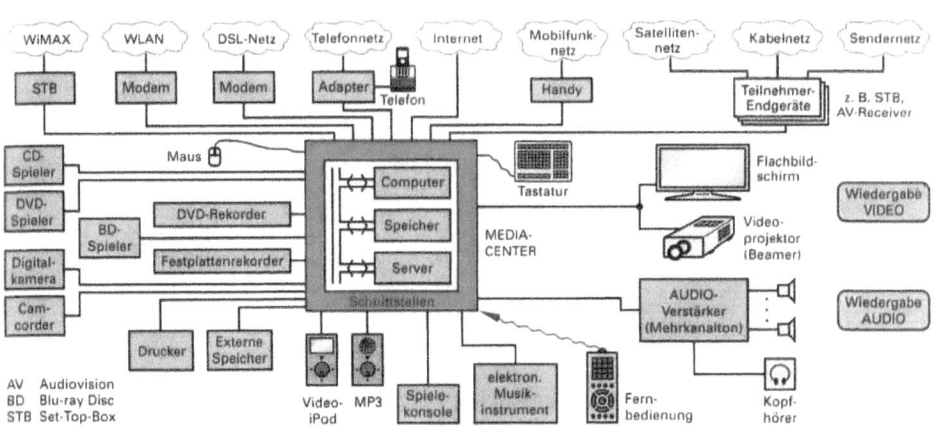

Bild 23.7 Heimvernetzung für Heimelektronik (Beispiel)

24 Elektronische Dienste

24.1 Einführung

In den bisherigen Kapiteln bezog sich die Medientechnik stets auf AV-Inhalte und die damit verbundenen Daten für Zusatzinformationen und die Steuerung der Übertragung und Wiedergabe. Die Verfahren der Medientechnik werden aber auch für zahlreiche **elektronische Dienste** genutzt, die ausschließlich auf der Verarbeitung von Daten basieren. In diesem Kapitel werden deshalb exemplarisch Anwendungen aufgezeigt, die für jeden Bürger als Dienste relevant sind, nämlich der Geldverkehr, die Verwaltung und das Gesundheitswesen. Aus diesen ist erkennbar, dass der häufig als digitale Transformation bezeichnete Übergang von der analogen Welt mit schriftlichen Belegen in die digitale Welt mit ausschließlich elektronischen Informationen für alle Betroffenen und Beteiligten große Vorteile bietet.

24.2 Elektronischer Geldverkehr

Geldverkehr wird auch als **Zahlungsverkehr** bezeichnet. Es handelt sich dabei immer um die Abwicklung finanzieller Transaktionen zwischen Zahlungspflichtigen und Zahlungsempfängern. Die Basis des klassischen Zahlungsverkehrs ist das Bargeld, also auf Papier gedruckte Banknoten und aus Metall geprägte Münzen. Nur Bargeld gilt national und international als gesetzliches Zahlungsmittel.

Der Bargeld-Zahlungsverkehr ist mit viel Aufwand verbunden, außerdem stellt auch die Sicherheit bezüglich Fälschung und Diebstahl einen wichtigen Aspekt dar. Es lassen sich folgende Zahlungsvarianten unterscheiden:

- Bargeldauszahlung,
- Bargeldeinzahlung,
- Überweisung (inkl. Dauerauftrag),

- Scheck,
- Lastschrift.

Die Abwicklung erfolgt über Banken und Sparkassen. Bei allen Vorgängen fallen dabei Belege in Papierform an, was einer schnellen Bearbeitung nicht dienlich ist, aber auch das Risiko für Fehler erhöht.

Die Lösung vorstehend aufgezeigter Problematik stellt der Übergang zum elektronischen Geldverkehr dar. Bei diesem ist das Bargeld durch in Datensätzen gespeichertes „elektronisches Geld" ersetzt. Für diese nicht mehr reale Form des Zahlungsmittels Geld gilt die Bezeichnung Buchgeld. Es liegt dann unbarer Geldverkehr vor, wobei das **Buchgeld** kein gesetzliches Zahlungsmittel ist, sondern lediglich ein Anspruch auf Auszahlung von Bargeld besteht.

Die Verschiedenheit des traditionellen und elektronischen Geldverkehrs lässt sich durch folgende Bezeichnungen charakterisieren:

Bargeld	↔	Buchgeld
Bargeld	↔	elektronisches Geld
Bargeld	↔	E-Geld
mit Bargeld	↔	bargeldlos
materielles Geld	↔	immaterielles Geld
reales Geld	↔	virtuelles Geld
beleghafter Zahlungsverkehr	↔	Zahlungsverkehr ohne schriftliche Belege

Auch der elektronische, nicht beleghafte Zahlungsverkehr wird über Banken und Sparkassen abgewickelt, bei denen es festgelegte Verfahren für den Austausch von Datenträgern über definierte Netze gibt. Damit können die Zahlungspflichtigen und Zahlungsempfänger ihr Geldinstitut frei wählen. Sie benötigen für den elektronischen Geldverkehr in jedem Fall ein Konto, damit alle Anwendungen realisiert werden können.

Der Übergang vom Bargeld zum Buchgeld lässt sich wie folgt charakterisieren:

- **Barzahlung**

  Der Zahlungspflichtige übergibt dem Zahlungsempfänger Bargeld.

  Fazit: Weder Zahlungspflichtige, noch Zahlungsempfänger benötigen ein Konto.

- **Halbbare Zahlung**

  Der Zahlungspflichtige zahlt Bargeld auf das Konto des Zahlungsempfängers. Diese Bargeldeinzahlung führt dort zu einem Buchgeldbetrag. Diese kann durch Bargeldauszahlung vom Konto in Bargeld gewandelt werden.

  Fazit: Der Zahlungsempfänger benötigt ein Konto.

- **Bargeldlose Zahlung**

  Der Zahlungspflichtige überweist den erforderlichen Betrag als Buchgeld von seinem Konto auf das Konto des Zahlungsempfängers.

  Fazit: Der Zahlungspflichtige und der Zahlungsempfänger benötigen jeweils ein Konto.

  Hinweis: Der Zahlungsverkehr zwischen Bank/Sparkasse läuft dabei ohne schriftliche Belege ab. Im Bedarfsfall werden vorhandene Belege durch Scannen in Datensätze gewandelt.

Der elektronische Geldverkehr ist unkompliziert, schnell, sicher, weltweit verfügbar und bietet vielfältige Einsatzmöglichkeiten. Es lassen sich folgende Zugriffsvarianten unterscheiden:

- Karte,
- Terminal,
- Internet,
- Smartphone,
- Telefon.

Unabhängig von der verwendeten Methode bedarf jede Transaktion der **Autorisierung**. Dafür gibt es verschiedene Möglichkeiten, die einzeln oder auch in Kombination zum Einsatz kommen:

- Unterschrift auf einem Papierbeleg oder berührungsempfindlichen Bildschirm.
- Angabe der Kontonummer als IBAN, die auch in einem Chip auf einer Debitkarte oder Kreditkarte gespeichert sein kann. Das ist zusätzlich auch auf einem Magnetstreifen üblich, den diese Karten aufweisen.
- Eingabe einer persönlichen Identifikationsnummer [personal identification number (PIN)] über den Bildschirm oder eine separate Tastatur.
- Eingabe einer für jede Aktivität spezifischen Transaktionsnummer TAN.

Es ist grundsätzlich auch möglich, jede Nummer ziffernweise per Sprache einzugeben.

Für den **elektronischen Zahlungsverkehr** geeignete Karten basieren stets auf einem Konto, von der die mit der Karte geleisteten Zahlungen abgebucht werden. Es handelt sich dabei entweder um Debitkarten (Girocard, Maestrocard …) oder Kreditkarten (Mastercard, Visa …). Der Unterschied zwischen diesen besteht einerseits im maximalen Verfügungsrahmen und andererseits im Zeitpunkt der Belastung des Kontos. Bei Debitkarten erfolgt das kurzfristig, im Grenzfall sogar sofort, während bei Kreditkarten die monatliche Sammelabrechnung der Standard ist.

Terminals sind üblicherweise in Banken/Sparkassen verfügbare Geräte, bei denen mithilfe von Debitkarten oder Kreditkarten Transaktionen ausgelöst werden können. Dabei handelt es sich primär um Überweisungen, Daueraufträge und Abfragen des Kontostandes. Es ist häufig aber auch die Einzahlung oder Auszahlung von Bargeld möglich.

Es gibt auch Terminals, die nur für Zahlungen ausgelegt sind. Sie befinden sich entweder im Kassenbereich von Geschäften oder können mobil eingesetzt werden (z. B. im Restaurant), da sie funkgestützt arbeiten. Für Kassenterminals haben sich auch die Bezeichnungen Point of Sale (POS) und Electronic Cash etabliert.

Das Auslesen der auf Debitkarten oder Kreditkarten gespeicherten Informationen zur Auslösung von Transaktionen erfolgt entweder mechanisch über einen Kartenleser [card reader] oder kontaktlos mit funkgestützter Nahfeldkommunikation [near field communication (NFC)].

Elektronischer Geldverkehr kann auch vollständig über das Internet abgewickelt werden. Es gilt dafür die Bezeichnung **Online-Banking**, wobei jedem am Zahlungsverkehr Beteiligten ein entsprechend leistungsfähiger Internetzugang zur Verfügung stehen muss, der leitungsgebunden, aber auch funkgestützt (z. B. WLAN) realisiert sein kann. Diese Form des Geldverkehrs wird von Banken/Sparkassen ihren Kunden angeboten, ist systembedingt weltweit nutzbar und weist umfängliche Schutzmaßnahmen gegen missbräuchliche Nutzung auf.

Durch den Einsatz des Smartphones lassen sich Zahlungen im Rahmen des mobilen elektronischen Geldverkehrs [mobile payment, M-Payment] abwickeln. Es handelt sich im Prinzip um eine Anwendung [application (App)] (Apple Pay, Google Pay …), die über den Bildschirm des Gerätes gesteuert wird, wobei die Verbindung zum Konto bei der Bank/Sparkasse über ein Mobilfunknetz erfolgt. Die Durchführung der Zahlungsvorgänge erfolgt in der Regel kontaktlos durch Nahfeldkommunikation (NFC). Das Smartphone des Zahlungspflichtigen muss dabei lediglich in einem geringen Abstand vor das Kassenterminal des Zahlungsempfängers gehalten werden. Für M-Payment sind auch Bluetooth oder vergleichbare Übertragungssysteme verwendbar.

Der mobile elektronische Geldverkehr ist auch ein Bezahlformat für jede Art von Dienstleistungen (Handy Parken, Handy Porto …) gegeben.

Der elektronische Geldverkehr umfasst auch Angebote, ihn über das Telefon-Festnetz abzuwickeln. Sie werden unter der Bezeichnung Telefon-Banking vermarktet. Transaktionen werden dabei durch Tasteneingabe, Spracheingabe oder der Kombination aus beiden Verfahren ausgelöst. Zahlreiche Maßnahmen im System gewährleisten den Schutz gegen missbräuchliche Nutzung durch nicht autorisierte Dritte.

Die im Kapitel aufgezeigten Varianten des elektronischen Geldverkehrs weisen zwar unterschiedliche Konzepte auf, bieten jedoch für alle Nutzer den bequemen und sicheren Einstieg in die durch Wettbewerb gekennzeichnete Welt des Buchgeldes. Dies basiert auf der europäischen Zahlungsdienste-Richtlinie 2015/2366, die in ihrer zweiten Version seit 14. September 2019 als Payment Service Directive 2 (PSD 2) in Kraft ist und für den gesamten europäischen SEPA-Zahlungsraum gilt. Durch systematische Fortschreibung der Richtlinie wird gewährleistet, dass alle Entwicklungen des elektronischen Geldverkehrs im Regelwerk Berücksichtigung finden.

24.3 Elektronische Verwaltung

Für elektronische Verwaltung (E-Verwaltung) werden auch die Bezeichnungen E-Administration und **E-Government** verwendet. Es ist darunter die durch IKT unterstützte Entwicklung, Vereinfachung und Durchführung von Prozessen zur Information, Kommunikation und Transaktion zwischen Behörden der Legislative, Exekutive und Judikative als staatliche Institutionen und Bürgern, aber auch Organisationen und Unternehmen zu verstehen. Das Ziel ist die vollständige Ablösung aller bisher in Schriftform abgewickelten **Verwaltungsvorgänge** durch elektronische Vorgänge auf Datenbasis. Diese Analog-Digital-Transformation soll einerseits zu schnelleren, unkomplizierteren und effektiveren Dienstleistungen [service] führen, andererseits aber auch Verwaltungskosten reduzieren.

Die Realisierung der elektronischen Verwaltung erfolgt primär über das Internet. Dafür müssen bisherige Verwaltungsabläufe umstrukturiert werden, damit sich alle Maßnahmen an den Nutzern orientieren und optimale Wirtschaftlichkeit gegeben ist. Die Umstellung auf E-Government muss auch die föderale Struktur in Deutschland und die kommunale Selbstverwaltung berücksichtigen. In diesem Zusammenhang sind bei allen relevanten Diensten die Anwendersicht und die Verwaltungssicht zu unterscheiden.

Eine wichtige Grundlage der elektronischen Verwaltung bildet das Gesetz zu Förderung der elektronischen Verwaltung (E-Government-Gesetz, **EGovG**) vom 25. Juli 2013, dessen letzte Änderung am 3. Dezember 2020 erfolgte. Es regelt die Abwicklung von Verwaltungsprozessen mithilfe von Informations- und Kommunikationstechniken über elektronische Medien und umfass folgende für den Nutzer relevante Kernpunkte:

- elektronische Übermittlung von Daten (inkl. elektronische Signatur),
- elektronische Bearbeitung von Anträgen,
- elektronische Bezahlung in Verwaltungsverfahren,
- Gewährleistung von Akteneinsicht mit elektronischen Verfahren,
- Erfüllung von Publikationspflichten durch elektronische Mitteilungs- und Verkündungsblätter,

- Verpflichtung zur Dokumentation und Analyse von Vorgängen,
- Bereitstellung maschinenlesbarer Datenbestände,
- Gewährleistung der Barrierefreiheit bei der elektronischen Kommunikation und der Verwendung elektronischer Dokumente,
- Sicherstellung des Datenschutzes:

  Dafür bietet das vom Bundesamt für Sicherheit in der Informationstechnik (BSI) herausgegebene E-Government-Handbuch eine empfehlenswerte Arbeitshilfe, um den erforderlichen Aufwand für den Datenschutz kalkulieren zu können.

Die im EGovG formulierten Vorgaben für die Übertragung von Daten wurde durch das **Onlinezugangsgesetz** (OZG) vom 14. August 2017 mit der letzten Änderung vom 3. Dezember 2020 präzisiert. Es verpflichtet nämlich den Bund und die Länder, bis spätestens 2022 ihre Verwaltungsleistungen auch elektronisch über Verwaltungsportale anzubieten. Diese müssen außerdem zu einem Portalverbund miteinander verknüpft werden.

Die elektronische Verwaltung weist für den Nutzer im Idealfall folgende grundsätzlichen Vorteile auf:

- Die Behörden sind „rund um die Uhr" erreichbar.
- Es entfallen zeitaufwendige Wege.
- Informationen sind leichter zugänglich.
- Alle Anliegen der Nutzer (Personalausweis verlängern, Kfz anmelden/ummelden, Steuererklärung abgeben …) lassen sich online erledigen.
- Bei Wahlen wäre auch die elektronische Stimmabgabe realisierbar.

Um das Ziel der vollständigen elektronischen Verwaltung zu erreichen, bedarf es noch der Abklärung einzelner Problemstellungen.

Eine sehr hohe Wichtigkeit hat der Schutz personenbezogener Daten. Hier bedarf es eines ausgeprägten Sicherheitssystems, das die Autorisierung der Speicherung, der Übertragung und des Zugriffs detailliert regelt.

Es ist bei E-Government außerdem Interoperabilität sicherzustellen. Der Transfer von Daten und Informationen zwischen beteiligten Stellen muss also ohne Probleme und Verluste erfolgen. Es bedarf deshalb offener Schnittstellen, gemeinsamer Übertragungsprotokolle und einheitlicher Datenformate, um Insellösungen zu vermeiden. Vergleichbares gilt für Nutzer-Gruppenbildung (Alter, Einkommen, Bildungsstand, Wohnort …) durch heterogene Informations- und Kommunikationstechnik (Software, Hardware, Netzzugang).

Als wesentliches Kriterium gilt es auch die **Inklusion** zu berücksichtigen. Es darf kein Bürger benachteiligt oder von Dienstleistungen ausgeschlossen werden. Die elektronische Verwaltung muss deshalb jedem plattformunabhängig zugänglich sein.

Es besteht auch noch Klärungsbedarf, wie Bürger in die elektronische Verwaltung eingebunden werden sollen, denen kein PC oder Internetzugang zur Verfügung steht oder die keine PC-Kenntnisse besitzen.

Nach derzeitigem Stand ist in Deutschland die Nutzerakzeptanz für die elektronische Verwaltung noch relativ gering. Hier bedarf es geeigneter Steigerungsmaßnahmen.

24.4 Elektronisches Gesundheitswesen

Das elektronische Gesundheitswesen umfasst alle administrativen Maßnahmen der Diagnose und Therapie, die elektronisch als Datenanwendungen [data application] durchgeführt werden können. Es soll damit für die Behandlung und Betreuung von Patientinnen und Patienten alle Möglichkeiten nutzen, die moderne Informations- und Kommunikationstechnologien bieten.

Für das elektronische Gesundheitswesen hat sich inzwischen die Bezeichnung **E-Health** etabliert. Dessen Basis ist das „Gesetz für sichere digitale Kommunikation und Anwendungen im Gesundheitswesen sowie zur Änderung weiterer Gesetze" mit dem nicht amtlichen Titel E-Health-Gesetz vom 21. Dezember 2015. Es regelt die Einführung digitaler Anwendungen im Gesundheitswesen durch die schrittweise Ablösung bisher papierbasierter Prozesse durch IT-unterstützte Verfahren, gilt nur für die Mitglieder der gesetzlichen Krankenversicherung und soll insgesamt eine verbesserte Versorgung der Patientinnen und Patienten bewirken.

Das E-Health-Gesetz beinhaltet folgende Schwerpunkte, für die allerdings jeweils definierte Voraussetzungen erfüllt sein müssen:

- **Elektronische Gesundheitskarte** (eGK)

  Diese Karte ist der ausschließliche Berechtigungsnachweis, um Leistungen der gesetzlichen Krankenversicherung in Anspruch nehmen zu können. Neben den administrativen Daten der versicherten Person (inkl. Foto) können auf der eGK auch zahlreiche medizinische personenbezogene Daten gespeichert werden, um den schnellen Zugriff auf wichtige Informationen sicherzustellen.

- **Elektronische Patientenakte** (ePA)

  Die ePA umfasst medizinische Befunde (z. B. Arztbriefe) und Informationen aus vorhergehenden Untersuchungen und Behandlungen über Praxis- und Krankenhausgrenzen hinweg. Durch die unmittelbare Verfügbarkeit dieser Daten entfällt Zeit für die Informationsbeschaffung, außerdem lassen sich Doppeluntersuchungen vermeiden. In der ePa können auch eigene Daten der versicherten Person (z. B. Blutzuckermessungen) abgelegt werden.

Mit den in der elektronischen Patientenakte zur Verfügung stehenden Informationen ist die Optimierung der Diagnose und Therapie möglich.

- **Versicherungsstammdatenmanagement** (VSDM)

  Diese Vorgabe umfasst die Aktualisierung der administrativen Daten und der Gesundheitsdaten der versicherten Person auf der eGK und in der ePA.

- **Videosprechstunden**

  Durchführung von Sprechstunden für definierte medizinische Fachgebiete und Indikationen über interaktive Videoverbindungen zwischen Patientin/Patient und Arztpraxis.

- **Notfalldatenspeicherung**

  Speicherung notfallrelevanter medizinischer Informationen (Blutgruppe, Impfungen, Allergien, Vorerkrankungen …) auf der eGK.

- **Medikationsplan**

  Speicherung aller verschriebenen Medikamente auf der eGK. Dies ermöglicht bei Änderungen/Ergänzungen die sachgerechte Prüfung der Verträglichkeit.

- **Datenschutz und Datensicherheit**

  Festlegungen für den Zugriff auf personenbezogene medizinische Daten und für Maßnahmen gegen Verlust oder Veränderung von Daten des elektronischen Gesundheitswesens bei der Übertragung.

Durch die nachfolgend angeführten Gesetze wird das E-Health-Gesetz flankiert und damit die Einführung des elektronischen Gesundheitswesens unterstützt:

- Gesetz für mehr Sicherheit in der Arzneimittelversorgung (GSAV) vom 9. August 2019,
- Gesetz für eine bessere Versorgung durch Digitalisierung und Innovation vom 9. Dezember 2019,

  Kurztitel: Digitale-Versorgungs-Gesetz (DVG),

- Gesetz zum Schutz elektronischer Patientendaten in der Telematikinfrastruktur vom 14. Oktober 2020,

  Kurztitel: Patientendaten-Schutz-Gesetz (PDSG),

- Gesetz zur digitalen Modernisierung von Versorgung und Pflege vom 3. Juni 2021,

  Kurztitel: Digitale-Versorgung-und-Pflege-Modernisierungs-Gesetz (DVPMG).

Im Jahr 2022 wird die Zettelwirtschaft im Gesundheitswesen durch die Einführung des **elektronischen Rezepts** (e-Rezept) weiter reduziert. Es basiert auf den

Vorgaben des PDSG, erspart gegenüber der Papierversion Zeit für die Abholung oder den Versand, kann in jeder Apotheke (vor Ort oder online) eingelöst werden und vereinfacht die Abläufe in der Arztpraxis und der Apotheke.

Als wichtige Perspektive des elektronischen Gesundheitswesens gilt die **Telemedizin**. Sie ermöglicht es, unter Einsatz audiovisueller Kommunikationstechnologien trotz räumlicher Trennung zwischen Patientin/Patient und Ärztin/Arzt Diagnostik, Konsultationen, Notfalldienste und sonstige medizinische Aktivitäten anzubieten. Dabei kann die Telemedizin in schwach besiedelten Gebieten, wie dem ländlichen Raum, durchaus ein wesentlicher Bestandteil der medizinischen Versorgung werden. Der Aufbau unmittelbarer Kontakte zu Spezialisten stellt eine weitere Einsatzmöglichkeit der Telemedizin dar.

25 Perspektiven

Technologien

- **Audio- und Videocodierung**

    Die Entwicklung der Quellencodierung für Audio und Video mit hohen Kompressionsfaktoren ist nahezu abgeschlossen. Im Bereich der Videocodierung sind nach der Einführung von VVC [versatile video coding] nur noch geringe Steigerungen der Codiereffizienz zu erwarten. Bei den Audiosignalen gehen die Aktivitäten in Richtung verlustloser Verfahren, verbunden mit Weiterentwicklungen zu Mehrkanalverfahren, auch unter Einbindung der Virtual Reality (VR).

- **Modulation**

    I/Q- und OFDM-basierte Modulationsverfahren haben in Verbindung mit den verfügbaren Algorithmen zur Kanalcodierung eine Effizienz erreicht, die nahe an der Shannon-Grenze liegt. Eine Steigerung der Datenübertragungsrate ist nur noch mit einer Erhöhung der Modulationskonstellationen erreichbar, was aber höhere C/N-Werte der Übertragungskanäle erfordert. Neuere Ansätze zielen neben der Nutzung von Zeit-, Frequenz- und Codemultiplex auf die Einbeziehung der unterschiedlichen Signalpegel am Empfangsort ab. Diese mit NOMA [non orthogonal multiple access] bezeichneten Verfahren befinden sich noch in der Erprobungsphase.

- **Kanalcodierung**

    Die Entwicklungen der Kanalcodierung sind weitestgehend abgeschlossen. Bei zukünftigen Kanalcodierungsverfahren für leitungsgebundene und funkgestützte Übertragungswege geht es im Wesentlichen um die Reduktion von Latenzen (also Verzögerungszeiten) und die Erhöhung der Robustheit gegenüber Störeinwirkungen.

- **Videostandards**

    Bei der TV-Übertragung hat das Auslaufen der Ausstrahlungen im SDTV-Format begonnen. HDTV ist inzwischen Stand der Technik und 4k-UHDTV befindet sich im Aufbau. Über die Realisierung von 8k-UHDTV stehen Entscheidungen noch aus.

Übertragungssysteme

- **Mobilfunk**

  5G in den Frequenzbereichen unterhalb von 6 GHz befindet sich derzeit in der Aufbauphase und wird mittelfristig alle Vorgängerstandards (inkl. LTE) ablösen. Der Frequenzbereich oberhalb von 6 GHz soll in einer zweiten Phase erschlossen werden. Die Einführung von 6G wird eine weitere Steigerung der Datenübertragungsraten ermöglichen. Dazu ist aber die Nutzung von Frequenzen bis 300 GHz notwendig, bei denen für die Übertragung allerdings unmittelbare Sichtverbindung zwischen der Sende- und Empfangsseite gegeben sein muss.

- **Rundfunk**

  Der analoge Hörrundfunk über UKW befindet sich in der auslaufenden Phase. Es wird ein kontinuierlicher Übergang auf DAB+ stattfinden. Bezüglich der DVB-Übertragungsstandards der zweiten Generation (DVB-T2; DVB-S2) wird es keine Weiterentwicklungen mehr geben. Für das terrestrische Fernsehen wird der Übergang von DVB-T2 auf 5G Broadcast als realistischer Ansatz gesehen und durch Erprobungen untersucht.

- **Kabelnetze und Glasfasernetze**

  Mit dem Vectoring-Konzept kann bei DSL die Datenübertragungsrate von 150 Mbit/s nicht mehr wesentlich weiter gesteigert werden. Zukünftig werden Lichtwellenleiter die Versorgung auf allen Netzebenen, also die HFC-Netze durch optische Teilnetze bis zu den Endgeräten ersetzen.

Smart Home

Das im Heimbereich vorhandene Potenzial für Smart-Home-Anwendungen wird bisher nur begrenzt genutzt. Es ist jedoch von einer stetigen Steigerung auszugehen, weil zunehmend die bisher üblichen proprietären Lösungen durch übergreifende Konzepte abgelöst werden, die unabhängig von Herstellern und bestimmten Technologien sind.

Neue Dienste und Weiterentwicklung bestehender Dienste

Bezüglich der Vielfalt und Qualität von Diensten wird von weiterem Wachstum ausgegangen, weil sich durch Anwendungen (Apps) alle realen Einsatzgebiete einbinden lassen. Dabei wird auch die individuelle Konfigurierbarkeit eine wichtige Rolle spielen.

Nutzerverhalten

Die jüngeren Nutzer präferieren zunehmend nicht-linearen Konsum audiovisueller Inhalte. Das hat zur Folge, dass lineares Fernsehen zurückgehen wird. Parallel dazu ist von einer Steigerung des Bedarfs an Datenraten in leitungsgebundenen Übertragungssystemen und im Mobilfunk auszugehen. Die Einführung neuer Dienste wird diesen Trend noch beschleunigen.

Literatur

Badach, Anatol: Technik der IP-Netze. – München: Hanser, 2019

Burgmaier, Monika [u. a.]: Tabellenbuch Informations-, Geräte-, System- und Automatisierungstechnik. – Haan-Gruiten: Verlag Europa-Lehrmittel, 2019

Dehler, Elmar [u. a.]: Fachkunde Büro- und Informationselektronik mit Radio, Fernseh- und Medientechnik. – Haan-Gruiten: Verlag Europa-Lehrmittel, 2018

Dehler, Elmar [u. a.]: IKT-Fachkunde. – Haan-Gruiten: Verlag Europa-Lehrmittel, 2020

Dehler, Elmar [u. a.]: Informationstechnik, Kommunikation, Neue Netze. – Haan-Gruiten: Verlag Europa-Lehrmittel, 2021

Dehler, Elmar [u. a.]: IT-Tabellenbuch. – Haan-Gruiten: Verlag Europa-Lehrmittel, 2019

ETSI-Spezifikationen zu DVB: EN 300 421; EN 300 429; EN 300 744; EN 302 307; EN 302 755

Freyer, Ulrich: DVB-Digitales Fernsehen. – Huss-Medien, 1997

Freyer, Ulrich: Nachrichten-Übertragungstechnik. – München: Hanser, 2017

Hauser, Bernhard J.: Fachwissen Netzwerktechnik. – Haan-Gruiten: Verlag Europa-Lehrmittel, 2019

Meyer, Martin: Kommunikationstechnik. – Wiesbaden: Springer Vieweg, 2019

Ohm, J.- R.; Lüke, H.-D.: Signalübertragung. – Springer Vieweg, 2015

Reimers, Ulrich: DVB-Digitale Fernsehtechnik. – Springer-Verlag, 2008

Roppel, Carsten: Grundlagen der Nachrichtentechnik. – München: Hanser, 2018

Siegmund, Gerd: Technik der Netze 1. – Berlin: VDE Verlag, 2014

Siegmund, Gerd: Technik der Netze 2. – Berlin: VDE Verlag, 2020

Silverberg, Michael: Vorlesung „Digitale Rundfunk- und Fernsehsysteme 1 & 2"

Zisler, Harald: Computer-Netzwerke. – Bonn: Rheinwerk, 2020

Index

Symbole

1. Sat.-ZF 103
−3 dB-Bandbreite 68
3GPP 321
4B3T-Code 163
4-DPSK 260
5G 320
6G 330
8-PSK 209, 296
16-APSK 296
16-QAM 209
25 Hz-Flackern 283
32-APSK 296
256-APSK 297
256-QAM 298

A

Abrufdienst 11
Abrufübertragung 240
Abstand 29
Abtastastung 281
Abtast-Jitter 200
Abtastquelle 58
Abtasttheorem 78
– ideales 78
Abtastung 78
– berührungslos 58
– reale 81
Abwärtsstrecke 102
access network 241, 351
Access Point 351
Adapter 382
adaptive differential pulse code modulation (ADPCM) 194
ADC 117
Admittanzmatrix 50
ADSL 364
ADU 117
AES-3-Audiosignale 240
AF 257
AIT 315
Aktor 382
Akzeptanzkegel 95
Akzeptanzwinkel 95
Alias 80
All-IP-Produktion 240
alternate mark inversion 162
alternative frequencies 257
AMI-Format 162
amplifier 112
Amplitude 18
amplitude distortion 69
amplitude frequency response 19
Amplituden-Frequenzgang 19
Amplitudengang 19, 67
Amplitudenmodulation 181
– modifizierte 183
Amplitudenumtastung 195
Amplitudenverzerrung 69
amplitude shift keying (ASK) 195
Analog-Digital-Umsetzer 117, 239
analog-to-digital converter 117
Anpassung 83, 127
Anpassungsbedingung 83
Anpassungsfaktor 84 f.
Anschalteeinheit 370
antenna diversity 230
Antenne 88
Antennendiversität 230
Antennen-Diversity 106
Antennenfläche 100
Antennengewinn 101
Anti-Alias-Filterung 276
Anwendung 33
Anwendungs-Programmierschnittstellen 134
Anwendungsprotokoll 381

Apertur
- numerische 95, 97
Aperturzeit 82
API 134
application 33
application information table 315
application layer 124
application programming interface 134
Architektur 349
artificial intelligence 380
ASCII-Zeichen 336
aspect ratio 285
attenuation 26
Audio 4
Audiodaten 239
Audiodeskription 245
Audio-on-Demand 269, 272
Audiothek 272
Audiovision 239
Aufbaustruktur 349
Auflösung 118
Aufwärtsstrecke 101
Ausgangspegel 46
Auslesegeschwindigkeit 64, 105
Auslesen 8
Außenproduktion 240
Außenwiderstand 83
Authentifizierung 108
Autokorrelationsfunktion 72
Autorisierung 387
Autostart-Applikation 314
Azimut 102

B

Backbone 151, 339
Backbone-Netz 151
back-up 379
Bandbreite 42
Bandbreiten-Entfernungs-Produkt 96
Bandbreiten-Längen-Produkt 96
Bandpass 115
Bandsperre 115
bandstopp 115
Barrierefreiheit 243
base band scrambling 176
baseband signal 159
baseband transmission 159
base station 319
Basisbandlage 179, 348
Basisbandsignal 159, 180

Basisbandübertragung 159
Basisstation 157, 319
Baumnetz 150
BD 62, 104
Beamforming 326
Benutzergruppe
- geschlossene 147
Besselfunktionen 187
Betrieb
- bidirektionaler 106
- unidirektionaler 105
Betriebsart 105
Betriebs-Dämpfungsfaktor 51
Betriebs-Dämpfungsmaß 52
Betriebssystem 134
Betriebs-Verstärkungsfaktor 51
Betriebs-Verstärkungsmaß 51
Bewegtbild-Sequenzen 275
bewegungsadaptiv 283
Bewegungskompensation 168, 171
Bewegungsschätzung 171
Bewegungsverschleifung 284
bewerteter Rauschabstand 78
Bezahldienst 11, 108
Bezahl-Radio 269
B-Frames 170
Bild 4
Bildfeldzerlegung 275
Bildseitenverhältnis 285
Bildspeicher 172
Bi-Phasen-Codierung 255
bit error ratio 229
Bitfehlerrate 229
Bitrate 44
Blockcode 163
Blockcodierung 178
Blockschaltbild 47
blu-ray disc 62, 104
Bodenstation 101
body 145
Boltzmann-Konstante 75
bounded applications 312
Brechungsindex 94
Brechzahl 94
Breitbandkabel-Telefonie 374
Breitband-Verstärker 112
Brennpunkt 102
Bridge 40, 123
Bring-Dienste 241
Broadcast 143
Broadcast-Mode 175
Bruttodatenrate 133, 175, 261

Buchgeld 386
Bündelfehler 175
Burstfehler 175, 294
Busnetz 150

C

CA 108
- embedded 236
- extern 236
CABAC (context adaptive binary arithmetic coding) 174
cable modem termination system 360
CAI 129
CAM 236
Campus-Netze 329
card reader 236
carrier sense multiple access with collision detection 226, 347
carrier-to-noise ratio 78
Carson-Näherung 188
CAVLC (context adaptive variable length coding) 174
CD 60, 104
CDN 241, 270
CE-HTML 315
cell 144
channel 41
channel capacity 44
Chatten 338
Chipkarte 108
C/I 78
CI 236
CICAM 236
Client 125
Client-Server-Konzept 341
closed user group 147
Cloud-Nutzungen 240
Cluster 157, 320, 361
CMAF 314
CMTS 360
coarse WDM 155
code division multiple access 228
code division multiplex (CDM) 223
Codemultiplex (CDM) 222
Codemultiplex (CDMA) 228
Coderate 45, 178
Codierung 160, 192
- prädiktive 194
COFDM-Demodulator 265
collision detection 226
Commercial Internet Exchange (CIX) 340

common air interface 129
common interface 236
common interface conditional access module 236
common media application format 314
compact disc 60, 104
conditional access 108, 233
conditional access module 236
Connected-TV 312
Connectivity 326
container 220
Content Delivery Networks 241
content distribution network 270
continual pilots 302
conversion time 118
converter 116
Cosinus-Signal 15
crosstalking 71
crosstalking attenuation figure 72
CSMA/CD 226, 347
CUG 147
CWDM 155

D

DAB 258
DAB+ 267
DAB-Basisbandsignal 263
DAB-Frequenzblock 264
DAB-Multiplexsignal 261
DABplus 267
DAB-Rahmenstruktur 263
DAC 117
Dämpfung 26
- längenabhängige 46
Dämpfungsbelag 91
Dämpfungsfaktor 27
Dämpfungsmaß 91
Dämpfungsverzerrung 69
Darstellungsprotokoll 38
Darstellungsschicht 37
data circuit terminating equipment 345
data over cable service interface specification 361
data terminal equipment 345
Daten 4
Datendecoder 265
Datendurchsatz 326
Datenempfänger 345
Datenendeinrichtung 345
Datenkabel 348
Datenkommunikation 345
Datenkompression 164

Datennetz 346
- lokales 346
- städtisches/regionales 346
Datenpakete 220
Datenquelle 345
Datenrate 320
Datenreduktion 44
Datensender 345
Datensenke 345
Datensignale 243
Datenübertragung
- im Basisband 197
Datenübertragungseinrichtung 345
Datenübertragungsgeschwindigkeit 320
Datenübertragungsrate 44
dB 25
dBm 28
dB(mW) 28
dB(V) 28
dBV 28
dB(W) 28
dBW 28
dB(µV) 28
dBµV 28
DCE 345
DE-CIX 340
Decodierung 160
decryption 234
DEE 345
Deemphasis 251
De-Interlacer 283
Deinterleaving 177
Deltamodulation 194
- adaptiv(ADM) 195
Demodulation 180
- kohärente 183
Demultiplexer 218, 290
Demultiplexierer 276
Demultiplexierung 218
DENIC 334
dense WDM 155
descrambling 234
Dezibel 25
DFT 215
dichter Wellenlängenmultiplex 155
Dienst 10, 33
- entgeltfreier 107
- entgeltlicher 11
- entgeltpflichtiger 107
- freier 11
Dienste-dedizierte Netze 371
Diensteebene 370

Dienstegüte 146
Dienste-integrierende Netze 372
differential pulse code modulation (DPCM) 194
Differenz-Phasenumtastung 260
Differenz-Pulscodemodulation 194
- adaptiv 194
Differenzsignal 253
Digital-Analog-Umsetzer 117, 119, 239
digital audio broadcast 258
Digital Living Network Alliance 380
Digitalradio 259
digital rights management 108
digital subscriber line 362
digital subscriber line access multiplexer 362
digital-to-analog converter 117
digital versatile disc 61, 104
Digital Video Broadcasting-Internet 316
DIN 140
Dirac-Impuls 16
Dirac-Kamm 17
Direktübertragung 240
discrete cosine transformation 168
Diskrete Kosinus-Transformation (DCT) 168
Diskretisierung 78, 275
distortion 69
distortion attenuation figure 71
distortion factor 71
distribution 143
Distributionsnetz 241
Diversitätscodierung 231
Diversitätsgewinn 231
DLNA 380
DLS 266
DOCSIS-Standard 361
Dolby AC-3 167
Dolby AC-4 311
Dolby Vision 310
Doppler-Effekt 302
downlink 102, 269
Downstream 154
Dreitor 47
DRM 108, 130
DS 154
DSB 184
DSL 362
DSLAM 362
DSL-Router 362
DSL-Splitter 362
DSMCC-Object-Carousel 315
DTE 345
DÜE 345
Durchgangs-Vermittlungsstelle 372

Durchlassbereich 68
Durchlassfrequenz 68
Durchschaltevermittlung 144
DVB-C 298
DVB-C2 299
DVB-C-Radio 268
DVB front end 290
DVB-I 316
DVB-S 269, 293
DVB-S2 295
DVB-S2X 297
DVB-T 300
DVB-T2 303
DVB-Übertragungsstandard 292
DVB via IP 270
DVD 61, 104
DWDM 155

E

EBU 141
Echo 99, 212
Effektivwert 18
Effizienz
- spektrale 45
E-Government 389
E-Government-Gesetz 389
EGovG 389
E-Health 391
E-Health-Gesetz 391
Eingangspegel 46
Einlesegeschwindigkeit 64, 105
Einlesen 8
Eintor 47
- aktives 48
- passives 48
Ein-Träger-Verfahren 180
Einzelbitfehler 175
Einzelkanalträger 228
Einzelzugriff 225
electrically erasable programmable read-only
   memory 65
Electronic Cash 388
electronic program guide 289
elektrische Spannung 24
elektrische Wirkleistung 24
Elektronische Dienste 385
Elevation 102
eMBB 327
Empfänger 41, 114
Empfangsdiversität 231
Empfangseinrichtung 156

Empfangsleistung 100
Empfangsverteilanlage 103
Empfindlichkeit 156, 251
EN 62106 255
encryption 233
Ende-zu-Ende-Betrachtung 33
Ende-zu-Ende-Protokoll 137
Endgeräte 105
end-to-end-protocol 137
Energietechnik 377
Energieverwischung 176
enhanced other networks 258
Entlogarithmieren 25
Entropie-Codierung 164, 174
Entschlüsselung 234
Entwürfelung 234
EON 258
EPG 244
erasable programmable read-only memory 65
error protection 44
Ersatzschaltplan 49
Ethernet 347f.
ETSI 140
Euklidischer Abstand 293
Europäische Rundfunkunion 141
Europäische Zahlungsdienste-Richtlinie 389
European Broadcasting Union 141

F

Faltung
- Frequenzbereich 22
- Zeitbereich 21
Faltungscodierung 177
Farbart 280
Farbbalken 279
Farbdifferenzsignale 279
- Unterabtastung von 281
Farbe 276
Farbsättigung 280
Farbton 280
Farbwahrnehmung 276
Fast-Fourier-Transformation 214
- inverse 214
fast information channel 262
FDD 106
FEC 259
Fehlanpassung 83, 92
Fehlererkennung 259
Fehlerkorrektur 259
Fehlerschutz 44, 59, 259
Fehlervektor 211

Felder
- elektromagnetische 156
FeMBMS 328
Fernbedienung 244
Ferneinstellung 382
Fernnetzebene 372
Fernsehen 275
Fernsehsysteme 275
Fernsteuerung 240, 243, 378 f.
Fernüberwachung 379
Fernvermittlungsstelle 372
Festkörperspeicher 63
Festnetze 148
Festnetz-Telefonie 369
Festplattenspeicher
- portabler 104
FFT 214
FFT-Längen 301
fiber to the home 268
fibre optic 93
fibre to the building 152
fibre to the curb 152
fibre to the home 152, 341
FIC 262
field 282
Field Insertion 283
figure 30
file transfer protocol 335
Filter 114
Filterbank 166
Filterflanken 67
Firewall 338
Flankensteilheit 115
Flash-Speicher 64
Flatrate 109
Formungsfunktion 198
Forum 338
forward error correction 175, 259, 292
Fotodiode 120
Fotosensor 60
Fourier-Analyse 70
Fourierkomponente 215
Fourierrücktransformation 20
Fourier-Transformation 20
- diskret 215
- invers diskret 215
FR1 324
FR2 324
frame 144, 282, 345
frame store 172
free service 11, 107
Freiraumdämpfung 100

frequency division duplex 106
frequency division multiple access 227
frequency division multiplex (FDM) 221
frequency shift keying (FSK) 196
Frequenz 56
Frequenzabhängigkeit 3
Frequenzbereich 20
Frequenzfunktion 18
Frequenzhub 185
Frequenzkoeffizienten 168
Frequenzmodulation 185
Frequenzmultiplex (FDM) 221
Frequenzmultiplex (FDMA) 227
Frequenzumsetzer 121
Frequenzumtastung 196
Frequenzweiche 116
FS 118
F-Stecker-Anschluss 359
FTP 335
FTTB 152
FTTC 152
FTTD 153
FTTH 152, 268, 341
FTTX 153
Full HDTV 308
full scale 118
Funkempfänger 88, 114
Funknetz 9
- zellulares 157
Funksender 88, 113
Funktionseinheiten 111
Funkübertragung 87, 99
Funkübertragungssysteme
- terrestrische 99
Funkzellen 157, 319

G

gain 26
GAN 145
Gateway 40
Gauß-Impuls 14
Gauß-Rauschen 73
GBG 147
Gegenbetrieb 106
Geldverkehr 385
Gerätebedienung 243
Geräusch 78
Geräuschabstand 78
Gerber-Norm 283
Gesundheitswesen 391
Gewinn der Empfangsantenne 100

Gewinn der Sendeantenne 100
GF 348
Glasfaser 348
Glasfaserabschlusseinheit 154
Glasfaseranschlusseinheit 154
Glasfaserleitung 87, 93
Glasfasernetze 396
Gleichlauf 106
Gleichwellennetz 217, 231
Globalstar 375
global system mobile 373
GMS-Standard 373
Gradientenprofil 97
Grey-Codierung 293
grober Wellenlängenmultiplex 155
Group of Pictures (GoP) 170
Gruppengewinn 229
Gruppenlaufzeit 70
guard interval 216

H

Halbbild 282
Halbduplexbetrieb 105
Halbleiterspeicher 63
– flüchtiger 64
– nicht-flüchtiger 64
Halb-Nyquist-Filter 202
Handschlagverfahren 129
handshake procedure 129
Hardware-Schnittstelle 128, 130
Hausverteilanlage 360
HbbTV 312
HD 62
HDB-3-Format 163
HDCP 130
HDMI 130
HDR10 310
HDR10+ 310
HE AAC+ 266
header 144, 345
Header 220
Heimbereich 377
Heimnetz 380
Heimvernetzung 378
Helligkeitssignal 278
HEVC 174
HFC 267
HFC-Netz 152, 268
high definition 62
high definition multimedia interface 130
High Definition Television (HDTV) 281

high density bipolar of order 3 163
High Dynamic Range (HDR) 308
high efficiency video coding 174
High Frame Rate (HFR) 308
highpass 115
Hinkanal 149
HLG 310
Hochpass 115
Hol-Dienste 242
Höreindruck 252
Hörfunk 249
– analog 250
– digital 258
– terrestrisch 250, 258
hot plugging 133
HPHT 329
HTTP 335
HTTPS 335
Hub 123, 349
Huffman-Code 172
Hüllkurve 182
Hüllkurvendemodulation 183
HW-Schnittstelle 128
hybrid broadcast broadband television 312
hybrid fibre coax 152
Hybrid-Log-Gamma (HLG) 309
Hybridnetz 9
Hybrid-TV 312
Hyperlink 337
hypertext markup language 335
hypertext transfer protocol 335
hypertext transfer protocol secure 335

I

IaaS 241
IAB [Internet Architecture Board] 336
IANA [Internet Assigned Number Authority] 336
IDFT 215
IEC 140
IEEE 141
IEEE 820.11 353
IESG [Internet Engineering Steering Group] 336
IETF [Internet Engineering Task Force] 336
IFFT 214
I-Frames 170
IFTTT 383
I-Komponente 204
Impedanzmatrix 49
Impulsantwort 197
– Orthogonalität 201
Impulsantwort des Übertragungskanals 99

Impulsstörung 45, 175
indoor reception 264
Industrie 4.0 329
Industriestandard 141
Information 3
Informationsträger 88
infrastructure as a service 241
In-Haus-Empfang 264
INIC [Internet Network Information Center] 336
Inklusion 390
In-Loop-Filterung 173
Inmarsat 375
Innenwiderstand 83
Inphase-Komponente 202
Institute of Electrical and Electronics Engineers 141
Intensitätsmodulation 120
interactive low noise block converter 365
interconnected networks 331
interface 12, 127
Interferenz 78, 99
Interlace-Artefakte 283
Interleaving 177
Intermodulationsprodukt 113
Intermodulationsstörungen 175
Internationale Fernmeldeunion 137
International Telecommunication Union 137
Internet 331
Internet der Dinge 329
Internet Exchange Point (IXP) 340
Internetfernsehen 305
Internetknoten 340
Internet Network Information Center (INIC) 334
internet of things 329
internet protocol 331
internet protocol television 305
Internetradio 270
Interoperabilität 390
Interpolation 290
Intranet 338
Intra-Prädiktion 173
inverse standing wave ratio 84
IoT 329
IP 331
IP-Adresse 331, 333
IP-basiert 320
IP over DAB 266
IPTV 305
– mobiles 305
IPv4-Adresse 333
IPv6-Adresse 333

I/Q-Modulation 197
Iridium 375
Irrelevanz 260
Irrelevanzreduktion 281
Irrelevanz-Reduktion 164, 167
ISO 34
ISOC [Internet Society] 336
ITU 137, 140

K

Kabelkopfstation 103
Kabelnetze 396
Kabelradio 268
Kabelverzweiger 153, 364
Kanal 41
Kanalbandbreite 68
Kanalcodierung 160, 174, 395
Kanalentzerrung 301
Kanalkapazität 44
Kanalraster 250
Kanalschätzung 301
Kartenleser 236
Kassenterminal 388
Kerbfilter 116
Kern-Mantel-Grenzfläche 95
Kettenmatrix 50
Klirrdämpfungsmaß 71
Klirrfaktor 71
Koeffizientenmatrix 169
Kollisionserkennung 226
Kommunikation 3
– bidirektional 5
– offline 107
– online 107
– unidirektional 5
Kommunikationsprotokoll 38
Kommunikationsschicht 37
Kommunikationssystem 9, 31
– offenes 34
Kompatibilität 253
Konstantspannungsquelle 49
Konstantstromquelle 49
Konstellationsdiagramm 208
Kontributionsnetz 240
Kopfteil 144, 345
Kopierschutz 130
Koppelfeld 144, 370
Kugelstrahler
– isotroper 100
Künstliche Intelligenz 380
Kunststofffaserleitung 87, 93

Kurzschluss-Kernimpedanz
- vorwärts 50
KVz 153

L

LAN 145, 346
- Adressen 346
Laserdiode 119
Latenz 326
Lauflängen-Codierung 164
Laufzeitverzerrung 69
layer 34
LDPC-Code 179
Lebenszeit 333
LED 119
Leerlauf-Ausgangsimpedanz 49
Leerlauf-Eingangsimpedanz 49
Leerlauf-Kernimpedanz
- rückwärts 49
- vorwärts 49 f.
Leistung
- optische 24
Leistungsanpassung 84
Leistungs-Dämpfungsfaktor 27
Leistungs-Dämpfungsmaß 30
Leistungs-Dämpfungspegel 27
Leistungsdichtespektrum 73
Leistungspegel 25
- absoluter 28
Leistungs-Verstärkungsfaktor 27
Leistungs-Verstärkungsmaß 30
Leistungs-Verstärkungspegel 27
Leitfähigkeit
- optische 94
Leitung
- elektrische 87
- homogene 90
- optische 87
- verlustfreie 91
Leitungscodes
- pseudo-ternäre 162
Leitungscodierung 160 f.
Leitungsempfänger 114
Leitungskonstante 90
Leitungsnetz 9
Leitungssender 113
Leitungsübertragung 87
Leitungsvermittlung 144
Letter-Box 287
Letzte Meile 340
level 24

Licht
- monochromatisch 95
Lichtwellenleiter 87, 93
light emitting diode 119
Linearität 21
Linearitätsfehler 118
line insertion 284
line switching 144
link margin 375
Livestream 273
Live-Übertragung 240
LNB 103, 365
local area network 346
Logarithmus
- dekadischer 24
long frame 297
long term evolution 320
lookup 342
Low Noise Block 103
lowpass 114
LPLT 328
LTE 320
Luftschnittstelle 129
Luftspaltbreite 56
Luminanz-Signal 278
Lumineszenz-Dioden 119
LWL 87
LWL-Verbindungsstelle 96

M

M2M 329
machine to machine 329
Magnetband-Videokassette 104
magnetisches Speicherverfahren 55
Magnetkopf 55
main service channel 262
Makroblockgröße 174
MAN 145, 346
Manchester-Code 163
mapping 215
mark 161
Maschennetz 150
Maschine 5
Maschine-Maschine-Kommunikation 5, 345
Maschine-Mensch-Kommunikation 5
masking pattern adapted universal subband
    integrated coding and multiplexing 260
Maß 30
Massenkommunikationsmittel 249
Master-Slave-Prinzip 243
matching 83

MCI 262
MDCT 166
Medienkonverter 39
Mehr-Antennen-System 229
Mehr-Dienste-Fähigkeit 137
Mehrfachnutzung 47, 218
Mehrfachspeisung 366
Mehrfachzugriff 227
Mehrfrequenznetz 217
Mehrkanalträger 228
Mehrmoden-Lichtwellenleiter 97
Mehrträgerverfahren 180, 212
Mehrwegeempfang 212
memory stick 64
Mensch-Maschine-Kommunikation 5
Mensch-Mensch-Kommunikation 5
MER 210
Mesh-WLAN 356
metropolitan area network 346
Microsoft Windows Media Audio 167
MIME 335
MIMO 229, 354
– multi user 354
– single user 354
Mindestnutzfeldstärke 264
Mischer 121
mismachting 83
Mithörschwellen 165
mMTC 327
mobile payment 388
mobile radio 319
Mobilfunk 319, 396
Mobilfunk-Telefonie 373
Mobilnetze 148
Mobilstation 319
Mobilstationen 157
Mode 95
Modendispersion 96
modified discrete cosine transformation 166
Modulation 179, 395
– Doppelseitenband 184
– Einseitenband 184
– im Basisband 191
Modulationsgrad 182
Modulationsindex 186, 250
Modulationssignal 180
– analog 181, 189
– digital/ 195
Momentanfrequenz 186
Mono 253
Monoempfänger 254
Monofonie 252

Monomode-Stufenprofil-LWL 97
MOT 266
motion blur 284
motion compensation 168, 171
motion estimation 171
M-Payment 388
MPEG-1, Layer 2 260
MPEG-4 266
MPEG-4 (H.264) 173
MPEG-H Audio 312
MPEG-Transportstrom (MPEG-TS) 220
MSC 262
multi carrier system 180
Multicast 143
Multicast-Verfahren 306
multi channel per carrier 228
multifeed 366
multi frequency network (MFN) 217
Multimode-Gradientenprofil-LWL 97
Multimode-Stufenprofil-LWL 97
multiple access 47
multiplex configuration information 262
Multiplexer (MUX) 218
Multiplexierer 276
Multiplexierung 218
Multiplexverfahren 218
multipurpose internet mail extension 335
MU-MIMO 354
MUSICAM 260
MUSICAM-Coder 260
MUSICAM-Decoder 260, 265

N

NA 95, 97
Nachabtastung
– synchron 197
Nachricht 3
Nachrichtenmenge 42
Nachrichtenquader 42
Nachrichtentechnik 377
Nahbereichsdatennetz 346
Nahfeldkommunikation 388
near field communication 388
Near-Video-on-Demand 306
Nettodatenrate 175, 261, 352
network 9
network administration 136
network maintenance 136
network nod 10, 369
network operation 136
network operator 148

Network Slicing 330
network termination 362
Netz 9, 143
- diensteintegrierendes 146
- dienstespezifisches 146
- hybrides 152
- öffentliches 147
- passiv optisches 154
- privates 147
Netzabschluss 362
Netzbetreiber 148
Netzebene 5 360
Netzhierarchie 151
Netzknoten 10, 336, 369
Netzkonfiguration 136
Netzsegment 124
Netzsegmente 339
Netztopologie 149
Netzverwaltung 136
Netzwartung 136
Netzwerkkomponente 122
Netzwerkname 355
Newsgroup 338
Next Generation Audio (NGA) 311
Next Generation Network 305
NFC 388
Nicht-Linearitäten 210
noise 72
noise figure 77
non linear distortion 70
non programme associated data 261
non return to zero 161
non-volatile semiconductor memory 64
notch filter 116
NPAD 261
NRZ-AMI-Format 162
NRZ-Format 161
Nullmeridian 101
Nullsymbol 262
Nur-Lese-Speicher 61 f.
Nutzbitrate 45
Nutzdatenrate 45
Nutzdatenwort 178
Nutzer 8
Nutzer-Schnittstelle 128
Nutzinformation 136
Nutzlast 144
Nutzsignal 42
Nutzsignal-Störsignal-Abstand 72
Nutzungsinformationen 237
Nutzungsverfahren 107
Nyquist-Bandbreite 207

Nyquist-Flanke 198
Nyquist-Tiefpass 198

O

object ID 342
Objektkennung 342
OFDM 212
OFDM-Modulation 212
Offline-Betrieb 53
Offset-Antenne 102
Offsetfehler 118
OLT 154
on demand service 11, 108
Online-Banking 388
Onlinezugangsgesetz 390
ONU 154
Open IPTV Forum 313
operating system 134
operation mode 105
optical line terminal 154
optical network unit 154
Orbitposition 101
orthogonal frequency division multiplex 212
Orthogonalitätsbedingung 214, 301
Ortsnetzebene 372
Ortsvermittlungsstelle 372
OS 134
OSI-Referenzmodell 34, 332
Oszillator
- lokaler 103
- spannungsgesteuert 188
Overlay-Netz 152, 342
OZG 390

P

PaaS 241
packet 144, 345
packet identyfier 290
packet switching 145
PAD 261
Paket 144, 345
Paket-Identifier (PID) 220
Paketvermittlung 145
PAN 145, 346
Panorama-View 286
Parabolspiegel 101
passive optical network 154
pay load 144
Payment Service Directive 389
pay service 11, 107

Peering 340
Peer-to-Peer-Architekturen 342
Peer-to-Peer-Konzept 341
Peer-to-Peer-Verbindung 306
Pegel 24
- absolut 28
- relativ 26
Pegeldiagramm 31
Pegelplan 31
Perceptual Quantizer (PQ) 309
Permeabilitätszahl 89
Permittivitätszahl 89, 93
personal area network 346
personal identification number 108, 234
P-Frames 170
phase distortion 69
phase frequency response 19
Phasenbelag 91
Phasen-Frequenzgang 19
Phasengang 19
Phasenhub 189
Phasenlaufzeit 70
Phasenmaß 91
Phasenmodulation 189
Phasenrauschen 210
Phasenregelkreis 188
Phasenumtastung 196, 255, 353
Phasenverzerrung 69
phase shift keying (PSK) 196
physical layer pipes 304
PI 256
Pilot 253
Pilotfrequenz 254
Pilotsignale 302
PIN 108, 234
Ping-Pong-Verfahren 106
Piraterie 235
Pit 58
Pitstruktur 59
platform as a service 241
player 104
Podcast 271
Podcaster 271
Podcasting 338
Podcatcher-Software 271
POF 87, 93, 348
Point of Sale 388
point-to-multipoint connection 143
point-to-point connection 143
Polarisation 102, 224
polarisation division multiple access 229
polarisation division multiplex (PDM) 224

Polarisationsdiversität 231
Polarisationsmultiplex 229
Polarisationsmultiplex (PDM) 224
Polarisationsweiche 224
Polymerfaser 348
polymer optical fibre 87, 93
PON 154
POS 388
power 24
Prädiktion 170
Preemphasis 251
Prefix
- zyklisch 216
Prepaid-Version 109
Primär-Fokus-Antenne 101
Priorität 347
private network 147
procedure 136
programmable read-only memory 65
program map table 290
programm assossiation table 290
programme associated data 261
programme identifier 256
programme service name 257
programme type 258
Programmführer 244, 289
protocol 12, 136
protocol stack 38, 137
Protokoll 12, 33f., 135, 333
Protokollarchitektur 136
Protokollstapel 137
Protokollumsetzung 124
Prozedur 12, 136
Prüfbitsequenz 178
Prüfsumme 333
PS 257
PSD 389
PSK 255, 353
PTY 258
public network 147
public standard 140
Pull-Dienst 108
pull service 11, 108, 242
Pulsamplitudenmodulation (PAM) 190
Pulscodemodulation 192
Pulsdauermodulation (PDM) 191
pulse code modulation (PCM) 192
Pulsfrequenzmodulation (PFM) 190
Pulsmodulation 180
Pulsphasenmodulation (PPM) 191
Punkt-zu-Mehrpunkt-Verbindung 143
Punkt-zu Multi-Punkt-Übertragung 175

Punkt-zu-Punkt-Verbindung 7, 143
Push-Dienst 108
push service 11, 108, 241

Q

QAM 353
Q-Komponente 204
QoS 146
QPSK-Modulation 208
Quadratur-Amplitudenmodulation 197, 353
quadrature phase shift keying 208
Quadratur-Komponente 202
Quadruple Play 308, 367
Quantisierung
- linear 192
- nicht-linear 192
Quantisierungsrauschen 193
quasi error free\QEF 179
Quattro-LNB 103
Quelle 41
Quellencodierung 160, 164
- Audiosignale 165
- verlustbehaftete Verfahren 164
- verlustfreie Verfahren 164
- Videosignale 167
Quell-IP-Adresse 332

R

radio 249
radio text 258
Rahmen 144, 345
RAM 64
random access memory 64
ratio 29
Raumdiversität 231
Raummultiplex 228
Raummultiplex (SDM) 223
Rauschen 72, 175
- farbiges 76
- thermisches 74
- weißes 73, 76
Rauschleistung 45, 75
Rauschleistungspegel 75
Rauschmaß 77
Rauschquelle
- innere 72
Rauschzahl 77, 112
RDS 255
RDS-Coder 255
RDS-Daten 255

RDS-Decoder 256
RDS-Funktionen 256
RDS-Standard 256
read-only memory 61, 64
realtime control protocol 335
realtime transfer protocol 335
receiver 41, 114
Rechteck-Impuls 15
Redundanz 167, 259
Redundanz-Reduktion 164, 167
Reed-Solomon-Code 179
Referenzbilder 174
reflection coefficient 84
Reflektionen 99
Reflexion 94
Reflexionsfaktor 85, 92
Regellage 159
Regional-Vermittlungsstelle 372
Rekonstruktion 78
Rekonstruktionsfilterung 81
Release 321
Relevanz-Reduktion 164
remote control 240, 243, 378
Repeater 122
Requests for Comments (RFC) 336
Restseitenband-Modulation 185
return loss 84
return to zero 161
Reziproke Kurzschluss-Stromübersetzung 50
Reziproke Leerlauf-Spannungsübersetzung 50
Richtungsbetrieb 105
Richtwirkung 102
Ringnetz 150
ripple 115
Roll-off-Faktor 200
ROM 64
Router 40, 123
Routing 331
Routingprotokoll 124
Routing-Prozeduren 336
Routingtabelle 124
RSB 185
RSS 272
RT 258
RTCP 335
RTP 335
Rückflussdämpfung 85
Rückkanal 149
Rumpfteil 145
Rundfunk 396
RZ-AMI-Format 162
RZ-Format 161

S

SaaS 241
Sample & Hold-Prozess 291
Sample&Hold-Signal 201
Sat>IP 270
Sat-Block 103
Satellitenmodem (Sat-Modem) 366
Satellitenradio 269
Satellitensysteme
- geostationär 101
Satelliten-Telefonie 374
SC 262
scattered pilots 302
Scheitelwert 18
Schicht 34
Schirmdämpfungsmaß 93
Schlüsselwort 234
Schmalband-Verstärker 112
Schnittstelle 12, 127, 381
- proprietäre 129
- standardisierte 129
Schnittstellenbedingungen 34
Schnittstellenbeschreibung 127
Schnittstellendefinition 12
Schreib-Lese-Speicher 61 f.
Schutzabstände 221
Schutzintervall 216
Schwingungsmodulation 180
scrambling 233
SDI-Videosignale 240
Sechspol 47
Secure IPTV 305
Seitenbänder 183
semiconductor memory 63
Semiduplexbetrieb 105
Sendediode 120
Sendediversität 231
Sende-Diversität (MISO) 304
Sendeeinrichtung 156
Sendeleistung 100
Sender 41, 113
Sendersuchlauf 290
Senke 41
sensitivity 251
Sensor 382
Server 125
Server-Client-Kommunikation 125
Server-Client-Konzept 317, 351
Server-to-Client-Verbindung 306
service 10, 33
service information 262
Serviceinformationen (SI) 288
service list 318
Serviceliste 318
service list registry 318
service set identifier 355
Set-Top-Box 269
Shannon-Grenze 45
shared medium 322
short frame 297
SI 262
Sicherung 33
Sicherungsprotokoll 38
Side-Panel-Verfahren 286
si-Entzerrung 83, 202
Signal 3, 13
- rücklaufend 85
- vorlaufend 85
Signalausgabe 8
Signalbeschreibung
- Frequenzbereich 18
- Zeitbereich 13
Signaleingabe 8
Signalleistung 45
Signal-Rausch-Abstand 76
Signalspeicher
- portabler 87, 104
Signalspeicherung 7, 53
- elektrisch 63
- magnetisch 55
- optisch 57
signal-to-noise ratio 76
Signalübertragung 7, 41, 67
Signalverläufe 13
Signalwert 13
SIM 108
SIM-Card 234
simple mail transfer protocol 335
Simplexbetrieb 105
single carrier system 180
single channel per carrier 228
single frequency network 231
single frequency network (SFN) 217
single side band (SSB) 184
Sinus-Signal 15
SI/SP-Slices 174
Smartcard 108, 234
Smart Home 378, 396
Smart-TV 312
SMPTE 2110 241
SMTP 335
S/N 76
SNR 76

software as a service 241
Software-Schnittstelle 128, 134
solid state memory 63
sound 4
space 161
space division multiple access 228
space division multiplex (SDM) 224
Space Time Coding 354
Spannungs-Dämpfungsfaktor 27
Spannungs-Dämpfungsmaß 31
Spannungs-Dämpfungspegel 27
Spannungspegel 25
- absolut 28
Spannungs-Verstärkungsfaktor 27
Spannungs-Verstärkungsmaß 30
Spannungs-Verstärkungspegel 27
Speicherkarte 104
Speicherstift 64
Spektrallinie 19, 68
Sperrdämpfung 68
Sperrfrequenz 68
Spiegeldurchmesser 102
Spieler 104
Splitter
- optischer 154
Sprachausgabe 243
Sprachsteuerung 243
spread spectrum 223
Spreizung 223
Spur 56
Spurführung 59
SSID 355
stand alone 378
Standard 139
- offen 140
Standard Definition Television (SDTV) 281
Standard Dynamic Range 309
Standardisierung 139
Standardisierungsgremien 140
standing wave ratio 84 f.
Station 346
STC 354
stehende Wellen 85
Stehwellenverhältnis 85
Stereo 253
Stereo-Coder 254
Stereo-Decoder 254
Stereoempfänger 254
Stereofonie 252
Stereokanal 253
Stereo-Multiplexsignal 254
Sternnetz 150

Störabstand 42 f., 72, 112
Störsignal 42
Strahlung 276
Strahlungskeulen 326
Strahlungsleistung 100, 156
Streaming 338
Studio-Produktion 240
Stufenprofil 97
Stufung 118
Subband-Codierung 165
sub carrier 212
sub sampling 280
subscriber identification module 108
subscriber interface module card 234
subscriber line 369
Subscriber-Management-System 235
Suchfunktion 342
SU-MIMO 354
Summensignal 253
Super Cinema Scope 285
Superposition 99
Switch 123
switching 143
SWR 84 f.
SW-Schnittstelle 128
Symbolfehler 175
Symbolrate 201
synchronisation channel 262
Synchronisations-Byte 220
synchronous dynamic random access memory 65
Syntax 33

T

TA 257
Taktsignal 107
TAL 153
TDD 106
TDMS 131
Teilbandcodierung 261
Teilbänder 165
Teilbandverfahren 260
Teilbild 282
Teilnehmer 8, 105
Teilnehmer-Anschlussdose 359
Teilnehmer-Anschlussleitung 153, 362, 372
Teilnehmer-Anschlussleitung (TAL) 369
Teilnehmer-Vermittlungsstelle 370, 372
Teilnetz 151
Teilvermaschung 151
Telefon-Banking 388
Telefonie 369

Telekommunikation 4, 33
Telemedizin 393
Teletext 245
terminal 105
Textausgabe 243
Texteingabe 243
Thuraya 375
Tiefpass 114
- ideal 197
Tiefpassbereich 197
Time Code Generator 241
time division duplex 106
time division multiple access 227
time division multiplex (TDM) 219
Timeshift-Fernsehen 307
time slot 227
time to live 333
Tln 8, 105
TMC 257, 266
Token 225
Token-Ring-Verfahren 225
Ton 4
Totalreflexion 94
touchscreen 378
TP 131, 257
- Kategorie 348
TPEG 266
TPS-Signale 301
traffic announcement identification 257
traffic message channel 257
traffic programme identification 257
Trägerfrequenz 250
Träger-Interferenz-Abstand 78
Träger-Rausch-Abstand 78
Trägersignal 180
- pulsförmig 189
- sinusförmig 181, 195
Transformationscodierung 168, 173
- hybrid 170
transmission channel 41
Transmission Control Protocol (TCP) 334
transmission parameter signalling 301
transmitter 41, 113
Transponderkanäle 102
Transport-Multiplex 261
Transport-Multiplexer 263
Transport-MUX 263
Transportprotokoll 38
Transportschicht 36
Transportsteuerung 33
Transportstrom (TS) 288
Transportsystem 39

Triple Play 267, 308, 359
- Breitbandnetz 359
- Satellit 365
- Telefonnetz 361
Triple-Tuner 290
Tuner 290
TV 275
Twinaxkabel 348

U

Überabtastung 81, 276
Überlagerung 99
Übersichtsschaltplan 47
Übersprechdämpfungsmaß 72
Übersprechen 71
Übersteuerung 114
Übertragung 159, 371
- einkanalig 252
- frequenzversetzte 159
- geführte 87
- leitungsgebunden mit elektrischen Leitungen 88
- leitungsgebunden mit optischen Leitungen 93
- linear 240
- nichtlinear 240
- parallele 128
- serielle 128
- ungeführte 88
- zeitversetzt 240
- zweikanalig 252
Übertragungsebene 370
Übertragungseinrichtung 9
Übertragungsfaktor 52
Übertragungsfehler 174
Übertragungsgüte 270
Übertragungskanal 41, 43, 67, 345
Übertragungsmaß 52, 91
Übertragungsmerkmale 87
Übertragungsprotokoll 38
Übertragungsschicht 35
Übertragungssystem 41
Übertragungsweg 9, 87
Übertragungszeit 42
UHD 308
UHD-1 (Phase 1) 308
UHD-1 (Phase 2) 308
UHD-2 308
UKW 250
Ultra-HDTV 308
Ultra High Definition Television (UHDTV) 281

Umlaufbahn
- äquatoriale 101
Umsetzer 116, 119
- elektro-optischer 119
- opto-elektrischer 119
Umsetzerkennlinie 117
Umsetzung 103
Umtastverfahren 195
UMTS-Standard 373
unbounded applications 312
Unicast 143
Unicast-Verfahren 306
universal mobile telecommunication system 373
Universal Plug and Play 380
universal resource locator 337
Universal Serial Bus 132
Untertitel 245
Unterträger 212
uplink 101, 269
UPnP 380
Upstream 154
Urheberrecht 108
URL 337
URLLC 327
US 154
usage rules information 237
USB 132
USB-Stick 105
user 8
User Datagram Protocol (UDP) 334
user interface 128

V

VDSL 364
Vectoring 340, 362
Verarbeitungsprotokoll 38
Verarbeitungsschicht 37
Verbandsstandard 140
Verbindung
- virtuelle 145
Verbindungsabbau 371
Verbindungsaufbau 144, 371
Verbindungssteuerung 136
Verbindungsstruktur 39
Verdeckungseffekt 165
Verfahren 159
Verfügbarkeit 326
Verkabelung
- anwendungsneutral 349
- strukturiert 349
Verkehrsfunk 257

Verkehrsfunkdurchsage 257
Verletzungs-Bit 163
Vermittlung 33, 143
- verbindungslose 144
- verbindungsorientierte 144
Vermittlungsebene 370
Vermittlungseinrichtung 10, 144
Vermittlungsprotokoll 38
Vermittlungsschicht 36
Vermittlungsstelle 369
Verschiebung
- Frequenzbereich 21
- Zeitbereich 21
Verschlüsselung 108, 160, 233, 379
Versorgungskriterien 264
Versorgungsradius 100
Verstärker 112
Verstärkung 26
Verstärkungsfaktor 27
Verstärkungsfehler 118
Verteildienst 11
Verteileinrichtung 10
Verteiler 116
- Dreifachverteiler 116
- Zweifachverteiler 116
Verteilung 7, 143
Verwaltungsvorgänge 389
Verwürfelung 233
Verzerrung 69
- linear 69
- nichtlinear 45, 70
VHF-Band III 264
Video 4
Videodaten 239
Video-on-Demand-Dienst 306
Videostandards 395
Videotext 245
Vielfachnutzung 218
Vielfachzugriff 47, 218, 226
Vierpol 47
violating bit 163
Virtual Reality (VR) 167
vision 4
Viterbi-Decoder 265
Vo5G 321
Voice over 5G 321
voice over internet protocol 334
Voice over LTE 321
VoIP 334
volatile semiconductor memory 64
Vollbild 282
Vollduplexbetrieb 106

Vollvermaschung 151
voltage 24
voltage controlled oscillator (VCO) 188
VoLTE 321
Vorwärtsfehlerkorrektur 175
Vorwärts-Fehlerkorrektur 259
Vorwärtskanal 149

W

W3C-Media-Source-Erweiterungen 314
WAN 145, 346
Wandler 116
Wandlungszeit 118
Wärmerauschen 74
wavelength division multiplex 155
wavelength division multiplex (WDM) 222
WDM 155
Webfernsehen/Web-TV 305
Webradio. 270
Wechselbetrieb 105
Wechselfestplatte 104
Weiche 114
Weighted Color Gamut (WCG) 310
Weitbereichsdatennetz 346
Weitverkehrs-Vermittlungsstelle 372
Welle
– rücklaufende 92
– stehende 92
– vorlaufende 92
Wellenlängenmultiplex 155, 222
Wellenleitung 89
Wellenwiderstand 90
Welligkeit 67
– im Sperrbereich 68

Welligkeitsfaktor 85
Wertequantisierung 192
wide area network 346
Widerstandsanpassung 84, 86
Widerstandsrauschen 74
Wiedergabegerät 104
Wi-Fi 381
wireless fidelity 381
wireless local area network 351
WLAN 351
WLAN-Router 351
World Wide Web 337

Z

Zahlungsverkehr 385, 387
Zeitabhängigkeit 3
Zeitbereich 20
Zeitfunktion 13
Zeitmultiplex (TDM) 219
Zeitmultiplex (TDMA) 227
Zeitquantisierung 192
Zeitschlitz 227
Zelle 144
Zentraleinheit 378
zick-zack-scan 172
Ziel-IP-Adresse 332
Zoom-Mode 286
Zufallsgenerator 347
Zugangsberechtigung 232
Zugangsnetz 241, 351
Zugriff 107
Zusatzinformationen 243
Zweipol 47
Zweitor 49